高等学校新工科计算机类专业系列教材

离 散 数 学

Discrete Mathematics

（第二版）

蔡 英 刘均梅 编著

西安电子科技大学出版社

内 容 简 介

本书系统地介绍了离散数学的基本内容。全书共分 10 章，主要由 4 部分组成：数理逻辑，包括命题逻辑和一阶逻辑；集合论，包括集合的基本概念和运算及二元关系和函数；代数结构，包括代数系统的基本概念、几个典型的代数系统及格和布尔代数；图论基础，包括图的基本概念、树和几类典型图。各章备有例题选解和较多的习题，便于读者自学。

本书可作为计算机等相关专业的离散数学教材，可供一般本科院校教学使用，也可作为其他类院校离散数学课程的教材和教学参考书。

★本书配有电子教案，有需要的老师可与出版社联系，免费索取。

图书在版编目(CIP)数据

离散数学/蔡英，刘均梅编著. —2 版.
—西安：西安电子科技大学出版社，2008.9(2021.11 重印)
ISBN 978 - 7 - 5606 - 1221 - 8

Ⅰ. 离…　Ⅱ. ① 蔡…　② 刘…　Ⅲ. 离散数学－高等学校－教材　Ⅳ. O158

中国版本图书馆 CIP 数据核字(2008)第 084287 号

责任编辑　徐德源　云立实　陈　婷
出版发行　西安电子科技大学出版社(西安市太白南路 2 号)
电　　话　(029)88202421　88201467　　　邮　编　710071
网　　址　www. xduph.com　　　　　　电子邮箱　xdupfxb001@163.com
经　　销　新华书店
印刷单位　陕西天意印务有限责任公司
版　　次　2008 年 9 月第 2 版　　2021 年 11 月第 16 次印刷
开　　本　787 毫米×1092 毫米　1/16　印张 18
字　　数　426 千字
印　　数　49 101～53 100 册
定　　价　42.00 元
ISBN 978 - 7 - 5606 - 1221 - 8/O

XDUP 1492022 - 16

＊＊＊如有印装问题可调换＊＊＊

第 二 版 前 言

离散数学是以离散型变量为研究对象的一门科学，它以研究离散型变量的结构和相互间的关系为主要目标。

在现实世界中，变量总是可以分成离散型和连续型两类，离散型就是变量的变化是可数的(包括有限或无限)，与之相对的就是连续型变量。例如自然数 0，1，2，3，4，…是离散量，而一天内的温度变化则是一个连续型的变量。

从人类历史的发展过程来看，人们最初接触的量是离散型的，反映到数学领域上则属于离散数学的范畴，所以，按照离散数学的定义，人们最早熟悉的数学就是离散数学。随着数学理论的不断发展和对无限概念的深入探讨，同时由于处理离散型数量关系的数学工具在刻画物体运动方面无能为力，近代出现了连续的数量概念——实数，出现了处理连续型数量关系的数学工具——微积分。因此，近代数学主要研究连续型变量关系及其数学结构、数学模型，并且取得了极其辉煌的成绩。近代数学的这一特征，一直延续至今，仍在现代数学中占据主导地位。

然而随着计算机科学的迅猛发展，由于计算机本身是一个离散结构，它只能处理离散型的或离散化了的数量关系，因此，在计算技术、计算机系统功能和计算机应用等各个领域中提出了许多有关离散量的理论问题，迫切需要用适当的数学工具来描述和深化，于是离散数学作为一门学科应运而生，并成为近代数学的一个重要分支。

离散数学课程是介绍离散数学各分支的基本概念、基本理论和基本研究方法、研究工具的基础课程。它所涉及的概念、方法和理论，大量地应用在数字电路、编译原理、数据结构、操作系统、数据库系统、算法的分析与设计、软件工程、人工智能、计算机网络等专业课程及信息管理、信号处理等相关课程中。它着重培养训练学生的抽象思维能力、逻辑推理能力和归纳构造能力，为学生提高专业理论水平打下扎实的数学基础，为后续专业课程的学习做好准备。

本书于 2003 年 6 月出版了第一版，受到广大读者欢迎，先后多次重印。许多教师、学生和其他读者在支持鼓励的同时，对本教材提出了许多宝贵的意见和建议。根据专家的意见和读者在使用中提出的合理建议，并结合笔者本人的教学实践，在第一版的基础上对本书进行了修订。这次修订在保持原版风格和基本内容的基础上，将代数结构部分的环和域内容分开，增加了环、域和有限域的内容，以适应后续有关信息安全课程的需求，读者可以适当选取该部分内容；图论部分增加了实用性较强的带权图和最短路径。同时笔者对原有不当的地方进行了必要的修改，调整了部分习题内容，以便于读者更好地学习和掌握。

根据国家教委颁布的计算机专业教学基本要求，本书包含了 4 部分内容：数理逻辑、集合与关系、代数结构和图论。全书体系结构严谨、叙述深入浅出，并配有大量习题，可作为普通高等学校计算机或相关专业的本科生教材。根据我们的经验，本书可在 90～110 学时内完成教学计划，如果课时不够，可适当删去代数结构中的部分内容和有星号的内容。

本书的数理逻辑和图论部分(第一、二章，第八、九、十章)由刘均梅编写，集合与关系和代数结构部分(第三章至第七章)由蔡英编写。在编写过程中，夏伦进副教授曾与我们讨论本书的内容、观点，使我们受益匪浅。另外，在编写过程中，笔者还参阅了大量的离散数学书籍和资料，在此一并向有关作者表示衷心的感谢。同时，我们衷心感谢西安电子科技大学出版社对本书的出版所给予的大力支持。

最后，希望本书的修订能给读者学习离散数学带来一些帮助，感谢读者选择和使用本书，诚恳地期待读者的批评、指正以及提出修改意见，笔者将不胜感激。

蔡英　刘均梅

2008 年 3 月于北京

第 一 版 前 言

离散数学是以离散型变量为研究对象的一门科学,它以研究离散型变量的结构和相互间的关系为主要目标。

在现实世界中,变量总是可以分成离散型和连续型两类,离散型就是变量的变化是可数的(包括有限或无限),与之相对的就是连续型变量。例如,自然数 0,1,2,3,4,…是离散量,而一天内的温度变化则是一个连续型的变量。

从人类历史的发展过程来看,人们最初接触的量是离散型的,反映到数学领域上则属于离散数学的范畴,所以,按照离散数学的定义,人们最早熟悉的数学就是离散数学。随着数学理论的不断发展和对无限概念的深入探讨,同时由于处理离散型数量关系的数学工具在刻画物体运动方面无能为力,因而,在近代出现了连续的数量概念——实数,出现了处理连续型数量关系的数学工具——微积分。近代数学主要研究连续型变量关系及其数学结构、数学模型,并且取得了辉煌的成绩。近代数学的这一特征,一直延续至今,现仍在现代数学中占据主导地位。

由于计算机本身是一个离散结构,它只能处理离散型的或离散化了的数量关系,因此,随着计算机科学的迅猛发展,在计算技术、计算机系统功能和计算机应用等各个领域中提出了许多有关离散量的理论问题,并迫切需要用适当的数学工具来描述和深化,于是离散数学作为一门学科应运而生,并成为近代数学的一个重要分支。

离散数学课程是介绍离散数学各分支的基本概念、基本理论和基本研究方法、研究工具的基础课程。它所涉及的概念、方法和理论,大量地应用在数字电路、编译原理、数据结构、操作系统、数据库系统、算法的分析与设计、软件工程、人工智能、计算机网络等专业课程及信息管理、信号处理等相关课程中。它着重培养和训练学生的抽象思维能力、逻辑推理能力和归纳构造能力,为学生提高专业理论水平打下扎实的数学基础,为后续专业课程的学习做好准备。

根据国家教委颁布的计算机专业教学基本要求,本书包含了 4 部分内容:数理逻辑、集合论、代数结构和图论基础。全书体系结构严谨,叙述深入浅出,并配有大量习题,可作为普通高等学校计算机等相关专业的本科生教材。根据我们的经验,本书可在 90～110 学时内完成教学计划,如果课时不够,可适当删去代数结构中的部分内容和有星号(＊)的内容。

本书的数理逻辑和图论基础部分(第一、二章,第八、九、十章)由刘均梅编写,集合论和代数结构部分(第三章至第七章)由蔡英编写。在编写过程中,夏伦进副教授曾与我们讨论本书的内容、观点,使我们受益匪浅。书中参阅了大量的离散数学书籍和资料,在此一并对原书有关作者表示衷心的感谢,并感谢北京信息工程学院的孟庆昌教授和王友兰老师所提供的帮助。同时,我们衷心感谢西安电子科技大学出版社对本书的出版所给予的大力支持。

　　本书还将配套出版《离散数学》学习指导书,目的在于对本书的习题提供较为详细的解答并提供一定的解题方法指导。

　　最后,我们诚恳地期待着读者的批评和指正。

编　者

2002 年 12 月于北京

目 录

第一篇 数 理 逻 辑

第二篇 集 合 论

第三篇 代 数 结 构

第四篇　图论基础

第一篇

数理逻辑

数理逻辑是以数学的方法研究推理的形式结构和规律的数学学科。所谓数学方法，是指建立一套符号，其作用是为了避免用自然语言讨论问题时所带来的歧义性。例如，下面三条语句均用"是"作谓语动词：

(1) 曹雪芹是《红楼梦》的作者。

(2) 曹雪芹是小说家。

(3) 小说家是文学家。

三个语句中的三个"是"含义各不相同。(1)中的"是"表示"＝"，其主语和宾语是对等的；(2)中的"是"表示"∈"，小说家是一个集合，曹雪芹只是其中的一分子；(3)中的"是"表示"⊆"，文学家是包含着小说家的一个更大的集合。显然，符号准确地表达了语句的含义。

推理就是研究前提和结论之间的关系和思维规律，亦即表义符号之间的关系。

数理逻辑与人工智能、知识工程之间的关系，就相当于微积分与力学、机械工程之间的关系。微积分在人类体力劳动自动化的过程中扮演了重要角色，数理逻辑在人类脑力劳动自动化的过程中也起着越来越大的作用。

第一章 命题逻辑

1.1 命题符号化及联结词

任何基于命题分析的逻辑称为命题逻辑。命题是研究思维规律的科学中的一项基本要素，它是一个判断的语言表达。

命题 能唯一判断真假的陈述句。

这种陈述句的判断只有两种可能，一种是正确的判断，一种是错误的判断。我们用两个数字 1 和 0 来区分这两种判断，称为**命题的真值**。如果某个陈述句判断为真（与人们公认的客观事实相符），则我们称其为真命题，并说此命题的真值为 1，否则称为假命题，并说此命题的真值为 0。

【**例 1.1.1**】 下述各句均为命题：

(1) 4 是偶数。

(2) 太阳每天从西方升起。

(3)《几何原本》的作者是欧几里德。

(4) 2190 年人类将移居火星。

(5) 地球外也有生命存在。

上述命题中(1)、(3)是真命题，(2)是假命题，其中的(3)可能有人说不出它的真假，但客观上能判断真假。(4)的结果目前谁也不知道，但到了时候则真假可辨，即其真值是客观存在的，因而是命题。同样，(5)的真值也是客观存在的，只是我们地球人尚不知道而已，随着科学技术的发展，其真值是可以知道的，因而也是命题。

【**例 1.1.2**】 下列语句不是命题：

(1) 你好吗？

(2) 好棒啊！

(3) 请勿吸烟。

(4) $x > 3$。

(5) 我正在说谎。

(1)、(2)、(3)均不是陈述句，因而不是命题。(4)是陈述句，但它的真假取决于变量 x 的取值，例如取 x 为 4 时其值为 1，取 x 为 2 时其值为 0，即其真值不唯一，因此不是命题。(5)也是陈述句，但它的真假无法确定，即它是悖论，因而也不是命题。

从上面的讨论可以看出，判断一个语句是否是命题的关键是：

(1) 语句必须是陈述句。

(2) 陈述句必须具有唯一的真值。要注意两点：

① 一个陈述句在客观上能判断真假，而不受人的知识范围的限制。

② 一个陈述句暂时不能确定真值，但到了一定时候就可以确定，与一个陈述句的真值不能唯一确定是不同的。

以上所讨论的命题均是一些简单陈述句。在语言学中称为简单句，其结构均具有"主语＋谓语"的形式，在数理逻辑中，我们将这种由简单句构成的命题称为**简单命题**，或称为**原子命题**，用 p、q、r、p_i、q_i、r_i 等符号表示（必要时亦可用其他小写的英文字母表示）。如：

p：4 是偶数。

q：太阳每天从西方升起。

r：《几何原本》的作者是欧几里德。

s：2190 年人类将移居火星。

p、r 的真值是 1，q 的真值是 0，s 的真值待定。

【例 1.1.3】 下列命题不是简单命题：

(1) 2 是偶数且是素数。

(2) 悉尼不是澳大利亚的首都。

(3) 小王或小李考试得第一。

(4) 如果你努力，则你能成功。

(5) 三角形是等边三角形，当且仅当三内角相等。

上面除命题(3)的真假需由具体情况客观判断外，余者的真值均为 1。但是它们均不是简单命题，分别用了"且"、"非"、"或"、"如果……则……"、"当且仅当"等联结词。

由命题和联结词构成的命题称为**复合命题**，或称**分子命题**。构成复合命题的可以是原子命题，也可以是另一个复合命题。**一个复合命题的真值不仅与构成复合命题的命题的真值有关，而且也与所用联结词有关。**下面我们给出几个基本的联结词。

1. 否定"¬"

设 p 为任一命题，复合命题"非 p"（p 的否定）称为 p 的否定式，记作：$\neg p$。"¬"为否定联结词。**¬p 为真，当且仅当 p 为假。**

¬p 的真值亦可由表 1.1.1 所示的称为"真值表"的表格确定。由表 1.1.1 可知：命题 p 为真，当且仅当 ¬p 为假。事实上，它定义了一个一元函数（称为一元真值函数）：

$$f^\neg : \{0,1\} \rightarrow \{0,1\}$$
$$f^\neg(0) = 1 \qquad f^\neg(1) = 0$$

表 1.1.1

p	$\neg p$
0	1
1	0

【例 1.1.4】

(1) p：4 是偶数。其真值为 1。

   ¬p：4 不是偶数。其真值为 0。

(2) p：悉尼是澳大利亚的首都。真值为 0。

   ¬p：悉尼不是澳大利亚的首都。真值为 1。

(3) q：这些人都是学生。

　　　$\neg q$：这些人不都是学生。

注　否定联结词使用的原则：**将真命题变成假命题，将假命题变成真命题。**但这并不是简单地随意加个"不"字就能完成的。例如上例中的(3)，q的否定式就不能写成"这些都不是学生"。事实上严格来讲，"不是"不一定否定"是"。如阿契贝难题："本句是六字句"与"本句不是六字句"均是真命题。一般地，自然语言中的"不"、"无"、"没有"、"并非"等词均可符号化为"$\neg$"。另外，有时也会将带有"不"字的命题设为原子命题，例如：设 r：塑料不是金属。$\neg r$：塑料是金属。

2. 合取"$\wedge$"

设 p、q 是任意两个命题，复合命题"p 且 q"(p 与 q)称为 p 与 q 的合取式，记作：$p \wedge q$。"$\wedge$"是合取联结词。$p \wedge q$ 为真，当且仅当 p、q 均为真。

$p \wedge q$ 的真值表如表 1.1.2 所示，它定义了一个二元真值函数：

$$f^{\wedge}: \{00,01,10,11\} \to \{0,1\}$$
$$f^{\wedge}(00)=0 \qquad f^{\wedge}(01)=0$$
$$f^{\wedge}(10)=0 \qquad f^{\wedge}(11)=1$$

表　1.1.2

p	q	$p \wedge q$
0	0	0
0	1	0
1	0	0
1	1	1

【例 1.1.5】

(1) p：2 是偶数。

　　q：2 是素数。则

　　$p \wedge q$：2 是偶数且是素数。其真值为 1。

(2) r：煤是白的。则

　　$p \wedge r$：2 是偶数且煤是白的。其真值为 0。

注

(1) 日常语言中的联结词所联结的语句之间一般都有一定的内在联系，但数理逻辑中的联结词是对日常语言中联结词的逻辑抽象。因此，它所联结的命题其内容可能毫无关系，如上例中的(2)。

(2) "$p \wedge q$"的逻辑关系是 p 和 q 两个命题同时成立，因而，自然语言中常用的联结词诸如："既……又……"、"不仅……而且……"、"虽然……但是……"、"……和……"等，基本上都可以符号化为"$\wedge$"。

(3) "$\wedge$"联结的是两个命题，并不能见到"与"、"和"就用"$\wedge$"。例如，"张三和李四都是好学生"是"张三是好学生"和"李四是好学生"的合取式，但"张三和李四是好朋友"则是一个简单命题，其中"张三和李四"是句子的主语。

3. 析取"$\vee$"

设 p、q 是任意两个命题，复合命题"p 或 q"称为 p、q 的析取式，记作：$p \vee q$。"$\vee$"称为析取联结词。$p \vee q$ 为假，当且仅当 p、q 同为假。

$p \vee q$ 的真值表如表 1.1.3 所示，它定义了一个二元真值函数：

表　1.1.3

p	q	$p \vee q$
0	0	0
0	1	1
1	0	1
1	1	1

$$f^{\vee}:\{00,01,10,11\}\to\{0,1\}$$
$$f^{\vee}(00)=0 \qquad f^{\vee}(01)=1$$
$$f^{\vee}(10)=1 \qquad f^{\vee}(11)=1$$

【例 1.1.6】

(1) p：小王喜欢唱歌。

   q：小王喜欢跳舞。则

   $p \vee q$：小王喜欢唱歌或喜欢跳舞。

(2) p：明天刮风。

   q：明天下雨。则

   $p \vee q$：明天或者刮风或者下雨。

注 "$\vee$"的逻辑关系是明确的，即 p、q 两个命题中至少有一个为真则析取式为真。因而，自然语言中常用的联结词诸如："或者……或者……"、"可能……可能……"等，多数都可以符号化为"$\vee$"。但日常语言中的"或"是具有二义性的，用"或"联结的命题有时是具有相容性的，如例 1.1.6 中的二例，我们称之为**可兼或**。而有时又具有排斥性，称为**不可兼或（异或）**，如：

(1) 小李明天出差去上海或去广州。

(2) 刘昕这次考试可能是全班第一也可能是全班第二。

在(1)中用 p 表示"小李明天出差去上海"，用 q 表示"小李明天出差去广州"，则 p、q 可以同时为假，此时是假命题。也可以 p 为真、q 为假，或 p 为假、q 为真，这两种情况下原命题均为真，但决不能 p、q 同为真。(2)的情况完全类似。因此，这两个命题均是当且仅当只有其中一个命题为真时，其真值为1。这时的"或"具有排斥性，是"不可兼或"，不能用"$\vee$"联结。但可以用多个联结词表示：$(p \wedge \neg q) \vee (\neg p \wedge q)$ 或 $(p \vee q) \wedge \neg (p \wedge q)$，此二式准确地表达了(1)、(2)的含义（异或也可用联结词"$\overline{\vee}$"表示，具体见 1.4 节联结词全功能集）。

4. 蕴含"$\to$"

设 p、q 是任意两个命题，复合命题"如果 p，则 q"称为 p 与 q 的蕴含式，记作：$p \to q$。p 称为蕴含式的前件，q 称为蕴含式的后件，$\to$ 称为蕴含联结词。$p \to q$ **为假，当且仅当** p **为真、**q **为假。**

$p \to q$ 的真值表如表 1.1.4 所示，它定义了一个二元真值函数：

$$f^{\to}:\{00,01,10,11\}\to\{0,1\}$$
$$f^{\to}(00)=1 \qquad f^{\to}(01)=1$$
$$f^{\to}(10)=0 \qquad f^{\to}(11)=1$$

表 1.1.4

p	q	$p \to q$
0	0	1
0	1	1
1	0	0
1	1	1

【例 1.1.7】

(1) p：天下雨了。

   q：路面湿了。则

   $p \to q$：如果天下雨，则路面湿。

(2) r：三七二十一。则

$p \rightarrow r$：如果天下雨，则三七二十一。

注

(1) 逻辑中，前件 p 为假时，无论后件 q 是真是假，蕴含式 $p \rightarrow q$ 的真值均为 1。这与日常语言特别是数学中常用的"真蕴含真"不太一样。事实上并不矛盾，例如，某人说："如果张三能及格，那太阳从西边升起。"说话者当然知道"张三能及格"与"太阳从西边升起"风马牛不相及，而一般人此时并没有说谎的必要，即这是真命题，它所要明确的是"张三能及格"是假命题。

(2) 正如前面所说，数理逻辑中的联结词是对日常语言中的联结词的一种逻辑抽象，日常语言中联结词所联结的句子之间是有一定内在联系的，但在数理逻辑中，联结词所联结的命题可以毫无关系。如在日常语言中"如果……则……"所联结的句子之间表现的是一种因果关系，如例 1.1.7 中的(1)。但在数理逻辑中，尽管说前件蕴含后件，但两个命题可以是毫不相关的，如例 1.1.7 中的(2)。

(3) $p \rightarrow q$ 的逻辑关系是：p 是 q 的充分条件，q 是 p 的必要条件。在日常语言中，特别是在数学语言中，q 是 p 的必要条件还有许多不同的叙述方式，如："p 仅当 q（仅当 q，则 p）"、"只有 q 才 p"、"只要 p 就 q"、"除非 q，否则非 p（非 p，除非 q）"等，均可符号化成 $p \rightarrow q$ 的形式。

【例 1.1.8】 符号化下列命题：

(1) 只要天下雨，我就回家。

(2) 只有天下雨，我才回家。

(3) 除非天下雨，否则我不回家。

(4) 仅当天下雨，我才回家。

解 设 p：天下雨。q：我回家。则(1)符号化为 $p \rightarrow q$。(2)、(3)、(4)均符号化为 $q \rightarrow p$（或等价形式：$\neg p \rightarrow \neg q$）。

5. 等价"↔"

设 p、q 是任意两个命题，复合命题"p 当且仅当 q"称为 p 与 q 的等价式，记作：$p \leftrightarrow q$。"↔"称为等价联结词。**$p \leftrightarrow q$ 为真，当且仅当 p、q 真值相同。**

$p \leftrightarrow q$ 的真值表如表 1.1.5 所示，它定义了一个二元真值函数：

$$f^{\leftrightarrow}: \{00, 01, 10, 11\} \rightarrow \{0, 1\}$$
$$f^{\leftrightarrow}(00) = 1 \qquad f^{\leftrightarrow}(01) = 0$$
$$f^{\leftrightarrow}(10) = 0 \qquad f^{\leftrightarrow}(11) = 1$$

表 1.1.5

p	q	$p \leftrightarrow q$
0	0	1
0	1	0
1	0	0
1	1	1

【例 1.1.9】

(1) p：$2+2=4$。

q：5 是素数。则

$p \leftrightarrow q$：$2+2=4$ 当且仅当 5 是素数。

(2) p：$\angle A = \angle B$。

q：二角是同位角。则

$p \leftrightarrow q$：$\angle A = \angle B$ 当且仅当二角是同位角。

在(1)中的 p 与 q 并无内在关系，但因二者均为真，所以 $p \leftrightarrow q$ 的真值为 1。

在(2)中由于相等的两角不一定是同位角，所以真值为 0。

"$\leftrightarrow$"的逻辑关系是：所联结的二命题互为**充分必要条件**。

以上定义了 5 种联结词，它们构成了一个联结词集合 $\{\neg, \wedge, \vee, \rightarrow, \leftrightarrow\}$。其中 $\neg$ 是一元联结词，其余均为二元联结词，亦称逻辑运算符，因此，将命题用联结词联结成复合命题的过程也称命题的逻辑运算。

用上面介绍的 5 个联结词和简单命题，通过各种形式的组合，可以对自然语言中的一些复杂语句进行形式化，过程如下：

(1) 用 p、q、r 等字母(命题表示符)表示简单命题。

(2) 用逻辑联结词，根据自然语言中联结词的逻辑含义，将简单命题符联结起来。

【例 1.1.10】 将下列自然语言形式化：

(1) 如果天不下雨并且不刮风，我就去书店。

(2) 小王边走边唱。

(3) 除非 a 能被 2 整除，否则 a 不能被 4 整除。

(4) 此时，小刚要么在学习，要么在玩游戏。

(5) 如果天不下雨，我们去打篮球，除非班上有会。

解

(1) 设 p：今天天下雨，q：今天天刮风，r：我去书店。则原命题符号化为：
$$(\neg p \wedge \neg q) \rightarrow r$$

(2) 设 p：小王走路，q：小王唱歌。则原命题符号化为：
$$p \wedge q$$

(3) 设 p：a 能被 2 整除，q：a 能被 4 整除。则原命题符号化为：
$$\neg p \rightarrow \neg q \quad \text{或} \quad q \rightarrow p$$

(4) 设 p：小刚在学习，q：小刚在玩游戏。则原命题符号化为：
$$(p \wedge \neg q) \vee (\neg p \wedge q) \quad \text{或} \quad (p \vee q) \wedge \neg (p \wedge q)$$

(5) 设 p：今天天下雨，q：我们去打篮球，r：今天班上有会。则原命题符号化为：
$$\neg r \rightarrow (\neg p \rightarrow q) \quad \text{或} \quad (\neg r \wedge \neg p) \rightarrow q$$

1.2　命题公式及分类

为了用数学的方法研究命题，就必须像数学处理问题那样将命题公式化，并讨论对于这些公式的演算(推理)规则，以期由给定的公式推导出新的命题公式来。

前面我们用 p、q、r 等符号表示确定的简单命题，通常此时称它们为**命题常元**。而事实上，这些常元无论具体是怎样的简单命题，它们的真值均只可能是"1"或"0"。为了更广泛地应用命题演算，在研究时，我们只考虑命题的"真"与"假"，而不考虑它的具体含义(即只重"外延"，不顾"内涵")。譬如：当 p 是一个真命题时，$\neg p$ 就是一个假命题，而不管此时 p 表示的是命题"三七二十一"，还是命题"今天天下雨"。这时的 p 实际上就是一个简单命题的抽象，就如同数学公式中的变量 x 一样，我们称其为**命题变元**。

命题常元　一个真值确定的命题。

命题变元　一个真值尚未确定的命题，以 p、q、r 等表之。

注意　命题变元不是命题，它只是一个可以用来表示命题的符号，因此没有确定的真值，只有当变元被代以确定的命题时，它变成了常元，此时方有真值。

命题公式　由命题变元(常元)符、联结词和圆括号按一定逻辑关系联结起来的字符串。

所谓按一定的逻辑关系，即字符串的构成要求合理，如$(\neg p)$是个合理的构成，是命题，$(\wedge p)$不是合理的构成，就不是命题公式，同样$(p \rightarrow q) \vee r$也不是合理的构成(括号必须成对出现)，因此也不是命题公式。合理的命题公式叫做**合式公式**，记作：wff(wff＝Well-Formed Formulas)，也称**真值函数**。

定义 1.2.1　合式公式的递归定义：

[1] 单个的命题符(或常元或变元)是合式公式。

[2] 如果 A 是一个合式公式，则$(\neg A)$也是合式公式。

[3] 如果 A、B 均是合式公式，则$(A \wedge B)$、$(A \vee B)$、$(A \rightarrow B)$、$(A \leftrightarrow B)$也都是合式公式。

[4] 只有有限次地应用[1]、[2]、[3]组成的字符串才是合式公式。

例如：$((p \vee q) \wedge r)$、$((\neg p) \wedge (q \wedge r))$、$(((p \rightarrow q) \wedge (q \vee r)) \leftrightarrow ((\neg p) \rightarrow r))$均是合式公式。第 3 式的生成过程如下：

① p 　　　　　　　　　　　　　　　　　　[1]

② q 　　　　　　　　　　　　　　　　　　[1]

③ $(p \rightarrow q)$ 　　　　　　　　　　　　　　　[3]①②

④ r 　　　　　　　　　　　　　　　　　　[1]

⑤ $(q \vee r)$ 　　　　　　　　　　　　　　　[3]②④

⑥ $(\neg p)$ 　　　　　　　　　　　　　　　　[2]①

⑦ $((\neg p) \rightarrow r)$ 　　　　　　　　　　　　[3]④⑥

⑧ $((p \rightarrow q) \wedge (q \vee r))$ 　　　　　　　　[3]③⑤

⑨ $(((p \rightarrow q) \wedge (q \vee r)) \leftrightarrow ((\neg p) \rightarrow r))$ 　[3]⑦⑧

注

(1) A、B 均代表任意的命题公式。

(2) 为方便起见，公式最外层及$(\neg A)$的括号可省略。

必须指出　第(2)条仅仅是一种约定，将程序输入计算机时，不仅括号，有时甚至空格也要与字符一样对待，不得随意省略。另外，书写时如果不写括号，通常默认联结词的优先级为：$\neg$，$\wedge$，$\vee$，$\rightarrow$，$\leftrightarrow$。

从公式的生成过程可看出，定义是递归的：从简单命题(变元)起，从内层括号到外层，一个层次一个层次地生成，这就有了公式**层次**的概念。

定义 1.2.2

(1) 若 A 是单个命题(变元或常元)，则称为 0 层公式。

(2) 称 A 为 $n+1(n \geqslant 0)$ 层公式是指 A 符合下列诸情况之一：

① $A = \neg B$，B 是 n 层公式；

② $A=B \wedge C$，其中 B 为 i 层公式，C 为 j 层公式，$n=\max(i, j)$；

③ $A=B \vee C$，其中 B、C 的层次同②；

④ $A=B \rightarrow C$，其中 B、C 的层次同②；

⑤ $A=B \leftrightarrow C$，其中 B、C 的层次同②。

由此可知，上面生成的第 3 式 $((((p \rightarrow q) \wedge (q \vee r)) \leftrightarrow ((\neg p) \rightarrow r))$ 是 3 层公式。

解释　指定命题变元代表某个具体的命题。

命题变元本身是无意义的，它仅是一个符号。同样，公式本身也是无意义的，它们只是满足公式生成规律的一个符号串，只有给每个命题变元作了解释，它们才有意义。

【例 1.2.1】　公式：$A=(p \wedge q) \rightarrow r$。

解释 I_1：假设 p：现在是白天，q：现在是晴天，r：我们能看见太阳。则

A：如果现在是白天且是晴天，则我们能看见太阳。其真值为 1。

解释 I_2：假设 p、q 如上，r：我们能看见星星。则

A：如果现在是白天且是晴天，则我们能看见星星。其真值为 0。

由此可见，不同的解释可使公式有不同的真值。事实上，对于命题变元无论做什么样的解释，它都只有两种结果：或者是"真"，或者是"假"，从而由变元和联结词组成的公式所表示的复合命题，也是或为"真"，或为"假"。如前所述，这才是我们所需要的。因此，欲获取命题公式的真值，并非只有"解释"一个途径，还可以通过"赋值"获得。

赋值（真值指派）　对命题变元指派确定的真值。

赋值是一组由 0、1 构成的数串，按字典顺序（或下标）对应公式中的命题符。

如例 1.2.1 中，对公式 $A=(p \wedge q) \rightarrow r$：

解释 I_1 实际上是对变元 p、q、r 赋值 111，得 A 的真值为 1；

解释 I_2 实际上是对变元 p、q、r 赋值 110，得 A 的真值为 0；

A 的真值是在对 p、q、r 的某种赋值下所得的真值。

定义 1.2.3　设 p_1，p_2，$\cdots$，p_n 是公式 A 中所包含的所有命题变元，给 p_1，p_2，$\cdots$，p_n 各赋一个真值称为对 A 的一个赋值，那些使 A 的真值为 1 的赋值称为 A 的**成真赋值**，使 A 的真值为 0 的赋值称为 A 的**成假赋值**。

如例 1.2.1 中，111 是 $A=(p \wedge q) \rightarrow r$ 的成真赋值，110 是 A 的成假赋值。根据前面对联结词的讨论知：001、011、101、000、010 也都是 A 的成真赋值。

问题　若公式 A 含有 $n(n \geqslant 1)$ 个命题变元，那么对 A 共有多少种不同的赋值？

答　因为 n 个变元赋值后形成一个 n 位的二进制数，所以共有 2^n 个。

将公式 A 在所有赋值情况下的取值列成表，称为 A 的真值表。构造真值表的步骤如下：

（1）找出命题公式中所含的所有命题变元并按下标或字典顺序给出；

（2）按从低到高的顺序写出公式的各层次；

（3）顺序列出所有的赋值（2^n 个）；对应每个赋值，计算命题公式各层次的真值，直到最后计算出命题公式的真值。

【例 1.2.2】　求下列命题公式的真值表：

（1）$(\neg p \wedge q) \rightarrow q$

(2) $\lnot(p\rightarrow q)\leftrightarrow\lnot(p\land\lnot q)$

(3) $(p\rightarrow q)\land\lnot r$

解

(1) 公式 $(\lnot p\land q)\rightarrow q$ 的真值表如表 1.2.1 所示。

(2) 公式 $\lnot(p\rightarrow q)\leftrightarrow\lnot(p\land\lnot q)$ 的真值表如表 1.2.2 所示。

表 1.2.1

p	q	$\lnot p$	$\lnot p\land q$	$(\lnot p\land q)\rightarrow q$
0	0	1	0	1
0	1	1	1	1
1	0	0	0	1
1	1	0	0	1

表 1.2.2

p	q	$p\rightarrow q$	$\lnot(p\rightarrow q)$	$\lnot q$	$p\land\lnot q$	$\lnot(p\land\lnot q)$	$\lnot(p\rightarrow q)\leftrightarrow\lnot(p\land\lnot q)$
0	0	1	0	1	0	1	0
0	1	1	0	0	0	1	0
1	0	0	1	1	1	0	0
1	1	1	0	0	0	1	0

(3) 公式 $(p\rightarrow q)\land\lnot r$ 的真值表如表 1.2.3 所示。

表 1.2.3

p	q	r	$p\rightarrow q$	$\lnot r$	$(p\rightarrow q)\land\lnot r$
0	0	0	1	1	1
0	0	1	1	0	0
0	1	0	1	1	1
0	1	1	1	0	0
1	0	0	0	1	0
1	0	1	0	0	0
1	1	0	1	1	1
1	1	1	1	0	0

由上可知，有的公式在任何赋值情况下真值恒为 1，如例 1.2.2(1)；有的公式在任何赋值情况下真值恒为 0，如例 1.2.2(2)；有的公式某些赋值使其真值为 1，而另一些赋值使其真值为 0，如例 1.2.2(3)。因此可将公式分为如下三类：

永真式(重言式)　所有赋值均为成真赋值的公式。

永假式(矛盾式)　所有赋值均为成假赋值的公式。

可满足式　至少有一组赋值是成真赋值的公式。

由定义可知，任何不是矛盾式的公式是可满足式，这其中包含着永真式。但在实际分类时，常将永真式单独表示，而将非永真的可满足式称为可满足式。

1.3　等　值　演　算

【**例 1.3.1**】　构造公式 $\lnot p\lor q$、$\lnot(p\land\lnot q)$、$p\rightarrow q$、$\lnot q\rightarrow\lnot p$ 的真值表。

解 公式 $\neg p \vee q$、$\neg(p \wedge \neg q)$、$p \rightarrow q$、$\neg q \rightarrow \neg p$ 的真值表如表 1.3.1 所示。

表 1.3.1

p	q	$\neg p \vee q$	$(p \wedge \neg q)$	$\neg(p \wedge \neg q)$	$p \rightarrow q$	$\neg q \rightarrow \neg p$
0	0	1	0	1	1	1
0	1	1	0	1	1	1
1	0	0	1	0	0	0
1	1	1	0	1	1	1

由例题可见，$\neg p \vee q$、$\neg(p \wedge \neg q)$、$p \rightarrow q$、$\neg q \rightarrow \neg p$ 的真值表是完全相同的，这种情况并不是偶然的。事实上，给定 n 个命题变元，按照公式的生成规则，我们可以得到无穷多个命题公式，但这无穷多个命题公式的真值表却只有有限个。如例 1.3.1，许多公式在变元的各种赋值下真值是一样的，我们称其为是等值的，那么如何判断两个公式等值呢？

定义 1.3.1 设 A、B 是任意两个命题公式，若等价式 $A \leftrightarrow B$ 为重言式，则称 A 与 B 是等值的，记作：$A \Leftrightarrow B$。

定理 1.3.1 $A \leftrightarrow B$ 为重言式，当且仅当 A、B 具有相同的真值表。

注

(1) 如果 $A \leftrightarrow B$ 不是重言式，则称 A 与 B 不等值，可记作：$A \nLeftrightarrow B$。

(2) "$\Leftrightarrow$"与"$=$"不同，"$A = B$"表示两个公式一样，"$A \Leftrightarrow B$"表示两个公式真值一样，如：$\neg p \vee q \Leftrightarrow p \rightarrow q$，但是 $\neg p \vee q \neq p \rightarrow q$。

(3) "$\Leftrightarrow$"与"$\leftrightarrow$"是两个完全不同的符号。"$\leftrightarrow$"既是联结词，也是运算符，$A \leftrightarrow B$ 是一个公式。"$\Leftrightarrow$"不是联结词，而是两个公式之间的关系符，$A \Leftrightarrow B$ 并不是一个公式，而只是表示 A 与 B 是两个真值相同的公式。

(4) "$\Leftrightarrow$"的性质：

① $A \Leftrightarrow A$（自反性）；

② 若 $A \Leftrightarrow B$，则 $B \Leftrightarrow A$（对称性）；

③ 若 $A \Leftrightarrow B$，$B \Leftrightarrow C$，则 $A \Leftrightarrow C$（传递性）。

利用真值表我们可以证明许多等值式，可以把它们作为以后运算的基本定律：

(1) 双重否定律 $A \Leftrightarrow \neg \neg A$

(2) 幂等律 $A \Leftrightarrow A \vee A$ $A \Leftrightarrow A \wedge A$

(3) 交换律 $A \vee B \Leftrightarrow B \vee A$ $A \wedge B \Leftrightarrow B \wedge A$

(4) 结合律 $(A \vee B) \vee C \Leftrightarrow A \vee (B \vee C)$

                 $(A \wedge B) \wedge C \Leftrightarrow A \wedge (B \wedge C)$

(5) 分配律 $A \vee (B \wedge C) \Leftrightarrow (A \vee B) \wedge (A \vee C)$

                 $A \wedge (B \vee C) \Leftrightarrow (A \wedge B) \vee (A \wedge C)$

(6) 德·摩根律 $\neg(A \vee B) \Leftrightarrow \neg A \wedge \neg B$

                 $\neg(A \wedge B) \Leftrightarrow \neg A \vee \neg B$

(7) 吸收律 $A \vee (A \wedge B) \Leftrightarrow A$ $A \wedge (A \vee B) \Leftrightarrow A$

(8) 零律 $A \vee 1 \Leftrightarrow 1$ $A \wedge 0 \Leftrightarrow 0$

(9) 同一律 $A \vee 0 \Leftrightarrow A$ $A \wedge 1 \Leftrightarrow A$

（10）排中律 $A \lor \lnot A \Leftrightarrow 1$

（11）矛盾律 $A \land \lnot A \Leftrightarrow 0$

（12）蕴含等值式 $A \to B \Leftrightarrow \lnot A \lor B$

（13）等价等值式 $A \leftrightarrow B \Leftrightarrow (A \to B) \land (B \to A)$

（14）假言易位 $A \to B \Leftrightarrow \lnot B \to \lnot A$

（15）等价否定等值式 $A \leftrightarrow B \Leftrightarrow \lnot A \leftrightarrow \lnot B$

（16）归谬论 $(A \to B) \land (A \to \lnot B) \Leftrightarrow \lnot A$

【例 1.3.2】 证明等价等值式：$A \leftrightarrow B \Leftrightarrow (A \to B) \land (B \to A)$。

解 作如表 1.3.2 所示的真值表。

表　1.3.2

A　B	$A \to B$	$B \to A$	$(A \to B) \land (B \to A)$	$A \leftrightarrow B$
0　0	1	1	1	1
0　1	1	0	0	0
1　0	0	1	0	0
1　1	1	1	1	1

因此，$A \leftrightarrow B \Leftrightarrow (A \to B) \land (B \to A)$。

注

（1）公式中的 A、B、C 等是可代表任意命题公式的，所以等值式中的每一个公式都对应着无数多个同类型的命题公式。例如：$p \land \lnot p \Leftrightarrow 0$，$(p \to q) \land \lnot (p \to q) \Leftrightarrow 0$，$(\lnot p \lor q \lor r) \land \lnot (\lnot p \lor q \lor r) \Leftrightarrow 0$ 等均是矛盾律的具体形式。

（2）真值表无疑是证明等值式、求公式真值的好方法，但当公式中命题变元个数增多时，真值表的行数成倍地增长。因此当命题变元个数较多时，真值表不实用。而我们有了上述这些等值式后，就完全可以利用它们推演出更多的等值式，这一过程称为等值演算，在演算过程中将不断地使用置换规则。

置换规则 设 $\varPhi(A)$ 是含公式 A 的命题公式，称 A 为 $\varPhi(A)$ 的一个子公式，$\varPhi(B)$ 是用命题公式 B 置换了 $\varPhi(A)$ 中的 A 之后得到的命题公式，如果 $A \Leftrightarrow B$，则 $\varPhi(A) \Leftrightarrow \varPhi(B)$。

【例 1.3.3】 用等值演算验证等值式 $p \to (q \to r) \Leftrightarrow (p \land q) \to r$。

证明 　$p \to (q \to r)$

$\qquad \Leftrightarrow p \to (\lnot q \lor r)$ 　　　　　　（蕴含等值式）

$\qquad \Leftrightarrow \lnot p \lor (\lnot q \lor r)$ 　　　　　（蕴含等值式）

$\qquad \Leftrightarrow (\lnot p \lor \lnot q) \lor r$ 　　　　　（结合律）

$\qquad \Leftrightarrow \lnot (p \land q) \lor r$ 　　　　　　（德·摩根律）

$\qquad \Leftrightarrow (p \land q) \to r$ 　　　　　　　（蕴含等值式）　　　　　　证毕

利用等值演算还可以化简某些形式较为复杂的命题公式，并判断某些公式的类型。

【例 1.3.4】 化简公式 $(\lnot p \land (\lnot q \land r)) \lor (q \land r) \lor (p \land r)$，并判断公式的类型。

解 　　$(\lnot p \land (\lnot q \land r)) \lor (q \land r) \lor (p \land r)$

$$\Leftrightarrow(\neg p \land \neg q \land r) \lor ((q \land r) \lor (p \land r)) \quad \text{(结合律)}$$

$$\Leftrightarrow(\neg p \land \neg q \land r) \lor ((q \lor p) \land r) \quad \text{(分配律)}$$

$$\Leftrightarrow((\neg p \land \neg q) \land r) \lor ((p \lor q) \land r) \quad \text{(结合律、交换律)}$$

$$\Leftrightarrow((\neg p \land \neg q) \lor (p \lor q)) \land r \quad \text{(分配律)}$$

$$\Leftrightarrow(\neg (p \lor q) \lor (p \lor q)) \land r \quad \text{(德·摩根律)}$$

$$\Leftrightarrow 1 \land r \quad \text{(排中律)}$$

$$\Leftrightarrow r \quad \text{(同一律)}$$

由此可知，这是一个可满足式。

【例 1.3.5】 判断公式 $((p \lor q) \land \neg q) \to p$ 的类型。

解 $((p \lor q) \land \neg q) \to p$

$$\Leftrightarrow((p \land \neg q) \lor (q \land \neg q)) \to p \quad \text{(分配律)}$$

$$\Leftrightarrow((p \land \neg q) \lor 0) \to p \quad \text{(矛盾律)}$$

$$\Leftrightarrow(p \land \neg q) \to p \quad \text{(同一律)}$$

$$\Leftrightarrow\neg (p \land \neg q) \lor p \quad \text{(蕴含等值式)}$$

$$\Leftrightarrow(\neg p \lor q) \lor p \quad \text{(德·摩根律、双重否定律)}$$

$$\Leftrightarrow(\neg p \lor p) \lor q \quad \text{(交换律、结合律)}$$

$$\Leftrightarrow 1 \lor q \quad \text{(排中律)}$$

$$\Leftrightarrow 1 \quad \text{(零律)}$$

因此，公式 $((p \lor q) \land \neg q) \to p$ 是一个重言式。

等值演算在计算机硬件设计、开关理论和电子元器件中都占据重要地位。

1.4 联结词全功能集

前面我们一共介绍了五个联结词：$\neg$、$\land$、$\lor$、$\to$ 和 $\leftrightarrow$，并用它们构成了一些命题公式，且看到了有些公式书写形式尽管不同，但实际上是等值的。因此我们不禁要问：

(1) 互不等值的命题公式的个数是有限的吗？总共有多少个命题公式？

(2) 联结词的个数是有限的吗？总共有多少个联结词？

对于含有两个命题变元的公式，理论上讲可以书写出无穷多个公式，但互不等值的公式恰有 $2^{2^2}=2^4=16$ 个，对应着 16 个不同的真值表（真值表共有 2^2 行，行上的每个记入值又可在 0、1 中任取其一，因此构成 2^{2^2} 个不同的真值表），亦即对应着 16 个真值函数 F_i ($i=0,1,\cdots,15$)，其中 F_i：$\{00,01,10,11\} \to \{0,1\}$，如表 1.4.1 所示。

表 1.4.1

p	q	F_0	F_1	F_2	F_3	F_4	F_5	F_6	F_7
0	0	0	0	0	0	0	0	0	0
0	1	0	0	0	0	1	1	1	1
1	0	0	0	1	1	0	0	1	1
1	1	0	1	0	1	0	1	0	1

p	q	F_8	F_9	F_{10}	F_{11}	F_{12}	F_{13}	F_{14}	F_{15}
0	0	1	1	1	1	1	1	1	1
0	1	0	0	0	0	1	1	1	1
1	0	0	0	1	1	0	0	1	1
1	1	0	1	0	1	0	1	0	1

这里，F_0 和 F_{15} 是两个常值函数：永假式 0 和永真式 1；

F_3 和 F_5 分别是命题变元 p 和 q；

F_1 是我们所熟知的二元真值函数 $p \wedge q$；

F_7 是二元真值函数 $p \vee q$；

F_9 是二元真值函数 $p \leftrightarrow q$；

F_{10} 和 F_{12} 分别是一元真值函数 $\neg q$ 和 $\neg p$；

F_{11} 和 F_{13} 分别是二元真值函数 $q \rightarrow p$ 和 $p \rightarrow q$。

另外我们注意到，F_2 是 F_{13} 的否定形式，即 $F_2 \Leftrightarrow \neg F_{13} \Leftrightarrow \neg(p \rightarrow q)$；$F_4$ 是 F_{11} 的否定形式，即 $F_4 \Leftrightarrow \neg F_{11} \Leftrightarrow \neg(q \rightarrow p)$；$F_6$ 是 F_9 的否定形式，即 $F_6 \Leftrightarrow \neg F_9 \Leftrightarrow \neg(p \leftrightarrow q)$；$F_8$ 是 F_7 的否定形式，即 $F_8 \Leftrightarrow \neg F_7 \Leftrightarrow \neg(p \vee q)$；$F_{14}$ 是 F_1 的否定形式，即 $F_{14} \Leftrightarrow \neg F_1 \Leftrightarrow \neg(p \wedge q)$。

对应于 F_2、F_4、F_6、F_8 和 F_{14}，我们来定义四个新的联结词。

1. 如果…… 则…… 的否定"$\nrightarrow$"

设 p、q 为任意两个命题，复合命题"如果 p 则 q 的否定"称为 p、q 蕴含的否定，记作：$p \nrightarrow q$。"$\nrightarrow$"称为蕴含的否定联结词。$p \nrightarrow q$ 为真，当且仅当 p 为真，q 为假。

由上面所述可知，F_2 是二元真值函数 $p \nrightarrow q$。

$$p \nrightarrow q \Leftrightarrow \neg(p \rightarrow q)$$

2. 异或（排斥或）"$\overline{\vee}$"

设 p、q 为任意两个命题，复合命题"p 异或 q"称为 p、q 的异或（排斥或），记作：$p \overline{\vee} q$。"$\overline{\vee}$"称为异或（排斥或）联结词。$p \overline{\vee} q$ 为真，当且仅当 p、q 中恰有一个为真。

由表 1.4.1 和前面所述可知，F_6 是二元真值函数 $p \overline{\vee} q$。

$$p \overline{\vee} q \Leftrightarrow \neg(p \leftrightarrow q) \Leftrightarrow (p \vee q) \wedge \neg(p \wedge q) \Leftrightarrow (\neg p \wedge q) \vee (p \wedge \neg q)$$

联结词"$\overline{\vee}$"有以下性质：

(1) $A \overline{\vee} B \Leftrightarrow B \overline{\vee} A$

(2) $(A \overline{\vee} B) \overline{\vee} C \Leftrightarrow A \overline{\vee} (B \overline{\vee} C)$

(3) $A \wedge (B \overline{\vee} C) \Leftrightarrow (A \wedge B) \overline{\vee} (A \wedge C)$

(4) $A \overline{\vee} A \Leftrightarrow 0$

(5) $A \overline{\vee} 0 \Leftrightarrow A$

(6) $A \overline{\vee} 1 \Leftrightarrow \neg A$

以上各式均可用真值表或等值演算证明。

【例 1.4.1】 用真值表证明 $(A\overline{\vee}B)\overline{\vee}C \Leftrightarrow A\overline{\vee}(B\overline{\vee}C)$。

解 做如表 1.4.2 所示的真值表。

表 1.4.2

$A\ B\ C$	$A\overline{\vee}B$	$B\overline{\vee}C$	$(A\overline{\vee}B)\overline{\vee}C$	$A\overline{\vee}(B\overline{\vee}C)$
0　0　0	0	0	0	0
0　0　1	0	1	1	1
0　1　0	1	1	1	1
0　1　1	1	0	0	0
1　0　0	1	0	1	1
1　0　1	1	1	0	0
1　1　0	0	1	0	0
1　1　1	0	0	1	1

由表，不难看出等值式成立。

【例 1.4.2】 用等值演算证明 $A\wedge(B\overline{\vee}C) \Leftrightarrow (A\wedge B)\overline{\vee}(A\wedge C)$。

证明 $A\wedge(B\overline{\vee}C) \Leftrightarrow A\wedge((B\vee C)\wedge\neg(B\wedge C))$

$(A\wedge B)\overline{\vee}(A\wedge C) \Leftrightarrow ((A\wedge B)\vee(A\wedge C))\wedge\neg(A\wedge B\wedge A\wedge C)$

$\Leftrightarrow (A\wedge(B\vee C))\wedge(\neg A\vee\neg(B\wedge C))$

$\Leftrightarrow (A\wedge(B\vee C)\wedge\neg A)\vee(A\wedge(B\vee C)\wedge\neg(B\wedge C))$

$\Leftrightarrow 0\vee(A\wedge(B\vee C)\wedge\neg(B\wedge C))$

$\Leftrightarrow A\wedge((B\vee C)\wedge\neg(B\wedge C))$

所以等值式成立。

想一想 此等值式说明 $\wedge$ 对于 $\overline{\vee}$ 是满足分配律的，那么 $\vee$ 对于 $\overline{\vee}$ 是否满足分配律？证明请读者自己完成。

3. 与非"↑"

设 p、q 为任意两个命题，复合命题"p 与 q 的否定"称为 p、q 的与非，记作：$p\uparrow q$。"↑"称为与非联结词。$p\uparrow q$ 为假，当且仅当 p、q 均为真。

由定义可知，F_{14} 是二元真值函数 $p\uparrow q$。

$p\uparrow q \Leftrightarrow \neg(p\wedge q)$

性质 $(p\uparrow q)\uparrow r \not\Leftrightarrow p\uparrow(q\uparrow r)$

证明 $(p\uparrow q)\uparrow r \Leftrightarrow \neg(p\wedge q)\uparrow r$

$\Leftrightarrow \neg(\neg(p\wedge q)\wedge r)$

$\Leftrightarrow (p\wedge q)\vee\neg r$

$p\uparrow(q\uparrow r) \Leftrightarrow p\uparrow\neg(q\wedge r)$

$\Leftrightarrow \neg(p\wedge\neg(q\wedge r))$

$\Leftrightarrow \neg p\vee(q\wedge r)$

因为 $(p\wedge q)\vee\neg r \not\Leftrightarrow \neg p\vee(q\wedge r)$，所以 $(p\uparrow q)\uparrow r \not\Leftrightarrow p\uparrow(q\uparrow r)$。

证毕

【例 1.4.3】 将下列公式化成仅含联结词"↑"的公式。

(1) $A = \neg p$

(2) $B = p \wedge q$

(3) $C = p \vee q$

解

(1) $A = \neg p \Leftrightarrow \neg(p \wedge p) \Leftrightarrow p \uparrow p$

(2) $B = p \wedge q \Leftrightarrow \neg \neg(p \wedge q) \Leftrightarrow \neg(p \uparrow q) \Leftrightarrow (p \uparrow q) \uparrow (p \uparrow q)$

(3) $C = p \vee q \Leftrightarrow \neg(\neg p \wedge \neg q) \Leftrightarrow \neg p \uparrow \neg q \Leftrightarrow (p \uparrow p) \uparrow (q \uparrow q)$

4. 或非"↓"

设 p、q 为任意两个命题,复合命题"p 或 q 的否定"称为 p、q 的或非,记作:$p \downarrow q$。"↓"称为或非联结词。$p \downarrow q$ **为真,当且仅当** p、q **均为假。**

由定义可知,F_8 是二元真值函数 $p \downarrow q$。

$$p \downarrow q \Leftrightarrow \neg(p \vee q)$$

类似于"↑","↓"同样不满足结合律,并类似可将例 1.4.3 中的公式化成仅含联结词"↓"的公式(请读者自己完成)。

事实上,每一个公式(表中的每一列)都是定义域为 $\{0, 1\}^2 = \{00, 01, 10, 11\}$,值域为 $\{0, 1\}$ 的函数,我们称这样的函数为二元真值函数。一般地,n 个命题变元仅能构成 2^{2^n} 个互不等值的命题公式,它们是定义域为 $\{0, 1\}^n = \{00\cdots00, 00\cdots01, \cdots, 11\cdots11\}$(由 0、1 构成的长度为 n 的符号串,称为维卡氏积),值域为 $\{0, 1\}$ 的函数,称为 n 元真值函数。

每个 n 元真值函数均对应着无穷个与之等值的命题公式,这些公式都是由联结词联结而成的。理论上讲,每个真值函数都可定义一个联结词,于是,一元的有 $2^{2^1} = 4$ 个,二元的有 $2^{2^2} = 16$ 个,三元的有 $2^{2^3} = 256$ 个。但实际上由真值表可知,一元联结词只有"¬"1 个,二元联结词共有 8 个,而三元联结词我们也只用"if…then…else…"(如果……则……否则),且这个联结词完全可以用一元、二元的 ¬、∧ 和 → 表示(参看例 1.8.1(2))。在不同的形式系统中,联结词集合中的联结词有的多些,有的少些,但无论联结词集合中的联结词有多少,它们都必须具备共同的功能,即可以表示出所有的真值函数。

全功能集(功能完备集) 任一真值函数均可用仅含该集中的联结词的公式表示。

对于一个联结词集来说,如果集中的某个联结词可以用集中的其他联结词所定义,则称这个联结词是**冗余的联结词**。

极小全功能集(全功能完备集) 不含冗余联结词的全功能集。

由于三元联结词可用一元和二元的联结词表示,所以是冗余的。考察前面的二元真值函数的真值表可知:$\{\neg, \wedge, \vee, \rightarrow, \leftrightarrow\}$ 是全功能集。而因为 $A \leftrightarrow B \Leftrightarrow (A \rightarrow B) \wedge (B \rightarrow A)$,因此"↔"是冗余的,得新的联结词集 $\{\neg, \wedge, \vee, \rightarrow\}$ 是全功能集。又因为 $A \rightarrow B \Leftrightarrow \neg A \vee B$,因此"→"是冗余的,得联结词集 $\{\neg, \wedge, \vee\}$ 是全功能集。再由 $A \vee B \Leftrightarrow \neg(\neg A \wedge \neg B)$,所以"∨"也是冗余的,可得 $\{\neg, \wedge\}$ 是全功能集。

下面证明 $\{\neg, \wedge\}$ 是极小全功能集。

证明 设 ¬ 是冗余的联结词,则 ¬ 可由仅含 ∧ 的公式表示,则对于任意的公式 A、B …,有

$$\neg A \Leftrightarrow A \wedge B \wedge A \wedge \cdots$$

当 A、$B \cdots$ 均取真值为 0 时，上式右端真值为 0，但左端真值为 1，故等式不成立，矛盾。即 $\neg$ 不是冗余的联结词。

而二元联结词 $\wedge$ 不可能用一元联结词 $\neg$ 来表示，所以 $\wedge$ 也不是冗余的联结词，综上所述，$\{\neg, \wedge\}$ 是极小全功能集。 **证毕**

类似可证，$\{\neg, \vee\}$、$\{\neg, \rightarrow\}$ 均是极小全功能集。再由上面例 1.4.3 可得 $\{\uparrow\}$ 及 $\{\downarrow\}$ 也均是极小全功能集。

【例 1.4.4】 将公式 $p \wedge (q \leftrightarrow r)$ 化成仅含联结词 $\neg$、$\wedge$ 的公式形式。

解 $p \wedge (q \leftrightarrow r)$

$\Leftrightarrow p \wedge ((q \rightarrow r) \wedge (r \rightarrow q))$ （等价等值式）

$\Leftrightarrow p \wedge (\neg q \vee r) \wedge (\neg r \vee q)$ （蕴含等值式）

$\Leftrightarrow p \wedge \neg (\neg \neg q \wedge \neg r) \wedge \neg (\neg \neg r \wedge \neg q)$ （德·摩根律）

$\Leftrightarrow p \wedge \neg (q \wedge \neg r) \wedge \neg (r \wedge \neg q)$ （双重否定律）

【例 1.4.5】 将公式 $p \rightarrow q$ 化成仅含联结词 $\uparrow$、$\downarrow$ 的公式形式。

解 $p \rightarrow q \Leftrightarrow \neg p \vee q$

$\Leftrightarrow \neg (p \wedge \neg q)$

$\Leftrightarrow p \uparrow \neg q$

$\Leftrightarrow p \uparrow (q \uparrow q)$

$p \rightarrow q \Leftrightarrow \neg p \vee q$

$\Leftrightarrow \neg \neg (\neg p \vee q)$

$\Leftrightarrow \neg (\neg p \downarrow q)$

$\Leftrightarrow (\neg p \downarrow q) \downarrow (\neg p \downarrow q)$

$\Leftrightarrow ((p \downarrow p) \downarrow q) \downarrow ((p \downarrow p) \downarrow q)$

1.5 对 偶 与 范 式

在 1.3 节中介绍的基本等值式中，多数公式是成对出现的，这些成对出现的公式是对偶的。

定义 1.5.1 在仅含联结词 $\neg$、$\wedge$、$\vee$ 的命题公式 A 中，将 $\vee$ 换成 $\wedge$，将 $\wedge$ 换成 $\vee$，若 A 中含有 0 或 1，则将 0 换成 1，1 换成 0，所得命题公式称为 A 的对偶式，记作 A^*。

由定义易知，对偶式是相互的，$(A^*)^* = A$，我们称 A 与 A^* 是对偶的。

例如：

(1) $(p \wedge \neg q) \vee r \vee 1$ 与 $(p \vee \neg q) \wedge r \wedge 0$ 互为对偶式。

(2) $\neg (p \vee q) \wedge (\neg q \vee r)$ 与 $\neg (p \wedge q) \vee (\neg q \wedge r)$ 是对偶的。

定理 1.5.1 设 A 与 A^* 是对偶的，p_1，p_2，$\cdots$，p_n 是出现在 A、A^* 中的所有命题变元，则

$$\neg A(p_1, p_2, \cdots, p_n) \Leftrightarrow A^*(\neg p_1, \neg p_2, \cdots, \neg p_n) \tag{1}$$

$$A(\neg p_1, \neg p_2, \cdots, \neg p_n) \Leftrightarrow \neg A^*(p_1, p_2, \cdots, p_n) \qquad (2)$$

证明 对 $A(p_1, p_2, \cdots, p_n)$ 中出现的联结词的个数 m 作数学归纳。

$m=0$ 时，$A(p_1, p_2, \cdots, p_n)$ 中无联结词，则 A 为 p_i，$i \in \{1, 2, \cdots, n\}$，或 A 为 0、1 （命题常元）。

$A(p_i)$ 为 p_i 时，$A^*(p_i)$ 亦为 p_i，则 $\neg A(p_i) \Leftrightarrow \neg p_i \Leftrightarrow \neg A^*(p_i)$。

A 为 0（或 1）时，A^* 为 1（或 0），则 $\neg A \Leftrightarrow \neg 0 \Leftrightarrow 1$（或 $\neg A \Leftrightarrow \neg 1 \Leftrightarrow 0$）。

假设当 A 中有 m 个联结词时原命题成立，则 A 中有 $m+1$ 个联结词时，A 可能是下述情形之一。

① $A(p_1, p_2, \cdots, p_n)$ 呈 $\neg A_1(p_1, p_2, \cdots, p_n)$ 形，其中 $A_1(p_1, p_2, \cdots, p_n)$ 有 m 个联结词出现。

由归纳假设

$$\neg A_1(p_1, p_2, \cdots, p_n) \Leftrightarrow A_1^*(\neg p_1, \neg p_2, \cdots, \neg p_n)$$

于是有

$$\neg \neg A_1(p_1, p_2, \cdots, p_n) \Leftrightarrow \neg A_1^*(\neg p_1, \neg p_2, \cdots, \neg p_n)$$

因此

$$\neg A(p_1, p_2, \cdots, p_n) \Leftrightarrow A^*(\neg p_1, \neg p_2, \cdots, \neg p_n)$$

② $A(p_1, p_2, \cdots, p_n)$ 呈 $A_1(p_1, p_2, \cdots, p_n) \wedge A_2(p_1, p_2, \cdots, p_n)$ 形。

$\neg A(p_1, p_2, \cdots, p_n)$

$\Leftrightarrow \neg (A_1(p_1, p_2, \cdots, p_n) \wedge A_2(p_1, p_2, \cdots, p_n))$

$\Leftrightarrow \neg A_1(p_1, p_2, \cdots, p_n) \vee \neg A_2(p_1, p_2, \cdots, p_n)$ （德·摩根律）

$\Leftrightarrow A_1^*(\neg p_1, \neg p_2, \cdots, \neg p_n) \vee A_2^*(\neg p_1, \neg p_2, \cdots, \neg p_n)$ （归纳假设）

$\Leftrightarrow A^*(\neg p_1, \neg p_2, \cdots, \neg p_n)$

③ $A(p_1, p_2, \cdots, p_n)$ 呈 $A_1(p_1, p_2, \cdots, p_n) \vee A_2(p_1, p_2, \cdots, p_n)$ 形。

证明同②。归纳成立。

类似可证第(2)式。故定理成立。 证毕

定理 1.5.2 设 A^*、B^* 分别是公式 A、B 的对偶式，如果 $A \Leftrightarrow B$，则 $A^* \Leftrightarrow B^*$。

证明 设 A、B 中所有不同的变元为 $p_1, p_2, \cdots, p_n$，则由 $A \Leftrightarrow B$ 知：

$A(p_1, p_2, \cdots, p_n) \leftrightarrow B(p_1, p_2, \cdots, p_n)$ 是永真式

$\neg A(p_1, p_2, \cdots, p_n) \leftrightarrow \neg B(p_1, p_2, \cdots, p_n)$ 亦是永真式

所以

$$\neg A(p_1, p_2, \cdots, p_n) \Leftrightarrow \neg B(p_1, p_2, \cdots, p_n)$$

由定理 1.5.1 知 $A^*(\neg p_1, \neg p_2, \cdots, \neg p_n) \Leftrightarrow B^*(\neg p_1, \neg p_2, \cdots, \neg p_n)$，即

$A^*(\neg p_1, \neg p_2, \cdots, \neg p_n) \leftrightarrow B^*(\neg p_1, \neg p_2, \cdots, \neg p_n)$ 是永真式

当 p_i 代以 $\neg p_i$ 时，得

$A^*(\neg \neg p_1, \neg \neg p_2, \cdots, \neg \neg p_n) \leftrightarrow B^*(\neg \neg p_1, \neg \neg p_2, \cdots, \neg \neg p_n)$ 仍是永真式

即

$$A^*(\neg \neg p_1, \neg \neg p_2, \cdots, \neg \neg p_n) \Leftrightarrow B^*(\neg \neg p_1, \neg \neg p_2, \cdots, \neg \neg p_n)$$

因此有 $\qquad A^*(p_1, p_2, \cdots, p_n) \Leftrightarrow B^*(p_1, p_2, \cdots, p_n)$ 证毕

本定理称为对偶原理。

因为 0 与 1 互为对偶式，所以由对偶原理可知，若 A 为重言式，则 A^* 必为矛盾式，反之亦然。

在命题逻辑中需要解决下面的问题。

问题 1 对任何一个命题公式 $A(p_1, p_2, \cdots, p_n)$，我们如何判断它的类型？

解决的方法之一是做出该公式的真值表，检查它在任一赋值下的真值。此方法的缺点是 n 个变元的公式有 2^n 个赋值，当 n 较大时工作量大。

解决的方法之二是利用逻辑等值演算，对公式化简且配合部分赋值法来判定。

问题 2 如果已知公式的成真和成假赋值，能否将它的表达式求出？

这是问题 1 的逆，为此我们需要研究赋值与命题联结词之间的关系。

问题 3 同一真值函数可有不同的公式表达式，给定两个命题公式如何判定它们是等值的？

问题 1、3 均可归为判定问题，可用化范式的方法解决，范式给各种各样的公式提供了一个统一的表达形式，从而为我们讨论问题，作机械的符号处理提供了方便。

定义 1.5.2 将命题变元及其否定统称为文字，p 与 $\neg p$ 称为一对相反的文字。

简单析取式（基本和） 仅由有限个文字构成的析取式。

简单合取式（基本积） 仅由有限个文字构成的合取式。

例如，p、$\neg q$ 既是一个文字的简单析取式，又是一个文字的简单合取式。

$p \lor \neg q$、$p \lor r$ 均是有两个文字的简单析取式。

$p \land q \land r$、$\neg p \land q \land \neg q$ 均是有三个文字的简单合取式。

性质

(1) 一个文字既是简单析取式又是简单合取式。

(2) 一个简单析取式是重言式，当且仅当它同时含有一对相反的文字。

(3) 一个简单合取式是矛盾式，当且仅当它同时含有一对相反的文字。

例如，$p \lor q \lor \neg p$ 是重言式，$\neg p \land \neg q \land q$ 是矛盾式。

定义 1.5.3

析取范式 由有限个简单合取式构成的析取式。

合取范式 由有限个简单析取式构成的合取式。

【例 1.5.1】 判断下列各式是析取范式还是合取范式。

(1) p

(2) $p \lor \neg q$

(3) $\neg p \land q \land r$

(4) $p \lor (q \land \neg r) \lor \neg r$

(5) $\neg p \land (p \lor q) \land (p \lor \neg q \lor r) \land q$

解 (1)式既是一个简单析取式又是一个简单合取式，是只有一个简单析取式的合取范式，也是只有一个简单合取式的析取范式。(2)式是有两个简单合取式的析取范式，也是只有一个简单析取式的合取范式。(3)式是有三个简单析取式的合取范式，也是只有一个简单合取式的析取范式。(4)式是有三个简单合取式的析取范式。(5)式是有四个简单析取式的合取范式。

性质

(1) 一个文字既是一析取范式又是一合取范式。

(2) 一个析取范式为矛盾式，当且仅当它的每个简单合取式是矛盾式。

(3) 一个合取范式为重言式，当且仅当它的每个简单析取式是重言式。

例如，$A=(\neg p \wedge p \wedge q) \vee (p \wedge q \wedge \neg q)$是矛盾式。

$\qquad A=(\neg p \vee p \vee q) \wedge (p \vee q \vee \neg q) \wedge (q \vee \neg r \vee r)$是重言式。

定理 1.5.3 任一命题公式都存在着与之等值的析取范式，任一命题公式都存在着与之等值的合取范式。

证明 对于任一公式，可用下面的方法构造出与其等值的范式：

(1) 利用等值式

$$A \leftrightarrow B \Leftrightarrow (A \rightarrow B) \wedge (B \rightarrow A)$$
$$A \rightarrow B \Leftrightarrow \neg A \vee B$$

使公式中仅含联结词$\neg$、$\wedge$、$\vee$。

(2) 利用德·摩根律和双重否定律

$$\neg (A \vee B) \Leftrightarrow \neg A \wedge \neg B$$
$$\neg (A \wedge B) \Leftrightarrow \neg A \vee \neg B$$
$$\neg \neg A \Leftrightarrow A$$

将否定符$\neg$移至命题变元符前，并去掉多余的否定符$\neg$。

(3) 利用分配律

$$A \wedge (B \vee C) \Leftrightarrow (A \wedge B) \vee (A \wedge C)$$

或 $\qquad\qquad A \vee (B \wedge C) \Leftrightarrow (A \vee B) \wedge (A \vee C)$

将公式化成析取范式或合取范式。所得即与原公式等值的范式。 证毕

【例 1.5.2】 求公式$((p \vee q) \rightarrow r) \leftrightarrow p$的析取范式。

解 $\quad ((p \vee q) \rightarrow r) \leftrightarrow p$

$\Leftrightarrow (((p \vee q) \rightarrow r) \rightarrow p) \wedge (p \rightarrow ((p \vee q) \rightarrow r))$ （消$\leftrightarrow$）

$\Leftrightarrow (\neg (\neg (p \vee q) \vee r) \vee p) \wedge (\neg p \vee \neg (p \vee q) \vee r)$ （消$\rightarrow$）

$\Leftrightarrow ((\neg \neg (p \vee q) \wedge \neg r) \vee p) \wedge (\neg p \vee (\neg p \wedge \neg q) \vee r)$ （德·摩根律）

$\Leftrightarrow (((p \vee q) \wedge \neg r) \vee p) \wedge (\neg p \vee r)$ （双重否定律、吸收律）

$\Leftrightarrow ((p \wedge \neg r) \vee (q \wedge \neg r) \vee p) \wedge (\neg p \vee r)$ （分配律）

$\Leftrightarrow (((p \wedge \neg r) \vee p) \vee (q \wedge \neg r)) \wedge (\neg p \vee r)$ （交换律、结合律）

$\Leftrightarrow (p \vee (q \wedge \neg r)) \wedge (\neg p \vee r)$ （吸收律）

$\Leftrightarrow (p \wedge (\neg p \vee r)) \vee ((q \wedge \neg r) \wedge (\neg p \vee r))$ （分配律）

$\Leftrightarrow^* (p \wedge \neg p) \vee (p \wedge r) \vee (q \wedge \neg r \wedge \neg p) \vee (q \wedge \neg r \wedge r)$ （分配律）

$\Leftrightarrow 0 \vee (p \wedge r) \vee (\neg p \wedge q \wedge \neg r) \vee 0$ （矛盾律）

$\Leftrightarrow (p \wedge r) \vee (\neg p \wedge q \wedge \neg r) \quad$ ——析取范式 （同一律）

事实上，第 * 步已经是析取范式了，最后是化简了的结果。这说明一个公式的析取范式不是唯一的。

【例 1.5.3】 求例 1.5.2 中公式的合取范式。

解 由例 1.5.2 第 4 步，有

原式 $\Leftrightarrow (((p \lor q) \land \neg r) \lor p) \land (\neg p \lor r)$

$\Leftrightarrow (p \lor q \lor p) \land (\neg r \lor p) \land (\neg p \lor r)$　　　　　　　（分配律）

$\Leftrightarrow (p \lor q) \land (p \lor \neg r) \land (\neg p \lor r)$　　——合取范式　（幂等律、交换律）

同样，合取范式也是不唯一的。

范式的不唯一性为我们讨论问题带来了不便，为了使一个命题公式化成唯一的等值的标准形式，我们引入主范式的概念。

定义 1.5.4 对于公式 A：

极小项 包含 A 中所有命题变元或其否定一次且仅一次的简单合取式；

极大项 包含 A 中所有命题变元或其否定一次且仅一次的简单析取式。

注 极小项或极大项中各文字要求**按角标顺序**或**字典顺序**排列。

【例 1.5.4】 求公式 $A(p, q)$ 的极小项和极大项。

解 极小项：

$$\neg p \land \neg q \text{、} \neg p \land q \text{、} p \land \neg q \text{、} p \land q$$

极大项：

$$p \lor q \text{、} p \lor \neg q \text{、} \neg p \lor q \text{、} \neg p \lor \neg q$$

即极小（大）项的个数等于 2^2 个。（n 元的公式为 2^n 个。）

我们做出仅含两个命题变元的公式的极小项的真值表，如表 1.5.1 所示。

表　1.5.1

p	q	$\neg p \land \neg q$ (m_0)	$\neg p \land q$ (m_1)	$p \land \neg q$ (m_2)	$p \land q$ (m_3)
0	0	1	0	0	0
0	1	0	1	0	0
1	0	0	0	1	0
1	1	0	0	0	1

由真值表可看出：对于 p，q 的任一组赋值，有且仅有一个极小项的真值为 1，即极小项之间是不等值的，4 个真值赋值与 4 个极小项值之间有一一对应关系。我们用 m_i 表示在十进制为 i 的赋值下真值为 1 的极小项。

定义 1.5.5 对于公式 A：

主析取范式 与 A 等值的由极小项构成的析取范式；

主合取范式 与 A 等值的由极大项构成的合取范式。

由定理 1.5.3 知，任一公式的析（合）取范式总是存在的，求主范式只需在求范式的基础上将每个简单合（析）取式化成极小（大）项。

【例 1.5.5】 求公式 $((p \lor q) \to r) \leftrightarrow p$ 的主析取范式。

解 由例 1.5.2 已求得公式的析取范式，在此基础上求主析取范式。即

$$((p \lor q) \to r) \leftrightarrow p$$

$\Leftrightarrow (p \land r) \lor (\neg p \land q \land \neg r)$　　——析取范式

$$\Leftrightarrow (p \land r \land (q \lor \neg q)) \lor (\neg p \land q \land \neg r) \qquad \text{(同一律)}$$

$$\Leftrightarrow (p \land r \land q) \lor (p \land r \land \neg q) \lor (\neg p \land q \land \neg r) \qquad \text{(分配律)}$$

$$\Leftrightarrow (\neg p \land q \land \neg r) \lor (p \land \neg q \land r) \lor (p \land q \land r) \qquad \text{(交换律)}$$

$$\Leftrightarrow m_2 \lor m_5 \lor m_7 \qquad \text{——主析取范式}$$

$$\Leftrightarrow \sum (2, 5, 7)$$

2、5、7 恰是使三个极小项成真的赋值的十进制表示。

【例 1.5.6】 求 $(p \to (p \lor r)) \land (q \leftrightarrow p)$ 的主析取范式。

解 $\quad (p \to (p \lor r)) \land (q \leftrightarrow p)$

$$\Leftrightarrow (p \to (p \lor r)) \land (p \to q) \land (q \to p) \qquad \text{(等价等值式)}$$

$$\Leftrightarrow (\neg p \lor p \lor r) \land (\neg p \lor q) \land (p \lor \neg q) \qquad \text{(蕴含等值式)}$$

$$\Leftrightarrow 1 \land (\neg p \lor q) \land (p \lor \neg q) \qquad \text{(排中律)}$$

$$\Leftrightarrow (\neg p \lor q) \land (p \lor \neg q) \qquad \text{——合取范式} \qquad \text{(同一律)}$$

$$\Leftrightarrow ((\neg p \lor q) \land p) \lor ((\neg p \lor q) \land \neg q) \qquad \text{(分配律)}$$

$$\Leftrightarrow (\neg p \land p) \lor (q \land p) \lor (\neg p \land \neg q) \lor (q \land \neg q) \qquad \text{——析取范式} \qquad \text{(分配律)}$$

$$\Leftrightarrow (q \land p) \lor (\neg p \land \neg q) \qquad \text{(矛盾式、同一律)}$$

$$\Leftrightarrow ((q \land p) \land (\neg r \lor r)) \lor ((\neg p \land \neg q) \land (\neg r \lor r)) \qquad \text{(同一律)}$$

$$\Leftrightarrow (q \land p \land r) \lor (q \land p \land \neg r) \lor (\neg p \land \neg q \land r) \lor (\neg p \land \neg q \land \neg r) \qquad \text{(分配律)}$$

$$\Leftrightarrow (\neg p \land \neg q \land \neg r) \lor (\neg p \land \neg q \land r) \lor (p \land q \land \neg r) \lor (p \land q \land r) \qquad \text{(交换律)}$$

$$\Leftrightarrow m_0 \lor m_1 \lor m_6 \lor m_7 \qquad \text{——主析取范式}$$

$$\Leftrightarrow \sum (0, 1, 6, 7)$$

定理 1.5.4 任何命题公式的主析取范式存在且唯一。

证明 由析取范式的存在性知主析取范式的存在性成立。下面证唯一性：

设任一命题公式 A 有两个主析取范式 B 和 C，则因为 $A \Leftrightarrow B$，$A \Leftrightarrow C$，所以 $B \Leftrightarrow C$。

若 B、C 是 A 的（在不计极小项的顺序的情况下）不等值的主析取范式（$B \neq C$），则必存在某个极小项 m_i，m_i 只存在于 B、C 之一中。

不妨设 m_i 在 B 中，而不在 C 中，因此 i 之二进制表示是 B 的成真赋值，而对于 C 则为成假赋值，这与 $B \Leftrightarrow C$ 矛盾，故 $B = C$。 $\qquad$ **证毕**

注意到每个极小项均对应着公式的一个成真赋值，因此只要我们知道了公式的成真赋值，就可得到其相应的主析取范式。换言之，我们可以直接由公式的真值表得到与之等值的主析取范式，反之亦然。

【例 1.5.7】 用真值表法求上例公式 $(p \to (p \lor r)) \land (q \leftrightarrow p)$ 的主析取范式。

解 构造公式的真值表，如表 1.5.2 所示。

故 $\qquad (p \to (p \lor r)) \land (q \leftrightarrow p) \Leftrightarrow m_0 \lor m_1 \lor m_6 \lor m_7 \Leftrightarrow \sum (0, 1, 6, 7)$

$$\Leftrightarrow (\neg p \land \neg q \land \neg r) \lor (\neg p \land \neg q \land r) \lor (p \land q \land \neg r) \lor (p \land q \land r)$$

结论（主析取范式的用途）

(1) 重言式的主析取范式包含公式的全部 2^n 个极小项。

(2)（规定）矛盾式的主析取范式为 0。

（3）二等值的公式必有相同的主析取范式（不计极小项的顺序）。

（4）不列真值表，由主析取范式可得公式的成真、成假赋值。

（5）仅由真值表，可得公式的表达式（主析取范式形式）。

（6）解决应用问题。

表　1.5.2

p	q	r	$p \vee r$	$p \rightarrow (p \vee r)$	$q \leftrightarrow p$	$(p \rightarrow (p \vee r)) \wedge (q \leftrightarrow p)$	
0	0	0	0	1	1	1	m_0
0	0	1	1	1	1	1	m_1
0	1	0	0	1	0	0	m_2
0	1	1	1	1	0	0	m_3
1	0	0	1	1	0	0	m_4
1	0	1	1	1	0	0	m_5
1	1	0	1	1	1	1	m_6
1	1	1	1	1	1	1	m_7

前两条可用来判断公式的类型，第三条判断两个公式的等值，由此前面提出的三个问题得到了解决。

【例 1.5.8】　不列真值表，求公式 $(p \rightarrow q) \rightarrow r$ 的成真赋值。

解　$(p \rightarrow q) \rightarrow r$

$\Leftrightarrow \neg(\neg p \vee q) \vee r$　　　　　　　　　　（消→）

$\Leftrightarrow (p \wedge \neg q) \vee r$　　　　　　　　　　（内移 ¬）

$\Leftrightarrow ((p \wedge \neg q) \wedge (\neg r \vee r)) \vee ((\neg p \vee p) \wedge r)$

$\Leftrightarrow (p \wedge \neg q \wedge \neg r) \vee (p \wedge \neg q \wedge r) \vee (\neg p \wedge r) \vee (p \wedge r)$

$\Leftrightarrow (p \wedge \neg q \wedge \neg r) \vee (p \wedge \neg q \wedge r) \vee ((\neg p \wedge r) \wedge (\neg q \vee q)) \vee ((p \wedge r) \wedge (\neg q \wedge q))$

$\Leftrightarrow (p \wedge \neg q \wedge \neg r) \vee (p \wedge \neg q \wedge r) \vee (\neg p \wedge \neg q \wedge r) \vee (\neg p \wedge q \wedge r) \vee (p \wedge \neg q \wedge r)$

$\quad \vee (p \wedge q \wedge r)$

$\Leftrightarrow (\neg p \wedge \neg q \wedge r) \vee (\neg p \wedge q \wedge r) \vee (p \wedge \neg q \wedge \neg r) \vee (p \wedge \neg q \wedge r) \vee (p \wedge q \wedge r)$

$\Leftrightarrow m_1 \vee m_3 \vee m_4 \vee m_5 \vee m_7$

$\Leftrightarrow \sum(1, 3, 4, 5, 7)$

所以，公式 $(p \rightarrow q) \rightarrow r$ 成真的赋值为：001，011，100，101，111。

【例 1.5.9】　已知命题公式 $A(p, q, r)$ 的成真赋值为 010，101，110，求 A。

解　$A \Leftrightarrow m_2 \vee m_5 \vee m_6$

$\Leftrightarrow (\neg p \wedge q \wedge \neg r) \vee (p \wedge \neg q \wedge r) \vee (p \wedge q \wedge \neg r)$

【例 1.5.10】　四人比赛，三人估计成绩。甲说："A 第一，B 第二"，乙说："C 第二，D 第四"，丙说："A 第二，D 第四"。结果每人都说对了一半，假设无并列名次，问 A、B、C、D 的实际名次如何？

解　设 p：A 第一，q：B 第二。　　　　（甲说）　　　　$(\neg p \wedge q) \vee (p \wedge \neg q) \Leftrightarrow 1$

r：C 第二，s：D 第四。 （乙说） $(\neg r \wedge s) \vee (r \wedge \neg s) \Leftrightarrow 1$

t：A 第二，s：D 第四。 （丙说） $(\neg s \wedge t) \vee (s \wedge \neg t) \Leftrightarrow 1$

$1 \Leftrightarrow ((\neg p \wedge q) \vee (p \wedge \neg q)) \wedge ((\neg r \wedge s) \vee (r \wedge \neg s)) \wedge ((\neg s \wedge t) \vee (s \wedge \neg t))$

$\Leftrightarrow ((\neg p \wedge q \wedge \neg r \wedge s) \vee (\neg p \wedge q \wedge r \wedge \neg s) \vee (p \wedge \neg q \wedge \neg r \wedge s) \vee (p \wedge \neg q \wedge r \wedge \neg s))$

$\quad \wedge ((\neg s \wedge t) \vee (s \wedge \neg t))$

$\Leftrightarrow (\neg p \wedge q \wedge \neg r \wedge s \wedge \neg t) \vee (\neg p \wedge q \wedge r \wedge \neg s \wedge t) \vee (p \wedge \neg q \wedge \neg r \wedge s \wedge \neg t)$

$\quad \vee (p \wedge \neg q \wedge r \wedge \neg s \wedge t)$

$\Leftrightarrow m_{01010} \vee m_{01101} \vee m_{10010} \vee m_{10101}$

因为 q、r 不能同为 1，p、t 不能同为 1，q、r、t 不能同为 0，所以需去掉不符题义的 m_{01101}、m_{10101}、m_{10010}，得 $1 \Leftrightarrow m_{01010} \Leftrightarrow \neg p \wedge q \wedge \neg r \wedge s \wedge \neg t$，即 A 不是第一，B 是第二，C 不是第二，D 是第四，A 不是第二。

故实际名次是：C 第一，B 第二，A 第三，D 第四。

完全类似，我们可以求主合取范式，先做含两个命题变元的极大项真值表，如表1.5.3 所示。

表 1.5.3

p $\quad$ q	$p \vee q$ （M_0）	$p \vee \neg q$ （M_1）	$\neg p \vee q$ （M_2）	$\neg p \vee \neg q$ （M_3）
0 $\quad$ 0	0	1	1	1
0 $\quad$ 1	1	0	1	1
1 $\quad$ 0	1	1	0	1
1 $\quad$ 1	1	1	1	0

对应 p、q 的每一组赋值，极大项的真值有且仅有一个为 0；极大项与其成假赋值有着一一对应关系，我们用 M_i 表示在十进制为 i 的赋值下真值为 0 的极大项。因此，求一个公式的主合取范式，只需知道该公式的成假赋值，并将对应着这个赋值也成假的那些极大项合取起来，即得该公式的主合取范式。

【例 1.5.11】 求公式 $(p \rightarrow (p \vee r)) \wedge (q \leftrightarrow p)$ 的主合取范式。

解 由例 1.5.7 已知此公式的成假赋值为 010，011，100，101，可得主合取范式为

$\quad (p \rightarrow (p \vee r)) \wedge (q \leftrightarrow p)$

$\Leftrightarrow M_2 \wedge M_3 \wedge M_4 \wedge M_5 \Leftrightarrow \prod (2, 3, 4, 5)$

$\Leftrightarrow (p \vee \neg q \vee r) \wedge (p \vee \neg q \vee \neg r) \wedge (\neg p \vee q \vee r) \wedge (\neg p \vee q \vee \neg r)$

同样，利用等值演算法也可得主合取范式：

$\quad (p \rightarrow (p \vee r)) \wedge (q \leftrightarrow p)$

$\Leftrightarrow (\neg p \vee p \vee r) \wedge (\neg q \vee p) \wedge (\neg p \vee q)$ （等价等值式、蕴含等值式）

$\Leftrightarrow 1 \wedge (p \vee \neg q) \wedge (\neg p \vee q)$ （排中律、零律、交换律）

$\Leftrightarrow (p \vee \neg q \vee \neg r) \wedge (p \vee \neg q \vee r) \wedge (\neg p \vee q \vee \neg r) \wedge (\neg p \vee q \vee r)$

$\quad$（同一律、分配律）

$\Leftrightarrow (p \vee \neg q \vee r) \wedge (p \vee \neg q \vee \neg r) \wedge (\neg p \vee q \vee r) \wedge (\neg p \vee q \vee \neg r)$

$\quad$——主合取范式 （交换律）

注意到，对于任一公式，在它的 2^n 个赋值中，非 0 即 1，因此其主析取范式中的极小项和其主合取范式中的极大项的个数之和恰为 2^n，且其下标不会相同。故当我们知道了一个公式的所有成真赋值时，也就知道了它的所有成假赋值，亦即知道了主析取范式，相应地也就得到了主合取范式，反之亦然。

另外，任一公式的主合取范式同样具有存在唯一性且(规定)重言式的主合取范式为 1。

【例 1.5.12】 求 $(\neg p \vee r) \wedge (p \rightarrow q) \wedge (q \rightarrow r)$ 的主析取范式。

解　　$(\neg p \vee r) \wedge (p \rightarrow q) \wedge (q \rightarrow r)$

$\Leftrightarrow (\neg p \vee r) \wedge (\neg p \vee q) \wedge (\neg q \vee r)$

$\Leftrightarrow (\neg p \vee \neg q \vee r) \wedge (\neg p \vee q \vee r) \wedge (\neg p \vee q \vee \neg r) \wedge (\neg p \vee q \vee r)$
$\qquad \wedge (\neg p \vee \neg q \vee r) \wedge (p \vee \neg q \vee r)$

$\Leftrightarrow (p \vee \neg q \vee r) \wedge (\neg p \vee q \vee r) \wedge (\neg p \vee q \vee \neg r) \wedge (\neg p \vee \neg q \vee r)$

$\qquad\qquad\qquad\qquad\qquad\qquad\qquad\qquad$——主合取范式

$\Leftrightarrow M_2 \wedge M_4 \wedge M_5 \wedge M_6$

$\Leftrightarrow \prod (2, 4, 5, 6)$

$\Leftrightarrow \sum (0, 1, 3, 7)$

$\Leftrightarrow (\neg p \wedge \neg q \wedge \neg r) \vee (\neg p \wedge \neg q \wedge r) \vee (\neg p \wedge q \wedge r) \vee (p \wedge q \wedge r)$

$\qquad\qquad\qquad\qquad\qquad\qquad\qquad\qquad$——主析取范式

1.6　推　理　理　论

推理是"前提⇒结论"的思维过程。在命题逻辑中，前提是已知的命题公式，结论是从前提出发应用推理规则推出的命题公式。在传统数学中定理的证明均是由前提(已知条件，全是真命题)推出结论(亦全是真命题)，这样的结论称为合法结论。数理逻辑有所不同，它着重研究的是推理的过程，这种过程称为演绎或形式证明。在过程中使用的推理规则必须是公认的且要明确列出，而对于作为前提和结论的命题并不一定要求它们全是真命题，这样的结论称为有效结论。

定理 1.6.1　称蕴含式 $(A_1 \wedge A_2 \wedge \cdots \wedge A_n) \rightarrow B$ 为推理的形式结构，$A_1, A_2, \cdots, A_n$ 为推理的前提，B 为推理的结论。若 $(A_1 \wedge A_2 \wedge \cdots \wedge A_n) \rightarrow B$ 是重言式，则称从前提 $A_1, A_2, \cdots, A_n$ 推出结论 B 的推理正确，B 是 $A_1, A_2, \cdots, A_n$ 的有效结论或逻辑结论。记作：

$\qquad (A_1 \wedge A_2 \wedge \cdots \wedge A_n) \Rightarrow B \quad$ 或 $\quad A_1, A_2, \cdots, A_n \Rightarrow B$

否则称推理不正确，或 B 不是前提 $A_1, A_2, \cdots, A_n$ 的有效结论。

注意　"⇒"亦读作"蕴含"，但它不是联结词。

"⇒"具有的性质：

(1) $A \Rightarrow A$。　　　　　　　　　　　　(自反性)

(2) 若 $A \Rightarrow B$ 且 $B \Rightarrow A$，则 $A \Leftrightarrow B$。　(反对称性)

(3) 若 $A \Rightarrow B$ 且 $B \Rightarrow C$，则 $A \Rightarrow C$。　(传递性)

由定义可知，推理的正确与否，取决于蕴含式是否是重言式。判断重言式的方法(已学的)有三种：真值表法、等值演算法和主析取范式法等。

【例 1.6.1】 验证下面推理是否正确：

一个数是复数，仅当它是实数或是虚数，一个数既不是实数也不是虚数，因此它不是复数。

证明 设 p：它是复数，q：它是实数，r：它是虚数。

推理的形式结构为：$((p \rightarrow (q \vee r)) \wedge (\neg q \wedge \neg r)) \rightarrow \neg p$。

（1）真值表法（真值表如表 1.6.1 所示）。

表 1.6.1

p	q	r	$p \rightarrow (q \vee r)$	$\neg q \wedge \neg r$	$\neg p$
0	0	0	1	1	1
0	0	1	1	0	1
0	1	0	1	0	1
0	1	1	1	0	1
1	0	0	0	1	0
1	0	1	1	0	0
1	1	0	1	0	0
1	1	1	1	0	0

因为只有第一行前提、结论均为真，所以推理正确。

（2）等值演算法：

$$((p \rightarrow (q \vee r)) \wedge (\neg q \wedge \neg r)) \rightarrow \neg p$$
$$\Leftrightarrow ((\neg p \vee (q \vee r)) \wedge (\neg q \wedge \neg r)) \rightarrow \neg p \qquad \text{（蕴含等值式）}$$
$$\Leftrightarrow ((\neg p \vee (q \vee r)) \wedge \neg (q \vee r)) \rightarrow \neg p \qquad \text{（德·摩根律）}$$
$$\Leftrightarrow ((\neg p \wedge \neg (q \vee r)) \vee 0) \rightarrow \neg p \qquad \text{（分配律、排中律）}$$
$$\Leftrightarrow (\neg p \wedge \neg q \wedge \neg r) \rightarrow \neg p \qquad \text{（同一律）}$$
$$\Leftrightarrow \neg (\neg p \wedge \neg q \wedge \neg r) \vee \neg p \qquad \text{（蕴含等值式）}$$
$$\Leftrightarrow p \vee q \vee r \vee \neg p \qquad \text{（德·摩根律）}$$
$$\Leftrightarrow 1 \vee q \vee r \qquad \text{（交换律、排中律）}$$
$$\Leftrightarrow 1 \qquad \text{（零律）}$$

因为推理的形式结构是重言式，所以推理正确。

（3）主析取范式法（略）。   证毕

利用真值表法、等值演算法以及分析法等容易证明下述推理定律的正确性。

推理定律（重言蕴涵式）：

（1）$A \Rightarrow (A \vee B)$ 附加

（2）$(A \wedge B) \Rightarrow A$ 化简

（3）$((A \rightarrow B) \wedge A) \Rightarrow B$ 假言推理

（4）$((A \rightarrow B) \wedge \neg B) \Rightarrow \neg A$ 拒取式

（5）$((A \vee B) \wedge \neg B) \Rightarrow A$ 析取三段论

（6）$((A \rightarrow B) \wedge (B \rightarrow C)) \Rightarrow (A \rightarrow C)$ 假言三段论

$(7)\ ((A \leftrightarrow B) \wedge (B \leftrightarrow C)) \Rightarrow (A \leftrightarrow C)$ 等价三段论

$(8)\ ((A \rightarrow B) \wedge (C \rightarrow D) \wedge (A \vee C)) \Rightarrow (B \vee D)$ 构造性二难

【例 1.6.2】 证明拒取式$((A \rightarrow B) \wedge \neg B) \Rightarrow \neg A$ 的正确性。

证明 $((A \rightarrow B) \wedge \neg B) \rightarrow \neg A$

$\Leftrightarrow \neg ((\neg A \vee B) \wedge \neg B) \vee \neg A$

$\Leftrightarrow \neg (\neg A \wedge \neg B) \vee \neg A$

$\Leftrightarrow A \vee B \vee \neg A$

$\Leftrightarrow 1$

【例 1.6.3】 分析证明析取三段论$((A \vee B) \wedge \neg B) \Rightarrow A$的正确性。

分析   由于蕴涵式当且仅当前件为真，后件为假的情况下为假，因此我们只需考虑假设前件为真时，能否推出后件为真即可。

证明   假设前件$(A \vee B) \wedge \neg B$为真，则$A \vee B$为真且$\neg B$为真，则必有B为假，而$A \vee B$为真，故：A为真。

其它定律请读者自己考虑。

以上的证明方法，当形式结构比较复杂，特别是所含命题变元较多、构成前提的公式较多时，一般是很不方便的。下面介绍构造证明法，这种方法必须在给定的规则下进行，其中有些规则建立在推理定律(重言蕴涵式)的基础之上。

构造证明法

构造证明实质上就是一串公式的序列，其中的每个公式都是按照事先规定的规则得到的，且需将所用的规则在公式后写明，该序列的最后一个公式正是所要证明的结论。

注意：(1) 构造证明法作为推理系统有其固有的书写格式，必须严格遵守。

(2) 不同的推理系统所给出的推理规则集合不尽相同。

本推理系统中所依据的推理规则如下。

推理规则

前提引入规则   在证明的任何步骤上，都可以引入前提。

结论引入规则   在证明的任何步骤上，所得到的结论均可作后续证明的前提加以引用。

置换规则   在证明的任何步骤上，命题公式中的任何子公式都可以用与之等值的公式置换(等值式见本章第1.3节)。

另外，由前面的推理定律可得下面8个推理规则：(这里$A_1, A_2, \cdots, A_n \vdash B$表示$B$是$A_1, A_2, \cdots, A_n$的逻辑结论。)

附加规则 $A \vdash (A \vee B)$

化简规则 $(A \wedge B) \vdash A$

假言推理规则 $(A \rightarrow B), A \vdash B$

拒取式规则 $(A \rightarrow B), \neg B \vdash \neg A$

假言三段论规则 $(A \rightarrow B), (B \rightarrow C) \vdash (A \rightarrow C)$

析取三段论规则 $(A \vee B), \neg B \vdash A$

构造性二难规则 $(A \rightarrow B), (C \rightarrow D), (A \vee C) \vdash (B \vee D)$

合取引入规则 A，$B \vDash (A \wedge B)$

【例 1.6.4】 构造下列推理的证明。

前提：$p \vee q$，$p \to \neg r$，$s \to t$，$\neg s \to r$，$\neg t$

结论：q

证明

(1)	$s \to t$	前提引入
(2)	$\neg t$	前提引入
(3)	$\neg s$	(1)(2)拒取式
(4)	$\neg s \to r$	前提引入
(5)	r	(3)(4)假言推理
(6)	$\neg \neg r$	(5)置换
(7)	$p \to \neg r$	前提引入
(8)	$\neg p$	(6)(7)拒取式
(9)	$p \vee q$	前提引入
(10)	$q \vee p$	(9)置换
(11)	q	(10)(8)析取三段论

证毕

在以上的证明中，左边是公式的序号，中间是公式，右边是得到该公式的依据，如"(10)(8)析取三段论"表示：以公式(10)(即 $q \vee p$)和公式(8)(即 $\neg p$)作为前提，应用析取三段论规则得到公式(11)(即 q)。

【例 1.6.5】 用构造证明的方法证明下列推理的正确性。

如果小张守一垒且小李向乙队投球，则甲队取胜。如果甲队取胜，则甲队成为联赛第一名。小张守第一垒。甲队没有成为联赛第一名。因此，小李没有向乙队投球。

解 设 p：小张守一垒，q：小李向乙队投球，r：甲队取胜，s：甲队成为联赛第一名。

前提：$(p \wedge q) \to r$，$r \to s$，p，$\neg s$

结论：$\neg q$

(1)	$r \to s$	前提引入
(2)	$\neg s$	前提引入
(3)	$\neg r$	(1)(2)拒取式
(4)	$(p \wedge q) \to r$	前提引入
(5)	$\neg (p \wedge q)$	(3)(4)拒取式
(6)	$\neg p \vee \neg q$	(5)置换
(7)	p	前提引入
(8)	$\neg q$	(6)(7)析取三段论

所以推理正确。

【例 1.6.6】 构造证明，找出下列推理的有效结论。

如果我考试通过了，那么我很快乐。如果我快乐，那么阳光灿烂。现在是晚上 11 点，天很暖。

解 设 p：我考试通过了，q：我很快乐，r：阳光灿烂，s：天很暖。

前提：$p \rightarrow q$，$q \rightarrow r$，$\neg r \wedge s$

推理：

(1)	$p \rightarrow q$	前提引入
(2)	$q \rightarrow r$	前提引入
(3)	$p \rightarrow r$	(1)(2)假言三段论
(4)	$\neg r \wedge s$	前提引入
(5)	$\neg r$	(4)化简
(6)	$\neg p$	(5)(3)拒取式

所以有效结论是：我考试没通过。

附加前提证明法(CP 规则)

若 A_1，A_2，$\cdots$，A_n，$A \models B$，则 A_1，A_2，$\cdots$，$A_n \models A \rightarrow B$。

证明 $(A_1 \wedge A_2 \wedge \cdots \wedge A_n) \rightarrow (A \rightarrow B)$

$\Leftrightarrow \neg(A_1 \wedge A_2 \wedge \cdots \wedge A_n) \vee (\neg A \vee B)$

$\Leftrightarrow \neg A_1 \vee \neg A_2 \vee \cdots \vee \neg A_n \vee \neg A \vee B$

$\Leftrightarrow \neg(A_1 \wedge A_2 \wedge \cdots \wedge A_n \wedge A) \vee B$

$\Leftrightarrow (A_1 \wedge A_2 \wedge \cdots \wedge A_n \wedge A) \rightarrow B$ 证毕

附加前提证明法的意义在于：当推理的结论是蕴含式时，可以将其前件作为附加前提引用，只要能推理出其后件，则原推理成立。

【例 1.6.7】 用构造证明的方法证明下列推理的正确性。

如果小张去看电影，则当小王去看电影时，小李也去。小赵不去看电影或小张去看电影。小王去看电影。所以当小赵去看电影时，小李也去。

解 设 p：小张去看电影，q：小王去看电影，r：小李去看电影，s：小赵去看电影。

前提：$p \rightarrow (q \rightarrow r)$，$\neg s \vee p$，$q$

结论：$s \rightarrow r$

(1)	$\neg s \vee p$	前提引入
(2)	s	附加前提引入
(3)	$p \vee \neg s$	(1)置换
(4)	$\neg \neg s$	(2)置换
(5)	p	(3)(4)析取三段论
(6)	$p \rightarrow (q \rightarrow r)$	前提引入
(7)	$q \rightarrow r$	(5)(6)假言推理
(8)	q	前提引入
(9)	r	(7)(8)假言推理
(10)	$s \rightarrow r$	CP

所以推理正确。

定义 1.6.1 如果 A_1，A_2，$\cdots$，A_n 均为命题公式，$A_1 \wedge A_2 \wedge \cdots \wedge A_n \Leftrightarrow 0$，则称 A_1，A_2，$\cdots$，A_n 不相容，否则称相容。

归缪证明法

若 A_1，A_2，$\cdots$，A_n，$\neg B$ 不相容，则 A_1，A_2，$\cdots$，$A_n \vdash B$。

证明 因为

$$(A_1 \wedge A_2 \wedge \cdots \wedge A_n) \rightarrow B$$

$$\Leftrightarrow \neg(A_1 \wedge A_2 \wedge \cdots \wedge A_n) \vee B$$

$$\Leftrightarrow \neg(A_1 \wedge A_2 \wedge \cdots \wedge A_n \wedge \neg B)$$

所以 $\qquad\qquad\qquad\qquad (A_1 \wedge A_2 \wedge \cdots \wedge A_n) \rightarrow B \Leftrightarrow 1$

当且仅当 $\qquad\qquad\qquad A_1 \wedge A_2 \wedge \cdots \wedge A_n \wedge \neg B \Leftrightarrow 0$

即 A_1，A_2，$\cdots$，A_n，$\neg B$ 不相容，则 A_1，A_2，$\cdots$，$A_n \vdash B$。 证毕

归缪法 将结论的否定式作为附加前提引入，公式序列的最后得一矛盾式，则原推理成立。

【**例 1.6.8**】 证明：$p \rightarrow (q \vee r) \vdash (p \rightarrow q) \vee (p \rightarrow r)$。

证明

(1)	$\neg((p \rightarrow q) \vee (p \rightarrow r))$	否定结论引入
(2)	$\neg(p \rightarrow q) \wedge \neg(p \rightarrow r)$	(1)置换
(3)	$\neg(p \rightarrow q)$	(2)化简
(4)	$p \wedge \neg q$	(3)置换
(5)	$\neg(p \rightarrow r)$	(2)化简
(6)	$p \wedge \neg r$	(5)置换
(7)	p	(6)化简
(8)	$p \rightarrow (q \vee r)$	前提引入
(9)	$q \vee r$	(7)(8)假言推理
(10)	$\neg r$	(6)化简
(11)	q	(9)(10)析取三段论
(12)	$\neg q$	(4)化简
(13)	$q \wedge \neg q$	(11)(12)合取引入

所以推理正确。 证毕

【**例 1.6.9**】 证明：$p \leftrightarrow q$，$q \rightarrow r$，$\neg r \vee s$，$\neg p \rightarrow s$，$\neg s$ 不相容。

证明

(1)	$\neg p \rightarrow s$	前提引入
(2)	$\neg s$	前提引入
(3)	p	(1)(2)拒取式
(4)	$p \leftrightarrow q$	前提引入
(5)	$(p \rightarrow q) \wedge (q \rightarrow p)$	(4)置换
(6)	$p \rightarrow q$	(5)化简
(7)	q	(3)(6)假言推理
(8)	$q \rightarrow r$	前提引入
(9)	r	(7)(8)假言推理
(10)	$\neg r \vee s$	前提引入

(11)　¬r	(2)(10)析取三段论
(12)　¬r∧r	(9)(11)合取式引入

故诸命题不相容。　　　　　　　　　　　　　　　　　　　　　　　　　证毕

＊1.7　命题演算的自然推理形式系统 N

1. 形式系统的基本概念

通过前面的讨论，我们看到，永真式是命题逻辑推理中一个非常基本和非常重要的概念，这些可以有无穷多种表达形式的永真式，它们都是逻辑推理规律的反映。弄清这些永真式，对于掌握命题逻辑有着极为重要的意义。为了系统地研究它们，就需要把所有的永真式包括在一个系统内，作为一个整体来研究，这样的系统应当是一个形式系统，也只有形式系统，才能进行充分的研究，从而掌握全部规律。

在形式系统中，原始概念和用于推演的逻辑规则没有任何直觉意义，甚至没有任何预先设定的含义，它们无非是一些约定，约定怎样用符号(符号语言)来表达原始概念和用于推演的逻辑规则。这一过程一旦结束，这个形式系统便和一切实际意义，甚至逻辑都毫不相干，留下来的只是符号串与符号串之间的关系，根据这种关系，可以进行符号串之间的变换。在形式系统中，决定一切的是符号串与符号串之间的关系、合法符号串的识别，系统内的推演都可以根据合法符号串的形成规则和推理规则——符号串之间的关系机械地完成，不需要比认读和改写符号串更多的知识，甚至不需要逻辑。很清楚，只有这样的形式系统，才是本质上只能做符号变换的计算机可以接受的。

当然，形式系统的提出往往是有客观背景的，这是因为现实世界的某些对象及其性质需要精确地描述。但是，当形式系统一旦建成，它便应当是超脱客观背景的，它描述的对象可以不限于原来考虑的那些对象，而是与它们有着共同结构的相当广泛的一类对象。

形式系统一般由下面几部分组成：

(1) 字母表。字母表由不加定义而采用的符号组成，字母表提供形式系统可以使用的符号。

(2) 字母表上符号串集的一个子集 Form。Form 中的元素称为公式，Form 提供形式系统可以使用的符号串。

(3) Form 的一个子集是 Axiom。Axiom 中的元素称为公理，Axiom 提供形式系统一开始便要接受而不加证明的定理。

(4) 推理规则集 Rule。Rule 中的元素称为推理规则，Rule 规定了公式间的转换关系。

对于一个形式系统，Axiom 和 Rule 均有可能是空集。如当 Axiom 和 Rule 均为空集时，称这样的形式系统仅仅是一个语言生成系统。在数理逻辑中，如果 Axiom 不是空集时，称这样的系统为公理系统；如果 Axiom 是空集时，称这样的推理系统为自然推理系统。

在形式系统中进行推理时，涉及的仅仅是公式的语法，并不涉及公式本身的意义是什么，推理过程仅被看作公式按照推理规则进行变形的过程。但是，我们可以对公式进行解释，使公式变成有具体含义的语句，从而对某一特定的客体范畴和特定的性质进行描述，用来讨论一个具体的实际系统，这时，有以下两个具体的问题必须解决：

(1) 形式系统中正确推理出来的公式——定理在所讨论的具体实际系统中是否永真。

(2) 在所讨论的具体实际系统中永真的语句是否均为形式系统内的定理。

这是系统的可靠性和完备性问题。

2. 命题演算的自然推理形式系统 N

1）字母表

(1) 命题符：p，q，r，p_1，q_1，r_1，$\cdots$，p_i，q_i，r_i，$\cdots$；

(2) 联结词符：$\neg$，$\wedge$，$\vee$，$\rightarrow$，$\leftrightarrow$；

(3) 括号：$($，$)$。

其中的命题符构成的集合为可数集。

2）公式（N 的 Form 简记为 F_N）

定义 1.7.1 字母表上的一个符号串是 F_N 中的元素，当且仅当这个符号串能由(1)~(3)推导出：

(1) 单个的命题符是 F_N 中的元素。

(2) 如果 $A \in F_N$，则 $(\neg A) \in F_N$。

(3) 如果 A，$B \in F_N$，则 $(A \wedge B)$，$(A \vee B)$，$(A \rightarrow B)$，$(A \leftrightarrow B) \in F_N$。

在上面的定义中，我们使用了 A、B 来表示任意的公式，而不是某个具体的公式，因而这样的符号是元语言符号。以下我们用大写英文字母

$$A，B，C，A_1，B_1，C_1，\cdots，A_i，B_i，C_i，\cdots$$

来表示任意公式。

3）推理规则

N 系统中有 11 条推理规则，下面以模式的形式给出：

· 包含律($\in$)：如果 $A \in \Gamma$，则 $\Gamma \vdash A$。

· 增加前提律($+$)：如果 $\Gamma \vdash A$，则 Γ，$\Gamma' \vdash A$。（$\Gamma' \subseteq F_N$）

· $\neg$ 消去律($\neg -$)：如果 Γ，$\neg A \vdash B$，Γ，$\neg A \vdash \neg B$，则 $\Gamma \vdash A$。

· $\rightarrow$ 消去律($\rightarrow -$)：如果 $\Gamma \vdash A \rightarrow B$，$\Gamma \vdash A$，则 $\Gamma \vdash B$。

· $\rightarrow$ 引入律($\rightarrow +$)：如果 Γ，$A \vdash B$，则 $\Gamma \vdash A \rightarrow B$。

· $\wedge$ 消去律($\wedge -$)：如果 $\Gamma \vdash A \wedge B$，则 $\Gamma \vdash A$，$\Gamma \vdash B$。

· $\wedge$ 引入律($\wedge +$)：如果 $\Gamma \vdash A$，$\Gamma \vdash B$，则 $\Gamma \vdash A \wedge B$。

· $\vee$ 消去律($\vee -$)：如果 Γ，$A \vdash C$，Γ，$B \vdash C$，则 Γ，$A \vee B \vdash C$。

· $\vee$ 引入律($\vee +$)：如果 $\Gamma \vdash A$，则 $\Gamma \vdash A \vee B$，$\Gamma \vdash B \vee A$。

· $\leftrightarrow$ 消去律($\leftrightarrow -$)：如果 $\Gamma \vdash A \leftrightarrow B$，则 $\Gamma \vdash A \rightarrow B$，$\Gamma \vdash B \rightarrow A$。

· $\leftrightarrow$ 引入律($\leftrightarrow +$)：如果 $\Gamma \vdash A \rightarrow B$，$\Gamma \vdash B \rightarrow A$，则 $\Gamma \vdash A \leftrightarrow B$。

关于 N 系统推理规则的几点说明：

(1) 推理规则中使用了元语言符号 A，B，C，这些符号不是 N 系统的字母表上的符号，而是用来表示任意公式的。

(2) 我们用 Γ 表示任意公式的集合，即

$$\Gamma = \{A_1，A_2，A_3，\cdots\}$$

有时为了方便，Γ 也可写成序列：

$$A_1,\ A_2,\ A_3,\ \cdots$$

但写成序列时,其中元素的次序是没有关系的,这是因为 Γ 是集合。

(3) 我们用符号"$\vdash$"表示公式间的关系,$\Gamma\vdash A$ 表示公式 A 是由公式集 Γ 形式可证明的(形式可证明的定义下面给出)。$\vdash$ 也不是 N 系统字母表上的符号,是一个元语言符号。

(4) 为了简便起见,我们可以省略一些括号,约定如前。

(5) 前面我们已经介绍过,形式系统中的推理规则只是规定了公式间的转换关系,而没有任何的实际含义。但是,形式系统中推理规则的提出往往是有客观背景的,N 系统中推理规则的客观背景就是我们前面介绍的命题逻辑的推理,对照一下,就会发现 N 系统中的推理规则的直观含义是很明显的。如($\neg-$)是对反证法的语法抽象;($\to+$)是对附加前提法的语法抽象;($\leftrightarrow+$)和($\leftrightarrow-$)是对联结词 $\leftrightarrow$ 的语法抽象。这里,语法抽象的意思是 N 系统中各个推理规则仅仅是描述了公式间的语法关系,不涉及公式间的任何其他关系;而在前面介绍的推理方法和推理规则是描述公式间的语义关系——前提中公式的值和结论中公式的值的蕴含关系。

3. N 系统中的证明

定义 1.7.2 A 是在 N 系统中由 Γ 形式可证明的,记作:$\Gamma\vdash A$,当且仅当 $\Gamma\vdash A$ 能由有限次使用 N 系统中的推理规则生成。

【例 1.7.1】 证明:$A\to B,\ B\to C\vdash A\to C$。

证明

(1)	$A\to B\vdash A\to B$	($\in$)
(2)	$A\to B,\ B\to C,\ A\vdash A\to B$	($+$),(1)
(3)	$A\vdash A$	($\in$)
(4)	$A\to B,\ B\to C,\ A\vdash A$	($+$),(3)
(5)	$A\to B,\ B\to C,\ A\vdash B$	($\to-$),(2),(4)
(6)	$B\to C\vdash B\to C$	($\in$)
(7)	$A\to B,\ B\to C,\ A\vdash B\to C$	($+$),(6)
(8)	$A\to B,\ B\to C,\ A\vdash C$	($\to-$),(5),(7)
(9)	$A\to B,\ B\to C\vdash A\to C$	($\to+$),(8) 证毕

【例 1.7.2】 证明:$\neg\neg A\vdash A$。

此模式称为双 $\neg$ 消去律(简称 $\neg\neg-$)。

证明

(1)	$\neg\neg A,\ \neg A\vdash\neg\neg A$	($\in$)
(2)	$\neg\neg A,\ \neg A\vdash\neg A$	($\in$)
(3)	$\neg\neg A\vdash A$	($\neg-$),(1),(2) 证毕

【例 1.7.3】 证明:如果 $\Gamma,\ A\vdash\neg B,\ \Gamma,\ A\vdash B$,则 $\Gamma\vdash\neg A$。

此模式称为 $\neg$ 引入律(简称 $\neg+$)。

证明

(1)	$\Gamma,\ A\vdash\neg B$	(前提)
(2)	$\Gamma,\ A\vdash B$	(前提)

(3)	$\Gamma \vdash A \rightarrow \neg B$	$(\rightarrow +)$，(1)
(4)	$\Gamma, \neg \neg A \vdash A \rightarrow \neg B$	$(+)$，(3)
(5)	$\Gamma \vdash A \rightarrow B$	$(\rightarrow +)$，(2)
(6)	$\Gamma, \neg \neg A \vdash A \rightarrow B$	$(+)$，(5)
(7)	$\neg \neg A \vdash A$	$(\neg \neg -)$
(8)	$\Gamma, \neg \neg A \vdash A$	$(+)$，(7)
(9)	$\Gamma, \neg \neg A \vdash \neg B$	$(\rightarrow -)$，(4)，(8)
(10)	$\Gamma, \neg \neg A \vdash B$	$(\rightarrow -)$，(6)，(8)
(11)	$\Gamma \vdash \neg A$	$(\neg -)$，(9)，(10)　　　证毕

在 N 系统中证明推理模式时，为避免冗长可以使用已经证明了的推理模式。这是因为使用已经证明的推理模式，总可以归结为使用推理规则。

【例 1.7.4】 证明：$\Gamma \vdash B, B \vdash A$，则 $\Gamma \vdash A$。

此模式称为传递律（简称 Tr）。

证明

(1)	$\Gamma \vdash B$	（前提）
(2)	$B \vdash A$	（前提）
(3)	$\Gamma, B \vdash A$	$(+)$，(2)
(4)	$\Gamma \vdash B \rightarrow A$	$(\rightarrow +)$，(3)
(5)	$\Gamma \vdash A$	$(\rightarrow -)$(1)，(4)　　　证毕

4. N 系统中推理模式的一些性质

(1) A 和 B 是形式等值的（简称等值的），记作：$A \dashv\vdash B$，当且仅当 $A \vdash B, B \vdash A$。

(2) 设 A, B, C 是公式，B 是 A 的子串，将 A 中的 B 用 C 置换（不一定全部置换）后得到的公式 A'，如果 $B \dashv\vdash C$，则 $A \dashv\vdash A'$。

(3) 设 A 和 A^* 互为对偶式，则有 $A^* \dashv\vdash \neg A$。

(4) 设 A, B 为有对偶的公式，其对偶式分别为 A^*, B^*，如果 $A \dashv\vdash B$，则 $A^* \dashv\vdash B^*$。

【例 1.7.5】 证明：$A \rightarrow B \dashv\vdash \neg A \vee B$。

证明 先证 $A \rightarrow B \vdash \neg A \vee B$。

(1)	$\neg A \vdash \neg A$	$(\in)$
(2)	$\neg A \vdash \neg A \vee B$	$(\vee +)$，(1)
(3)	$A \rightarrow B, \neg(\neg A \vee B), \neg A \vdash \neg A \vee B$	$(+)$，(2)
(4)	$A \rightarrow B, \neg(\neg A \vee B), \neg A \vdash \neg(\neg A \vee B)$	$(\in)$
(5)	$A \rightarrow B, \neg(\neg A \vee B) \vdash A$	$(\neg -)$，(4)
(6)	$A \rightarrow B, \neg(\neg A \vee B) \vdash A \rightarrow B$	$(\in)$
(7)	$A \rightarrow B, \neg(\neg A \vee B) \vdash B$	$(\rightarrow -)$，(6)
(8)	$A \rightarrow B, \neg(\neg A \vee B) \vdash \neg A \vee B$	$(\vee +)$，(7)
(9)	$A \rightarrow B, \neg(\neg A \vee B) \vdash \neg(\neg A \vee B)$	$(\in)$
(10)	$A \rightarrow B \vdash \neg A \vee B$	$(\neg -)$，(8)，(9)

再证 $\neg A \lor B \vdash A \to B$。

(1)　$A, \neg B, \neg A \vdash \neg A$	($\in$)
(2)　$A, \neg B, \neg A \vdash A$	($\in$)
(3)　$A, \neg A \vdash B$	($\neg -$),(1),(2)
(4)　$\neg A \vdash A \to B$	($\to +$),(3)
(5)　$B, A \vdash B$	($\in$)
(6)　$B \vdash A \to B$	($\to +$),(5)
(7)　$\neg A \lor B \vdash A \to B$	($\lor -$),(4),(6)

故 $A \to B \vdash\!\dashv \neg A \lor B$。　　　　　　　　　　　　　　证毕

5. 几个定理

(1) 可靠性定理：设 $\Gamma \subseteq F_N$，$A \in F_N$，如果 $\Gamma \vdash A$，则 $\Gamma \Rightarrow A$。

(2) 完备性定理：设 $\Gamma \subseteq F_N$，$A \in F_N$，如果 $\Gamma \Rightarrow A$，则 $\Gamma \vdash A$。

证明略。

1.8　例 题 选 解

【例 1.8.1】 将下列命题符号化。

(1) 晚上做完了作业，如果有时间，他就会看电视或去公园散步。

(2) 如果天不下雨，我们去打篮球，否则在教室自习。

(3) 辱骂和恐吓绝不是战斗。

(4) 鱼和熊掌不可兼得。

分析　将命题符号化，就是要把这个命题用合乎规定的命题表达式表示出来。具体操作时，首先列出原子命题，然后根据给定命题的具体含义，将原子命题用适当的联结词连接起来。另外原子命题是简单句，应主语、谓语齐全。例如(1)中应将命题"他晚上做完了作业"设为原子命题 p，"他有时间"设为 q，而不是设 p 为"晚上做完了作业"，设 q 为"有时间"。此外，选用联结词时要注意原命题的实际含义。例如，(2)是对未来将要做的事情根据条件做选择：条件成立时做一种选择，条件不成立时做另一种选择，两个同时为真时原命题为真，此题实际上是用一元和二元联结词来表达三元联结词"如果……则……否则……"。(3)中字面上虽然用的是"和"，但它表示的实际含义是：辱骂不是战斗，恐吓不是战斗，辱骂和恐吓加在一起也不是战斗。(4)的意思是说"得到鱼"和"得到熊掌"两件事不可能同时成立，必须选择放弃一件，两者兼顾，有可能"鸡飞蛋打"，二者均得不到。

解

(1) 设 p：他晚上做完了作业，q：他有时间，r：他看电视，s：他去公园散步。则原命题符号化为：
$$(p \land q) \to (r \overline{\lor} s)$$

(2) 设 p：今天天下雨，q：我们去打篮球，r：我们在教室自习。则原命题符号化为：
$$(\neg p \to q) \land (p \to r)$$

(3) 设 p：辱骂不是战斗，q：恐吓不是战斗。则原命题符号化为：
$$p \lor q$$

(4) 设 p：鱼可得，q：熊掌可得。则原命题符号化为：

$$\neg(p \wedge q)$$

【例 1.8.2】 某研究所有赵、钱、孙、李、周五位高级工程师。现需派一些人出国考察，由于各方面的限制，此次选派必须满足下列条件：

(1) 若赵去，则钱也去。

(2) 李、周两人中必有人去。

(3) 钱、孙两人中去且仅去一人。

(4) 孙、李两人同去或都不去。

(5) 若周去，则赵、钱也同去。

试分析领导的选派方案。

分析 五个人每个人都可以去，这就得到五个原子命题。满足条件，即要使由所给条件确定的命题公式同时为真，方法是取五个命题公式的合取式 F，再化成主析取范式，这样每个极小项就是一个选派方案，符合题意的方案即为所求。

解 设 p：赵去，q：钱去，r：孙去，s：李去，t：周去，选派方案为 F。则

$$
\begin{aligned}
F \Leftrightarrow\ & (p \rightarrow q) \wedge (s \vee t) \wedge ((q \wedge \neg r) \vee (\neg q \wedge r)) \wedge ((r \wedge s) \vee (\neg r \wedge \neg s)) \\
& \wedge (t \rightarrow (p \wedge q)) \\
\Leftrightarrow\ & (\neg p \vee q) \wedge (s \vee t) \wedge ((q \wedge \neg r) \vee (\neg q \wedge r)) \wedge ((r \wedge s) \vee (\neg r \wedge \neg s)) \\
& \wedge (\neg t \vee (p \wedge q)) \\
\Leftrightarrow\ & ((\neg p \wedge s) \vee (\neg p \wedge t) \vee (q \wedge s) \vee (q \wedge t)) \wedge ((q \wedge \neg r \wedge \neg s) \\
& \vee (\neg q \wedge r \wedge s)) \wedge (\neg t \vee (p \wedge q)) \\
\Leftrightarrow\ & ((\neg p \wedge \neg q \wedge r \wedge s) \vee (\neg p \wedge t \wedge q \wedge \neg r \wedge \neg s) \vee (\neg p \wedge t \wedge \neg q \wedge r \wedge s) \\
& \vee (q \wedge t \wedge \neg r \wedge \neg s)) \wedge (\neg t \vee (p \wedge q)) \\
\Leftrightarrow\ & (\neg p \wedge \neg q \wedge r \wedge s \wedge \neg t) \vee (q \wedge t \wedge \neg r \wedge \neg s \wedge p) \\
\Leftrightarrow\ & (\neg p \wedge \neg q \wedge r \wedge s \wedge \neg t) \vee (p \wedge q \wedge \neg r \wedge \neg s \wedge t)
\end{aligned}
$$

——主析取范式

所以方案有两个：① 孙、李同去。② 赵、钱、周三人同去。

【例 1.8.3】 有一种保密锁的控制电路，锁上共有三个键 A，B，C。当三键同时按下，或只有 A，B 两键按下，或只有 A，B 其中之一按下时，锁被打开。以 G 表示锁被打开，试写出 G 的逻辑表达式。

分析 因为当且仅当开锁条件成立时，G 为真。所以，令 A，B，C 分别表示命题"A，B，C 键被按下"，依据开锁条件，寻求出 G 的成真赋值，即可解决问题。

解 列出开锁条件的真值表，如表 1.8.1 所示。

由真值表写出 G 的逻辑表达式为：

表 1.8.1

A	B	C	G
0	0	0	0
0	0	1	0
0	1	0	1
0	1	1	0
1	0	0	1
1	0	1	0
1	1	0	1
1	1	1	1

$$
\begin{aligned}
G \Leftrightarrow\ & (\neg A \wedge B \wedge \neg C) \vee (A \wedge \neg B \wedge \neg C) \vee (A \wedge B \wedge \neg C) \vee (A \wedge B \wedge C) \\
\Leftrightarrow\ & (\neg A \wedge B \wedge \neg C) \vee (A \wedge \neg B \wedge \neg C) \vee ((A \wedge B) \wedge (\neg C \vee C)) \\
\Leftrightarrow\ & (\neg A \wedge B \wedge \neg C) \vee (((A \wedge \neg B \wedge \neg C) \vee A) \wedge ((A \wedge \neg B \wedge \neg C) \vee B)) \\
\Leftrightarrow\ & (\neg A \wedge B \wedge \neg C) \vee (A \wedge (A \vee B) \wedge (\neg C \vee B))
\end{aligned}
$$

$$\Leftrightarrow (\neg A \land B \land \neg C) \lor (A \land B) \lor (A \land \neg C)$$
$$\Leftrightarrow (A \land B) \lor (\neg A \land B \land \neg C) \lor (A \land \neg C)$$
$$\Leftrightarrow (A \land B) \lor (((\neg A \land B \land \neg C) \lor A) \land \neg C)$$
$$\Leftrightarrow (A \land B) \lor ((B \lor A) \land (\neg C \lor A) \land \neg C)$$
$$\Leftrightarrow (A \land B) \lor ((A \lor B) \land \neg C)$$
$$\Leftrightarrow (A \land B) \lor (A \land \neg C) \lor (B \land \neg C)$$

【例 1.8.4】 验证下列推理的正确性。

如果 6 是偶数，则 7 被 2 除不尽。或 5 不是素数，或 7 被 2 除尽。5 是素数。因此，6 是奇数。

分析 显然推理的结论是个假命题，但不能由此就认定推理不正确。逻辑推理关心的是推理的过程是否合乎规则，并不要求前提均为真，当前题中有假命题时，正确的推理完全可推出错误的结论，因此逻辑推理的结论只是有效结论。

解 设 p：6 是偶数，q：7 被 2 除尽，r：5 是素数。

前提：$p \to \neg q$，$\neg r \lor q$，r

结论：$\neg p$

(1)	$\neg r \lor q$	前提引入
(2)	r	前提引入
(3)	q	(1)(2)析取三段论
(4)	$p \to \neg q$	前提引入
(5)	$\neg p$	(4)(5)拒取式

所以推理正确。

【例 1.8.5】 公安人员审一件盗窃案。已知：

(1) 甲或乙盗窃了电脑。

(2) 若甲盗窃了电脑，则作案时间不能发生在午夜前。

(3) 若乙证词正确，则在午夜时屋里灯光未灭。

(4) 若乙证词不正确，则作案时间发生在午夜前。

(5) 午夜时屋里灯光灭了。

问：谁是盗窃犯？

解 设 p：甲盗窃了电脑，q：乙盗窃了电脑，r：作案时间发生在午夜前，s：乙证词正确，t：午夜时屋里灯光灭了。

前提：$p \lor q$，$p \to \neg r$，$s \to \neg t$，$\neg s \to r$，t

推理：

(1)	t	前提引入
(2)	$s \to \neg t$	前提引入
(3)	$\neg s$	(1)(2)拒取式
(4)	$\neg s \to r$	前提引入
(5)	r	(3)(4)假言推理
(6)	$p \to \neg r$	前提引入

（7）　¬p

（8）　p∨q

（9）　q

（5）（6）拒取式

前提引入

（8）（7）析取三段论

因此可得结论：乙是盗窃犯。

习　题　一

1．指出下述语句哪些是命题，哪些不是命题，若是命题，指出其真值。

（1）离散数学是计算机科学系的一门必修课。

（2）你上网了吗？

（3）不存在偶素数。

（4）明天我们去郊游。

（5）$x \leqslant 6$。

（6）我们要努力学习。

（7）如果太阳从西方升起，你就可以长生不老。

（8）如果太阳从东方升起，你就可以长生不老。

（9）这个理发师给一切不自己理发的人理发。

2．将下列命题符号化。

（1）逻辑不是枯燥无味的。

（2）小李边读书边听音乐。

（3）现在没下雨，可也没出太阳，是阴天。

（4）你不要边做作业边看电视。

（5）小王要么住在 203 室，要么住在 205 室。

（6）小刘总是在图书馆自习，除非他病了或图书馆不开门。

（7）他只要用功，成绩就会好。

（8）他只有用功，成绩才会好。

（9）如果你来了，那么他唱不唱歌将看你是否伴奏而定。

（10）如果我考试通过了，我就继续求学，否则，我去打工。

3．求下列公式在赋值 0011 下的真值。

（1）$(p \lor (q \land r)) \to s$

（2）$(p \leftrightarrow r) \land (\neg s \lor q)$

（3）$(p \land (q \lor r)) \lor ((p \lor q) \land r \land s)$

（4）$(q \lor \neg p) \to (\neg r \lor s)$

4．用真值表判断下列公式的类型。

（1）$(p \to (q \to p))$

（2）$\neg (p \to q) \land \neg q$

（3）$((p \to q) \to (p \to r)) \to (p \to (q \to r))$

（4）$\neg (p \lor (q \land r)) \leftrightarrow ((p \lor q) \land (p \lor r))$

5．证明下列等值式。

(1) $(p \rightarrow r) \wedge (q \rightarrow r) \Leftrightarrow (p \vee q) \rightarrow r$

(2) $p \rightarrow (q \rightarrow r) \Leftrightarrow q \rightarrow (p \rightarrow r)$

(3) $(p \wedge q) \vee (\neg p \wedge r) \vee (q \wedge r) \Leftrightarrow (p \wedge q) \vee (\neg p \wedge r)$

(4) $\neg (p \leftrightarrow q) \Leftrightarrow (p \vee q) \wedge \neg (p \wedge q)$

(5) $p \rightarrow (q \vee r) \Leftrightarrow \neg r \rightarrow (p \rightarrow q)$

6. 设 A、B、C 是任意命题公式：

(1) 若 $A \vee B \Leftrightarrow A \vee C$，则 $B \Leftrightarrow C$ 成立吗？

(2) 若 $A \wedge B \Leftrightarrow A \wedge C$，则 $B \Leftrightarrow C$ 成立吗？

(3) 若 $\neg A \Leftrightarrow \neg B$，则 $A \Leftrightarrow B$ 成立吗？

7. 证明 $\{\neg, \rightarrow\}$ 是联结词极小全功能集。

8. 将下列公式化为仅出现联结词 $\neg$，$\rightarrow$ 的公式。

(1) $p \vee (q \wedge \neg r)$

(2) $p \leftrightarrow (q \rightarrow (p \vee r))$

(3) $p \wedge q \wedge r$

9. 将下列公式化为仅出现联结词 $\neg$，$\wedge$ 的等价公式。

(1) $\neg r \vee q \vee (p \rightarrow q)$

(2) $p \rightarrow (q \rightarrow r)$

(3) $p \leftrightarrow q$

10. 将下列公式化为仅出现联结词 $\neg$，$\vee$ 的等价公式。

(1) $\neg p \wedge \neg q \wedge (\neg r \rightarrow p)$

(2) $\neg p \overline{\vee} q$

(3) $(p \rightarrow (q \vee \neg r)) \wedge \neg p \wedge q$

11. 将下列公式化为仅出现联结词 $\uparrow$ 的等价公式，再将其化成仅出现联结词 $\downarrow$ 的等价公式。

(1) $p \rightarrow (\neg p \rightarrow q)$

(2) $(p \vee \neg q) \wedge r$

12. 公式 $A = (\neg (p \downarrow q) \wedge r) \uparrow q$，写出 A 的对偶式 A^*，并将 A 和 A^* 化成仅含联结词 $\neg$，$\wedge$，$\vee$ 的等价公式。

13. A、B、C、D 四人参加拳击比赛，三个观众猜测比赛结果。

　　甲说："C 第一，B 第二。"

　　乙说："C 第二，D 第三。"

　　丙说："A 第二，D 第四。"

比赛结果显示，他们每个人均猜对了一半，并且没有并列名次。问实际名次怎样排列？

14. 求下列公式的主析取范式和主合取范式，并指出它们的成真赋值。

(1) $(\neg p \vee \neg q) \rightarrow (p \leftrightarrow \neg q)$

(2) $q \wedge (p \vee \neg q)$

(3) $p \vee (\neg p \rightarrow (q \vee (\neg q \rightarrow r)))$

(4) $(p \rightarrow (q \wedge r)) \wedge (\neg p \rightarrow (\neg q \wedge \neg r))$

(5) $p \rightarrow (p \wedge (q \rightarrow r))$

(6) $\neg(p \rightarrow q) \vee p \vee r$

(7) $(q \rightarrow p) \rightarrow \neg r$

(8) $(p \vee q) \wedge (p \rightarrow r) \wedge (q \rightarrow r)$

15. P、Q、R、S 四个字母，从中取两个字母，但要同时满足三个条件：

    a：如果取 P，则 R 和 S 要取一个；

    b：Q，R 不能同时取；

    c：取 R 则不能取 S。

问有几种取法？如何取？

16. 甲、乙、丙、丁四个人有且仅有两个人参加比赛，下列四个条件均要满足：

(1) 甲和乙只有一人参加；

(2) 丙参加，则丁必参加；

(3) 乙和丁至多有一人参加；

(4) 丁不参加，甲也不会参加。

问哪两个人参加了比赛？

17. 一个排队线路，输入为 A,B,C，其输出分别为 F_A,F_B,F_C，在此线路中，在同一时间只能有一个信号通过，若同时有两个或两个以上信号申请输出时，则按 A,B,C 的顺序输出，写出 F_A,F_B,F_C 的表达式。

18. 用两种方法（真值表法和主析取范式法）证明下面推理不正确。

如果 a,b 两数之积是负数，则 a,b 之中恰有一个是负数。a,b 两数之积不是负数，所以 a,b 中无负数。

19. 用构造证明法证明下列推理的正确性。

(1) 前提　$\neg(p \wedge \neg q)$, $\neg q \vee r$, $\neg r$

    结论　$\neg p$

(2) 前提　$p \wedge q$, $(p \leftrightarrow q) \rightarrow (r \vee s)$

    结论　$r \vee s$

(3) 前提　$q \rightarrow p$, $q \leftrightarrow s$, $s \leftrightarrow r$, $r \wedge t$

    结论　$p \wedge q$

(4) 前提　$p \rightarrow (q \rightarrow r)$, $(r \wedge s) \rightarrow t$, $\neg u \rightarrow (s \wedge \neg t)$

    结论　$p \rightarrow (q \rightarrow u)$

(5) 前提　$(p \vee q) \rightarrow (u \wedge s)$, $(s \vee t) \rightarrow r$

    结论　$p \rightarrow r$

(6) 前提　$p \rightarrow (q \rightarrow r)$, $s \rightarrow p$, q

    结论　$s \rightarrow r$

(7) 前提　$p \rightarrow q$

    结论　$p \rightarrow (p \wedge q)$

(8) 前提　$s \rightarrow \neg q$, $s \vee r$, $\neg r$, $\neg p \leftrightarrow q$

    结论　p

20. 用附加前提法推证 19 题中的 (4)，(5)，(6)，(7)。

21. 用归缪法推证 19 题中的 (1)，(3)，(7)，(8)。

22. 将下列论证用命题逻辑符号表示，然后求证逻辑推证是否成立。

（1）如果天热则蝉叫，如果蝉叫则小王不睡觉，小王游泳或睡觉，所以如果天热则小王游泳。

（2）或者逻辑难学，或者有少数学生不喜欢它，如果数学容易学，那逻辑并不难学。因此，如有许多学生喜欢逻辑，那么数学并不难学。

（3）如果小张来，则小王和小李中恰有一人来。如果小王来，则小赵就不来。所以，如果小赵来了但小李没来，则小张也没来。

（4）有甲、乙、丙、丁参加乒乓球比赛。如果甲第三，则当乙第二时，丙第四。或者丁不是第一，或者甲第三。事实上，乙第二。因此，如果丁第一，那么丙第四。

23. 判断下面推理的结论，并证明之。

若公司拒绝增加工资，则罢工不会停止，除非罢工超过 3 个月且公司经理辞职。公司拒绝增加工资。罢工又刚刚开始。罢工是否停止？

24*. 在自然推理系统 N 中证明：

（1）$A \rightarrow B$，$\neg A \rightarrow B \vdash B$

（2）$A \leftrightarrow \neg A \vdash B$

（3）$\neg (A \wedge B) \dashv\vdash A \rightarrow \neg B$

25. 将下面表格填写完全。

$p \quad q \quad r$	对应赋值的极小项 m_i	对应赋值的极大项 M_i
0　0　0	$\neg p \wedge \neg q \wedge \neg r$	
0　0　1		
0　1　0		
0　1　1		
1　0　0		$\neg p \vee q \vee r$
1　0　1		
1　1　0		
1　1　1		

第二章 一 阶 逻 辑

在命题逻辑中，我们把命题分析到简单命题为止，而简单命题是不再进行分析的基本元素，因此，当推理涉及到简单命题的结构时，命题逻辑对此是无能为力的。例如下面的推理：

所有的自然数都是实数，3是自然数。所以，3是实数。

根据数学方面的知识，我们知道这个推理是正确的。然而，在命题逻辑中，这个推理的正确性是无法证明的，这是因为上述推理中的三句话均是简单命题，且各不相同，如果把它们形式化为命题逻辑中的公式，以 p 表"所有的自然数都是实数"，以 q 表"3 是自然数"，以 r 表"3 是实数"，则推理可以写为：

$$(p \land q) \Rightarrow r$$

而$(p \land q) \rightarrow r$ 是一个可满足式，可知这个推理无法在命题逻辑推理理论中得到证明。另外，命题"所有的自然数都是实数"事实上隐含着"0 是实数"，"1 是实数"，"2 是实数"，…，等无穷多个命题，单用一个 p 表示，很难体现这些。

因此，为了能够进一步深入地研究推理，需要对简单命题做进一步的分析，将简单命题的结构分解为个体词、谓词、量词等，并讨论它们与推理之间的关系，这一部分的内容称为一阶逻辑（谓词逻辑）。

2.1 一阶逻辑的基本概念

首先我们将简单命题的结构分解成个体和谓词。

个体（客体） 我们讨论的对象。可以是具体的，也可以是抽象的。

个体域（论域） 个体所构成的非空集合。

全总个体域（无限域） 包含宇宙中一切事物的个体域。

谓词 简单命题中，表示一个个体的性质或多个个体间的关系的词。

之所以称之为谓词，是因为谓词和个体词一起构成了简单命题中的主谓结构。如：

小王是学生。

3 是素数。

2 整除 6。

3 位于 2 与 5 之间。

上面这些简单命题中，小王、2、3、5、6 均是个体，"……是学生"，"……是素数"，"……整除……"，"……位于……与……之间"均是谓词。前两个谓词描述的是一个个体的性质，称为一元谓词；第三个表示两个个体之间的关系，称为二元谓词；第四个表示三个个体之间的关系，称为三元谓词。以此类推，我们将描述 $n(n \geqslant 2)$ 个个体之间关系的谓词称为 n 元谓词。通常用大写字母 F、G、H（可加下标）来表示谓词。如：

F 表示"……是学生"；

G 表示"……整除……"；

H 表示"……位于……与……之间"。

这时 F、G、H 表示的是具体的谓词，称为谓词常元，否则，称为谓词变元。显然，单独的一个谓词（即使是谓词常元）并不能构成一个完整的句子，必须以个体词取代"……"方能构成一个句子。通常我们用小写的英文字母 a、b、c（可加下标）等表示个体。这样，"小王是学生"可符号化为 $F(a)$，其中 a 表示小王。若用 b 表示小李，则 $F(b)$ 就表示"小李是学生"。若用 c_1 表示 2，用 c_2 表示 6，则 $G(c_1, c_2)$ 就表示"2 整除 6"。这里，a、b、c_1、c_2 均是具体的个体，称为个体常元。一般我们用 $F(x)$ 表示"x 是学生"，其中的 x 称为个体变元（简称变元，亦称个体词）。类似地，我们也可用 $G(x, y)$ 表示"x 整除 y"。

我们称由谓词符和变元符组成的符号串为命题函数。之所以称为命题函数，是因为命题函数不是命题，只有谓词为常元并将其中的变元代以具体的个体后，才能构成命题。例如："$G(x, y)$：x 整除 y。"并不是命题，但若取 a：2，b：6，则 $G(a, a)$，$G(a, b)$ 以及 $G(b, a)$ 均是命题，前两个是真命题，第三个是假命题。$G(a, a)$、$G(a, b)$ 等称为 0 元谓词，它们不含个体变元，0 元谓词即命题。

注意

(1) 多元谓词中变元的顺序不同，表示的意义也不同。如 $G(x, y)$ 表"x 整除 y"，而 $G(y, x)$ 表"y 整除 x"。

(2) 在谓词逻辑中，$\neg$、$\wedge$、$\vee$、$\rightarrow$、$\leftrightarrow$ 仍是联结词，其含义和用法与命题逻辑中的相同。

【**例 2.1.1**】 将下列语句形式化为谓词逻辑中的命题或命题函数。

(1) 小王是二年级大学生。

(2) 小王是李老师的学生。

(3) 如果 $x \leqslant y$ 且 $y \leqslant x$，则 $x = y$。

解

(1) 令 $F(x)$：x 是大学生；$G(x)$：x 是二年级的；a：小王。则原句形式化为：

$$F(a) \wedge G(a)$$

(2) 令 $F(x, y)$：x 是 y 的学生；a：小王；b：李老师。则原句形式化为：

$$F(a, b)$$

(3) 令 $F(x, y)$：$x \leqslant y$；$G(x, y)$：$x = y$。则原句形式化为

$$(F(x, y) \wedge F(y, x)) \rightarrow G(x, y)$$

前两句在确知"小王"和"李老师"之后均是命题，第三句因为含有变元所以是命题函数。但实际上我们知道，只要将 x，y 限制在数的范围内，第三句是一个数学定理，是真命题，这就涉及到了个体域，在这个个体域中命题函数是真的，在那个个体域中又有可能是假的，这就需要对变量作"量化"。例如，"$x^2 - 4 = 0$"这句话不能确定其真伪，因为我们不知道 x 的取值。如果在这句话之前加上"当 $x = 1$ 时"或者"对于 $x \in \{-2, 2\}$"或者"对某个

整数 x”，则它就变成了一个真值确定的数学命题(第一句为假，后两句为真)。

事实上，在一般的简单命题中，常有一些表示数量的词语，诸如"所有的"、"有一些"等等，用来表示谓词中的变量取自论域中的全体或部分个体，例如下面的两个陈述句：

"对所有的 $x \in D$，论断 $F(x)$ 为真。"

"对某些 $x \in D$，论断 $F(x)$ 为真。"

在谓词逻辑中，我们用量词把它们形式化。

1．全称量词"$\forall$"

全称量词 $\forall$ 用来表示个体域中的全体。表自然语言中的"所有的"、"任意的"、"每一个"等等。如：

"任意偶数均能被 2 整除。"

句子可改写成："在偶数集合中的任意的 x，x 能被 2 整除。"

取个体域为偶数集，用 $F(x)$ 表示"x 能被 2 整除"，用 $\forall x$ 表示"任意的 x"，则原句形式化为：$\forall x F(x)$。

注意　$\forall x F(x)$ 表示的是"在个体域中，任意的 x 均有 $F(x)$ 这个性质"，这是一个可以确定真值的命题。当个体域 D 为有穷集时：

$\forall x F(x)$ 的真值为 1，当且仅当对于每一个 $x \in D$，均有 $F(x)$ 真值为 1；

$\forall x F(x)$ 的真值为 0，当且仅当至少有一个 $x_0 \in D$，使得 $F(x_0)$ 真值为 0。

例如："此次考试全班每个人都通过了"形式化为 $\forall x F(x)$，其中，论域：全班的每个人；$F(x)$：x 通过了考试。此命题是否为真？只需拿来成绩册，看"张三、李四……通过否?"，若以 a_1 表"张三"，即求 $F(a_1)$ 的真值，若以 a_2 表"李四"，则求 $F(a_2)$ 的真值…… 显然，当且仅当 $F(a_1)$、$F(a_2)$……的真值均为 1 时，$\forall x F(x)$ 的真值为 1，而若有一个 a_i，使得 $F(a_i)$ 的真值为 0，$\forall x F(x)$ 的真值就为 0。亦即：

$$\forall x F(x) \Longleftrightarrow F(a_1) \wedge F(a_2) \wedge \cdots \wedge F(a_n)$$

2．存在量词"$\exists$"

存在量词 $\exists$ 用来表示论域中的部分个体。表自然语言中的"存在着一些"、"至少有一个"、"有"等等。如：

"我们班有人会吸烟。"

句子可改写成："在我们班有一些 x，x 会吸烟。"

取个体域为"我们班的同学"，用 $G(x)$ 表示"x 会吸烟"，用 $\exists x$ 表示"有些 x"，则原句形式化为：$\exists x G(x)$。

注意　$\exists x G(x)$ 表示的是"在个体域中，至少有一个 x 具有 $G(x)$ 这个性质"，这是一个可以确定真值的命题。当个体域 D 为有穷集时，不妨设 $D = \{a_1, a_2, \cdots, a_n\}$：

$\exists x G(x)$ 的真值为 0，当且仅当对于每一个 $x \in D$，均有 $G(x)$ 真值为 0；

$\exists x G(x)$ 的真值为 1，当且仅当至少有一个 $x_0 \in D$，均有 $G(x_0)$ 真值为 1。

所以

$$\exists x G(x) \Longleftrightarrow G(a_1) \vee G(a_2) \vee \cdots \vee G(a_n)$$

另外，在数学中经常要用到"存在唯一的"这样的词，它的符号化表示是"$\exists!$"。

在以上的形式化过程中，我们均指定了个体域，这是必须的。因为不同的个体域，可能导致命题真值的不同,如:$\exists x G(x)$ 是"有人会吸烟"的形式化,当个体域为"我们班"时,$\exists x G(x)$ 的真值可能是假的,但当个体域为"我们学校"时,真值就可能是真的了。

为了统一起见,除非另作说明,我们均取个体域为全总个体域,这时由于个体的选取范围是一切事物,因此我们引入特性谓词来限制变元的变化范围。

【例 2.1.2】 在全总个体域中形式化下列命题:

(1) 任意的偶数均能被 2 整除。

(2) 我们班有人吸烟。

解

(1) 引入特性谓词 $H(x)$:x 是偶数。

"任意的偶数均能被 2 整除"的含义是:全总个体域中有子集——偶数集,该子集中的每个元素均具有一种性质,世间万物,只要你属于这个子集,你就必然具有这种性质,所以是蕴含式。特性谓词以蕴含式的前件加入。则原句可形式化为:

$$\forall x (H(x) \rightarrow F(x))$$

(2) 引入特性谓词 $W(x)$:x 是我们班的人。

"我们班有人吸烟"的含义可以这样理解:在宇宙间的万物(全总个体域)中,有一个子集——我们班,还有另一个子集——吸烟的人。强调的是既在我们班,又吸烟的人,所以是两个子集的交集。特性谓词用合取项加入。则原句可形式化为:

$$\exists x (W(x) \wedge G(x))$$

【例 2.1.3】 将下列命题形式化为一阶逻辑中的命题:

(1) 没有不犯错误的人。

(2) 人总是要犯错误的。

解 设 $M(x)$:x 是人,$F(x)$:x 犯错误。则原句形式化为:

(1) $\neg \exists x (M(x) \wedge \neg F(x))$

(2) $\forall x (M(x) \rightarrow F(x))$

【例 2.1.4】 将下列命题形式化为一阶逻辑中的命题:

(1) 所有的病人都相信医生。

(2) 有的病人相信所有的医生。

(3) 有的病人不相信某些医生。

(4) 所有的病人都相信某些医生。

解 设 $F(x)$:x 是病人,$G(x)$:x 是医生,$H(x, y)$:x 相信 y。

(1) 本命题的意思是:对于每一个 x,如果 x 是病人,那么对于每一个 y,只要 y 是医生,x 就相信 y。因此,本命题符号化为:

$$\forall x (F(x) \rightarrow \forall y (G(y) \rightarrow H(x, y)))$$

或 $$\forall x \forall y ((F(x) \wedge G(y)) \rightarrow H(x, y))$$

(2) 本命题的意思是:存在着这样的 x,x 是病人且对于每一个 y,只要 y 是医生,x 就相信 y。因此,本命题符号化为:

$$\exists x (F(x) \wedge \forall y (G(y) \rightarrow H(x, y)))$$

（3）本命题的意思是：存在着这样的 x 和 y，x 是病人，y 是医生，x 不相信 y。因此，本命题符号化为：

$$\exists x \exists y (F(x) \wedge G(y) \wedge \neg H(x, y))$$

或

$$\exists x (F(x) \wedge \exists y (G(y) \wedge \neg H(x, y)))$$

（4）本命题的意思是：对于每个 x，如果 x 是病人，就存在着医生 y，使得 x 相信 y。因此，本命题符号化为：

$$\forall x (F(x) \rightarrow \exists y (G(y) \wedge H(x, y)))$$

【例 2.1.5】 将下列命题形式化为一阶逻辑中的命题：

（1）任意一个整数 x，均有另一个整数 y，使得 $x + y$ 等于 0。

（2）存在这样的实数 x，它与任何实数 y 的乘积均为 y。

解

（1）设 $Z(x)$：x 是整数，$E(x, y)$：$x = y$，$f(x, y) = x + y$。则原句形式化为：

$$\forall x (Z(x) \rightarrow \exists y (Z(y) \wedge E(f(x, y), 0)))$$

（2）设 $R(x)$：x 是实数，$E(x, y)$：$x = y$，$g(x, y) = xy$。则原句形式化为：

$$\exists x (R(x) \wedge \forall y (R(y) \rightarrow E(g(x, y), y)))$$

注意 在这两个命题中，"x 是整数"和"x 是实数"均表一个个体的性质，所以是一元谓词，"和等于 0"、"乘积为 y"均表两个个体间的关系，所以是二元谓词。但是，"$x + y$"和"x 与 y 的乘积"是两个数之间的运算，严格来讲不是二元谓词，我们用二元函数 $f(x, y)$、$g(x, y)$ 表之，因此，运算符也是一阶逻辑中的符号。不过，需要指出的是，"x 与 y 的和为 z"有时也可用一个三元谓词 $F(x, y, z)$ 来表示。

另外，在一阶逻辑中，量词符号 $\forall$、$\exists$ 总是与一个个体变元符共同出现，如 $\forall x$，$\exists y$，$\cdots$，x，y 称为相应量词的指导变元。

2.2　一阶逻辑公式及解释

上一节中我们在一阶逻辑中符号化得到的命题和命题函数就是一阶逻辑公式（谓词公式）。至此，在一阶逻辑中，我们已涉及到以下这些符号：

（1）个体变元符号：用小写的英文字母 x，y，z（或加下标）$\cdots$ 表示。

（2）个体常元符号：用小写的英文字母 a，b，c（或加下标）$\cdots$ 表示。

（3）运算符号：用小写的英文字母 f，g，h（或加下标）$\cdots$ 表示。

（4）谓词符号：用大写的英文字母 F，G，H（或加下标）$\cdots$ 表示。

（5）量词符号：$\forall$，$\exists$。

（6）联结词符号：$\neg$，$\wedge$，$\vee$，$\rightarrow$，$\leftrightarrow$。

（7）逗号和圆括号。

一个符号化的命题是一串由这些符号所组成的表达式，但并不是任意一个由此类符号组成的表达式就对应于一个命题。所以要给出严格的定义。

定义 2.2.1 项的定义：

（1）任何一个个体变元或个体常元是项。

(2) 如果 f 是 n 元运算符，t_1，t_2，$\cdots$，t_n 是项，则 $f(t_1，t_2，\cdots，t_n)$ 是项。

(3) 所有的项由且仅由有限次使用(1)、(2)所生成。

例如，x，a，$f(x，a)$，$f(g(x，a，b)，h(x))$ 均是项，其中 h、f 和 g 分别是一元、二元和三元运算符。而 $h(a，b)$ 不是项，因为 h 是一元运算符，但 $h(a，b)$ 中 h 的后面跟了两个项，同样 $g(x)$ 也不是项(理由请读者自己考虑)。

定义 2.2.2 若 F 是 n 元谓词，t_1，t_2，$\cdots$，t_n 是项，则 $F(t_1，t_2，\cdots，t_n)$ 是原子公式。

由定义可知，原子命题是不含量词和联结词的谓词公式。同命题逻辑中的情况相似，这里也可以用联结词将原子公式复合成分子公式。(事实上我们已经这样做了。)

定义 2.2.3 一阶逻辑中的合式公式(wff)的递归定义：

(1) 原子公式是合式公式。

(2) 若 A 是合式公式，则 $(\neg A)$ 也是合式公式。

(3) 若 A、B 均是合式公式，则 $(A \wedge B)$、$(A \vee B)$、$(A \rightarrow B)$ 和 $(A \leftrightarrow B)$ 也均是合式公式。

(4) 若 A 是合式公式，x 是个体变元，则 $\forall x A$、$\exists x A$ 也是合式公式。

(5) 只有有限次按规则(1)～(4)构成的谓词公式才是合式公式。

注 有关谓词逻辑中合式公式的括号省略方法与命题逻辑相同。

在谓词公式中，形如 $\forall x A(x)$ 或 $\exists x A(x)$ 的部分叫做公式的 x 约束部分，其中的 x 称量词的指导变元(作用元)，而公式 $A(x)$ 称为量词的辖域(作用域)。换言之，量词的辖域乃是邻接其后的公式。

注意 这里的公式 $A(x)$ 泛指任意的谓词公式，且除非辖域部分是原子公式，否则应在公式的两侧加入圆括号。

在辖域中指导变元 x 的一切出现称为 x 在公式中的约束出现，且称 x 为约束变元(它受量词的约束)，在公式中除约束变元以外所出现的变元称自由出现，且称 x 为自由变元。

【**例 2.2.1**】 考察下列一阶公式中每个量词的辖域及每个变元的出现是约束的或自由的。

(1) $\forall x(F(x) \rightarrow \exists y H(x，y))$

(2) $\forall x(F(x) \rightarrow G(x)) \vee \forall x(F(x) \rightarrow H(x))$

(3) $\exists x F(x) \wedge G(x)$

(4) $\forall x(F(x) \rightarrow \exists x G(x，y))$

解

(1) 全称量词 $\forall x$ 的辖域是 $(F(x) \rightarrow \exists y H(x，y))$，其中 x 的两次出现均是约束出现，是约束变元；存在量词 $\exists y$ 的辖域是 $H(x，y)$，其中 y 的出现是约束的，y 是约束变元。

(2) 第一个全称量词 $\forall x$ 的辖域是 $(F(x) \rightarrow G(x))$，其中 x 的出现均是约束出现，是约束变元；第二个全称量词 $\forall x$ 的辖域是 $(F(x) \rightarrow H(x))$，其中 x 的出现均是约束出现，是约束变元。

(3) 唯一的存在量词 $\exists x$ 的辖域是 $F(x)$，其中 x 的出现是约束出现，是约束变元；而 x 的第三次出现是在 $G(x)$ 中的出现，是自由出现，第三个 x 是自由变元。

(4) 第一个全称量词 $\forall x$ 的辖域是 $(F(x) \rightarrow \exists x G(x，y))$，其中 $F(x)$ 中的 x 是受其约束的出现，是约束变元；第二个存在量词 $\exists x$ 的辖域是 $G(x，y)$，其中 x 的出现是受其约

束的出现，是约束变元，y 是自由变元。

由例题可见，在一个一阶逻辑公式中，某个个体变元(符)的出现可以既是约束的，又是自由的，如(3)中的 x。另外，同一个变元(符)即使都是约束的，也可能是在不同的量词辖域中出现，如(2)、(4)中的 x。为了避免混淆，可对约束变元进行换名，使得一个变元(符)在一个公式中只以一种形式出现。并使每个量词的作用元不同。这样做时需遵守下面的规则：

换名规则

(1) 将量词的作用元及其辖域中所有受其约束的同符号的变元用一个新的变元符替换。

(2) 新的变元符是原公式中所没有出现的。

(3) 用(1)、(2)得到的新公式与原公式等值。

【例 2.2.2】 对公式 $\forall x(F(x) \rightarrow G(x, y)) \land H(x, y)$ 换名，下面的几种做法中哪个是正确的？

(1) $\forall z(F(z) \rightarrow G(z, y)) \land H(x, y)$

(2) $\forall y(F(y) \rightarrow G(y, y)) \land H(x, y)$

(3) $\forall z(F(z) \rightarrow G(x, y)) \land H(x, y)$

解 只有公式(1)是正确的。公式(2)的换名违反了第二条规则，使得 $G(x, y)$ 中 y 的出现改变了性质。公式(3)的换名违反了第一条规则，使得 $G(x, y)$ 中 x 的出现改变了性质。

对公式中自由出现的变元也可换符号，称为代替，同样需要遵守下面的代替规则。

代替规则

(1) 将公式中所有同符号的自由变元符用新的变元符替换。

(2) 新的变元符是原公式中所没有出现的。

【例 2.2.3】 对公式 $\forall x(F(x) \rightarrow G(x, y)) \land H(x, y)$ 做代替，下面的几种做法中哪个是正确的？

(1) $\forall x(F(x) \rightarrow G(x, y)) \land H(z, y)$

(2) $\forall x(F(x) \rightarrow G(x, z)) \land H(u, y)$

(3) $\forall z(F(z) \rightarrow G(x, y)) \land H(y, y)$

只有(1)是正确的，请读者自己做出分析。

定义 2.2.4 没有自由变元的公式称为闭式。

如例 2.2.1 中的(1)、(2)两式均是闭式，而公式(3)、(4)不是闭式。事实上，仅就个体变元而言，自由变元才是真正的变元，而约束变元只在表面上是变元，实际上并不是真正意义上的变元。换言之，含有自由变元的公式在解释后仍是命题函数，还需赋值方成命题，而不含自由变元的闭式一旦给出解释就成了命题。

定义 2.2.5 一个解释 I 由以下四部分组成：

(1) 为个体域指定一个非空集合 D_1。

(2) 为每个个体常元指定一个个体。

(3) 为每个 n 元运算符指定 D_1 上的一个 n 元运算。

（4）为每个 n 元谓词符指定 D_1 上的一个 n 元谓词。

当解释 I 的个体域 D 为无穷集合时，我们可以通过读取公式的含义来获取真值。

【例 2.2.4】 设 f, g 均为二元运算符，E，L 均为二元谓词符，给定解释 I 如下：

个体域 D_1 为自然数集合；

$f(x, y) = x + y$, $g(x, y) = x \cdot y$, $a = 0$;

$E(x, y)$: $x = y$, $L(x, y)$: $x < y$。

求下列公式在解释 I 下的真值。

（1）$\forall x \exists y L(x, y)$

（2）$\forall x(E(f(x, a), x) \wedge L(g(x, a), a))$

（3）$\forall y(E(x, y) \vee L(x, y))$

（4）$E(f(x, a), g(x, a))$

解 公式（1）中没有自由变元，是闭式，在解释 I 下的意义是：对于每一个自然数 x，均存在着自然数 y，使得 $x < y$。显然这是一个真命题。

公式（2）中也没有自由变元，是闭式，在解释 I 下的意义是：对于每一个自然数 x，$x + 0 = x$ 并且 $x \cdot 0 < 0$。因为 $0 < 0$ 不真，所以这是一个假命题。

公式（3）中 x 是自由变元，不是闭式，在解释 I 下的意义是：对于每一个自然数 y，$x = y$ 或者 $x < y$。因为 x 取 0 时，原式为真；x 取 1 时，原式为假，所以这是命题函数，而非命题。

公式（4）中 x 是自由变元，不是闭式，在解释 I 下的意义是：$x + 0 = x \cdot 0$。因为 x 取 0 时，原式为真；x 非 0 时，原式为假，所以这是命题函数，而非命题。

如上所言，含有自由变元的公式在解释后仍是命题函数，还需赋值方成命题。

定义 2.2.6 赋值 υ 是建立在解释 I 上的函数，且有：

（1）$\upsilon(x_i) = \bar{a}_i$，即对自由变元 x_i 指派一个 D_1 中的个体 $\bar{a}_i$。

（2）$\upsilon(f(t_1, t_2, \cdots, t_n)) = \bar{f}_i(\upsilon(t_1), \upsilon(t_2), \cdots, \upsilon(t_n))$，其中 $\bar{f}_i$ 是 I 对 f 的解释，$t_i(i = 1, 2, \cdots, n)$ 是项。

【例 2.2.5】 设 f, g 均为二元运算符，E，L 均为二元谓词符，给定解释 I 及赋值 υ 如下：

个体域 D_1 为自然数集合；

$f(x, y) = x + y$, $g(x, y) = x \cdot y$, $a = 0$;

$E(x, y)$: $x = y$, $L(x, y)$: $x < y$;

$\upsilon_1(x) = 0$, $\upsilon_2(x) = 1$。

求下列公式在解释 I 和赋值分别为 υ_1, υ_2 下的真值。

（1）$\forall y(E(x, y) \vee L(x, y))$

（2）$E(f(x, a), g(x, a))$

（3）$\forall x E(g(x, a), a)$

解 公式（1）在解释 I 及赋值 υ_1 下的含义是：对于每个自然数 y，$0 = y$ 或者 $0 < y$。即 0 是最小的自然数，这是真命题。在解释 I 及赋值 υ_2 下的含义是：对于每个自然数 y，$1 = y$ 或者 $1 < y$。即 1 是最小的自然数，这是假命题。

公式(2)在解释 I 及赋值 v_1 下的含义是：$0+0=0\cdot0$，这是真命题。在解释 I 及赋值 v_2 下的含义是：$1+0=1\cdot0$，这是假命题。

公式(3)中不含自由变元，无需考虑赋值。在解释 I 下的意义是：对于每一个自然数 x，$x\cdot0=0$。这是真命题。

在上一节我们曾提到过，当个体域为有穷集 $D_1=\{a_1,a_2,\cdots,a_n\}$ 时：

$$\forall xF(x)\Leftrightarrow F(a_1)\wedge F(a_2)\wedge\cdots\wedge F(a_n)$$

$$\exists xG(x)\Leftrightarrow G(a_1)\vee G(a_2)\vee\cdots\vee G(a_n)$$

因此，当解释 I 中的个体域 D 为有穷集时，可先消量词再求真值。

【例 2.2.6】 设解释 I 为：$D_1=\{2,3\}$，$f(2)=3$，$f(3)=2$，$F(2,2)=F(2,3)=0$，$F(3,2)=F(3,3)=1$。在 I 下消去下列公式的量词并求真值。

(1) $F(2,f(2))\wedge F(3,f(3))$

(2) $\forall x\exists yF(y,x)$

(3) $\forall x(F(x,f(x))\rightarrow\forall yF(f(x),f(y)))$

解

(1) 式中不含量词，所以直接求真值。

$\quad F(2,f(2))\wedge F(3,f(3))$

$\Leftrightarrow F(2,3)\wedge F(3,2)$

$\Leftrightarrow 0\wedge1$

$\Leftrightarrow 0$

(2) $\quad\forall x\exists yF(y,x)$

$\Leftrightarrow\forall x((F(2,x)\vee F(3,x)))$

$\Leftrightarrow(F(2,2)\vee F(3,2))\wedge(F(2,3)\vee F(3,3))$

$\Leftrightarrow(0\vee1)\wedge(0\vee1)$

$\Leftrightarrow1\wedge1$

$\Leftrightarrow1$

(3) $\quad\forall x(F(x,f(x))\rightarrow\forall yF(f(x),f(y)))$

$\Leftrightarrow(F(2,f(2))\rightarrow\forall yF(f(2),f(y)))\wedge(F(3,f(3))\rightarrow\forall yF(f(3),f(y)))$

$\Leftrightarrow(F(2,f(2))\rightarrow(F(f(2),f(2))\wedge F(f(2),f(3))))$

$\quad\wedge(F(3,f(3))\rightarrow(F(f(3),f(2))\wedge F(f(3),f(3))))$

$\Leftrightarrow(F(2,3)\rightarrow(F(3,3)\wedge F(3,2)))\wedge(F(3,2)\rightarrow(F(2,3)\wedge F(2,2)))$

$\Leftrightarrow(0\rightarrow(1\wedge1))\wedge(1\rightarrow(0\wedge0))$

$\Leftrightarrow(0\rightarrow1)\wedge(1\rightarrow0)$

$\Leftrightarrow1\wedge0$

$\Leftrightarrow0$

定义 2.2.7 一阶逻辑公式的分类：

永真式(逻辑有效式) 在任何解释 I 及 I 的任何赋值下均为真的一阶公式；

永假式(矛盾式) 在任何解释 I 及 I 的任何赋值下均为假的一阶公式；

可满足式 至少有一种解释和一种赋值使其为真的一阶公式。

由定义可知，要判定一个公式 A 不是永真式，只需找到一个解释 I 和 I 下的一个赋值

υ，使 A 在 I 和 υ 下为假；要判定一个公式 A 不是永假式，只需找到一个解释 I 和 I 下的一个赋值 υ，使 A 在 I 和 υ 下为真；要判定一个公式 A 是非永真的可满足式，只需找到一个解释 I 和 I 下的一个赋值 υ，使 A 在 I 和 υ 下为真，再找到一个解释 I 和 I 下的一个赋值 υ，使 A 在 I 和 υ 下为假。

【例 2.2.7】 讨论下列公式的类型：

(1) $\forall xF(x) \rightarrow \exists xF(x)$

(2) $\forall x \neg G(x) \wedge \exists xG(x)$

(3) $\forall x \exists yF(x, y) \rightarrow \exists y \forall xF(x, y)$

解

(1) 公式 $\forall xF(x) \rightarrow \exists xF(x)$ 在任何解释 I 下的含义是：如果个体域 D_1 中的每个元素 x 均有性质 F，则 D_1 中的某些元素 x 必有性质 F。前件 $\forall xF(x)$ 为真时，后件 $\exists xF(x)$ 永远为真，所以公式 $\forall xF(x) \rightarrow \exists xF(x)$ 是永真式。

(2) 公式 $\forall x \neg G(x) \wedge \exists xG(x)$ 在任何解释 I 下的含义是：个体域 D_1 中的每个元素 x 均不具有性质 G，且 D_1 中的某些元素 x 具有性质 G。这是两个互相矛盾的命题，不可能同时成立，所以公式 $\forall x \neg G(x) \wedge \exists xG(x)$ 是永假式。

(3) 公式 $\forall x \exists yF(x, y) \rightarrow \exists y \forall xF(x, y)$ 既不是永真式，也不是永假式。由于这是闭式，故无需考虑赋值，只要给出一个使其成真的解释和一个使其成假的解释即可。

① 给定解释 I_1：D_{1_1} 为自然数集，$F(x, y)$：$x < y$。此时公式的前件 $\forall x \exists yF(x, y)$ 表示"对于每个自然数 x，均有自然数 y 比 x 大"是真命题，而后件 $\exists y \forall xF(x, y)$ 表示"存在着自然数 y 比每个自然数 x 均大"是假命题。因此，I_1 是使 $\forall x \exists yF(x, y) \rightarrow \exists y \forall xF(x, y)$ 为假的解释。

② 给定解释 I_2：D_{1_2} 为自然数集，$F(x, y)$：$x > y$。此时公式的前件 $\forall x \exists yF(x, y)$ 表示"对于每个自然数 x，均有自然数 y 比 x 小"是假命题（x 为 0 时，y 不存在），因此，I_2 是使 $\forall x \exists yF(x, y) \rightarrow \exists y \forall xF(x, y)$ 为真的解释。

定义 2.2.8 设 $A(p_1, p_2, \cdots, p_n)$ 是含命题变元 $p_1, p_2, \cdots, p_n$ 的命题公式，$B(B_1, B_2, \cdots, B_n)$ 是以一阶公式 $B_1, B_2, \cdots, B_n$ 分别代替 $p_1, p_2, \cdots, p_n$ 在 A 中的所有出现后得到的一阶公式，称 B 是 A 的一个代换实例。

例如，$F(x) \rightarrow G(y)$，$\forall xF(x) \rightarrow \exists yG(y)$ 均是命题公式 $p \rightarrow q$ 的代换实例，也是 p 的代换实例。显然有以下定理。

定理 2.2.1 命题逻辑永真式的任何代换实例必是一阶逻辑的永真式。同样，命题逻辑永假式的任何代换实例必是一阶逻辑的永假式。

证明略。

定理 2.2.1 为我们提供了一大类一阶逻辑的有效式。因此，判断一个一阶逻辑公式是否是永真式或永假式，我们既可以用定义 2.2.7（如例 2.2.7），也可以用其是否是命题逻辑的永真式或永假式的代换实例来判断。例如，由等值定律可知，例 2.2.7 中的 (2) $\forall x \neg G(x) \wedge \exists xG(x)$ 实质上是命题逻辑永假式 $\neg p \wedge p$ 的代换实例，所以是永假式。又如，作为命题逻辑永真式 $\neg p \vee p$ 的代换实例，$\neg(\forall xF(x) \rightarrow G(y)) \vee (\forall xF(x) \rightarrow G(y))$ 是永真式。至此，由第一章的每一个命题逻辑等值式，我们可以得到相应的一阶逻辑等值式。但是请注意，一阶逻辑的永真式未必是命题逻辑永真式的代换实例，如由例 2.2.7 可知，$\forall xF(x) \rightarrow \exists xF(x)$ 是永真式，但它只是命题公式 $p \rightarrow q$ 或 p 的代换实例，而非命题逻辑永真式的代换实例。另外，一般来说，含自由变元的非闭式只有在作为命题逻辑永真式（永假式）的代换实例时，才能成为一阶逻辑中的永真式（永假式）。

2.3　等值演算和前束范式

定义 2.3.1　设 A 与 B 是一阶公式，若 $A \leftrightarrow B$ 是永真式，则称 A 与 B 等值，或称 A 与 B 逻辑等价，记作 $A \Leftrightarrow B$。

显然，$A \Leftrightarrow B$ 当且仅当在任何解释 I 和 I 中的任意赋值 υ 下，A 与 B 有相同的真值。即在 I 和 υ 下，A 为真当且仅当 B 为真，或者，A 为假当且仅当 B 为假。同时，要证明两个公式不等值，只需找到一个解释 I 和 I 中的一个赋值 υ，使得两个公式在 I 和 υ 下，一个为真，另一个为假。

【例 2.3.1】　判断公式 $\forall xF(x, y) \rightarrow (G(x) \vee \forall zF(z, y))$ 的类型。

解　根据换名规则知，$\forall xF(x, y) \rightarrow (G(x) \vee \forall zF(z, y)) \Leftrightarrow \forall zF(z, y) \rightarrow (G(x) \vee \forall zF(z, y))$。而右式是命题永真式 $p \rightarrow (q \vee p)$ 的代换实例，所以，此公式是永真式。

【例 2.3.2】　判断公式 $\forall x \exists yF(x, y)$ 与公式 $\exists y \forall xF(x, y)$ 是否等值。

解　直接观察是不等值的。由于两个公式均是闭式，所以只需给出一个解释 I，使其在 I 下一个为真，另一个为假。取解释 I：D 为鞋子的集合，$F(x, y)$：x 与 y 能配成一双。则在 I 下，$\forall x \exists yF(x, y)$ 表示"每一只鞋子均有另一只鞋子能与其配成一双"是真命题，而公式 $\exists y \forall xF(x, y)$ 表示"有这样的鞋子能与任何一只鞋子配成一双"是假命题。因此，两个公式 $\forall x \exists yF(x, y)$ 与 $\exists y \forall xF(x, y)$ 不等值。

在上一节中我们提到，通过代换实例可以得到一大类永真式，从而得到一大类等值式。例如，双重否定律，由 $p \Leftrightarrow \neg \neg p$ 知 $p \leftrightarrow \neg \neg p$ 是永真式，则其代换实例 $\forall xF(x) \leftrightarrow \neg \neg \forall F(x)$ 是永真式，故 $\forall (x) \Leftrightarrow \neg \neg \forall xF(x)$。这样，由第一章中的等值式可得一阶逻辑中的等值式。再用置换法则可做一阶逻辑中的等值演算，下面我们给出一阶逻辑中关于量词的等值式。

量词转换律　（$A(x)$ 是任一一阶公式）

（1）$\neg \forall xA(x) \Leftrightarrow \exists x \neg A(x)$

（2）$\neg \exists xA(x) \Leftrightarrow \forall x \neg A(x)$

证明　（1）在任何解释 I 下，$\neg \forall xA(x)$ 表示"在个体域 D 中，并非所有的 x 都具有性质 A"，$\exists x \neg A(x)$ 表示"在个体域 D 中，至少有一个 x 不具有性质 A"，两个命题的含义是一样的，因此它们同真或同假，它们是等值的。

（2）证明留给读者。　　　　　　　　　　　　　　　　　　　　　　　　　　证毕

注意　此定律又称量词否定等值式，但否定的不只是量词，而是被量化了的整个命题。当个体域取有穷集时，采取消量词的方法，得到的就是德·摩根律。

量词辖域扩缩律　（$A(x)$ 是任一一阶公式，B 是任一不含自由变量 x 的一阶公式）

（1）$\forall xA(x) \wedge B \Leftrightarrow \forall x(A(x) \wedge B)$

(2) $\forall xA(x) \lor B \Leftrightarrow \forall x(A(x) \lor B)$

(3) $\exists xA(x) \land B \Leftrightarrow \exists x(A(x) \land B)$

(4) $\exists xA(x) \lor B \Leftrightarrow \exists x(A(x) \lor B)$

证明

(1) 在任何解释 I 和 I 中的任意赋值 v 下，

$$\forall xA(x) \land B = 1$$

当且仅当　$\forall xA(x) = 1$ 且 $B = 1$

当且仅当　$B = 1$ 且 对于 D_I 中的每一个元素 c，$A(c) = 1$

当且仅当　对于 D_I 中的每一个元素 c，$A(c) \land B = 1$

当且仅当　$\forall x(A(x) \land B) = 1$

(2) 在任何解释 I 和 I 中的任意赋值 v 下，

$$\forall xA(x) \lor B = 0$$

当且仅当　$\forall xA(x) = 0$ 且 $B = 0$

当且仅当　$B = 0$ 且 存在 D_I 中的元素 c，使得 $A(c) = 0$

当且仅当　存在 D_I 中的元素 c，使得 $A(c) \lor B = 0$

当且仅当　$\forall x(A(x) \lor B) = 0$

(3) $\exists xA(x) \land B \Leftrightarrow \neg\neg(\exists xA(x) \land B)$

$$\Leftrightarrow \neg(\neg(\exists xA(x) \land B))$$

$$\Leftrightarrow \neg(\neg\exists xA(x) \lor \neg B)$$

$$\Leftrightarrow \neg(\forall x\neg A(x) \lor \neg B)$$

$$\Leftrightarrow \neg(\forall x(\neg A(x) \lor \neg B))$$

$$\Leftrightarrow \neg(\forall x\neg(A(x) \land B))$$

$$\Leftrightarrow \exists x(A(x) \land B)$$

(4) 证明留给读者。　　　　　　　　　　　　　　　　　　　　　　　　　　　**证毕**

另外，下面的等值式也称作量词辖域的扩缩律。

(5) $\forall xA(x) \rightarrow B \Leftrightarrow \exists x(A(x) \rightarrow B)$　　　　　　　　　　　　　（5）

(6) $B \rightarrow \forall xA(x) \Leftrightarrow \forall x(B \rightarrow A(x))$　　　　　　　　　　　　（6）

(7) $\exists xA(x) \rightarrow B \Leftrightarrow \forall x(A(x) \rightarrow B)$　　　　　　　　　　　　（7）

(8) $B \rightarrow \exists xA(x) \Leftrightarrow \exists x(B \rightarrow A(x))$　　　　　　　　　　　　（8）

证明　只证第(5)式：

$$\forall xA(x) \rightarrow B \Leftrightarrow \neg\forall xA(x) \lor B$$

$$\Leftrightarrow \exists x\neg A(x) \lor B$$

$$\Leftrightarrow \exists x(\neg A(x) \lor B)$$

$$\Leftrightarrow \exists x(A(x) \rightarrow B)$$

(6)、(7)、(8)的证明留给读者。　　　　　　　　　　　　　　　　　　　　**证毕**

量词分配律　($A(x)$、$B(x)$ 是任一一阶公式)

(1) $\forall x(A(x) \land B(x)) \Leftrightarrow \forall xA(x) \land \forall xB(x)$

(2) $\exists x(A(x) \lor B(x)) \Leftrightarrow \exists xA(x) \lor \exists xB(x)$

证明

(1) 在任何解释 I 和 I 中的任意赋值 v 下，

$$\forall x(A(x) \wedge B(x)) = 1$$

当且仅当   对于 D_1 中的每一个元素 c，$A(c) \wedge B(c) = 1$

当且仅当   对于 D_1 中的每一个元素 c，$A(c) = 1$ 且 $B(c) = 1$

当且仅当 $\forall x A(x) = 1$ 且 $\forall x B(x) = 1$

当且仅当 $\forall x A(x) \wedge \forall x B(x) = 1$

(2) $\exists x(A(x) \vee B(x)) \Leftrightarrow \neg \neg (\exists x(A(x) \vee B(x)))$

$$\Leftrightarrow \neg (\forall x \neg (A(x) \vee B(x)))$$

$$\Leftrightarrow \neg (\forall x (\neg A(x) \wedge \neg B(x)))$$

$$\Leftrightarrow \neg (\forall x \neg A(x) \wedge \forall x \neg B(x))$$

$$\Leftrightarrow \neg (\neg \exists x A(x) \wedge \neg \exists x B(x))$$

$$\Leftrightarrow \exists x A(x) \vee \exists x B(x) \hspace{3cm} \text{证毕}$$

注意   虽然一般情况下，$\wedge$ 与 $\vee$ 是满足对偶律的，但在量词分配律上对偶定理并不成立。即

$$\forall x(A(x) \vee B(x)) \not\Leftrightarrow \forall x A(x) \vee \forall x B(x)$$

$$\exists x(A(x) \wedge B(x)) \not\Leftrightarrow \exists x A(x) \wedge \exists x B(x)$$

证明   给定解释 I：D_1 为自然数集，$A(x)$ 为 x 是奇数，$B(x)$ 为 x 是偶数。

在 I 下，$\forall x(A(x) \vee B(x))$ 意为"所有的自然数，或是奇数，或是偶数"，是真命题，$\forall x A(x) \vee \forall x B(x)$ 意为"所有的自然数是奇数，或者所有的自然数是偶数"，是假命题。因此，$\forall x(A(x) \vee B(x))$ 与 $\forall x A(x) \vee \forall x B(x)$ 不等值。

而 $\exists x(A(x) \wedge B(x))$ 意为"存在着自然数 x，x 既是奇数又是偶数"，显然这是一个假命题，$\exists x A(x) \wedge \exists x B(x)$ 意为"有自然数是奇数并且也有自然数是偶数"，是真命题，因此，$\exists x A(x) \wedge \exists x B(x)$ 与 $\exists x(A(x) \wedge B(x))$ 不等值。 $\hspace{2cm}$ 证毕

【例 2.3.3】   证明下列等值式：

(1) $\neg \forall x(F(x) \rightarrow G(x)) \Leftrightarrow \exists x(F(x) \wedge \neg G(x))$

(2) $\neg \exists x \forall y(F(x) \wedge G(y) \wedge \neg H(x, y)) \Leftrightarrow \forall x \exists y((F(x) \wedge G(y)) \rightarrow H(x, y))$

证明

(1) $\hspace{1cm} \neg \forall x(F(x) \rightarrow G(x))$

$$\Leftrightarrow \exists x \neg (F(x) \rightarrow G(x))$$

$$\Leftrightarrow \exists x \neg (\neg F(x) \vee G(x))$$

$$\Leftrightarrow \exists x(F(x) \wedge \neg G(x))$$

(2) $\hspace{1cm} \neg \exists x \forall y(F(x) \wedge G(y) \wedge \neg H(x, y))$

$$\Leftrightarrow \forall x \exists y \neg (F(x) \wedge G(y) \wedge \neg H(x, y))$$

$$\Leftrightarrow \forall x \exists y(\neg (F(x) \wedge G(y)) \vee H(x, y))$$

$$\Leftrightarrow \forall x \exists y((F(x) \wedge G(y)) \rightarrow H(x, y)) \hspace{2cm} \text{证毕}$$

在命题逻辑中，我们介绍过析取范式和合取范式，利用它们可将命题公式表示为统一的形式，为我们讨论问题提供了方便。下面我们介绍一阶逻辑中的范式概念——前束范式。

定义 2.3.2   设 A 为一阶公式，若 A 具有如下形式

$$Q_1 x_1 Q_2 x_2 \cdots Q_k x_k B$$

则称 A 为前束范式。其中 $Q_i(1 \leqslant i \leqslant k)$ 是量词符 $\forall$ 或 $\exists$，$x_i(1 \leqslant i \leqslant k)$ 是变元符，B 是不含量词的公式。

例如，$\exists x(F(x) \wedge \neg G(x))$，$\forall x \exists y((F(x) \wedge G(y)) \rightarrow H(x, y))$ 等公式均是前束范式。$\neg \exists x \forall y(F(x) \wedge G(y) \wedge \neg H(x, y))$，$\forall x(F(x) \rightarrow \exists y(G(y) \wedge H(x, y)))$，$\exists x \forall y(F(x) \vee G(y)) \rightarrow H(x, y, z)$ 等都不是前束范式。

在一阶逻辑推理中，需要将公式化成前束范式形式，这总是可以办到的。即任何一个一阶公式均可等值演算成前束范式，化归过程如下：

（1）消去除 $\neg$、$\wedge$、$\vee$ 之外的联结词；

（2）将否定符 $\neg$ 移到量词符后；

（3）换名使各变元不同名；

（4）扩大辖域使所有量词处在最前面。

说明 1　化归过程需遵守置换规则和换名规则（也可用代替规则）。

说明 2　过程（1）是为了方便地使用量词辖域扩缩律（1）～（4），当然也可以直接使用量词辖域扩缩律（5）～（8）。由此可知，公式的前束范式形式并不唯一。

【例 2.3.4】　将下面公式化成前束范式。

（1）$\forall x(F(x) \vee \forall y G(y, z) \rightarrow \neg \forall z H(x, z))$

（2）$\neg \forall x(F(x) \rightarrow \forall y(F(y) \rightarrow F(f(x, y)))) \wedge \neg \exists y(G(x, y) \rightarrow F(y))$

解

（1）　　$\forall x(F(x) \vee \forall y G(y, z) \rightarrow \neg \forall z H(x, z))$

$\Leftrightarrow \forall x(\neg(F(x) \vee \forall y G(y, z)) \vee \exists z \neg H(x, z))$

$\Leftrightarrow \forall x((\neg F(x) \wedge \neg \forall y G(y, z)) \vee \exists z \neg H(x, z))$

$\Leftrightarrow \forall x((\neg F(x) \wedge \exists y \neg G(y, z)) \vee \exists z \neg H(x, z))$

$\Leftrightarrow \forall x((\neg F(x) \wedge \exists y \neg G(y, z)) \vee \exists t \neg H(x, t))$

$\Leftrightarrow \forall x \exists y \exists t((\neg F(x) \wedge \neg G(y, z)) \vee \neg H(x, t))$

（2）　　$\neg \forall x(F(x) \rightarrow \forall y(F(y) \rightarrow F(f(x, y)))) \wedge \neg \exists y(G(x, y) \rightarrow F(y))$

$\Leftrightarrow \neg \forall x(\neg F(x) \vee \forall y(\neg F(y) \vee F(f(x, y)))) \wedge \neg \exists y(\neg G(x, y) \vee F(y))$

$\Leftrightarrow \exists x(F(x) \wedge \neg \forall y(\neg F(y) \vee F(f(x, y)))) \wedge \forall y(G(x, y) \wedge \neg F(y))$

$\Leftrightarrow \exists x(F(x) \wedge \exists y(F(y) \wedge \neg F(f(x, y)))) \wedge \forall y(G(x, y) \wedge \neg F(y))$

$\Leftrightarrow \exists t(F(t) \wedge \exists y(F(y) \wedge \neg F(f(t, y)))) \wedge \forall z(G(x, z) \wedge \neg F(z))$

$\Leftrightarrow \exists t \exists y \forall z(F(t) \wedge F(y) \wedge \neg F(f(t, y)) \wedge G(x, z) \wedge \neg F(z))$

2.4　一阶逻辑推理理论

在一阶逻辑中，由前提 A_1，A_2，$\cdots$，A_n 推出结论 B 的形式结构仍然是 $A_1 \wedge A_2 \wedge \cdots \wedge A_n \rightarrow B$。如果此式是永真式，则称由前提 A_1，A_2，$\cdots$，A_n 推出结论 B 的推理正确，记作 $A_1 \wedge A_2 \wedge \cdots \wedge A_n \Rightarrow B$ 或者 A_1，A_2，$\cdots$，$A_n \Rightarrow B$，否则称推理不正确。

由于谓词演算是在命题演算的基础上，进一步扩大了谓词与量词的功能，因此容易想到，命题演算中有关推理演绎的规则基本上适用于谓词演算，即在命题逻辑中的各项推理规则在一阶逻辑推理中仍然适用，当然也会有不少只适用于谓词演算的概念与规则。

在下面的 4 个推理规则中，$\dfrac{A}{B}$ 意为"由 A 形式地可推出 B"。

全称量词消去规则（简称 UI 规则）

$$\frac{\forall xA(x)}{A(t)} \qquad \frac{\forall xA(x)}{A(c)}$$

规则成立的条件：

（1）t 是任意个体变项，c 是某个个体常项。用哪一个，需视具体情况而定。

（2）$A(t)$（或 $A(c)$）中约束变元个数与 $A(x)$ 中约束变元个数相同。

全称量词引入规则（简称 UG 规则）

$$\frac{A(t)}{\forall xA(x)}$$

规则成立的条件：

x 不在 $A(t)$ 中自由出现。

存在量词引入规则（简称 EG 规则）

$$\frac{A(c)}{\exists xA(x)}$$

规则成立的条件：

（1）c 是特定的个体常元。

（2）x 不在 $A(c)$ 中自由出现。

存在量词消去规则（简称 EI 规则）

$$\frac{\exists xA(x)}{A(c)}$$

规则成立的条件：

（1）c 是特定的个体常元。

（2）$\exists xA(x)$ 是闭式，且 c 不在 $A(x)$ 中出现（事实上，c 不能在前提和前面整个推理过程中出现）。

特别需要注意的是，使用这些规则的条件非常重要，如在使用过程中违反了这些条件就可能导致错误的结论。

【例 2.4.1】 证明推理"所有的自然数均是实数，3 是自然数，因此，3 是实数。"正确。

解 设 $N(x)$：x 是自然数，$R(x)$：x 是实数，则推理形式化为：

$$\forall x(N(x) \rightarrow R(x)),\ N(3) \Rightarrow R(3)$$

下面进行证明。

（1）$\forall x(N(x) \rightarrow R(x))$ 前提引入

（2）$N(3) \rightarrow R(3)$ （1）UI

（3）$N(3)$ 前提引入

（4）$R(3)$ （2）（3）假言推理

证毕

【例 2.4.2】 构造下面推理的证明：

前提：$\forall x(F(x) \rightarrow (G(x) \wedge H(x)))$，$\exists x(F(x) \wedge P(x))$

结论：$\exists x(P(x) \wedge H(x))$

解

(1) $\forall x(F(x) \rightarrow (G(x) \wedge H(x)))$	前提引入
(2) $\exists x(F(x) \wedge P(x))$	前提引入
(3) $F(c) \wedge P(c)$	(2)EI
(4) $F(c) \rightarrow (G(c) \wedge H(c))$	(1)UI
(5) $F(c)$	(3)化简
(6) $G(c) \wedge H(c)$	(4)(5)假言推理
(7) $P(c)$	(3)化简
(8) $H(c)$	(6)化简
(9) $P(c) \wedge H(c)$	(7)(8)合取引入
(10) $\exists x(P(x) \wedge H(x))$	(9)EG

证毕

想一想 在上述推理的过程中，(3)、(4)两个步骤可否颠倒次序？

【例 2.4.3】 设前提为 $\forall x \exists y F(x, y)$，下面推理是否正确？

| (1) $\forall x \exists y F(x, y)$ | 前提引入 |
| (2) $\exists y F(y, y)$ | (1)UI |

解 $\forall x \exists y F(x, y) \Rightarrow \exists y F(y, y)$ 的推理并不正确。如果给定解释 I：个体域为实数集，$F(x, y)$：$x > y$，则 $\forall x \exists y F(x, y)$ 意为"对于每个实数 x，均存在着比之更小的实数 y"，这是一个真命题。而 $\exists y F(y, y)$ 意为"存在着比自己小的实数"，是假命题。之所以出现这样的错误，是违反了 UI 规则成立的条件(2)。

【例 2.4.4】 设前提为 $\forall x \exists y F(x, y)$，下面推理是否正确？

(1) $\forall x \exists y F(x, y)$	前提引入
(2) $\exists y F(t, y)$	(1)UI
(3) $F(t, c)$	(2)EI
(4) $\forall x F(x, c)$	(3)UG
(5) $\exists y \forall x F(x, y)$	(4)EG

解 $\forall x \exists y F(x, y) \Rightarrow \exists y \forall x F(x, y)$ 的推理并不正确。取与例 2.4.3 相同的解释，则由 $\forall x \exists y F(x, y)$ 为真，而 $\exists y \forall x F(x, y)$ 意为"存在着最小实数"，是假命题，知推理不正确。之所以出现这样的错误，是第(3)步违反了 EI 规则成立的条件(2)。

【例 2.4.5】 构造下面推理的证明：

前提：$\forall x(F(x) \rightarrow G(x))$

结论：$\forall x F(x) \rightarrow \forall x G(x)$

分析 本题直接证明很困难，注意到结论部分是蕴含式，应考虑用附加前提证明法。

证明

| (1) $\forall x(F(x) \rightarrow G(x))$ | 前提引入 |
| (2) $\forall x F(x)$ | 附加前提引入 |

(3) $F(t)$	(2)UI
(4) $F(t) \rightarrow G(t)$	(1)UI
(5) $G(t)$	(3)(4)假言推理
(6) $\forall x G(x)$	(5)UG
(7) $\forall x F(x) \rightarrow \forall x G(x)$	CP

证毕

【例 2.4.6】 构造下面推理的证明：

前提：$\forall x(F(x) \rightarrow G(x))$

结论：$\forall x(\exists y(F(y) \wedge H(x, y)) \rightarrow \exists z(G(z) \wedge H(x, z)))$

分析 本题直接证明会感到无从下手，而由于结论并非蕴含式（$\forall x$ 的辖域是其后整个公式），附加前提证明法也不适用，此时我们应考虑归缪法。

证明

(1) $\neg \forall x(\exists y(F(y) \wedge H(x, y)) \rightarrow \exists z(G(z) \wedge H(x, z)))$	否定结论引入
(2) $\exists x \neg(\exists y(F(y) \wedge H(x, y)) \rightarrow \exists z(G(z) \wedge H(x, z)))$	(1)置换
(3) $\neg(\exists y(F(y) \wedge H(a, y)) \rightarrow \exists z(G(z) \wedge H(a, z)))$	(2)EI
(4) $\exists y((F(y) \wedge H(a, y)) \wedge \neg \exists z(G(z) \wedge H(a, z)))$	(3)置换
(5) $\exists y(F(y) \wedge H(a, y))$	(4)化简
(6) $F(b) \wedge H(a, b)$	(5)EI
(7) $F(b)$	(6)化简
(8) $\forall x(F(x) \rightarrow G(x))$	前提引入
(9) $F(b) \rightarrow G(b)$	(8)UI
(10) $G(b)$	(7)(9)假言推理
(11) $\neg \exists z(G(z) \wedge H(a, z))$	(3)化简
(12) $\forall z(\neg G(z) \vee \neg H(a, z))$	(11)置换
(13) $\neg G(b) \vee \neg H(a, b)$	(12)UI
(14) $H(a, b)$	(6)化简
(15) $\neg \neg H(a, b)$	(14)置换
(16) $\neg G(b)$	(13)(15)析取三段论
(17) $G(b) \wedge \neg G(b)$	(10)(16)合取引入

因此，推理正确。

证毕

2.5 例 题 选 解

【例 2.5.1】 在高等数学中极限 $\lim\limits_{x \to a} f(x) = b$ 定义为：任给小正数 ε，则存在正数 δ，使得当 $0 < |x - a| < \delta$ 时，恒有 $|f(x) - b| < \varepsilon$ 成立。

将上述定义用一阶逻辑公式表示。

分析 因为高等数学中的极限概念是在实数范围内给出的，所以不妨设定个体域为实数域。观察整个定义，只有一种"小于"关系，这应当用一个二元谓词表示；而"差的绝对值"是一个运算，应当用运算符表示。

解 设 $L(x, y): x < y$, $g(x, y): |x-y|$，则定义可表示为：

$$\forall \varepsilon(L(0, \varepsilon) \to \exists \delta(L(0, \delta) \land \forall x((L(0, g(x, a)) \land L(g(x, a), \delta))$$
$$\to L(g(f(x), b), \varepsilon))))$$

【例 2.5.2】 在一阶逻辑中符号化自然数的三条公理。

(1) 每个数都有唯一的一个数是它的后继数。

(2) 没有一个数使 0 为它的后继数。

(3) 每个不等于 0 的数都有唯一的一个数是它的直接先行者。

分析 在符号化命题的过程中，设定谓词尽可能少是一个原则。注意到"x 是 y 的后继数"与"y 是 x 的直接先行者"含义相同，所以可用一个谓词表示。

解 设 $N(x): x$ 是自然数，$F(x, y): x$ 是 y 的后继数，$G(x, y): x = y$，则

(1) $\forall x(N(x) \to \exists! y(N(y) \land F(y, x)))$

(2) $\neg \exists x(N(x) \land F(0, x))$

(3) $\forall x((N(x) \land \neg G(x, 0)) \to \exists! y(N(y) \land F(x, y)))$

【例 2.5.3】 将符号 $\exists! xF(x)$ 表达成仅用量词 $\forall$ 和 $\exists$ 的形式。

分析 $\exists! xF(x)$ 的意思是：有唯一的 x 具有性质 F。即有 x 具有性质 F，且若还有 y 也具有性质 F，则必有 $x = y$。

解 $\exists! xF(x) \Leftrightarrow \exists x(F(x) \land \forall y(F(y) \to x = y))$

【例 2.5.4】 设个体域为 $\{a, b, c\}$，消去下列公式中的量词。

(1) $\forall xF(x) \land \exists y G(y)$

(2) $\forall x \exists y(F(x) \land G(y))$

(3) $\forall x \exists y(F(x, y) \to G(y))$

解

(1) $\quad \forall xF(x) \land \exists yG(y)$

$\quad \Leftrightarrow (F(a) \land F(b) \land F(c)) \land (G(a) \lor G(b) \lor G(c))$

(2) $\quad \forall x \exists y(F(x) \land G(y))$

$\quad \Leftrightarrow \exists y(F(a) \land G(y)) \land \exists y(F(b) \land G(y)) \land \exists y(F(c) \land G(y))$

$\quad \Leftrightarrow ((F(a) \land G(a)) \lor (F(a) \land G(b)) \lor (F(a) \land G(c))) \land$

$\quad\quad ((F(b) \land G(a)) \lor (F(b) \land G(b)) \lor (F(b) \land G(c))) \land$

$\quad\quad ((F(c) \land G(a)) \lor (F(c) \land G(b)) \lor (F(c) \land G(c)))$

(3) $\quad \forall x \exists y(F(x, y) \to G(y))$

$\quad \Leftrightarrow \exists y(F(a, y) \to G(y)) \land \exists y(F(b, y) \to G(y)) \land \exists y(F(c, y) \to G(y))$

$\quad \Leftrightarrow ((F(a, a) \to G(a)) \lor (F(a, b) \to G(b)) \lor (F(a, c) \to G(c))) \land$

$\quad\quad ((F(b, a) \to G(a)) \lor (F(b, b) \to G(b)) \lor (F(b, c) \to G(c))) \land$

$\quad\quad ((F(b, a) \to G(a)) \lor (F(b, b) \to G(b)) \lor (F(b, c) \to G(c)))$

事实上，对于公式(2)，我们可以先利用量词辖域的扩缩律将辖域缩小，化成与其等值的公式 $\forall xF(x) \land \exists y G(y)$，再消量词，这正是公式(1)，则消量词变得非常简单。不过并非所有公式都可以缩小辖域，例如本题中的公式(3)，只能按照规则做。

【例 2.5.5】 构造下面推理的证明：

前提：$\forall x F(x) \vee \forall x G(x)$

结论：$\forall x(F(x) \vee G(x))$

证明

(1) $\forall x F(x) \vee \forall x G(x)$	前提引入
(2) $\forall x \forall y(F(x) \vee G(y))$	(1)置换
(3) $\forall y(F(t) \vee G(y))$	(2)UI
(4) $F(t) \vee G(t)$	(3)UI
(5) $\forall x(F(x) \vee G(x))$	(4)UG

证毕

注意 证明中的第(2)步不能直接用全称量词消去规则 UI，因为 $\forall x F(x) \vee \forall x G(x)$ 并不具有 $\forall x A(x)$ 的形式，只有将其化成前束范式的形式方可使用全称量词消去规则。因为前束范式 $\forall x \forall y(F(x) \vee G(y))$ 与 $\forall x F(x) \vee \forall x G(x)$ 是等值的，所以第(2)步用的是置换规则。另外，由此例可知，虽然全称量词 $\forall x$ 对析取运算 $\vee$ 的分配律不成立，但成立蕴含式 $\forall x F(x) \vee \forall x G(x) \Rightarrow \forall x(F(x) \vee G(x))$。

【例 2.5.6】 在谓词逻辑推理系统中构造下面推理的证明：

没有不守信用的人是可以信赖的。有些可以信赖的人是受过教育的人。因此，有些受过教育的人是守信用的。

解 设 $M(x)$：x 是人，$F(x)$：x 守信用，$G(x)$：x 可信赖，$H(x)$：x 受过教育。

前提：$\neg \exists x(M(x) \wedge \neg F(x) \wedge G(x))$，$\exists x(M(x) \wedge G(x) \wedge H(x))$

结论：$\exists x(M(x) \wedge H(x) \wedge F(x))$

下面来进行证明。

(1) $\neg \exists x(M(x) \wedge \neg F(x) \wedge G(x))$	前提引入
(2) $\forall x \neg(M(x) \wedge \neg F(x) \wedge G(x))$	(1)置换
(3) $\exists x(M(x) \wedge G(x) \wedge H(x))$	前提引入
(4) $M(c) \wedge G(c) \wedge H(c)$	(3)EI
(5) $\neg(M(c) \wedge \neg F(c) \wedge G(c))$	(2)UI
(6) $\neg M(c) \vee F(c) \vee \neg G(c)$	(5)置换
(7) $M(c)$	(4)化简
(8) $F(c) \vee \neg G(c)$	(7)(6)析取三段论
(9) $G(c)$	(4)化简
(10) $F(c)$	(8)(9)析取三段论
(11) $H(c)$	(4)化简
(12) $M(c) \wedge H(c) \wedge F(c)$	(7)(11)(10)合取
(13) $\exists x(M(x) \wedge H(x) \wedge F(x))$	(12)EG

因此，推理正确。

习 题 二

1. 在一阶逻辑中将下列命题符号化。

(1) 天下乌鸦一般黑。

(2) 没有不散的筵席。

(3) 闪光的未必是金子。

(4) 有不是奇数的素数。

(5) 有且仅有一个偶素数(提示：参见下面第 4 题(8))。

(6) 猫是动物，但并非所有的动物都是猫。

(7) 骆驼都比马大。

(8) 有的骆驼比所有的马都大。

(9) 所有的骆驼都比某些马大。

(10) 有的骆驼比某些马大。

2. 取个体域为实数集 **R**，函数 f 在点 a 处连续的定义是：f 在 a 点连续，当且仅当对每一个小正数 ε，都存在正数 δ，使得对所有的 x，若 $|x-a|<\delta$，则 $|f(x)-f(a)|<\varepsilon$。把上述定义用符号的形式表示。

3. 在整数集中，确定下列命题的真值，运算"•"是普通乘法。

(1) $\forall x \exists y(x \cdot y = 0)$

(2) $\forall x \exists y(x \cdot y = 1)$

(3) $\exists y \forall x(x \cdot y = 1)$

(4) $\exists y \forall x(x \cdot y = x)$

(5) $\forall x \forall y(x \cdot y = y \cdot x)$

(6) $\exists x \exists y(x \cdot y = 1)$

4. 给定谓词如下，试将下列命题译成自然语言。

　　$P(x)$：x 是素数。$E(x)$：x 是偶数。$O(x)$：x 是奇数。$D(x, y)$：x 整除 y。

(1) $E(2) \wedge P(2)$

(2) $\forall x(D(2, x) \rightarrow E(x))$

(3) $\exists x(\neg E(x) \wedge D(x, 6))$

(4) $\forall x(\neg E(x) \rightarrow \neg D(2, x))$

(5) $\forall x(E(x) \rightarrow \forall y(D(x, y) \rightarrow E(y)))$

(6) $\forall x(O(x) \rightarrow \forall y(P(y) \rightarrow \neg D(x, y)))$

(7) $\forall x(P(x) \rightarrow \exists y(E(y) \wedge D(x, y)))$

(8) $\exists x(E(x) \wedge P(x) \wedge \neg \exists y(E(y) \wedge P(y) \wedge x \neq y))$

5. 指出下面公式中的变量是约束的，还是自由的，并指出量词的辖域。

(1) $\forall x(F(x) \wedge G(x)) \rightarrow \forall x(F(x) \wedge H(x))$

(2) $\forall xF(x) \wedge (\exists xG(x) \vee (\forall xF(x) \rightarrow G(x)))$

(3) $\forall x((F(x) \wedge G(x, y)) \rightarrow (\forall xF(x) \wedge R(x, y, z)))$

(4) $\exists x \forall yF(x, y, z) \leftrightarrow \forall y \exists xF(x, y, z)$

6. 设个体域 $D=\{a, b, c\}$，消去下列各式中的量词。

(1) $\exists xF(x) \rightarrow \forall yF(y)$

(2) $\exists x(\neg F(x) \vee \forall yG(y))$

(3) $\forall x \forall y(F(x) \rightarrow G(y))$

(4) $\exists x \forall yF(x, y, z)$

7. 求下列公式在解释 I 下的真值。

(1) $\forall x(F(x) \vee G(x))$，解释 I：个体域 $D=\{1, 2\}$；$F(x)$：$x=1$；$G(x)$：$x=2$。

(2) $\forall x(p \rightarrow Q(x)) \vee R(a)$，解释 I：个体域 $D=\{-2, 3, 6\}$；p：$1<2$；$Q(x)$：$x \leqslant 3$，$R(x)$：$x>5$；a：5。

8. 给定解释 I 和 I 中赋值 ν 如下：

个体域 D 为实数集，$E(x, y)$：$x=y$，$G(x, y)$：$x>y$，$N(x)$：x 是自然数，

$\qquad f(x, y)=x-y, g(x, y)=x+y, h(x, y)=x \cdot y$

$\qquad \nu(x)=1, \nu(y)=-2, a$：$0$

求下列公式在解释 I 和赋值 ν 下的真值。

(1) $\forall x \forall yE(g(x, y), g(y, x))$

(2) $N(x) \wedge \forall y(N(y) \rightarrow (G(y, x) \vee E(y, x)))$

(3) $\forall y \exists zE(h(y, z), x)$

(4) $\forall x \forall yE(h(f(x, y), g(x, y)), f(h(x, x), h(y, y)))$

(5) $E(g(x, g(x, y)), a)$

9. 判断下列公式的类型，并说明理由。

(1) $\exists xF(x) \rightarrow \forall xF(x)$

(2) $\neg (F(x) \rightarrow (\forall xG(x, y) \rightarrow F(x)))$

(3) $F(x) \rightarrow (\forall xG(x, y) \rightarrow F(y))$

(4) $\forall xF(x) \rightarrow (\forall tF(t) \vee H(y))$

10. 证明量词转换律的(2)式：

$$\neg \exists xA(x) \Leftrightarrow \forall x \neg A(x)$$

11. 证明量词辖域扩缩律的(4)式：

$$\exists xA(x) \vee B \Leftrightarrow \exists x(A(x) \vee B)$$

12. 证明量词辖域扩缩律的(6)、(7)、(8)式：

$$B \rightarrow \forall xA(x) \Leftrightarrow \forall x(B \rightarrow A(x))$$

$$\exists xA(x) \rightarrow B \Leftrightarrow \forall x(A(x) \rightarrow B)$$

$$B \rightarrow \exists xA(x) \Leftrightarrow \exists x(B \rightarrow A(x))$$

13. 用等值演算证明下列等值式。

(1) $\exists x(F(x) \rightarrow G(x)) \Leftrightarrow \forall yF(y) \rightarrow \exists zG(z)$

(2) $\exists x \exists y(F(x) \rightarrow G(y)) \Leftrightarrow \forall xF(x) \rightarrow \exists yG(y)$

(3) $\forall x(\neg F(x) \wedge G(x)) \Leftrightarrow \neg (\forall xG(x) \rightarrow \exists xF(x))$

(4) $\forall x \forall y((F(x, y) \wedge F(y, x)) \rightarrow G(x, y)) \Leftrightarrow \forall x \forall y((F(x, y) \wedge \neg G(x, y)) \rightarrow \neg F(y, x))$

14. 将下列公式化成与之等值的前束范式。

(1) $\forall x(F(x) \rightarrow \exists yG(x, y))$

(2) $(\exists xF(x) \vee \exists xG(x)) \rightarrow \exists x(F(x) \vee G(x))$

(3) $\forall xF(x) \rightarrow \exists x(\forall yG(x, y) \vee \forall yH(x, y, z))$

(4) $(\neg \exists xF(x) \vee \forall yG(y)) \wedge (F(x) \rightarrow \forall zH(z))$

15. 构造下列推理的证明：

(1) 前提：$\exists x F(x) \wedge \forall xG(x)$

  结论：$\exists x(F(x) \wedge G(x))$

(2) 前提：$\forall x(F(x) \vee G(x))$

  结论：$\forall xF(x) \vee \exists xG(x)$（提示：用附加前提法或归缪法证明）

(3) 前提：$\forall x(F(x) \rightarrow G(x))$

  结论：$\forall x \forall y(F(y) \wedge H(x, y)) \rightarrow \exists x(G(x) \wedge H(x, x))$

(4) 前提：$\neg \forall x F(x)$，$\forall x((\neg F(x) \vee G(c)) \rightarrow H(x))$

  结论：$\exists xH(x)$

(5) 前提：$\exists x F(x) \rightarrow \forall x((F(x) \vee G(x)) \rightarrow R(x))$，$\exists x F(x)$，$\exists xG(x)$

  结论：$\exists x \exists y(R(x) \wedge R(y))$

(6) 前提：$\forall x(\exists y(S(x, y) \wedge M(y)) \rightarrow \exists z(P(z) \wedge R(x, z)))$

  结论：$\neg \exists z P(z) \rightarrow \forall x \forall y(S(x, y) \rightarrow \neg M(y))$

16. 在一阶逻辑中构造下列推理的证明。

(1) 有理数都是实数。有的有理数是整数。因此，有的实数是整数。

(2) 所有的有理数都是实数。所有的无理数也都是实数。任何虚数都不是实数。所以，虚数既非有理数也非无理数。

(3) 不存在不能表示成分数的有理数。无理数都不能表示成分数。所以，无理数都不是有理数。

17. 在一阶逻辑中构造下列推理的证明。

(1) 有些病人相信所有的医生。所有的病人都不相信骗子。因此，所有的医生都不是骗子。

(2) 任何人如果他喜欢步行，他就不喜欢乘汽车。每个人或者喜欢乘汽车，或者喜欢骑自行车。有的人不爱骑自行车。因此有的人不爱步行。

第二篇

集 合 论

集合论分为两种体系。一种是朴素集合论体系，也称为康托集合论体系；另一种是公理集合论体系。本书只讨论朴素集合论。

自从 19 世纪末著名的德国数学家康托（Gaorge Cantor，1845～1918）创立集合论，迄今已有 100 多年的历史，集合的概念已深入到现代科学的各个方面，成为表达各种严格科学概念的必不可少的"数学语言"，然而有趣的是，集合本身却是一个不能精确定义的基本概念，但这并不妨碍我们对它的理解和使用。

集合论的特点是研究对象的广泛性。人们把研究的对象视作一个集合，本意可以是包罗万象的，但从最早的集合论文献来看，那时所研究的集合多半是分析数学中的"数集"和几何学中的"点集"，而集合的元素真正成为包罗万象的对象，应当说是从"计算机革命"开始：数字、符号、图像、语音以及光、电、热各种信息，它们都可以作为"数据"，这些"数据"就构成集合。集合论总结出由各种对象构成的集合的共同性质，并用统一的方法来处理。正因为如此，集合的理论被广泛地应用于各种科学和技术领域。由于集合论的语言适合于描述和研究离散对象及其关系，因此它也是计算机科学与工程的理论基础，它在程序设计、形式语言、关系数据库、操作系统等计算机学科中得到广泛的应用。集合论的原理和方法成为名符其实的数学技术。

本篇介绍在计算机科学与工程中应用极为广泛的关于集合、关系、函数及基数的理论。

第三章 集合的基本概念和运算

集合是现代数学中最重要的基本概念之一，是现代数学的重要基础。

众所周知，在任何一个数学理论中，不可能对其中每个概念都严格定义。比如说，它的第一个概念就无法严格定义，因为没有能用于定义这个概念的更原始的概念。我们称这种不能严格定义的概念为该数学理论的原始概念，而称其余的概念为它的派生概念。如在欧几里德几何学中，"点"和"线"是原始概念，而"三角形"和"圆"则为派生概念。在这里，我们把"集合"也作为这样的不能严格定义的原始概念。

本章介绍集合的表示法、集合的运算，以及有限集合的计数。

3.1 集合的基本概念与表示

一些不同对象的全体称为集合，通常用大写的英文字母 A，B，C…表示。

严格地说这不是集合的定义，因为"全体"只是"集合"一词的同义反复。在集合论中，集合是一个不能严格定义的原始概念（就像几何学中的点、线、面等概念）。

组成集合的元素称为对象，一般可用小写英文字母 a，b，c…表示。

注意 这里"对象"的概念是相当普遍的，可以是任何具体的东西或抽象的概念，还可以是集合，因为人们有时以集合为其讨论的对象，而又需要涉及它们的一个总体——以集合为其元素的集合。

如果 a 是 A 的元素，则记为 $a \in A$，读作"a 属于 A"或"a 在集合 A 之中"。

如果 a 不是 A 的元素，则记为 $a \notin A$ 或 $\neg(a \in A)$，读作"a 不属于 A"或"a 不在集合 A 之中"。

其中"$\in$"表示一种关系。

在我们所研究的集合论（古典集合论）中，对任何对象 a 和任何集合 A，或者 $a \in A$ 或者 $a \notin A$，两者必居其一且仅居其一。这正是集合对其元素的"确定性"要求。随着科学的发展，由控制论的研究所引起的当代数学的一个新领域——模糊集合论，所研究的不清晰的对象构成的集合，不在我们讨论的范围内。

集合有三个特性：确定性、互异性和无序性。

(1) 确定性：$a \in A$ 或 $a \notin A$，二者必居其一并仅居其一。

(2) 互异性：$\{1, 2, 3, 2\}$ 与 $\{1, 2, 3\}$ 视作一个集合。

(3) 无序性：$\{1, 2, 3\}$、$\{2, 3, 1\}$ 与 $\{3, 1, 2\}$ 视为一个集合。

集合 A 中的不同的元素的数目，可称为集合 A 的基数或者势，记为 $|A|$。

基数有限的集合称为有穷集合，否则称为无穷集合。

表示一个集合的方法通常有两种。

(1) 列举法：将集合的元素列举出来并写在一个花括号里，元素之间用逗号分开。例如，设 A 是由 a，b，c，d 元素构成的集合，B 是由 a，$\{b\}$，$\{\{c,d\}\}$ 为元素构成的集合，则 $A=\{a,b,c,d\}$，$B=\{a,\{b\},\{\{c,d\}\}\}$，集合 B 说明集合也可用作元素，因此，尽管集合与其元素是两个截然不同的概念，但一个集合完全可以成为另一个集合的元素。

列举法基本上用于有限集合，如果能说明集合的特征，也可只列出部分元素，其余的用省略号表示。如自然数集可用列举法表示为 $\mathbf{N}=\{0,1,2,3,4,5,\cdots\}$，根据所列元素，可判断 $\mathbf{N}$ 中的其余元素。

列举法使集合中的元素一目了然，但是元素个数很多时使用起来就很麻烦，另外，有很多集合，如大于 0 而小于 1 的所有实数的集合就不能用列举法表示。为此引入另一种表示方法。

(2) 描述法：规定一个集合 A 时，将 A 中元素的特征用一个谓词公式来描述，用谓词 $P(x)$ 表示 x 具有性质 P，用 $\{x\mid P(x)\}$ 表示具有性质 P 的集合 A，即 $A=\{x\mid P(x)\}$。它表示集合 A 是使 $P(x)$ 为真的所有元素 x 构成的集合，$P(x)$ 是任意谓词。

$P(a)$ 为真的充分必要条件是 $a\in A$，$P(a)$ 为假的充分必要条件是 $a\notin A$。

【例 3.1.1】

(1) 设 $P(x)$：x 是英文字母，则 $S=\{x\mid P(x)\}$ 表示 26 个英文字母的集合。

(2) $\mathbf{N}=\{0,1,2,3,\cdots\}=\{x\mid x$ 是自然数$\}$

(3) $\mathbf{I}^{+}=\{1,2,3,\cdots\}=\{x\mid x$ 是正整数$\}$

(4) $\mathbf{I}=\{\cdots,-3,-2,-1,0,1,2,3,\cdots\}=\{x\mid x$ 是整数$\}$

(5) $\mathbf{I}_m=\{0,1,2,\cdots,m-1\}=\{x\mid x\in \mathbf{N} \wedge 0\leqslant x<m\}$

(6) $\mathbf{E}=\{\cdots,-4,-2,0,2,4,\cdots\}=\{x\mid x$ 是偶数$\}$
$$=\{x\mid x\in \mathbf{I} \wedge 2\mid x\} \quad (2\mid x \text{ 表示 2 整除 } x)$$

(7) 前 n 个自然数集合的集合 $=\{\{0\},\{0,1\},\{0,1,2\},\cdots\}$
$$=\{x\mid x=\mathbf{I}_n \wedge n\in \mathbf{I}^{+}\}$$
$$=\{\mathbf{I}_n\mid n\in \mathbf{I}^{+}\}$$

由此可见，表示一个集合的方法是很灵活多变的，必须注意准确性和简洁性。

为方便起见，本书中指定下列常见数集符号：

$\mathbf{N}$(Natural)	表示自然数集合（含 0）
$\mathbf{Z}$	表示整数集合，本书中我们也常用 $\mathbf{I}$(Integer) 表示整数集合
$\mathbf{Q}$(Quotient)	表示有理数集合
$\mathbf{R}$(Real)	表示实数集合
$\mathbf{C}$(Complex)	表示复数集合
$\mathbf{P}$(Proton)	表示素数集合

下面讨论集合之间的关系（以下 $\Leftrightarrow$ 表示术语"当且仅当"）。

定义 3.1.1 设 A，B 为任意两个集合，如果 A 的每一个元素都是 B 的元素，则称集合 A 为集合 B 的子集合（或子集，subsets），表示为 $A\subseteq B$（或 $B\supseteq A$），读作"A 包含于 B"

（或"B 包含 A"）。其符号化形式为
$$A \subseteq B \Leftrightarrow \forall x(x \in A \rightarrow x \in B)$$
若 A 不是 B 的子集，则记作 $A \nsubseteq B$，其符号化形式为
$$A \nsubseteq B \Leftrightarrow \exists x(x \in A \wedge x \notin B)$$

集合之间的子集关系或包含关系是集合之间最重要的关系之一。读者必须彻底弄清子集关系和包含关系这两个完全不同的概念。

集合的包含具有下列性质：

（1）自反性：$A \subseteq A$；

（2）传递性：$A \subseteq B$ 且 $B \subseteq C$，则 $A \subseteq C$；

（3）$A \subseteq B$ 且 $A \nsubseteq C$，则 $B \nsubseteq C$。

【例 3.1.2】 $\{a,b\} \subseteq \{a,c,b,d\}$，$\{a,b,c\} \subseteq \{a,b,c\}$，$\{a\} \subseteq \{a,b\}$，但 $a \nsubseteq \{a,b\}$，只有 $a \in \{a,b\}$。不过存在这样两个集合，其中一个既是另一个的子集，又是它的元素。例如，$\{a\} \in \{a, \{a\}\}$，且 $\{a\} \subseteq \{a, \{a\}\}$。

定义 3.1.2 设 A、B 为任意两个集合，若 B 包含 A 同时 A 包含 B，则称集合 A 和 B 相等，记作 $A = B$。即对任意集合 A、B，有
$$A = B \Leftrightarrow A \subseteq B \wedge B \subseteq A \Leftrightarrow \forall x(x \in A \leftrightarrow x \in B)$$

定义 3.1.3 设 A、B 为任意两个集合，若 A 是 B 的子集且 $A \neq B$，则称 A 是 B 的真子集或称 B 真包含 A，记为 $A \subset B$。即
$$A \subset B \Leftrightarrow A \subseteq B \text{ 且 } A \neq B$$
若集合 A 不是集合 B 的真子集，则记为 $A \not\subset B$，其符号化形式为
$$A \not\subset B \Leftrightarrow \exists x(x \in A \wedge x \notin B) \vee (A = B) \Leftrightarrow A \nsubseteq B \vee A = B$$

集合的真包含具有下列性质：

（1）反自反性：$A \not\subset A$；

（2）传递性：若 $A \subset B$ 且 $B \subset C$，则 $A \subset C$；

（3）反对称性：若 $A \subset B$，则 $B \not\subset A$。

定义 3.1.4 没有任何元素的集合称为空集合，简称为空集，记为 $\varnothing$。

例如，$|\varnothing| = 0$，$|\{\varnothing\}| = 1$。

注意 $a \neq \{a\}$，前者为一对象，后者为仅含该对象的单元素集合；$\varnothing \neq \{\varnothing\}$，前者是没有元素的集合，后者是恰含一个元素——空集的单元素集。

空集具有下面两个性质（即定理 3.1.1 及其推论）。

定理 3.1.1 空集是任意集合的子集，即对任何集合 A，$\varnothing \subseteq A$。

证明 因 $x \in \varnothing$ 恒假，故 $\forall x(x \in \varnothing \rightarrow x \in A)$ 恒真，即 $\varnothing \subseteq A$ 恒真。 证毕

推论 空集是唯一的。

证明 设有空集 $\varnothing_1$，$\varnothing_2$。据定理 3.1.1，应有 $\varnothing_1 \subseteq \varnothing_2$ 和 $\varnothing_2 \subseteq \varnothing_1$，从而由定义 3.1.2 知 $\varnothing_1 = \varnothing_2$。 证毕

由推论可知，空集无论以什么形式出现，它们都是相等的，所以
$$\varnothing = \{\} = \{x | x \neq x\} = \{x | x \in \mathbf{R} \wedge x^2 + 1 = 0\} = \{x | P(x) \wedge \neg P(x)\}, \ P(x) \text{ 是任意谓词}$$

定义 3.1.5 在一定范围中，如果所有集合均为某一集合的子集，则称某集合为全集，常记为 E，即 $\forall x(x \in E)$ 为真，因此

$$E=\{x\mid p(x)\vee\neg P(x)\}\text{,}\quad P(x)\text{是任意谓词}$$

因为只要求全集包含我们讨论的所有集合，具有相对性，所以根据讨论的问题不同，可以有不同的全集，即全集不是唯一的。但是为了方便起见，在以后的讨论中我们总是假定有一个足够大的集合作为全集 E，至于全集 E 是什么，我们有时不关心。

定理 3.1.2 设 A 为一有限集合，$|A|=n$，那么 A 的子集个数为 2^n。

证明 设 A 含不同元素个数的子集分别为：没有元素的子集 $\varnothing$ 计 C_n^0 个（$C_n^0=1$），恰含 A 中一个元素的子集计 C_n^1 个，恰含 A 中两个元素的子集计 C_n^2 个……恰含 A 中 n 个元素的子集计 C_n^n 个。因此 A 的子集个数为

$$C_n^0+C_n^1+\cdots+C_n^n=(1+1)^n=2^n \qquad\qquad \textbf{证毕}$$

设集合 $A=\{1,\varnothing,\{1,3\}\}$，则 A 有 $2^3=8$ 个子集，分别为：$\varnothing$，$\{1\}$，$\{\varnothing\}$，$\{\{1,3\}\}$，$\{1,\varnothing\}$，$\{1,\{1,3\}\}$，$\{\varnothing,\{1,3\}\}$，$\{1,\varnothing,\{1,3\}\}$。

定义 3.1.6 给定集合 A，由 A 的所有子集为元素构成的集合，称为集合 A 的幂集，记作 $P(A)$，即 $P(A)=\{x\mid x\subseteq A\}$。由于 $\varnothing\subseteq A$，$A\subseteq A$，故必有 $\varnothing\in P(A)$，$A\in P(A)$。

例如：

$$A=\varnothing\text{，}P(A)=\{\varnothing\}$$
$$A=\{a\}\text{，}P(A)=\{\varnothing,\{a\}\}$$
$$A=\{a,b\}\text{，}P(A)=\{\varnothing,\{a\},\{b\},\{a,b\}\}$$

显然，幂集元素的个数与集合 A 的元素个数有关，且当集合 A 的基数为 n 时，A 有 2^n 个子集，因此 $|P(A)|=2^n$。

【例 3.1.3】 设 $A=\{\varnothing,\{\varnothing\}\}$，$B=\{\varnothing,\{\varnothing\},\{\varnothing,\{\varnothing\}\}\}$，求 $P(A)$ 和 $P(B)$。

解 $P(A)=\{\varnothing,\{\varnothing\},\{\{\varnothing\}\},\{\varnothing,\{\varnothing\}\}\}$

$P(B)=\{\varnothing,\{\varnothing\},\{\{\varnothing\}\},\{\{\varnothing,\{\varnothing\}\}\},\{\varnothing,\{\varnothing\}\},\{\varnothing,\{\varnothing,\{\varnothing\}\}\},$
$\{\{\varnothing\},\{\varnothing,\{\varnothing\}\}\},\{\varnothing,\{\varnothing\},\{\varnothing,\{\varnothing\}\}\}\}$

定理 3.1.3 设 A,B 为任意集合，$A\subseteq B$ 当且仅当 $P(A)\subseteq P(B)$。

证明 先证必要性。设 $A\subseteq B$，为证 $P(A)\subseteq P(B)$，又设 X 为 $P(A)$ 中任一元素，从而 $X\subseteq A$。由于 $A\subseteq B$，故 $X\subseteq B$，从而有 $X\in P(B)$。因此 $P(A)\subseteq P(B)$ 得证。

再证充分性。设 $P(A)\subseteq P(B)$，又设 x 为 A 中任意元素，从而 $x\in A$。考虑单元素集合 $\{x\}$，$\{x\}\subseteq A$，所以 $\{x\}\in P(A)$。由于 $P(A)\subseteq P(B)$，因此 $\{x\}\in P(B)$，$\{x\}\subseteq B$，$x\in B$，因此 $A\subseteq B$ 得证。 \qquad **证毕**

如何在计算机上表示有限集合的子集？下面介绍一种二进制编码的方法。

我们在表示一个集合时，元素的排列顺序是无关紧要的，但是为了便于在计算机上操作，有时我们给元素排定次序，这样就可以用二进制数为足码表示任意集合的子集，这种方法称为子集的编码表示法。

设集合 $A=\{a_1,a_2,a_3,\cdots,a_n\}$。用 $B_{xxx\cdots x}$ 表示 A 的一个子集，其中 B 是子集符号，足码 $xxx\cdots x$ 是 n 位二进制数，n 是集合 A 的基数，对于 A，如果子集含有 a_i，则在足码的第 i 位上记入 1，否则为 0。所以 $P(A)=\{B_k\mid 0\leqslant k\leqslant 2^n-1\}$ 也可将 B_i 的二进制数换算成十进制数。

【例 3.1.4】 设 $A=\{a,b,c\}$，则各子集的编码表示为

$$\varnothing = B_{000} = B_0 \qquad \{a\} = B_{100} = B_4$$
$$\{b\} = B_{010} = B_2 \qquad \{c\} = B_{001} = B_1$$
$$\{a, b\} = B_{110} = B_6 \qquad \{a, c\} = B_{101} = B_5$$
$$\{b, c\} = B_{011} = B_3 \qquad \{a, b, c\} = B_{111} = B_7$$

3.2 集合的基本运算

集合的运算指以集合为运算对象,按照某种规律生成一个新的集合的运算。

定义 3.2.1 设 A, B 为任意两个集合。由那些或属于 A 或属于 B 或同时属于二者的所有元素构成的集合称为 A 与 B 的并集(union set),记为 $A \cup B$。形式化为

$$A \cup B = \{x \mid x \in A \lor x \in B\}$$

"$\cup$"称为并运算。

下面定理介绍并运算的性质。

定理 3.2.1 对任意集合 A, B, 有

$$A \subseteq A \cup B \qquad B \subseteq A \cup B$$

该定理由定义 3.2.1 可直接得出。

定义 3.2.2 设 A, B 为任意两个集合。由集合 A 和 B 所共有的全部元素构成的集合称为 A 与 B 的交集(intersection set),记为 $A \cap B$。形式化为

$$A \cap B = \{x \mid x \in A \land x \in B\}$$

"$\cap$"称为交运算。

下面定理介绍交运算的性质。

定理 3.2.2 对任意集合 A, B, 有

$$A \cap B \subseteq A \qquad A \cap B \subseteq B$$

该定理由定义 3.2.2 可直接得出。

定义 3.2.3 设 A, B 为任意两个集合。由属于 A 但不属于集合 B 的所有元素构成的集合称为 A 与 B 的差集(difference set),记为 $A - B$,又称为相对补。形式化为

$$A - B = \{x \mid x \in A \land x \notin B\}$$

"$-$"称为差运算。

下面定理介绍差运算的性质。

定理 3.2.3 对任意的集合 A, B, C, 有

(1) $A - B = A - (A \cap B)$

(2) $A \cup (B - A) = A \cup B$

(3) $A \cap (B - C) = (A \cap B) - C$

(4) $A - B \subseteq A$

该定理由定义 3.2.3 易证。

定义 3.2.4 设 A 为任意集合,E 是全集。对于 E 和 A 所进行的差运算称为 A 的补集(complement set),也称为 A 对 E 的相对补集,称为 A 的绝对补集,或简称为 A 的补集,记为 $\sim A$。即

$$\sim A = E - A = \{x \mid x \notin A\}$$

"～"称为补运算，它是一元运算，是差运算的特例。

下面定理介绍补运算的性质。

定理 3.2.4 对任意的集合 A，B，若 $A \subseteq B$，则 $\sim B \subseteq \sim A$。

集合的图形表示法：集合与集合之间的关系以及一些运算结果可用文氏图给予直观的表示。

文氏图（Venn Diagram） 英国逻辑学家 J. Venn（1834～1923）于 1881 年在《符号逻辑》一书中，首先使用相交区域的图解来说明类与类之间的关系。后来人们以他的名字来命名这种用图形来表示集合间的关系和集合的基本运算的方法。其构造如下：用一个大的矩形表示全集的所有元素（有时为简单起见，可将全集省略）。在矩形内画一些圆（或任何其他形状的闭曲线），用圆或其他闭曲线的内部代表 E 的子集，用圆的内部的点表示相应集合的元素。不同的圆代表不同的集合，并将运算结果得到的集合用阴影或斜线的区域表示新组成的集合。集合的相关运算用文氏图表示如图 3.2.1 所示。

文氏图的优点是形象直观，易于理解。缺点是理论基础不够严谨。需要注意的是这里介绍的文氏图只能帮助我们形象地理解复杂的集合关系，一般不作为一种证明方法来证明集合等式及包含关系。因此只能用于说明，不能用于证明。

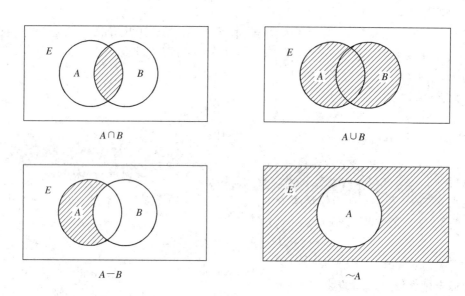

图 3.2.1

【例 3.2.1】 设 $E = \{0, 1, 2, 3, \cdots, 9, 10\}$，$A = \{2, 4\}$，$B = \{4, 5, 6, 7\}$，$C = \{0, 8, 9\}$，$D = \{1, 2, 3, 10\}$，则

$$A \cup B = \{2, 4, 5, 6, 7\}, \quad A \cup B \cup C \cup D = E$$

$$A \cap B = \{4\}, \quad A \cap C = \varnothing$$

$$A - B = \{2\}, \quad B - A = \{5, 6, 7\}, \quad A - C = \{2, 4\}$$

$$\sim A = \{0, 1, 3, 5, 6, 7, 8, 9, 10\}, \quad \sim B = \{0, 1, 2, 3, 8, 9\}$$

命题代数与集合代数，两者都是一种称为布尔（Boole）代数的抽象代数的特定情况。这个事实说明了，为什么命题演算中的各种运算与集合论中的各种运算极为相似。在此，将列举若干集合恒等式，它们都有与其相对应的命题等价式。

下面介绍集合运算的恒等式。

定理 3.2.5 设 A, B, C 为任意集合，那么下列各式成立。

(1) 等幂律 $\qquad\qquad\qquad A \cup A = A$

$\qquad\qquad\qquad\qquad\qquad A \cap A = A$

(2) 交换律 $\qquad\qquad\qquad A \cup B = B \cup A$

$\qquad\qquad\qquad\qquad\qquad A \cap B = B \cap A$

(3) 结合律 $\qquad\qquad\qquad (A \cup B) \cup C = A \cup (B \cup C)$

$\qquad\qquad\qquad\qquad\qquad (A \cap B) \cap C = A \cap (B \cap C)$

(4) 同一律 $\qquad\qquad\qquad A \cup \varnothing = A \qquad A \cap E = A$

(5) 零律 $\qquad\qquad\qquad\quad A \cap \varnothing = \varnothing \qquad A \cup E = E$

(6) 分配律 $\qquad\qquad\qquad A \cup (B \cap C) = (A \cup B) \cap (A \cup C)$

$\qquad\qquad\qquad\qquad\qquad A \cap (B \cup C) = (A \cap B) \cup (A \cap C)$

(7) 吸收律 $\qquad\qquad\qquad A \cap (A \cup B) = A$

$\qquad\qquad\qquad\qquad\qquad A \cup (A \cap B) = A$

(8) 双重否定律 $\qquad\quad\ \sim(\sim A) = A \qquad \sim E = \varnothing \qquad \sim \varnothing = E$

(9) 排中律 $\qquad\qquad\qquad A \cup \sim A = E$

(10) 矛盾律 $\qquad\qquad\qquad A \cap \sim A = \varnothing$

(11) 德·摩根律 $\qquad\qquad \sim(A \cup B) = \sim A \cap \sim B$

$\qquad\qquad\qquad\qquad\qquad \sim(A \cap B) = \sim A \cup \sim B$

$\qquad\qquad\qquad\qquad\qquad A - (B \cup C) = (A - B) \cap (A - C)$

$\qquad\qquad\qquad\qquad\qquad A - (B \cap C) = (A - B) \cup (A - C)$

(12) 补交转换律 $\qquad\quad\ A - B = A \cap \sim B$

证明 (1)、(2)、(3)、(6)由逻辑运算 $\wedge$，$\vee$ 的相应定律立即可得。现证(4)中的第一式。

对任意 x，有

$$x \in A \cup \varnothing \Leftrightarrow x \in A \vee x \in \varnothing \Leftrightarrow x \in A \quad (x \in \varnothing \text{ 为假})$$

故 $A \cup \varnothing = A$。

下证(5)中的第一式。对任意 x，有

$$x \in A \cap \varnothing \Leftrightarrow x \in A \wedge x \in \varnothing \Leftrightarrow x \in \varnothing \quad (x \in \varnothing \text{ 为假})$$

故 $A \cap \varnothing = \varnothing$。(4)、(5)中的其余两式请读者补证。

(8)、(9)、(10)、(12)易证，现证(11)的第一式。

$$\sim(A \cup B) = E - (A \cup B)$$
$$= (E - A) \cap (E - B)$$
$$= \sim A \cap \sim B$$

再证(11)中第三式，其余留给读者。

对任意 x，有

$$x \in A - (B \cup C) \Leftrightarrow x \in A \wedge \neg(x \in B \cup C)$$
$$\Leftrightarrow x \in A \wedge \neg(x \in B \vee x \in C)$$
$$\Leftrightarrow x \in A \wedge x \notin B \wedge x \notin C$$

$$\Leftrightarrow (x \in A \land x \notin B) \land (x \in A \land x \notin C)$$
$$\Leftrightarrow (x \in A-B) \land (x \in A-C)$$
$$\Leftrightarrow x \in (A-B) \bigcap (A-C)$$

故 $A-(B \bigcup C)=(A-B) \bigcap (A-C)$。 证毕

定理 3.2.6 对任意集合 A，B，下面四个命题等价。

(1) $A \subseteq B$

(2) $A-B=\varnothing$

(3) $A \bigcup B=B$

(4) $A \bigcap B=A$

证明 我们来证明 (1)$\Rightarrow$(2)$\Rightarrow$(3)$\Rightarrow$(4)$\Rightarrow$(1)。

(1)$\Rightarrow$(2)：设 $A-B \neq \varnothing$，存在 $a \in A-B$，即 $a \in A$，但 $a \notin B$，这与 $A \subseteq B$ 矛盾，故 $A-B=\varnothing$ 得证。

(2)$\Rightarrow$(3)：为证 $A \bigcup B=B$，需证下面两式成立。

① $B \subseteq A \bigcup B$。但由定理 3.2.1 之 (2)，此已得证。

② $A \bigcup B \subseteq B$。为此设 x 为 $A \bigcup B$ 中任意一元素，从而 $x \in A$ 或 $x \in B$。当 $x \in B$ 时目的已达到。当 $x \in A$ 时，若 $x \notin B$，则 $x \in A-B$，与 $A-B=\varnothing$ 矛盾，故 $x \in B$。总之，$A \bigcup B$ 中元素 x 必为 B 中元素，所以 $A \bigcup B \subseteq B$ 得证。

综合 ①、② 可知 $A \bigcup B=B$。

(3)$\Rightarrow$(4)：因 $A \bigcup B=B$，故 $A \bigcap B=A \bigcap (A \bigcup B)=A$（吸收律）。

(4)$\Rightarrow$(1)：设 $A \bigcap B=A$。为证 $A \subseteq B$，又设 x 为 A 中任意一元素。由此及 $A \bigcap B=A$，可知 $x \in B$。故 $A \subseteq B$ 得证。从而证明四个命题等价。 证毕

定理 3.2.7 对任意集合 A，有
$$A-A=\varnothing, \quad A-\varnothing=A, \quad A-E=\varnothing$$

该定理易证。

定理 3.2.8 对任意集合 A，B，若它们满足 $A \bigcup B=E$ 和 $A \bigcap B=\varnothing$，那么 $B=\sim A$。

证明 $B=B \bigcup \varnothing=B \bigcup (A \bigcap \sim A)$
$$=(B \bigcup A) \bigcap (B \bigcup \sim A)=E \bigcap (B \bigcup \sim A)$$
$$=(A \bigcup \sim A) \bigcap (B \bigcup \sim A)$$
$$=(A \bigcap B) \bigcup \sim A$$
$$=\varnothing \bigcup \sim A=\sim A$$
证毕

定义 3.2.5 设 A，B 为任意两个集合，由或属于 A 或属于 B，但不同时属于 A 和 B 的那些元素构成的集合称为集合 A，B 的环和 (cycle sum) 或对称差，记为 $A \oplus B$。即有
$$A \oplus B=(A-B) \bigcup (B-A)$$

"$\oplus$" 称为对称差运算。该运算的文氏图如图 3.2.2 所示。

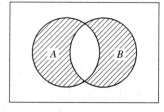

$A \oplus B$

下面讨论对称差运算的性质及相关的恒等式。

定理 3.2.9 对任意集合 A，B，有
$$A \oplus B=(A \bigcup B)-(A \bigcap B)$$

图 3.2.2

证明　$A \oplus B = (A-B) \bigcup (B-A)$

$\qquad\qquad = (A \bigcap \sim B) \bigcup (B \bigcap \sim A)$

$\qquad\qquad = (A \bigcup B) \bigcap E \bigcap E \bigcap (\sim A \bigcup \sim B)$

$\qquad\qquad = (A \bigcup B) \bigcap \sim (A \bigcap B)$

$\qquad\qquad = (A \bigcup B) - (A \bigcap B)$　　　　　　　　　　　　证毕

定理 3.2.10　对任意集合 A，B，C，有

(1) 交换律　　　　　　　$A \oplus B = B \oplus A$

(2) 同一律　　　　　　　$A \oplus \varnothing = A$

(3) 零律　　　　　　　　$A \oplus A = \varnothing$

(4) 分配律　　　　　　　$A \bigcap (B \oplus C) = (A \bigcap B) \oplus (A \bigcap C)$

(5) 结合律　　　　　　　$(A \oplus B) \oplus C = A \oplus (B \oplus C)$

(6) 吸收律　　　　　　　$A \oplus (A \oplus B) = B$

证明　(1)、(2)、(3)、(4)、(6)易证,现证(5)。

我们先证 $(A \oplus B) \oplus C \subseteq A \oplus (B \oplus C)$。

设 $x \in (A \oplus B) \oplus C$,则分两种情况,有

① $x \in (A \oplus B)$,$x \notin C$,再分两种情况,有

$x \in A$,$x \notin B$,$x \notin C$,则有 $x \in A$,$x \notin B \oplus C$,故 $x \in A \oplus (B \oplus C)$。

$x \notin A$,$x \in B$,$x \notin C$,则有 $x \notin A$,$x \in B \oplus C$,故 $x \in A \oplus (B \oplus C)$。

② $x \notin (A \oplus B)$,$x \in C$,也再分两种情况,有

$x \in A$,$x \in B$,$x \in C$,则有 $x \in A$,$x \notin B \oplus C$,故 $x \in A \oplus (B \oplus C)$。

$x \notin A$,$x \notin B$,$x \in C$,则有 $x \notin A$,$x \in B \oplus C$,故 $x \in A \oplus (B \oplus C)$。

综上所述,$(A \oplus B) \oplus C \subseteq A \oplus (B \oplus C)$。

设 $x \in A \oplus (B \oplus C)$,则也分两种情况,有

① $x \in A$,$x \notin (B \oplus C)$,又再分两种情况,有

$x \in A$,$x \in B$,$x \in C$,则有 $x \in C$,$x \notin A \oplus B$,故 $x \in (A \oplus B) \oplus C$。

$x \in A$,$x \notin B$,$x \notin C$,则有 $x \notin C$,$x \in A \oplus B$,故 $x \in (A \oplus B) \oplus C$。

② $x \notin A$,$x \in (B \oplus C)$,也再分两种情况,有

$x \notin A$,$x \notin B$,$x \in C$,则有 $x \notin A \oplus B$,$x \in C$,故 $x \in (A \oplus B) \oplus C$。

$x \notin A$,$x \in B$,$x \notin C$,则有 $x \in A \oplus B$,$x \notin C$,故 $x \in (A \oplus B) \oplus C$。

综上所述,$A \oplus (B \oplus C) \subseteq (A \oplus B) \oplus C$。

故 $A \oplus (B \oplus C) = (A \oplus B) \oplus C$。　　　　　　　　　　　证毕

定理 3.2.11　对任意的集合 A，B，C，有

(1) $(A \oplus E) = \sim A$

(2) $\sim A \oplus \sim B = A \oplus B$

(3) $\sim A \oplus B = A \oplus \sim B = \sim (A \oplus B)$

证明　(1)、(2)易证,下证(3)。

$$\sim (A \oplus B) = (A \bigcup \sim B) \bigcap (\sim A \bigcup B)$$

$$= \sim (\sim A \bigcap B) \bigcap (\sim A \bigcup B)$$

$$= (\sim A \bigcup B) - (\sim A \bigcap B)$$

$$= \sim A \oplus B$$
$$\sim (A \oplus B) = (A \bigcup \sim B) \bigcap (\sim A \bigcup B)$$
$$= (A \bigcup \sim B) \bigcap \sim (A \bigcap \sim B)$$
$$= (A \bigcup \sim B) - (A \bigcap \sim B)$$
$$= A \oplus \sim B$$

所以 $\sim A \oplus B = A \oplus \sim B = \sim (A \oplus B)$。 证毕

3.3 集合元素的计数

含有有限个元素的集合称为有穷集合。设 A 是有穷集合，其元素个数为 $|A|$。下面介绍两种方法解决有穷集合的计数问题。

方法一：

定理 3.3.1（基本运算的基数） 假设 A，B 均是有穷集合，其基数分别为 $|A|$，$|B|$，则

（1）$|A \bigcup B| \leqslant |A| + |B|$

（2）$|A \bigcap B| \leqslant \mathrm{Min}(|A|, |B|)$

（3）$|A - B| \geqslant |A| - |B|$

（4）$|A \oplus B| = |A| + |B| - 2|A \bigcap B|$

该定理易证。

定理 3.3.2（包含排除原理） 对有限集合 A 和 B，有
$$|A \bigcup B| = |A| + |B| - |A \bigcap B|$$

证明

（1）当 A 与 B 不相交，即 $A \bigcap B = \varnothing$，则
$$|A \bigcup B| = |A| + |B|$$

（2）若 $A \bigcap B \neq \varnothing$，则
$$|A| = |A \bigcap \sim B| + |A \bigcap B|, \quad |B| = |\sim A \bigcap B| + |A \bigcap B|$$

所以
$$|A| + |B| = |A \bigcap \sim B| + |A \bigcap B| + |\sim A \bigcap B| + |A \bigcap B|$$
$$= |A \bigcap \sim B| + |\sim A \bigcap B| + 2|A \bigcap B|$$

但
$$|A \bigcap \sim B| + |\sim A \bigcap B| + |A \bigcap B| = |A \bigcup B|$$

因此 $|A \bigcup B| = |A| + |B| - |A \bigcap B|$ 得证。 证毕

【例 3.3.1】 一个班 50 人中，有 16 人期中得优，21 人期末得优，17 人两项均没得优，问有多少人两项均得优？并用集合文氏图表示。

解 设 A 为期中得优的人的集合，B 为期末得优的人的集合，E 为全集。根据题设有
$$|A| = 16, \quad |B| = 21, \quad |E| = 50, \quad |\sim(A \bigcup B)| = 17$$
$$|A \bigcap B| = |A| + |B| - |(A \bigcup B)|$$
$$= |A| + |B| - (|E| - |\sim(A \bigcup B)|)$$
$$= 16 + 21 - (50 - 17) = 4$$

所以有 4 个人两项均得优。

该定理可推广到 n 个集合的情形。若 $n \in \mathbf{N}$ 且 $n > 1$，A_1，A_2，$\cdots$，A_n 是有限集合，则用数学归纳法可证下面的定理。

定理 3.3.3 设 A_1，A_2，$\cdots$，A_n 是有限集合，其元素的基数分别为 $|A_1|$，$|A_2|$，$\cdots$，$|A_n|$，则

$$|A_1 \bigcup A_2 \bigcup \cdots \bigcup A_n| = \sum_{i=1}^{n} |A_i| - \sum_{1 \leqslant i < j \leqslant n} |A_i \bigcap A_j| + \sum_{1 \leqslant i < j < k \leqslant n} |A_i \bigcap A_j \bigcap A_k|$$
$$+ \cdots + (-1)^{n-1} |A_1 \bigcap A_2 \bigcap A_3 \bigcap \cdots \bigcap A_n|$$

【例 3.3.2】 在 1 到 1000 的整数中(包括 1 和 1000)，仅能被 5、6、8 中的一个整除的整数有多少？能被 5 和 6 整除但不能被 8 整除的有多少？

解 设
$$E = \{x \mid 1 \leqslant x \leqslant 1000, x \in \mathbf{Z}\}, A = \{x \mid x \text{ 能被 5 整除}\}$$
$$B = \{x \mid x \text{ 能被 6 整除}\}, C = \{x \mid x \text{ 能被 8 整除}\}$$

则

$$|A| = \left[\frac{1000}{5}\right] = 200, \quad |B| = \left[\frac{1000}{6}\right] = 166, \quad |C| = \left[\frac{1000}{8}\right] = 125,$$

$$|A \bigcap B| = \left[\frac{1000}{(5,6)}\right] = 33$$

$$|A \bigcap C| = \left[\frac{1000}{(5,8)}\right] = 25$$

$$|B \bigcap C| = \left[\frac{1000}{(6,8)}\right] = 41$$

$$|A \bigcap B \bigcap C| = \left[\frac{1000}{(5,6,8)}\right] = 8$$

$$|A \oplus B \oplus C| = |A \bigcup B \bigcup C| - |A \bigcap B| - |A \bigcap C| - |B \bigcap C| + 2|A \bigcap B \bigcap C|$$
$$= |A| + |B| + |C| - 2|A \bigcap B| - 2|A \bigcap C| - 2|B \bigcap C| + 3|A \bigcap B \bigcap C|$$
$$= 200 + 166 + 125 - 66 - 50 - 82 + 24 = 317$$

$$|(A \bigcup B) - C| = |A \bigcup B| - |A \bigcap C| - |B \bigcap C| + |A \bigcap B \bigcap C|$$
$$= |A| + |B| - |A \bigcap B| - |A \bigcap C| - |B \bigcap C| + |A \bigcap B \bigcap C|$$
$$= 200 + 166 - 33 - 25 - 41 + 8 = 275$$

所以 1 到 1000 的整数中，仅能被 5，6，8 中的一个整除的整数个数是 317 个，能被 5，6 整除，但不能被 8 整除的整数个数为 275 个。

方法二：

借助文氏图法可以很方便地解决有限集合的计数问题。首先根据已知条件画出相应的文氏图。如果没有特殊说明，两个集合一般都画成相交的，然后将已知的集合的基数填入文氏图中的相应区域，用 x 等字母来表示未知区域，根据题目中的条件，列出相应的方程或方程组，解出未知数即可得出所需求的集合的基数。下面通过例子说明这一方法。

【例 3.3.3】 计算中心需安排 Java、Visual Basic、C 三门课程的上机。三门课程的学生分别有 110 人、98 人、75 人，同时学 Java 和 Visual Basic 的有 35 人，同时学 Java 和 C 的有 50 人，三门都学的有 6 人，同时学 Visual Basic 和 C 的有 19 人。求共有多少学生？

解 设 x 是同时选 Java 和 Visual Basic 但没有选 C 的学生人数，y 是同时选 Java 和 C，但没有选 Visual Basic 的学生人数，z 是同时选 C 和 Visual Basic 但没有选 Java 的学生人数，设 J 是仅选 Java 的学生人数，B 是仅选 Visual Basic 的学生人数，C 是仅选 C 课程的学生人数。根据题设有

$$x+6=35 \qquad 所以\ x=29$$
$$y+6=50 \qquad 所以\ y=44$$
$$z+6=19 \qquad 所以\ z=13$$
$$x+y+6=110-J \quad 所以\ J=31$$
$$x+z+6=98-B \quad 所以\ B=50$$
$$y+z+6=75-C \quad 所以\ C=12$$
$$总计=31+29+50+44+6+13+12=185$$

其文氏图解法参见图 3.3.1。

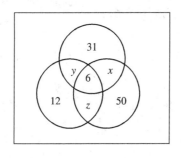

图　3.3.1

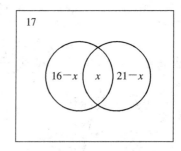

图　3.3.2

又如，例 3.3.1 也可用文氏图法解，详见图 3.3.2。由文氏图和已知条件可得：$16-x+x+21-x+17=50$，所以 $x=4$。

由此可看出用文氏图与用包含排除原理方法所得的结论一致。

3.4 例 题 选 解

【例 3.4.1】 设 A、B 为集合，已知 $A-B=B-A$，证明：$A=B$。

证明　　　$A-B=B-A$
$$\Rightarrow A \cap \sim B = B \cap \sim A$$
$$\Rightarrow (A \cap \sim B) \cup B = (B \cap \sim A) \cup B$$
$$\Rightarrow A \cup B = B \qquad\qquad\qquad\qquad\qquad\qquad ①$$
同理，因为
$$A-B=B-A$$
$$\Rightarrow A \cap \sim B = B \cap \sim A$$
$$\Rightarrow (A \cap \sim B) \cup A = (B \cap \sim A) \cup A$$
$$\Rightarrow A = A \cup B \qquad\qquad\qquad\qquad\qquad\qquad ②$$
由①、②可得：
$$A=B$$

证毕

【例 3.4.2】 设 A、B 为集合，证明：$P(A) \bigcup P(B) \subseteq P(A \bigcup B)$。并举例说明不能将"$\subseteq$"换成"$=$"。

解 $\forall x$, $x \in (P(A) \bigcup P(B)) \Leftrightarrow x \in P(A) \vee x \in P(B)$

不妨设 $x \in P(A)$，则有

$$x \subseteq A \Rightarrow x \subseteq (A \bigcup B)$$

所以 $x \in P(A \bigcup B)$，故

$$P(A) \bigcup P(B) \subseteq P(A \bigcup B)$$

下面来说明不能将"$\subseteq$"换成"$=$"。

例如，

$$A = \{a, b\}, \quad B = \{b, c\}, \quad A \bigcup B = \{a, b, c\}$$

则

$$P(A) = \{\varnothing, \{a\}, \{b\}, \{a, b\}\}, P(B) = \{\varnothing, \{b\}, \{c\}, \{b, c\}\}$$

$$P(A) \bigcup P(B) = \{\varnothing, \{a\}, \{b\}, \{c\}, \{a, b\}, \{b, c\}\}$$

而

$$P(A \bigcup B) = \{\varnothing, \{a\}, \{b\}, \{c\}, \{a, b\}, \{a, c\}, \{b, c\}, \{a, b, c\}\}$$

所以

$$P(A) \bigcup P(B) \neq P(A \bigcup B)$$

【例 3.4.3】 设 A_i 是实数集合，它被定义为：$A_0 = \{a \mid a < 1\}$，$A_i = \left\{a \mid a \leqslant 1 - \dfrac{1}{i}\right\}$，

$i = 1, 2, \cdots$，则 $\bigcup\limits_{i=1}^{\infty} A_i = A_0$。

证明

(1) 先证 $\bigcup\limits_{i=1}^{\infty} A_i \subseteq A_0$。

设 $x \in \bigcup\limits_{i=1}^{\infty} A_i$，则必存在某个自然数 k，使 $x \in A_k$，即 $x \leqslant 1 - \dfrac{1}{k}$，则有 $x < 1$，故 $x \in A_0$，

所以 $\bigcup\limits_{i=1}^{\infty} A_i \subseteq A_0$。

(2) 再证 $A_0 \subseteq \bigcup\limits_{i=1}^{\infty} A_i$。

设 $x \in A_0$，即 $x < 1$，故必有 $\varepsilon > 0$，使 $x = 1 - \varepsilon$，令 $k = \left[\dfrac{1}{\varepsilon}\right] + 1$，则 $x \leqslant 1 - \dfrac{1}{k}$，即

$x \in A_k$，所以 $x \in \bigcup\limits_{i=1}^{\infty} A_i$，故 $A_0 \subseteq \bigcup\limits_{i=1}^{\infty} A_i$。

由此可得 $\bigcup\limits_{i=1}^{\infty} A_i = A_0$。 证毕

【例 3.4.4】 证明 $(A-B) \oplus B = A \bigcup B$。

证明 $(A-B) \oplus B = (A \bigcap \sim B) \oplus B$

$= ((A \bigcap \sim B) - B) \bigcup (B - (A \bigcap \sim B))$

$= (A \bigcap \sim B \bigcap \sim B) \bigcup (B \bigcap \sim (A \bigcap \sim B))$

$= (A \bigcap \sim B) \bigcup (B \bigcap (\sim A \bigcup B))$

$= (A \bigcap \sim B) \bigcup B = A \bigcup B$ 证毕

习 题 三

1. 证明：如果 $B \in \{\{a\}\}$，那么 $a \in B$。

2. 试用描述法表示下列集合：

(1) 小于 5 的非负整数集合。

(2) 10 与 20 之间的素数集合。

(3) 小于 65 的 12 的正倍数集合。

(4) 能被 5 整除的自然数的集合。

3. 选择适宜的客体域和谓词公式表示下列集合：

(1) 奇整数集合。

(2) 10 的倍数集合。

(3) 永真式的集合。

4. 对任意元素 a, b, c, d, 证明：

$$\{\{a\}, \{a, b\}\} = \{\{c\}, \{c, d\}\} \text{ 当且仅当 } a = c \text{ 且 } b = d$$

5. "如果 $A \in B$，$B \in C$，那么 $A \in C$"对任意 A，B，C 都成立吗？都不成立吗？举例说明你的结论。

6. 列举出下列集合的元素：

(1) $S = \{x \mid x \in \mathbf{I}(3 < x < 12)\}$，$\mathbf{I}$ 为整数集合

(2) $S = \{x \mid x$ 是十进制的数字$\}$

(3) $S = \{x \mid (x = 2) \vee (x = 5)\}$

7. 下面命题的真值是否为真，说明理由。

(1) $\{a\} \subseteq \{\{a\}\}$ (2) $\{a\} \in \{\{a\}\}$

(3) $\{a\} \in \{\{a\}, a\}$ (4) $\{a\} \subseteq \{\{a\}, a\}$

(5) $\varnothing \subseteq \varnothing$ (6) $\varnothing \in \varnothing$

(7) $\varnothing \subseteq \{\varnothing\}$ (8) $\varnothing \in \{\varnothing\}$

(9) 对任意集合 A，B，C，若 $A \in B$，$B \subseteq C$ 则 $A \in C$。

(10) 对任意集合 A，B，C，若 $A \in B$，$B \subseteq C$ 则 $A \subseteq C$。

(11) 对任意集合 A，B，C，若 $A \subseteq B$，$B \in C$ 则 $A \in C$。

(12) 对任意集合 A，B，C，若 $A \subseteq B$，$B \in C$ 则 $A \subseteq C$。

8. 列举下列集合的所有子集：

(1) $\{\varnothing\}$ (2) $\{1, \{2, 3\}\}$

(3) $\{\{1, \{2, 3\}\}\}$ (4) $\{\{\varnothing\}\}$

(5) $\{\{1, 2\} \{2, 1, 1\}, \{2, 1, 1, 2\}\}$

9. A、B、C 均是集合，若 $A \cap C = B \cap C$ 且 $A \cup C = B \cup C$，则必有 $A = B$。

10. 设 $A = \{a\}$，求 A 的幂集 $P(A)$ 以及 A 的幂集的幂集 $P(P(A))$。

11. 设 A、B、C、D 为 4 个集合，已知 $A \subseteq B$ 且 $C \subseteq D$，证明：$A \cap C \subseteq B \cap D$。

12. 设 A，B 为集合，证明：$P(A) \cap P(B) = P(A \cap B)$。

13. 证明定理 3.2.3。

14. 设 A、B、C 为集合，证明：

(1) $(A-B)-C=(A-C)-(B-C)$。

(2) $(A-B)-C=A-(B\cup C)$。

(3) $(A\cup B)-C=(A-C)\cup(B-C)$。

15. 证明：对任意集合 A、B 和 C 有，$(A\cap B)\cup C=A\cap(B\cup C)$ 的充分必要条件是 $C\subseteq A$。

16. 设 A、B、C 为集合，证明：$A-(B-C)=(A-B)\cup(A\cap C)$。

17. 设全集 $E=\{a,b,c,d,e,f,g\}$，子集 $A=\{a,b,d,e\}$，$B=\{c,d,f,g\}$，$C=\{c,e\}$，求下面集合：

(1) $\sim A\cup\sim B$ (2) $\sim(A\oplus B)$ (3) $(A\cap B)\cup(A\cap C)$

18. 设 A、B 是全集 E 的子集，已知 $\sim A\subseteq\sim B$，证明：$B\subseteq A$。

19. 设 A、B 为集合，且 $A\subseteq B$，证明：$\sim A\cup B=E$，其中 E 为全集。

20. 设 B_i 是实数集合，它被定义为：$B_0=\{b\mid b\leqslant 1\}$，$B_i=\left\{b\mid b<1+\dfrac{1}{i}\right\}$，$i=1,2$，$\cdots$，证明：$\bigcap\limits_{i=1}^{\infty}B_i=B_0$。

21. 设某校有 58 个学生，其中 15 人会打篮球，20 人会打排球，38 人会踢足球，且其中只有 3 人同时会三种球，试求仅同时会两种球的学生共有几人。

22. 求 1 到 500 的整数中(1 和 500 包含在内)分别满足以下条件的数的个数：

(1) 同时能被 4，5 和 7 整除。

(2) 不能被 4 或 5 整除，也不能被 7 整除。

(3) 可以被 4 整除，但不能被 5 或 7 整除。

(4) 可以被 4 或 5 整除，但不能被 7 整除。

第四章　二元关系和函数

关系和函数是数学中的最重要的两个概念。在计算机科学的各个分支中，关系和函数也是应用得极为广泛的概念。人与人之间有父子、兄弟、师生关系；两数之间有大于、等于、小于关系；元素与集合之间有属于关系；计算机科学中程序间有调用关系。集合论为刻画这种联系提供了一种数学模型——关系，它仍然是一个集合，以那种具有联系的对象组合为其成员。例如，在关系数据库模型中，每个数据库都是一个关系。计算机程序的输入和输出构成一个二元关系。对于一个确定性程序来说，输出是输入的函数。在各种计算机程序设计语言中，关系和函数都是必不可少的概念。可以说，在计算机科学和工程中，关系和函数无处不在，几乎找不到能够离开它们的地方。

集合论中的关系研究，并不以个别的关系为主要对象，而是关注关系的一般特性、关系的分类等。本章用集合论的观点讨论关系和函数，将它们定义为某种特殊类型的集合。首先把关系的概念加以形式化，然后讨论关系的矩阵和关系图的表示。在计算机表达关系和确定关系的各种性质时，关系矩阵甚为有用。继之，阐述了关系的各种性质以及某些重要的关系，最后讨论了集合的大小问题。二元关系是指两个客体之间的关系。本章主要讨论二元关系和函数。

4.1　序偶与笛卡儿积

定义 4.1.1(有序对(或序偶)，ordered pairs)　由两个元素 x 和 y(允许 $x=y$)按一定次序排列组成的二元组$\langle x,y\rangle$称为一个有序对或序偶，其中 x 是它的第一元素，y 是它的第二元素。注意，第一、二元素未必不同。

如平面直角坐标系中的任意一点坐标(x,y)均是序偶，而全体这种实数对的集合$\{(x,y)\mid x\in \mathbf{R}\wedge y\in \mathbf{R}\}$就表示整个平面。

有序对$\langle x,y\rangle$具有以下性质：

(1) 当 $x\neq y$ 时，$\langle x,y\rangle\neq\langle y,x\rangle$。

(2) $\langle x,y\rangle=\langle u,v\rangle$ 的充要条件是 $x=u$ 且 $y=v$。

(3) $\langle x,x\rangle$也是序偶。

这些性质是二元集$\{x,y\}$所不具备的。例如，当 $x\neq y$ 时有$\{x,y\}=\{y,x\}$，原因是有序对中的元素是有序的，而集合中的元素是无序的。再例如，$\{x,x\}=\{x\}$，原因是集合中的元素是互异的。

由性质(2)可推出 $\langle x,y\rangle=\langle y,x\rangle$ 的充要条件是 $x=y$。

有序对的概念可以进一步推广到多元有序组。

定义 4.1.2（n 元有序组）　若 $n \in \mathbf{N}$ 且 $n > 1$，x_1，x_2，$\cdots$，x_n 是 n 个元素，则 n 元组 $\langle x_1, x_2, \cdots, x_n \rangle$ 定义为：

当 $n = 2$ 时，二元组是有序对 $\langle x_1, x_2 \rangle$；

当 $n \neq 2$ 时，$\langle x_1, x_2, \cdots, x_n \rangle = \langle \langle x_1, x_2, \cdots, x_{n-1} \rangle, x_n \rangle$。

本质上，n 元有序组依然是序偶。

n 元有序组有如下性质：

$\langle x_1, x_2, \cdots, x_i, \cdots, x_n \rangle = \langle y_1, y_2, \cdots, y_i, \cdots, y_n \rangle$ 的充要条件是 $x_1 = y_1$，$x_2 = y_2$，$\cdots$，$x_i = y_i$，$\cdots$，$x_n = y_n$。

前面提到，一个序偶 $\langle x, y \rangle$ 的两个元素可来自不同的集合，若第一元素取自集合 A，第二元素取自集合 B，则由 A、B 中的元素，可得若干个序偶，这些序偶构成的集合，描绘出集合 A 与 B 的一种特征，称为笛卡儿乘积。其具体定义如下：

定义 4.1.3　设 A，B 为集合，用 A 中元素为第一元素，B 中元素为第二元素构成有序对。所有这样的有序对组成的集合称为集合 A 和 B 的笛卡儿积（cartesian product），又称作直积，记作 $A \times B$。

A 和 B 的笛卡儿积的符号化表示为

$$A \times B = \{\langle x, y \rangle \mid x \in A \wedge y \in B\}$$

定义 4.1.4（n 阶笛卡儿积（cartesian product））　若 $n \in \mathbf{N}$，且 $n > 1$，A_1，A_2，$\cdots$，A_n 是 n 个集合，它们的 n 阶笛卡儿积记作 $A_1 \times A_2 \times \cdots \times A_n$，并定义为：

$$A_1 \times A_2 \times \cdots \times A_n = \{\langle x_1, x_2, \cdots, x_n \rangle \mid x_1 \in A_1 \wedge x_2 \in A_2 \wedge \cdots \wedge x_n \in A_n\}$$

当 $A_1 = A_2 = \cdots = A_n = A$ 时，$A_1 \times A_2 \times \cdots \times A_n$ 简记为 A^n。

【例 4.1.1】　设 $A = \{1, 2\}$，$B = \{a, b, c\}$，$C = \{\varnothing\}$，$\mathbf{R}$ 为实数集，则

(1) $A \times B = \{\langle 1, a \rangle, \langle 1, b \rangle, \langle 1, c \rangle, \langle 2, a \rangle, \langle 2, b \rangle, \langle 2, c \rangle\}$

　　$B \times A = \{\langle a, 1 \rangle, \langle b, 1 \rangle, \langle c, 1 \rangle, \langle a, 2 \rangle, \langle b, 2 \rangle, \langle c, 2 \rangle\}$

　　$\varnothing \times A = \varnothing$

(2) $A \times B \times C = (A \times B) \times C$

　　　　　　$= \{\langle 1, a, \varnothing \rangle, \langle 1, b, \varnothing \rangle, \langle 1, c, \varnothing \rangle, \langle 2, a, \varnothing \rangle, \langle 2, b, \varnothing \rangle, \langle 2, c, \varnothing \rangle\}$

　　$A \times (B \times C) = \{\langle 1, \langle a, \varnothing \rangle \rangle, \langle 1, \langle b, \varnothing \rangle \rangle, \langle 1, \langle c, \varnothing \rangle \rangle, \langle 2, \langle a, \varnothing \rangle \rangle,$

　　　　　　　　　$\langle 2, \langle b, \varnothing \rangle \rangle, \langle 2, \langle c, \varnothing \rangle \rangle\}$

(3) $A^2 = \{\langle 1, 1 \rangle, \langle 1, 2 \rangle, \langle 2, 1 \rangle, \langle 2, 2 \rangle\}$

(4) $B^2 = \{\langle a, a \rangle, \langle a, b \rangle, \langle a, c \rangle, \langle b, a \rangle, \langle b, b \rangle, \langle b, c \rangle, \langle c, a \rangle, \langle c, b \rangle, \langle c, c \rangle\}$

(5) $\mathbf{R}^2 = \{\langle x, y \rangle \mid x, y$ 是实数$\}$，$\mathbf{R}^2$ 为笛卡儿平面。显然 $\mathbf{R}^3$ 为三维笛卡儿空间。

显然 $A \times B$ 与 $B \times A$ 所含元素的个数相同（A，B 是有限集合），但 $A \times B \neq B \times A$。

定理 4.1.1　若 A，B 是有穷集合，则有

$$|A \times B| = |A| \cdot |B| \qquad （\cdot 为数乘运算）$$

该定理由排列组合的知识不难证明。

定理 4.1.2　对任意有限集合 A_1，A_2，$\cdots$，A_n，有

$$|A_1 \times A_2 \times \cdots \times A_n| = |A_1| \cdot |A_2| \cdot \cdots \cdot |A_n| \qquad （\cdot 为数乘运算）$$

这是十分直观的，可用归纳法证明之。

定理 4.1.3（笛卡儿积与 $\bigcup$，$\bigcap$，$\sim$ 运算的性质） 对任意的集合 A，B 和 C，有

(1) $A\times(B\bigcup C)=(A\times B)\bigcup(A\times C)$

(2) $A\times(B\bigcap C)=(A\times B)\bigcap(A\times C)$

(3) $(B\bigcup C)\times A=(B\times A)\bigcup(C\times A)$

(4) $(B\bigcap C)\times A=(B\times A)\bigcap(C\times A)$

(5) $A\times(B-C)=(A\times B)-(A\times C)$

(6) $(B-C)\times A=(B\times A)-(C\times A)$

证明 我们仅证明(1)和(5)，其余证明完全类似。

(1) 对任意 x，y，有

$$\langle x,y\rangle\in A\times(B\bigcup C)\Leftrightarrow x\in A\wedge y\in(B\bigcup C)$$
$$\Leftrightarrow x\in A\wedge(y\in B\vee y\in C)$$
$$\Leftrightarrow(x\in A\wedge y\in B)\vee(x\in A\wedge y\in C)$$
$$\Leftrightarrow\langle x,y\rangle\in A\times B\vee\langle x,y\rangle\in A\times C$$
$$\Leftrightarrow\langle x,y\rangle\in(A\times B)\bigcup(A\times C)$$

(5) 设 $\langle x,y\rangle$ 为 $A\times(B-C)$ 中任一序偶，那么 $x\in A$，$y\in B$，$y\notin C$，从而 $\langle x,y\rangle\in A\times B$，$\langle x,y\rangle\notin A\times C$，即 $\langle x,y\rangle\in A\times B-A\times C$，$A\times(B-C)\subseteq(A\times B)-(A\times C)$ 得证。另一方面，设 $\langle x,y\rangle$ 为 $(A\times B)-(A\times C)$ 中任一序偶，那么 $\langle x,y\rangle\in A\times B$，$\langle x,y\rangle\notin A\times C$，从而 $x\in A$，$y\in B$，$y\notin C$（否则由于 $x\in A$，$\langle x,y\rangle\in A\times C$），故可知 $y\in B-C$，$\langle x,y\rangle\in A\times(B-C)$，于是 $(A\times B)-(A\times C)\subseteq A\times(B-C)$ 得证。

这就完成了 $A\times(B-C)=(A\times B)-(A\times C)$ 的证明。 证毕

定理 4.1.4（笛卡儿积与 $\subseteq$ 运算的性质 1） 对任意的集合 A、B 和 C，若 $C\neq\varnothing$，则

$$(A\subseteq B)\Leftrightarrow(A\times C\subseteq B\times C)\Leftrightarrow(C\times A\subseteq C\times B)$$

该定理中的条件 $C\neq\varnothing$ 是必须的，否则不能由 $A\times C\subseteq B\times C$ 或 $C\times A\subseteq C\times B$ 推出 $A\subseteq B$。

定理 4.1.5（笛卡儿积与 $\subseteq$ 运算的性质 2） 对任意的集合 A、B、C 和 D，有

$$(A\times B\subseteq C\times D)\Leftarrow(A\subseteq C\wedge B\subseteq D)$$

这两个定理留给读者自己完成证明。

定理 4.16 对任意非空集合 A、B，有

$$(A\times B)\subseteq P(P(A\bigcup B))$$

证明 设 $\langle x,y\rangle$ 为 $A\times B$ 中任一序偶，即 $x\in A$，$y\in B$。现需证

$$\langle x,y\rangle=\{\{x\},\{x,y\}\}\in P(P(A\bigcup B))$$

由于 $x\in A$，故 $\{x\}\in P(A\bigcup B)$；又由于 $x\in A$，$y\in B$，故 $\{x,y\}\in P(A\bigcup B)$。因此，有

$$\{\{x\},\{x,y\}\}\subseteq P(A\bigcup B)$$

即 $\{\{x\},\{x,y\}\}\in P(P(A\bigcup B))$。 证毕

事实上，结论对 A、B 为空集时也真。

4.2 关系及表示

关系是客观世界存在的普遍现象，它描述了事物之间存在的某种联系。例如，人类集合中的父子、兄弟、同学、同乡等，两个实数间的大于、小于、等于关系，集合中两条直线的平行、垂直等等，集合间的包含，元素与集合的属于…… 都是关系在各个领域中的具体表现。表述两个个体之间的关系，称为二元关系；表示三个以上个体之间的关系，称为多元关系。我们主要讨论二元关系。

我们常用符号 R 表示关系，如个体 a 与 b 之间存在关系 R，则记作 aRb，或 $\langle a, b \rangle \in R$，否则 $a\bar{R}b$ 或 $\langle a, b \rangle \notin R$。$R$ 只是关系的一种表示符号，至于是什么关系，需要时需附注。同时关系并不限于同一类事物之间，也存在于不同物体之间。如旅客住店，张、王、李、赵四人，1，2，3 号房间，张住 1 号，李住 1 号，王住 2 号，赵住 3 号。若分别以 a, b, c, d 表示四人，R 表示住宿关系，则有 $R = \{\langle a, 1 \rangle, \langle c, 1 \rangle, \langle b, 2 \rangle, \langle d, 3 \rangle\}$。因此我们看到住宿关系 R 是序偶的集合。

本节主要介绍关系的基本概念以及关系的表示方法。

定义 4.2.1 任何序偶的集合，确定了一个二元关系，并称该集合为一个二元关系，记作 R。二元关系也简称关系。对于二元关系 R，如果 $\langle x, y \rangle \in R$，也可记作 xRy。

定义并不要求 R 中的元素 $\langle x, y \rangle$ 中的 x, y 取自哪个个体域。因此，$R = \{\langle 2, a \rangle, \langle u, 狗 \rangle, \langle 钱币, 思想 \rangle\}$ 也是一个二元关系。因为它符合关系的定义，但是无意义，显然对毫无意义的关系的研究也无甚意义。若规定关系 R 中序偶 $\langle x, y \rangle$ 的 $x \in A$，$y \in B$，如上面的住店关系，这样的序偶构成的关系 R，称为从 A 到 B 的一个二元关系。由 $A \times B$ 的定义知，从 A 到 B 的任何二元关系，均是 $A \times B$ 的子集，因此有下面的定义。

定义 4.2.2 R 称为集合 $A_1, A_2, \cdots, A_{n-1}$ 到 A_n 上的 n 元关系(n-array relations)，如果 R 是 $A_1 \times A_2 \times \cdots \times A_{n-1} \times A_n$ 的一个子集。当 $A_1 = A_2 = \cdots = A_{n-1} = A_n$ 时，也称 R 为 A 上的 n 元关系。当 $n = 2$ 时，称 R 为 A_1 到 A_2 的二元关系。n 元关系也可视为 $A_1 \times A_2 \times \cdots \times A_{n-1}$ 到 A_n 的二元关系。

由于关系是集合(只是以序偶为元素)，因此，所有规定集合的方式均适用于关系的确定。

当 A, B 均是有限集合时，因为 $|A \times B| = |A| \cdot |B|$，而其子集的个数恰是幂集 $P(A \times B)$ 的元素个数，$|P(A \times B)| = 2^{|A| \cdot |B|}$，所以由 A 到 B 共有 $2^{|A| \cdot |B|}$ 个不同的二元关系。

下面介绍一些特殊的二元关系。设 R 是 A 到 B 的二元关系：

$\varnothing \subseteq A \times B$，称 $\varnothing$ 为 A 到 B 的空关系。

$A \times B \subseteq A \times B$，称 $A \times B$ 为 A 到 B 的全域关系。

$I_A = \{\langle x, x \rangle \mid x \in A\}$，称为 A 上的恒等关系。

若 A 是实数集合或其子集，R 是 A 上的二元关系，可定义下面几种常见的二元关系：

若 $R = \{\langle x, y \rangle \mid x \in A \wedge y \in B \wedge x \leqslant y\}$，则称 R 为小于等于关系，常记为 $\leqslant$。

若 $R = \{\langle x, y \rangle \mid x \in A \wedge y \in B \wedge x \mid y\}$，则称 R 为整除关系，常记为 $\mid$，其中 $x \mid y$ 表示 x 整除 y。

若 A 是任意集合，R 是 A 上的二元关系，下面的关系也常见：

若 $R=\{\langle x, y\rangle \mid x\in P(A) \wedge y\in P(A) \wedge x\subseteq y\}$，则称 R 为包含关系，常记为 $\subseteq$。

若 $R=\{\langle x, y\rangle \mid x\in P(A) \wedge y\in P(A) \wedge x\subset y\}$，则称 R 为真包含关系，常记为 $\subset$。

定义 4.2.3 设 R 是 A 到 B 的二元关系。

(1) 用 xRy 表示 $\langle x, y\rangle\in R$，意为 x，y 有 R 关系（为使可读性好，我们将分场合使用这两种表达方式中的某一种）。$x\bar{R}y$ 表示 $\langle x, y\rangle\notin R$。

(2) 由 $\langle x, y\rangle\in R$ 的所有 x 组成的集合称为关系 R 的定义域（domain），记作 Dom R，即
$$\text{Dom } R=\{x \mid x\in A \wedge \exists y(y\in B \wedge \langle x, y\rangle\in R)\}$$

(3) 由 $\langle x, y\rangle\in R$ 的所有 y 组成的集合称为关系 R 的值域（range），记作 Ran R，即
$$\text{Ran } R=\{y \mid y\in B \wedge \exists x(x\in A \wedge \langle x, y\rangle\in R)\}$$

(4) R 的定义域和值域的并集称为 R 的域，记作 Fld R。形式化表示为：
$$\text{Fld } R=\text{Dom } R\cup\text{Ran } R$$

一般地，若 R 是 A 到 B 的二元关系，则有 Dom $R\subseteq A$，Ran $R\subseteq B$。

【例 4.2.1】 设 $A=\{1, 2, 3, 4, 5, 6\}$，$B=\{a, b, c, d\}$，则
$$R=\{\langle 2, a\rangle, \langle 2, b\rangle, \langle 3, b\rangle, \langle 4, c\rangle, \langle 6, c\rangle\}$$

那么如图 4.2.1 所示：
$$\text{Dom } R=\{2, 3, 4, 6\}, \text{Ran } R=\{a, b, c\}$$
$$\text{Fld } R=\{2, 3, 4, 6, a, b, c\}$$

各箭头分别表示 $2Ra$，$2Rb$，$3Rb$，$4Rc$，$6Rc$。

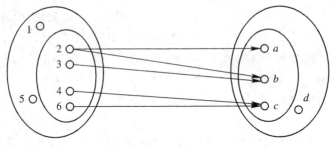

图 4.2.1

在此引入关系的表示法。

因为关系是一种特殊的集合，所以关系仍然能使用集合的表示方法。如集合的列举法和描述法。除此之外，有限集合的二元关系亦可用图形来表示，这就是关系图。

定义 4.2.4 设集合 $A=\{x_1, x_2, \cdots, x_m\}$ 到 $B=\{y_1, y_2, \cdots, y_m\}$ 上的一个二元关系为 R，以集合 A、B 中的元素为顶点，在图中用"。"表示顶点。若 x_iRy_j，则可自顶点 x_i 向顶点 y_j 引有向边 $\langle x_i, y_j\rangle$，其箭头指向 y_j。用这种方法画出的图称为关系图（graph of relation）。

如图 4.2.1 就表示了例 4.2.1 中的关系 R。

如关系 R 是定义在一个集合 A 上，即 $R\subseteq A\times A$，只需要画出集合 A 中的每个元素即可。起点和终点重合的有向边称为环（loop）。

【例 4.2.2】 求集合 $A=\{1, 2, 3, 4\}$ 上的恒等关系、空关系、全关系和小于关系的关系图。

解 恒等关系 $I_A = \{\langle 1, 1 \rangle, \langle 2, 2 \rangle, \langle 3, 3 \rangle, \langle 4, 4 \rangle\}$

空关系 $\varnothing = \{\ \}$

全关系 $A \times A = \{\langle 1,1 \rangle, \langle 2,2 \rangle, \langle 3,3 \rangle, \langle 4,4 \rangle, \langle 1,2 \rangle, \langle 2,1 \rangle, \langle 3,1 \rangle, \langle 4,1 \rangle,$
$\langle 1,3 \rangle, \langle 2,3 \rangle, \langle 3,2 \rangle, \langle 4,2 \rangle, \langle 1,4 \rangle, \langle 2,4 \rangle, \langle 3,4 \rangle, \langle 4,3 \rangle\}$

小于关系 $L_A = \{\langle 1, 2 \rangle, \langle 1, 3 \rangle, \langle 2, 3 \rangle, \langle 1, 4 \rangle, \langle 2, 4 \rangle, \langle 3, 4 \rangle\}$

其关系图分别见图 4.2.2、图 4.2.3、图 4.2.4、图 4.2.5。

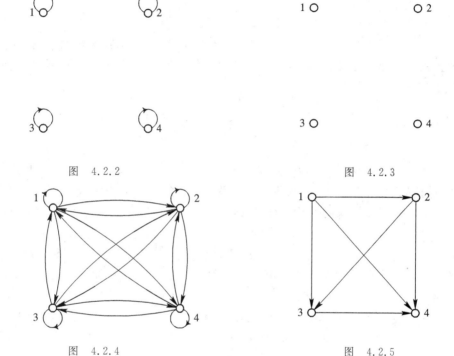

图 4.2.2

图 4.2.3

图 4.2.4

图 4.2.5

当 A 中元素的次序标定后，对于任何关系 R，R 的关系图与 R 的集合表达式是可以唯一相互确定的。我们也可看出关系图直观清晰，是分析关系性质的方便形式，但是对它不便于进行运算。关系还有一种便于运算的表示形式，称为关系矩阵(matrix of relation)。

定义 4.2.5 设 $R \subseteq A \times B$，$A = \{a_1, a_2, \cdots, a_m\}$，$B = \{b_1, b_2, \cdots, b_n\}$，那么 R 的关系矩阵 $\boldsymbol{M}_R$ 为一 $m \times n$ 矩阵，它的第 i，j 分量 r_{ij} 只取值 0 或 1，而

$$r_{ij} = \begin{cases} 1 & \text{当且仅当 } a_i R b_j \\ 0 & \text{当且仅当 } a_i \overline{R} b_j \end{cases}$$

例如，图 4.2.1 所示关系 R 的关系矩阵为

$$\boldsymbol{M}_R = \begin{bmatrix} 0 & 0 & 0 & 0 \\ 1 & 1 & 0 & 0 \\ 0 & 1 & 0 & 0 \\ 0 & 0 & 1 & 0 \\ 0 & 0 & 0 & 0 \\ 0 & 0 & 1 & 0 \end{bmatrix}$$

例 4.2.2 中的图 4.2.2、图 4.2.3、图 4.2.4、图 4.2.5 所示关系的关系矩阵分别是

$$M_{I_A} = \begin{bmatrix} 1 & 0 & 0 & 0 \\ 0 & 1 & 0 & 0 \\ 0 & 0 & 1 & 0 \\ 0 & 0 & 0 & 1 \end{bmatrix} \qquad M_{\varnothing} = \begin{bmatrix} 0 & 0 & 0 & 0 \\ 0 & 0 & 0 & 0 \\ 0 & 0 & 0 & 0 \\ 0 & 0 & 0 & 0 \end{bmatrix}$$

$$M_{A \times A} = \begin{bmatrix} 1 & 1 & 1 & 1 \\ 1 & 1 & 1 & 1 \\ 1 & 1 & 1 & 1 \\ 1 & 1 & 1 & 1 \end{bmatrix} \qquad M_{L_A} = \begin{bmatrix} 0 & 1 & 1 & 1 \\ 0 & 0 & 1 & 1 \\ 0 & 0 & 0 & 1 \\ 0 & 0 & 0 & 0 \end{bmatrix}$$

关系 R 的集合表达式与 R 的关系矩阵也可以唯一相互确定，因此 R 的集合表达式、关系图、关系矩阵三者均可以唯一相互确定，并且它们各有各的特点，可以根据不同的需要选用不同的表达方式。

4.3 关系的运算

A 到 B 的二元关系 R 是 $A \times B$ 的子集，亦即关系是序偶的集合。故在同一集合上的关系，可以进行集合的所有运算。作为集合对关系作并、交、差、补运算是理所当然的，但为了运算结果作为关系的意义更明确，我们也要求运算对象应有相同的域，从而运算结果是同一域间的关系。同前所述，这一要求也不是本质的。因此，在讨论关系运算时，我们有时忽略它们的域。

定义 4.3.1 设 R 和 S 为 A 到 B 的二元关系，其并、交、差、补运算定义如下：
$$R \cup S = \{\langle x, y \rangle \mid xRy \vee xSy\}$$
$$R \cap S = \{\langle x, y \rangle \mid xRy \wedge xSy\}$$
$$R - S = \{\langle x, y \rangle \mid xRy \wedge \neg xSy\}$$
$$\sim R = A \times B - R = \{\langle x, y \rangle \mid \neg xRy\}$$

【例 4.3.1】 设 $A = \{1, 2, 3, 4\}$，若 $R = \{\langle x, y \rangle \mid (x-y)/2$ 是整数，$x, y \in A\}$，$S = \{\langle x, y \rangle \mid (x-y)/3$ 是正整数，$x, y \in A\}$，求 $R \cup S$，$R \cap S$，$S - R$，$\sim R$，$R \oplus S$。

解 $R = \{\langle 1,1 \rangle, \langle 1,3 \rangle, \langle 2,2 \rangle, \langle 2,4 \rangle, \langle 3,1 \rangle, \langle 3,3 \rangle, \langle 4,2 \rangle, \langle 4,4 \rangle\}$

$S = \{\langle 4,1 \rangle\}$

$R \cup S = \{\langle 1,1 \rangle, \langle 1,3 \rangle, \langle 2,2 \rangle, \langle 2,4 \rangle, \langle 3,1 \rangle, \langle 3,3 \rangle, \langle 4,2 \rangle, \langle 4,4 \rangle, \langle 4,1 \rangle\}$

$R \cap S = \varnothing$

$S - R = S = \{\langle 4,1 \rangle\}$

$\sim R = A \times A - R = \{\langle 1,2 \rangle, \langle 1,4 \rangle, \langle 2,1 \rangle, \langle 2,3 \rangle, \langle 3,2 \rangle, \langle 3,4 \rangle, \langle 4,1 \rangle, \langle 4,3 \rangle\}$

$R \oplus S = (R \cup S) - (R \cap S)$

$\qquad = R \cup S$

$\qquad = \{\langle 1,1 \rangle, \langle 1,3 \rangle, \langle 2,2 \rangle, \langle 2,4 \rangle, \langle 3,1 \rangle, \langle 3,3 \rangle, \langle 4,2 \rangle, \langle 4,4 \rangle, \langle 4,1 \rangle\}$

以上是一个集合上两个不同的关系的运算结果仍是 A 上的一个关系。但在一个 n 元集合上，可有多少个不同的二元关系？

因为 $|A| = n$，$|A \times A| = n^2$，$|P(A \times A)| = 2^{n^2}$，所以共有 2^{n^2} 个不同的二元关系。

作为这个结论的推广，我们有：若 $|A|=n$，$|B|=m$，则 A 到 B 有 2^{mn} 个不同的二元关系。

当然，集合的并、交、差、补运算诸性质对关系运算也成立。需要注意的是，作为关系时，补运算是对全关系而言的，并不是对于全集 E 而言的。

关系并、交、差、补的矩阵可用如下方法求取：

$$\boldsymbol{M}_{R\cup S}=\boldsymbol{M}_R\vee \boldsymbol{M}_S\text{（矩阵对应分量作逻辑析取运算）}$$

$$\boldsymbol{M}_{R\cap S}=\boldsymbol{M}_R\wedge \boldsymbol{M}_S\text{（矩阵对应分量作逻辑合取运算）}$$

$$\boldsymbol{M}_{R-S}=\boldsymbol{M}_{R\cap \sim S}=\boldsymbol{M}_R\wedge \boldsymbol{M}_{\sim S}$$

$$\boldsymbol{M}_{\sim S}=\sim(\boldsymbol{M}_S)\text{（矩阵各分量作逻辑非运算）}$$

由于关系是序偶的集合，所以它不同于一般的集合。除了可以进行集合的一般运算，还有自身所特有的一些运算，它们更为重要。

定义 4.3.2 设 R 是 A 到 B 的关系，R 的逆关系或逆（converse）是 B 到 A 的关系，记为 R^{-1}，规定为

$$R^{-1}=\{\langle y,x\rangle|x\in A,y\in B,xRy\}$$

由定义很显然，对任意 $x\in A$，$y\in B$，有

$$xRy\Leftrightarrow yR^{-1}x$$

若 $\boldsymbol{M}_R$ 为 R 的关系矩阵，那么

$$\boldsymbol{M}_{R^{-1}}=\boldsymbol{M}_R'\quad (\boldsymbol{M}'\text{表示矩阵 }\boldsymbol{M}\text{ 的转置矩阵})$$

【例 4.3.2】 $I_A^{-1}=I_A$，$\varnothing^{-1}=\varnothing$，$(A\times B)^{-1}=B\times A$，"$\leqslant$"关系的逆是"$\geqslant$"关系。

逆关系有下列性质。

定理 4.3.1 设 R 和 S 都是 A 到 B 上的二元关系，那么

(1) $(R^{-1})^{-1}=R$

(2) $(\sim R)^{-1}=\sim(R^{-1})$ ($A\times B$ 为全关系)

(3) $(R\cap S)^{-1}=R^{-1}\cap S^{-1}$，$(R\cup S)^{-1}=R^{-1}\cup S^{-1}$，$(R-S)^{-1}=R^{-1}-S^{-1}$

(4) $R\subseteq S$ 当且仅当 $R^{-1}\subseteq S^{-1}$

(5) $\mathrm{Dom}(R^{-1})=\mathrm{Ran}(R)$

(6) $\mathrm{Ran}(R^{-1})=\mathrm{Dom}(R)$

(7) $\varnothing^{-1}=\varnothing$

(8) $(A\times B)^{-1}=B\times A$

证明

(2) 对任意 $x\in A$，$y\in B$

$$\langle x,y\rangle\in(\sim R)^{-1}\Leftrightarrow \langle y,x\rangle\in(\sim R)$$
$$\Leftrightarrow \neg(\langle y,x\rangle\in R)$$
$$\Leftrightarrow \neg(\langle x,y\rangle\in R^{-1})$$
$$\Leftrightarrow \langle x,y\rangle\in\sim(R^{-1})$$

因此 $(\sim R)^{-1}=\sim(R^{-1})$。

(3) 我们仅证 $(R-S)^{-1}=R^{-1}-S^{-1}$。

对任意 $x\in A$，$y\in B$，有

$$\langle x, y\rangle \in (R-S)^{-1} \Leftrightarrow \langle y, x\rangle \in R-S$$
$$\Leftrightarrow \langle y, x\rangle \in R \land \langle y, x\rangle \notin S$$
$$\Leftrightarrow \langle x, y\rangle \in R^{-1} \land \langle x, y\rangle \notin S^{-1}$$
$$\Leftrightarrow \langle x, y\rangle \in R^{-1}-S^{-1}$$

因此, $(R-S)^{-1}=R^{-1}-S^{-1}$。

其余证明留给读者。   证毕

复合运算是最为重要的关系运算。

定义 4.3.3 设 R 为 A 到 B 的二元关系, S 为 B 到 C 的二元关系, 那么 $R \circ S$ 为 A 到 C 的二元关系, 称为关系 R 与 S 的复合(compositions), 定义为

$$R \circ S = \{\langle x, z\rangle \mid x \in A \land z \in C \land \exists y(y \in B \land xRy \land yRz)\}$$

这里 "$\circ$" 称为复合运算。$R \circ R$ 也记为 R^2。

【例 4.3.3】 设 R 表示父子关系, 即 $\langle x, y\rangle \in R$ 说明 x 是 y 的父亲, $R \circ R$ 就表示祖孙关系。

【例 4.3.4】 设 R 表示朋友关系, S 表示直接后门关系, $R \circ S$ 就表示间接后门关系。

【例 4.3.5】 设 $A = \{0, 1, 2, 3, 4, 5\}$, $B = \{2, 4, 6\}$, $C = \{1, 3, 5\}$, $R \subseteq A \times B$, $S \subseteq B \times C$, 且

$$R = \{\langle 1, 2\rangle, \langle 2, 4\rangle, \langle 3, 4\rangle, \langle 5, 6\rangle\}, S = \{\langle 2, 1\rangle, \langle 2, 5\rangle, \langle 6, 3\rangle\}$$

求 $R \circ S$。

解 $R \circ S = \{\langle 1, 1\rangle, \langle 1, 5\rangle, \langle 5, 3\rangle\} \subseteq A \times C$

用图表示 $R \circ S$, 如图 4.3.1 所示。

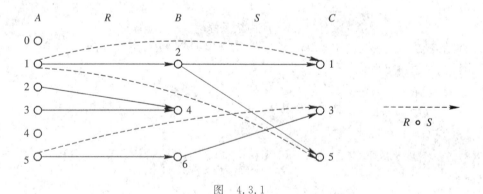

图 4.3.1

【例 4.3.6】 设集合 $A = \{0, 1, 2, 3, 4\}$, R, S 均为 A 上的二元关系, 且

$$R = \{\langle x, y\rangle \mid x+y=4\} = \{\langle 0, 4\rangle, \langle 4, 0\rangle, \langle 1, 3\rangle, \langle 3, 1\rangle, \langle 2, 2\rangle\}$$
$$S = \{\langle x, y\rangle \mid y-x=1\} = \{\langle 0, 1\rangle, \langle 1, 2\rangle, \langle 2, 3\rangle, \langle 3, 4\rangle\}$$

求 $R \circ S$, $S \circ R$, $R \circ R$, $S \circ S$, $(R \circ S) \circ R$, $R \circ (S \circ R)$。

解 $R \circ S = \{\langle 4, 1\rangle, \langle 1, 4\rangle, \langle 3, 2\rangle, \langle 2, 3\rangle\} = \{\langle x, z\rangle \mid x+z=5\}$
$\qquad S \circ R = \{\langle 0, 3\rangle, \langle 1, 2\rangle, \langle 2, 1\rangle, \langle 3, 0\rangle\} = \{\langle x, z\rangle \mid x+z=3\}$
$\qquad R \circ R = \{\langle 0, 0\rangle, \langle 4, 4\rangle, \langle 1, 1\rangle, \langle 3, 3\rangle, \langle 2, 2\rangle\} = \{\langle x, z\rangle \mid x-z=0\}$

$$S \circ S = \{\langle 0, 2\rangle, \langle 1, 3\rangle, \langle 2, 4\rangle\} = \{\langle x, z\rangle \mid z - x = 2\}$$
$$(R \circ S) \circ R = \{\langle 4, 3\rangle, \langle 1, 0\rangle, \langle 3, 2\rangle, \langle 2, 1\rangle\}$$
$$R \circ (S \circ R) = \{\langle 4, 3\rangle, \langle 3, 2\rangle, \langle 2, 1\rangle, \langle 1, 0\rangle\}$$

从上例已可看出，一般地 $R \circ S \neq S \circ R$。

复合运算的性质由下面两个定理介绍。

定理 4.3.2 设 I_A，I_B 为集合 A，B 上的恒等关系，$R \subseteq A \times B$，那么

(1) $I_A \circ R = R \circ I_B = R$

(2) $\varnothing \circ R = R \circ \varnothing = \varnothing$

证明

(1) 为证 $I_A \circ R \subseteq R$，设 $\forall \langle x, y\rangle \in I_A \circ R$。

$$\langle x, y\rangle \in I_A \circ R \Leftrightarrow \exists u(u \in A \wedge \langle x, u\rangle \in I_A \wedge \langle u, y\rangle \in R)$$
$$\Rightarrow \exists u(u \in A \wedge x = u \wedge \langle u, y\rangle \in R)$$
$$\Rightarrow \langle x, y\rangle \in R$$

所以 $I_A \circ R \subseteq R$ 得证。

下证 $R \subseteq I_A \circ R$。设 $\langle x, y\rangle \in R$，$\langle x, x\rangle \in I_A \wedge \langle x, y\rangle \in R \Rightarrow \langle x, y\rangle \in I_A \circ R$，所以 $R \subseteq I_A \circ R$ 得证。

因此 $I_A \circ R = R$。同理可证 $R = R \circ I_B$。

(2) 显然 $\varnothing \subseteq \varnothing \circ R$。

下证 $\varnothing \circ R \subseteq \varnothing$。设 $\forall \langle x, y\rangle \in \varnothing \circ R$。

$$\langle x, y\rangle \in \varnothing \circ R \Rightarrow \exists u(u \in A \wedge \langle x, u\rangle \in \varnothing \wedge \langle u, y\rangle \in R)$$
$$\Rightarrow \langle x, u\rangle \in \varnothing$$

说明命题的前件为假，整个蕴含式为真，所以 $\varnothing \circ R \subseteq \varnothing$。

因此 $\varnothing \circ R = \varnothing$。同理可证 $R \circ \varnothing = \varnothing$。 证毕

定理 4.3.3 设 R，S，T 均为 A 上二元关系，那么

(1) $R \circ (S \cup T) = (R \circ S) \cup (R \circ T)$

(2) $(S \cup T) \circ R = (S \circ R) \cup (T \circ R)$

(3) $R \circ (S \cap T) \subseteq (R \circ S) \cap (R \circ T)$

(4) $(S \cap T) \circ R \subseteq (S \circ R) \cap (T \circ R)$

(5) $R \circ (S \circ T) = (R \circ S) \circ T$

(6) $(R \circ S)^{-1} = S^{-1} \circ R^{-1}$

证明 我们仅证明(1)、(4)、(5)，另外三式的证明留给读者完成。

(1) 对任意 x，$y \in A$，有

$$\langle x, y\rangle \in R \circ (S \cup T) \Leftrightarrow \exists u(\langle x, u\rangle \in R \wedge \langle u, y\rangle \in S \cup T)$$
$$\Leftrightarrow \exists u(\langle x, u\rangle \in R \wedge (\langle u, y\rangle \in S \vee \langle u, y\rangle \in T))$$
$$\Leftrightarrow \exists u((\langle x, u\rangle \in R \wedge \langle u, y\rangle \in S) \vee (\langle x, u\rangle \in R \wedge \langle u, y\rangle \in T))$$
$$\Leftrightarrow \exists u(\langle x, u\rangle \in R \wedge \langle u, y\rangle \in S) \vee \exists u(\langle x, u\rangle \in R \wedge \langle u, y\rangle \in T)$$
$$\Leftrightarrow \langle x, y\rangle \in R \circ S \vee \langle x, y\rangle \in R \circ T$$
$$\Leftrightarrow \langle x, y\rangle \in R \circ S \cup R \circ T$$

故 $R \circ (S \cup T) = (R \circ S) \cup (R \circ T)$。

（4）对任意 $x, y \in A$，有

$$\langle x, y \rangle \in (S \cap T) \circ R \Leftrightarrow \exists u(\langle x, u \rangle \in (S \cap T) \wedge \langle u, y \rangle \in R)$$
$$\Leftrightarrow \exists u(\langle x, u \rangle \in S \wedge \langle x, u \rangle \in T \wedge \langle u, y \rangle \in R)$$
$$\Leftrightarrow \exists u(\langle x, u \rangle \in S \wedge \langle u, y \rangle \in R \wedge \langle x, u \rangle \in T \wedge \langle u, y \rangle \in R)$$
$$\Rightarrow \exists u(\langle x, u \rangle \in S \wedge \langle u, y \rangle \in R) \wedge \exists u(\langle x, u \rangle \in T \wedge \langle u, y \rangle \in R)$$
$$\Leftrightarrow \langle x, y \rangle \in (S \circ R) \wedge \langle x, y \rangle \in (T \circ R)$$
$$\Leftrightarrow \langle x, y \rangle \in (S \circ R) \cap (T \circ R)$$

故 $(S \cap T) \circ R \subseteq (S \circ R) \cap (T \circ R)$。

（5）对任意 $x, y \in A$，有

$$\langle x, y \rangle \in R \circ (S \circ T) \Leftrightarrow \exists u(\langle x, u \rangle \in R \wedge \langle u, y \rangle \in S \circ T)$$
$$\Leftrightarrow \exists u(\langle x, u \rangle \in R \wedge \exists v(\langle u, v \rangle \in S \wedge \langle v, y \rangle \in T))$$
$$\Leftrightarrow \exists v \exists u(\langle x, u \rangle \in R \wedge \langle u, v \rangle \in S \wedge \langle v, y \rangle \in T)$$
$$\Leftrightarrow \exists v(\exists u(\langle x, u \rangle \in R \wedge \langle u, v \rangle \in S) \wedge \langle v, y \rangle \in T)$$
$$\Leftrightarrow \exists v(\langle x, v \rangle \in R \circ S \wedge \langle v, y \rangle \in T)$$
$$\Leftrightarrow \langle x, y \rangle \in (R \circ S) \circ T \qquad\qquad\text{证毕}$$

注意　（3）、（4）两式中的 $\subseteq$ 不能改为 $=$，因为存在量词对合取连接词不可分配。例如在（3）式中令 $R = \{\langle a, b \rangle, \langle a, c \rangle\}$，$S = \{\langle b, d \rangle\}$，$T = \{\langle c, d \rangle\}$ 时，$R \circ (S \cap T) = R \circ \varnothing = \varnothing$，而 $(R \circ S) \cap (R \circ T) = \{\langle a, d \rangle\}$。

关于复合运算的关系矩阵有下列结果。

设 A 是有限集合，$|A| = n$。关系 R 和 S 都是 A 上的关系，R 和 S 的关系矩阵 $\boldsymbol{M}_R = [r_{ij}]$ 和 $\boldsymbol{M}_S = [s_{ij}]$ 都是 $n \times n$ 的方阵。于是 R 与 S 的复合 $R \circ S$ 的关系矩阵可以用下述的矩阵逻辑乘计算（类似于矩阵乘法）得到，记作 $\boldsymbol{M}_{R \circ S} = \boldsymbol{M}_R \cdot \boldsymbol{M}_S = [t_{ij}]_{n \times n}$，其各分量 t_{ij} 可采用下式求取：

$$t_{ij} = \bigvee_{k=1}^{n} r_{ik} s_{kj} \qquad (i = 1, 2, \cdots, n;\ j = 1, 2, \cdots, n)$$

这里，$\bigvee\limits_{k=1}^{n} f(k) = f(1) \vee f(2) \vee \cdots \vee f(n)$。$\vee$ 为真值析取运算。$\cdot$ 乘与普通矩阵乘的不同在于，各分量计算中用 $\bigvee\limits_{k=1}^{n}$ 代替 $\sum\limits_{k=1}^{n}$。

例如，例 4.3.6 中 $R \circ S$ 的关系矩阵为

$$\boldsymbol{M}_{R \circ S} = \begin{bmatrix} 0 & 0 & 0 & 0 & 1 \\ 0 & 0 & 0 & 1 & 0 \\ 0 & 0 & 1 & 0 & 0 \\ 0 & 1 & 0 & 0 & 0 \\ 1 & 0 & 0 & 0 & 0 \end{bmatrix} \cdot \begin{bmatrix} 0 & 1 & 0 & 0 & 0 \\ 0 & 0 & 1 & 0 & 0 \\ 0 & 0 & 0 & 1 & 0 \\ 0 & 0 & 0 & 0 & 1 \\ 0 & 0 & 0 & 0 & 0 \end{bmatrix} = \begin{bmatrix} 0 & 0 & 0 & 0 & 0 \\ 0 & 0 & 0 & 0 & 1 \\ 0 & 0 & 0 & 1 & 0 \\ 0 & 0 & 1 & 0 & 0 \\ 0 & 1 & 0 & 0 & 0 \end{bmatrix}$$

定义 4.3.4　设 R 是 A 上的关系，n 个 R 的复合称为 R 的 n 次幂。

由于关系复合运算有结合律，因此用"幂"表示集合上关系对自身的复合是适当的，$R^n = \underbrace{R \circ \cdots \circ R}_{n}$，规定 $R^0 = I_A$（R 为 A 上二元关系）。R^n 满足下列性质。

定理 4.3.4 设 R 为 A 上二元关系，m，n 为自然数，那么

(1) $R^{n+1} = R^n \circ R = R \circ R^n = R^m \circ R^{n-m+1}$

(2) $R^m \circ R^n = R^{m+n}$

(3) $(R^m)^n = R^{mn}$

(4) $(R^{-1})^n = (R^n)^{-1}$

可把 m 看作参数，对 n 进行归纳，在此不再赘述。

【**例 4.3.7**】 设 $A = \{0, 1, 2, 3, 4\}$，$R = \{\langle 0, 0 \rangle, \langle 0, 1 \rangle, \langle 1, 3 \rangle, \langle 2, 4 \rangle, \langle 3, 1 \rangle, \langle 4, 4 \rangle\}$，则

$$R^2 = \{\langle 0, 0 \rangle, \langle 0, 1 \rangle, \langle 0, 3 \rangle, \langle 1, 1 \rangle, \langle 2, 4 \rangle, \langle 3, 3 \rangle, \langle 4, 4 \rangle\}$$
$$R^3 = \{\langle 0, 0 \rangle, \langle 0, 1 \rangle, \langle 0, 3 \rangle, \langle 1, 3 \rangle, \langle 2, 4 \rangle, \langle 3, 1 \rangle, \langle 4, 4 \rangle\}$$
$$R^4 = \{\langle 0, 0 \rangle, \langle 0, 1 \rangle, \langle 0, 3 \rangle, \langle 1, 1 \rangle, \langle 2, 4 \rangle, \langle 3, 3 \rangle, \langle 4, 4 \rangle\} = R^2$$

R、R^2、R^3、R^4 的关系图如图 4.3.2 所示。R、R^2、R^3、R^4 所对应的关系矩阵为

$$\boldsymbol{M} = \begin{bmatrix} 1 & 1 & 0 & 0 & 0 \\ 0 & 0 & 0 & 1 & 0 \\ 0 & 0 & 0 & 0 & 1 \\ 0 & 1 & 0 & 0 & 0 \\ 0 & 0 & 0 & 0 & 1 \end{bmatrix} \qquad \boldsymbol{M}^2 = \boldsymbol{M} \circ \boldsymbol{M} = \begin{bmatrix} 1 & 1 & 0 & 1 & 0 \\ 0 & 1 & 0 & 0 & 0 \\ 0 & 0 & 0 & 0 & 1 \\ 0 & 0 & 0 & 1 & 0 \\ 0 & 0 & 0 & 0 & 1 \end{bmatrix}$$

$$\boldsymbol{M}^3 = \boldsymbol{M} \circ \boldsymbol{M}^2 = \begin{bmatrix} 1 & 1 & 0 & 1 & 0 \\ 0 & 0 & 0 & 1 & 0 \\ 0 & 0 & 0 & 0 & 1 \\ 0 & 1 & 0 & 0 & 0 \\ 0 & 0 & 0 & 0 & 1 \end{bmatrix} \qquad \boldsymbol{M}^4 = \boldsymbol{M} \circ \boldsymbol{M}^3 = \begin{bmatrix} 1 & 1 & 0 & 1 & 0 \\ 0 & 1 & 0 & 0 & 0 \\ 0 & 0 & 0 & 0 & 1 \\ 0 & 0 & 0 & 1 & 0 \\ 0 & 0 & 0 & 0 & 1 \end{bmatrix} = \boldsymbol{M}^2$$

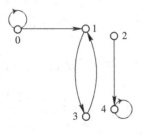

R

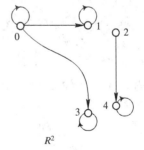

R^2

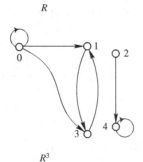

R^3

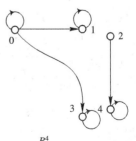

R^4

图 4.3.2

定理 4.3.5 设集合 A 的基数为 n，R 是 A 上二元关系，那么存在自然数 i、j 使得

$$R^i = R^j \qquad (0 \leqslant i < j \leqslant 2^{n^2})$$

证明 我们知道，当 $|A| = n$ 时，A 上不同二元关系共计 2^{n^2} 个，令 $K = 2^{n^2}$，因此，在 R^0，R^1，R^2，$\cdots$，R^K 这 $K+1$ 个关系中，至少有两个是相同的（鸽巢原理），即有 i，$j(0 \leqslant i < j \leqslant 2^{n^2})$，使 $R^i = R^j$。   证毕

定义 4.3.5 设 R 为 X 到 Y 的二元关系，$A \subseteq X$，则 A 在 R 下的像 $R[A]$ 为集合

$$R[A] = \{y \mid (\exists x)(x \in A \wedge \langle x, y \rangle \in R)\}$$

集合在关系下的像的性质如下：

定理 4.3.6 R 是 X 到 Y 的关系和集合 A、B，$A \subseteq X$，$B \subseteq X$，则

(1) $R[A \cup B] = R[A] \cup R[B]$

(2) $R[\cup A] = \cup \{R[B] \mid B \in A\}$

(3) $R[A \cap B] \subseteq R[A] \cap R[B]$

(4) $R[\cap A] \subseteq \cap \{R[B] \mid B \in A\}$ $(A \neq \varnothing)$

(5) $R[A] - R[B] \subseteq R[A - B]$

4.4 关 系 的 性 质

本节总假定关系是某一非空集合上的二元关系，这一假定不失一般性。因为任一 A 到 B 的关系 R，即 $R \subseteq A \times B$，$A \times B \subseteq (A \cup B) \times (A \cup B)$，所以关系 R 总可看成是 $A \cup B$ 上的关系，它与原关系 R 具有完全相同的序偶，对它的讨论代替对 R 的讨论无损于问题的本质。

定义 4.4.1 设 R 是 A 上的二元关系，即 $R \subseteq A \times A$。

(1) 称 R 是自反的（reflexive），如果对任意 $x \in A$，均有 xRx。即 R 在 A 上是自反的当且仅当 $\forall x(x \in A \to xRx)$。

(2) 称 R 是反自反的（irreflexive），如果对任意 $x \in A$，xRx 均不成立。即 R 在 A 上是反自反的当且仅当 $\forall x(x \in A \to \neg xRx)$。

(3) 称 R 是对称的（symmetric），如果对任意 $x \in A$，$y \in A$，xRy 蕴含 yRx。即 R 在 A 上是对称的当且仅当 $\forall x \forall y(x \in A \wedge y \in A \wedge xRy \to yRx)$。

(4) 称 R 是反对称的（antisymmetric），如果对任意 $x \in A$，$y \in A$，xRy 且 yRx 蕴含 $x = y$。即 R 在 A 上是反对称的当且仅当 $\forall x \forall y(x \in A \wedge y \in A \wedge xRy \wedge yRx \to x = y)$。

反对称性的另一种等价的定义为：R 在 A 上是反对称的当且仅当 $\forall x \forall y(x \in A \wedge y \in A \wedge xRy \wedge x \neq y \to \langle y, x \rangle \notin R)$。

(5) 称 R 是传递的（transitive），如果对任意 $x \in A$，$y \in A$，$z \in A$，xRy 且 yRz 蕴含 xRz。即 R 在 A 上是传递的当且仅当 $\forall x \forall y \forall z(x \in A \wedge y \in A \wedge z \in A \wedge xRy \wedge yRz \to xRz)$。

【**例 4.4.1**】 设 $A = \{a, b, c\}$，以下各关系 $R_i(i = 1, 2, \cdots, 8)$ 均为 A 上的二元关系。

(1) $R_1 = \{\langle a, a \rangle, \langle a, c \rangle, \langle b, b \rangle, \langle c, c \rangle\}$ 是自反的，而 $R_2 = \{\langle a, c \rangle, \langle c, a \rangle\}$ 不是自反的，是反自反的。存在既不自反也不反自反的二元关系，例如 $R_3 = \{\langle a, a \rangle\}$。显然 A 上

的∅关系是反自反的，不是自反的。可是值得注意的是，当 $A=\varnothing$ 时（这时 A 上只有一个关系∅），A 上空关系既是自反的，又是反自反的，因为 $A=\varnothing$ 使两者定义的前提总为假。

（2）$R_4=\{\langle a,b\rangle,\langle b,a\rangle\}$ 是对称的；$R_5=\{\langle a,c\rangle,\langle c,a\rangle,\langle a,b\rangle,\langle a,a\rangle\}$ 不是对称的；$R_6=\{\langle a,b\rangle,\langle a,c\rangle\}$ 是反对称的。其实 R_5 既不是对称的，也不是反对称的。特别有意思的是，存在既对称又反对称的二元关系，例如 A 上的恒等关系 I_A。

（3）$R_7=\{\langle a,b\rangle,\langle b,c\rangle,\langle a,c\rangle,\langle c,c\rangle\}$ 是传递的，但 $R_7-\{\langle a,c\rangle\}$ 便不是传递的了。应当注意，A 上的空关系∅，$R_8=\{\langle a,b\rangle\}$ 等是传递的，因为传递性定义的前提对它们而言均为假。

（4）任何非空集合上的空关系都是反自反、对称、反对称、传递的；其上的相等关系是自反、对称、反对称、传递的；其上的全关系是自反、对称、传递的。

（5）三角形的相似关系、全等关系是自反、对称、传递的。

（6）正整数集合上的整除关系是自反、反对称、传递的；但整数集合上的整除关系只有传递性。

判断一个关系是否具有上述某种性质，除直接用定义，还有下面的充要条件。

定理 4.4.1 设 R 为集合 A 上的二元关系，即 $R\subseteq A\times A$，则

（1）R 是自反的当且仅当 $I_A\subseteq R$。

（2）R 是反自反的当且仅当 $I_A\bigcap R=\varnothing$。

（3）R 是对称的当且仅当 $R=R^{-1}$。

（4）R 是反对称的当且仅当 $R\bigcap R^{-1}\subseteq I_A$。

（5）R 是传递的当且仅当 $R\circ R\subseteq R$。

证明

（1）先证必要性。因为 R 是自反的，设对任意的 x,y，有
$$\langle x,y\rangle\in I_A\Rightarrow x\in A\wedge y\in A\wedge x=y\Rightarrow\langle x,y\rangle\in R$$
再证充分性。任取 $x\in A$，有 $\langle x,x\rangle\in I_A$，因为 $I_A\subseteq R$，所以 $\langle x,x\rangle\in R$，因此 R 是自反的。

（2）先证必要性。用反证法。

假设 $R\bigcap I_A\neq\varnothing$，必存在 $\langle x,y\rangle\in R\bigcap I_A\Rightarrow\langle x,y\rangle\in I_A$，由于 I_A 是 A 上的恒等关系，从而有 $x=y$，所以 $\langle x,x\rangle\in R$，这与 R 在 A 上是反自反的相矛盾。

再证充分性。任取 $x\in A$，则有 $x\in A\Rightarrow\langle x,x\rangle\in I_A\Rightarrow\langle x,x\rangle\notin R$（由于 $I_A\bigcap R=\varnothing$），从而证明了 R 在 A 上是反自反的。

（3）先证必要性。设 R 对称，那么对任意 $x,y\in A$，有
$$\langle x,y\rangle\in R\Leftrightarrow\langle y,x\rangle\in R\quad(因为\ R\ 在\ A\ 上对称)$$
$$\Leftrightarrow\langle x,y\rangle\in R^{-1}$$
故 $R=R^{-1}$。

再证充分性。任取 $\langle x,y\rangle\in R$，由 $R=R^{-1}$，有
$$\langle x,y\rangle\in R\Rightarrow\langle x,y\rangle\in R^{-1}$$
$$\Rightarrow\langle y,x\rangle\in R$$
所以 R 在 A 上是对称的。

（4）先证必要性。设 R 反对称，那么对任意 $x,y\in A$，有

$$\langle x, y \rangle \in R \cap R^{-1} \Leftrightarrow \langle x, y \rangle \in R \land \langle x, y \rangle \in R^{-1}$$
$$\Leftrightarrow \langle x, y \rangle \in R \land \langle y, x \rangle \in R$$
$$\Rightarrow x = y \quad （R \text{ 反对称}）$$
$$\Leftrightarrow \langle x, y \rangle \in I_A$$

因此 $R \cap R^{-1} \subseteq I_A$。

再证充分性。设 $R \cap R^{-1} \subseteq I_A$。为证 R 反对称，又设 $\langle x, y \rangle \in R \land \langle y, x \rangle \in R$，由 $R \cap R^{-1} \subseteq I_A$，有

$$\langle x, y \rangle \in R \land \langle y, x \rangle \in R \Rightarrow \langle x, y \rangle \in R \land \langle x, y \rangle \in R^{-1}$$
$$\Rightarrow \langle x, y \rangle \in R \cap R^{-1}$$
$$\Rightarrow \langle x, y \rangle \in I_A$$

因而 $x = y$。所以 R 在 A 上是反对称的，得证。

（5）先证必要性。设 R 传递，那么对任意 $x, y \in A$，有

$$\langle x, y \rangle \in R \circ R \Leftrightarrow \exists u(u \in A \land \langle x, u \rangle \in R \land \langle u, y \rangle \in R)$$
$$\Leftrightarrow \exists u(u \in A \land \langle x, y \rangle \in R) \quad （R \text{ 是传递的}）$$
$$\Leftrightarrow \langle x, y \rangle \in R$$

故 $R \circ R \subseteq R$。

再证充分性。设 $R \circ R \subseteq R$。为证 R 是传递的，设有 $\langle x, y \rangle \in R$，$\langle y, z \rangle \in R$。

$$\langle x, y \rangle \in R \land \langle y, z \rangle \in R \Rightarrow \langle x, z \rangle \in R \circ R$$
$$\Rightarrow \langle x, z \rangle \in R \quad （R \circ R \subseteq R）$$

所以 R 在 A 上是传递的，得证。 **证毕**

关系的基本性质与关系图、关系矩阵有怎样的联系呢？表 4.4.1 详解之。

表 4.4.1

关系性质	关系图特征	关系矩阵特性	集合表达式
自反性	每一结点处有一环	主对角线元素均为 1	$I_A \subseteq R$
反自反性	每一结点处均无环	主对角线元素均为 0	$I_A \cap R = \varnothing$
对称性	若有边，则有双边（方向相反）	矩阵为对称矩阵	$R \subseteq R^{-1}$
反对称性	若有边，则有单边（没有边成对出现）	当分量 $c_{ij} = 1(i \neq j)$ 时，$c_{ji} = 0$	$R \cap R^{-1} \subseteq I_A$
传递性	若有双边则必有双环，有三角形，必是向量三角形。且如果结点 $v_1, v_2, \cdots, v_n$ 间有边 $v_1 v_2, v_2 v_3, \cdots, v_{n-1} v_n$，则必有边 $v_1 v_n$	无	$R \circ R \subseteq R$

【例 4.4.2】 设 R_i 是 $A = \{1, 2, 3\}$ 上的二元关系（如图 4.4.1 所示），判断它们各具有什么性质？并说明理由。

解 根据关系图的特征，我们可判断下列各关系具有的性质。

R_1 具有反自反性、对称性、反对称性、传递性。因为每一结点处均无环，既无双边又无单边，既无双边又无三角形。

R_2 具有自反性、对称性、反对称性、传递性。因为每一结点处有一环，既无双边又无

单边，既无双边又无三角形。

R_3 具有自反性、对称性、传递性。因为每一结点处有一环，有边就有双边，有双边又有双环，有三角形就是向量三角形。

R_4 具有反对称性、传递性。因为无双边，无三角形。

R_5 具有对称性。因为无单边。

R_6 具有反自反性、反对称性。因为每一结点处均无环。

R_7 具有自反性、传递性。因为每一结点处有一环，有三角形，且是向量三角形。

R_8 具有反自反性、反对称性、传递性。因为每一结点处均无环，有三角形，且是向量三角形。

R_9 均不具备。

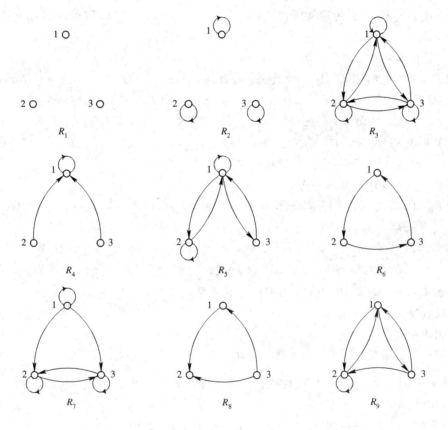

图 4.4.1

关系是序偶的集合，可作交、并、差、逆、复合运算。如果已知某些关系具有某一性质，经过关系运算后的结果是否仍具有这一性质，是一个令人关注的问题。如果是，我们称该性质对这一运算封闭。现在我们来讨论五大特性对基本运算的封闭性。

定理 4.4.2 设 R_1、R_2 是 A 上的自反关系，则 R_1^{-1}、$R_1 \bigcap R_2$、$R_1 \bigcup R_2$、$R_1 \circ R_2$ 也是 A 上的自反关系。

证明留给读者。

定理 4.4.3 设 R_1、R_2 是 A 上的对称关系，则 R_1^{-1}、$R_1 \bigcap R_2$、$R_1 \bigcup R_2$、$R_1 - R_2$ 也是 A

上的对称关系。

证明 仅证对称性对并运算封闭。

设 R_1，R_2 对称，要证 $R_1 \cup R_2$ 对称。任取 $\langle x, y \rangle \in R_1 \cup R_2$，那么 $\langle x, y \rangle \in R_1$ 或 $\langle x, y \rangle \in R_2$。由 R_1，R_2 对称知 $\langle y, x \rangle \in R_1$ 或 $\langle y, x \rangle \in R_2$，因而 $\langle y, x \rangle \in R_1 \cup R_2$。$R_1 \cup R_2$ 对称性得证。 **证毕**

定理 4.4.4 设 R_1、R_2 是 A 上的传递关系，则 R_1^{-1}、$R_1 \cap R_2$ 是 A 上的传递关系。但 $R_1 \cup R_2$ 不一定是传递的。

证明

(1) 证传递性对求逆运算封闭。

设 R_1 传递，要证 R_1^{-1} 传递。设有 $\langle x, y \rangle \in R_1^{-1}$，$\langle y, z \rangle \in R_1^{-1}$，那么 $\langle y, x \rangle \in R_1$，$\langle z, y \rangle \in R_1$。由 R_1 具有传递性可得 $\langle z, x \rangle \in R_1$，即 $\langle x, z \rangle \in R_1^{-1}$。因而 R_1^{-1} 在 A 上是传递的，得证。

(2) 证传递性对交运算封闭。

设 R_1，R_2 传递，要证 $R_1 \cap R_2$ 传递。设有 $\langle x, y \rangle \in (R_1 \cap R_2)$，$\langle y, z \rangle \in (R_1 \cap R_2)$，那么 $\langle x, y \rangle \in R_1$，$\langle x, y \rangle \in R_2$，$\langle y, z \rangle \in R_1$，$\langle y, z \rangle \in R_2$。由 R_1，R_2 具有传递性，可得 $\langle x, z \rangle \in R_1$，$\langle x, z \rangle \in R_2$，从而 $\langle x, z \rangle \in (R_1 \cap R_2)$。故 $R_1 \cap R_2$ 在 A 上是传递的，得证。 **证毕**

定理 4.4.5 设 R_1、R_2 是 A 上的反对称关系，则 R_1^{-1}、$R_1 \cap R_2$、$R_1 - R_2$ 是 A 上的反对称关系。但 $R_1 \cup R_2$ 不一定是反对称的。

证明 仅证反对称性对差运算封闭。

设 R_1，R_2 反对称，要证 $R_1 - R_2$ 反对称。设 $\langle x, y \rangle \in (R_1 - R_2)$ 且 $\langle y, x \rangle \in (R_1 - R_2)$，因而 $\langle x, y \rangle \in R_1$，$\langle y, x \rangle \in R_1$，从而由 R_1 的反对称性得 $x = y$。这就完成了 $R_1 - R_2$ 反对称的证明。 **证毕**

注：$R_1 - R_2$ 反对称与 R_2 反对称无关，只要 R_1 反对称，$R_1 - R_2$ 一定反对称。

定理 4.4.6 设 R_1、R_2 是 A 上的反自反关系，则 R_1^{-1}、$R_1 \cap R_2$、$R_1 \cup R_2$、$R_1 - R_2$ 是 A 上的反自反关系。

证明留给读者。

我们举例说明反自反性、对称性、反对称性、传递性对合成运算均不封闭。

【例 4.4.3】 $A = \{a, b, c\}$，讨论在下列各种情况下 $R \circ S$ 具有的性质。

(1) $R = \{\langle a, b \rangle\}$，$S = \{\langle b, a \rangle\}$，$R$、$S$ 是反自反的。

(2) $R = \{\langle a, b \rangle, \langle b, a \rangle\}$，$S = \{\langle b, c \rangle, \langle c, b \rangle\}$，$R$、$S$ 是对称的。

(3) $R = \{\langle a, b \rangle, \langle b, c \rangle\}$，$S = \{\langle b, b \rangle, \langle c, a \rangle\}$，$R$、$S$ 是反对称的。

(4) $R = \{\langle a, b \rangle, \langle b, c \rangle, \langle a, c \rangle\}$，$S = \{\langle b, a \rangle, \langle b, c \rangle, \langle c, a \rangle\}$，$R$、$S$ 是传递的。

解

(1) $R \circ S = \{\langle a, a \rangle\}$，所以 $R \circ S$ 不是反自反的。

(2) $R \circ S = \{\langle a, c \rangle\}$，所以 $R \circ S$ 不是对称的。

(3) $R \circ S = \{\langle a, b \rangle, \langle b, a \rangle\}$，所以 $R \circ S$ 是对称的。

(4) $R \circ S = \{\langle a, a \rangle, \langle a, c \rangle, \langle b, a \rangle\}$，因为 $\langle b, a \rangle \in R \circ S$，$\langle a, c \rangle \in R \circ S$，但 $\langle b, c \rangle \notin R \circ S$，所以 $R \circ S$ 不是传递的。

4.5 关系的闭包

闭包运算是关系运算中一种比较重要的特殊运算，是对原关系的一种扩充。在实际应用中，有时会遇到这样的问题，给定了的某一关系并不具有某种性质，要使其具有这一性质，就需要对原关系进行扩充，而所进行的扩充又是"最小"的。这种关系的扩充就是对原关系的这一性质的闭包运算。

【定义 4.5.1】 设 R 是非空集合 A 上的关系，如果 A 上有另一个关系 R' 满足：

(1) R' 是自反的(对称的或传递的)；

(2) $R \subseteq R'$；

(3) 对 A 上任何自反的(对称的或传递的)关系 R''，若 $R \subseteq R''$，均有 $R' \subseteq R''$，则称 R' 为 R 的自反(对称或传递)闭包。

一般将 R 的自反闭包记作 $r(R)$，对称闭包记作 $s(R)$，传递闭包记作 $t(R)$。它们分别是具有自反性或对称性或传递性的 R 的"最小"超集合。称 r、s、t 为闭包运算，它们作用于关系 R 后，分别产生包含 R 的、最小的具有自反性、对称性、传递性的二元关系。这三个闭包运算也可由下述定理来构造。

定理 4.5.1 设 R 是集合 A 上的二元关系，那么

(1) $r(R) = I_A \cup R$

(2) $s(R) = R \cup R^{-1}$

(3) $t(R) = \bigcup\limits_{i=1}^{\infty} R^i$

证明

(1) $I_A \cup R$ 自反且 $R \subseteq I_A \cup R$ 是显然的。为证 $I_A \cup R$ 为自反闭包，还需证它的"最小性"。为此，令 R' 自反，且 $R \subseteq R'$，欲证 $I_A \cup R \subseteq R'$。由于 R' 自反，据定理 4.4.1，$I_A \subseteq R'$，连同 $R \subseteq R'$，即得 $I_A \cup R \subseteq R'$。

(2) 本式证明留给读者。

(3) $R \subseteq \bigcup\limits_{i=1}^{\infty} R^i$ 是显然的。

为证 $\bigcup\limits_{i=1}^{\infty} R^i$ 传递，设 $\langle x, y \rangle \in \bigcup\limits_{i=1}^{\infty} R^i$，$\langle y, z \rangle \in \bigcup\limits_{i=1}^{\infty} R^i$，那么有正整数 j, k，使 $\langle x, y \rangle \in R^j$，$\langle y, z \rangle \in R^k$，于是有 $\langle x, z \rangle \in R^j \circ R^k = R^{j+k}$，从而 $\langle x, z \rangle \in \bigcup\limits_{i=1}^{\infty} R^i$，$\bigcup\limits_{i=1}^{\infty} R^i$ 的传递性得证。

最后，令 R' 传递，且 $R \subseteq R'$，需证 $\bigcup\limits_{i=1}^{\infty} R^i \subseteq R'$。为此只要证：对任意正整数 n，$R^n \subseteq R'$。对 n 归纳以证 $R^n \subseteq R'$。

$n=1$ 时显然成立。

设 $R^k \subseteq R'$，欲证 $R^{k+1} \subseteq R'$。为此设 $\langle x, y \rangle \in R^{k+1}$，那么有 u 使 $\langle x, u \rangle \in R^k$，$\langle u, y \rangle \in R$。据归纳假设及题设，知 $\langle x, u \rangle \in R'$，$\langle u, y \rangle \in R'$。但 R' 是传递的，因此 $\langle x, y \rangle \in R'$。$R^{n+1} \subseteq R'$ 证毕，归纳完成。(3)式得证。

证毕

【例 4.5.1】 设 $A=\{1, 2, 3\}$，$R_1=\{\langle 1, 2\rangle, \langle 2, 1\rangle, \langle 1, 3\rangle, \langle 1, 1\rangle\}$，$R_2=\{\langle 1, 2\rangle,$ $\langle 2, 1\rangle\}$，$R_3=\{\langle 1, 2\rangle\}$，求它们的闭包。

解　$r(R_1) = I_A \cup R_1=\{\langle 1, 1\rangle, \langle 2, 2\rangle, \langle 3, 3\rangle, \langle 1, 2\rangle, \langle 2, 1\rangle, \langle 1, 3\rangle\}$

$s(R_1)=R \cup R_1^{-1}=\{\langle 1, 2\rangle, \langle 2, 1\rangle, \langle 1, 3\rangle, \langle 3, 1\rangle, \langle 1, 1\rangle\}$

$t(R_1)=\{\langle 1, 2\rangle, \langle 2, 1\rangle, \langle 1, 1\rangle, \langle 2, 2\rangle, \langle 1, 3\rangle, \langle 2, 3\rangle\}$

$r(R_2)=I_A \cup R_2=\{\langle 1, 1\rangle, \langle 2, 2\rangle, \langle 3, 3\rangle, \langle 1, 2\rangle, \langle 2, 1\rangle\}$

$s(R_2)=R \cup R_2^{-1}=\{\langle 1, 2\rangle, \langle 2, 1\rangle\}=R_2$

$t(R_2)=\{\langle 1, 2\rangle, \langle 2, 1\rangle, \langle 1, 1\rangle, \langle 2, 2\rangle\}$

$r(R_3)=I_A \cup R_3=\{\langle 1, 2\rangle, \langle 1, 1\rangle, \langle 2, 2\rangle, \langle 3, 3\rangle\}$

$s(R_3)=R \cup R_3^{-1}=\{\langle 1, 2\rangle, \langle 2, 1\rangle\}$

$t(R_3)=\{\langle 1, 2\rangle\}=R_3$

【例 4.5.2】 设 R 是集合 $A=\{a, b, c, d\}$ 上的二元关系，$R=\{\langle a, b\rangle, \langle b, a\rangle,$ $\langle b, c\rangle, \langle c, d\rangle\}$。求 R 的闭包：$r(R)$、$s(R)$、$t(R)$，并画出对应的关系图。

解　$r(R)=\{\langle a, b\rangle, \langle b, a\rangle, \langle b, c\rangle, \langle c, d\rangle, \langle a, a\rangle, \langle b, b\rangle, \langle c, c\rangle, \langle d, d\rangle\}$

$s(R)=\{\langle a, b\rangle, \langle b, a\rangle, \langle b, c\rangle, \langle c, d\rangle, \langle c, b\rangle, \langle d, c\rangle\}$

$t(R)=\{\langle a,b\rangle, \langle b,a\rangle, \langle b,c\rangle, \langle c,d\rangle, \langle a,a\rangle, \langle a,c\rangle, \langle b,b\rangle, \langle b,d\rangle, \langle a,d\rangle\}$

其对应的关系图分别如图 4.5.1(a)、(b)、(c)所示。

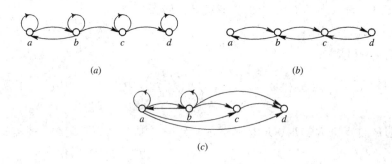

图　4.5.1

从以上讨论可以看出，传递闭包的求取是很复杂的。但是，当集合 A 为有限集时，A 上二元关系的传递闭包的求取便可大大简化。

推论　A 为非空有限集合，$|A|=n$。R 是 A 上的关系，则存在正整数 $k \leqslant n$，使得

$$t(R)=R^+=R \cup R^2 \cup \cdots \cup R^k$$

证明　$R^+ \subseteq t(R)$ 是显然的。

为证 $t(R) \subseteq R^+$，设 $\langle x, y\rangle \in t(R)=\overset{\infty}{\underset{i=1}{\cup}} R^i$。那么可令 i_0 是"使 $\langle x, y\rangle \in R^i$ 的最小 i 值"。现证 $i_0 \leqslant n$。若不然，有 $i_0(>n)$ 个 A 中元素 $u_1, u_2, \cdots, u_{i_0}(=y)$，使得 xRu_1，u_1Ru_2，$\cdots$，$u_{i_0-1}Ry$（因 $\langle x, y\rangle \in R^{i_0}$）。然而 A 中只有 n 个不同元素，因此 i_0 个元素中至少有两个是相同的（鸽巢原理），不妨设 $u_k=u_j$，而 $k<j$，于是由

$$xRu_1, u_1Ru_2, \cdots, u_{k-1}Ru_k, u_jRu_{j+1}, \cdots, u_{i_0-1}Ry$$

可推出 $\langle x, y\rangle \in R^{i_0-(j-k)}$，这与 i_0 的最小性矛盾。故 $i_0 \leqslant n$，进而知 $\langle x, y\rangle \in R^+$，$t(R) \subseteq R^+$ 得证。所以 $t(R)=R^+$。

证毕

下列算法是求取 R^+ 的有效算法。

Warshall（沃夏尔）算法：设 R 为有限集 A 上的二元关系，$|A|=n$，M 为 R 的关系矩阵，可如下求取 R^+ 的关系矩阵 W。

（1）置 W 为 M。

（2）置 $i=1$。

（3）对所有 j，$1 \leqslant j \leqslant n$，做

① 如果 $W[j, i] = 1$，则对每一 $k = 1, 2, \cdots, n$，置 $W[j, k]$ 为 $W[j, k] \vee W[i, k]$，即当第 j 行、第 i 列为 1 时，对第 j 行每个分量重新置值，取其当前值与第 i 行的同列分量之析取。

② 否则对下一 j 值进行①。

（4）置 i 为 $i+1$。

（5）若 $i \leqslant n$，回到步骤（3），否则停止。

【例 4.5.3】 设 $A = \{1, 2, 3, 4\}$，$R = \{\langle 1, 1\rangle, \langle 1, 2\rangle, \langle 2, 3\rangle, \langle 3, 4\rangle, \langle 4, 2\rangle\}$，则
$$R^2 = \{\langle 1, 1\rangle, \langle 1, 2\rangle, \langle 1, 3\rangle, \langle 2, 4\rangle, \langle 3, 2\rangle, \langle 4, 3\rangle\}$$
$$R^3 = \{\langle 1, 1\rangle, \langle 1, 2\rangle, \langle 1, 3\rangle, \langle 1, 4\rangle, \langle 2, 2\rangle, \langle 3, 3\rangle, \langle 4, 4\rangle\}$$
$$R^4 = \{\langle 1, 1\rangle, \langle 1, 2\rangle, \langle 1, 3\rangle, \langle 1, 4\rangle, \langle 2, 3\rangle, \langle 3, 4\rangle, \langle 4, 2\rangle\}$$

因此
$$R^+ = R \cup R^2 \cup R^3 \cup R^4$$
$$= \{\langle 1, 1\rangle, \langle 1, 2\rangle, \langle 1, 3\rangle, \langle 1, 4\rangle, \langle 2, 2\rangle, \langle 2, 3\rangle, \langle 2, 4\rangle,$$
$$\langle 3, 2\rangle, \langle 3, 3\rangle, \langle 3, 4\rangle, \langle 4, 2\rangle, \langle 4, 3\rangle, \langle 4, 4\rangle\}$$

现用 Warshall 算法求取 R^+。

显然，

$$M = \begin{bmatrix} 1 & 1 & 0 & 0 \\ 0 & 0 & 1 & 0 \\ 0 & 0 & 0 & 1 \\ 0 & 1 & 0 & 0 \end{bmatrix}$$

以下使用 Warshall 算法求取 W。

（1）W 以 M 为初值。

（2）当 $i=1$ 时，由于 W 中只有 $W[1, 1]=1$，故需将第一行各元素与其本身作逻辑和，并把结果送第一行。即重新置值为 $W[1, k] \vee W[1, k] = W[1, k]$，但 W 事实上无改变。

（3）当 $i=2$ 时，由于 $W[1, 2]=W[4, 2]=1$，故需将第一行和第四行各分量重新置值为 $W[1, k] \vee W[2, k]$ 和 $W[4, k] \vee W[2, k]$。于是有：

$$W = \begin{bmatrix} 1 & 1 & 1 & 0 \\ 0 & 0 & 1 & 0 \\ 0 & 0 & 0 & 1 \\ 0 & 1 & 1 & 0 \end{bmatrix}$$

（4）当 $i=3$ 时，由于 $W[1, 3]=W[2, 3]=W[4, 3]=1$，故需将第一、二、四行各分量重新置值，分别为 $W[1, k] \vee W[3, k]=W[1, k]$，$W[2, k] \vee W[3, k]=W[2, k]$，$W[4, k] \vee W[3, k]=W[3, k]$。于是有：

$$W = \begin{bmatrix} 1 & 1 & 1 & 1 \\ 0 & 0 & 1 & 1 \\ 0 & 0 & 0 & 1 \\ 0 & 1 & 1 & 1 \end{bmatrix}$$

(5) 当 $i = 4$ 时，由于 $W[1,4] = W[2,4] = W[3,4] = W[4,4] = 1$，故需将第一、二、三、四行各分量重新置值，分别为 $W[1,k] \vee W[4,k] = W[1,k]$，$W[2,k] \vee W[4,k] = W[2,k]$，$W[3,k] \vee W[4,k] = W[3,k]$，$W[4,k] \vee W[4,k] = W[4,k]$。最终 W 为

$$W = \begin{bmatrix} 1 & 1 & 1 & 1 \\ 0 & 1 & 1 & 1 \\ 0 & 1 & 1 & 1 \\ 0 & 1 & 1 & 1 \end{bmatrix}$$

故　　　$R^+ = \{\langle 1,1 \rangle, \langle 1,2 \rangle, \langle 1,3 \rangle, \langle 1,4 \rangle, \langle 2,2 \rangle, \langle 2,3 \rangle, \langle 2,4 \rangle, \langle 3,2 \rangle,$
　　　　　　$\langle 3,3 \rangle, \langle 3,4 \rangle, \langle 4,2 \rangle, \langle 4,3 \rangle, \langle 4,4 \rangle\}$

下面几个定理给出了闭包的主要性质。

定理 4.5.2　设 R 是集合 A 上任一关系，那么

(1) R 自反当且仅当 $R = r(R)$。

(2) R 对称当且仅当 $R = s(R)$。

(3) R 传递当且仅当 $R = t(R)$。

证明　(1)、(3)的证明留给读者，现证(2)。(2)的充分性由 $s(R)$ 定义立得。

为证必要性，设 R 对称，那么 $R = R^{-1}$（据定理 4.4.1）。

另一方面，$s(R) = R \cup R^{-1} = R \cup R = R$，故 $s(R) = R$。　　　　　　证毕

定理 4.5.3　对非空集合 A 上的关系 R_1、R_2，若 $R_1 \subseteq R_2$，则

(1) $r(R_1) \subseteq r(R_2)$

(2) $s(R_1) \subseteq s(R_2)$

(3) $t(R_1) \subseteq t(R_2)$

证明　(1)和(2)的证明留作练习，下面仅证明(3)。

因为 $t(R_2)$ 传递，且 $t(R_2) \supseteq R_2$，但 $R_1 \subseteq R_2$，故 $t(R_2) \supseteq R_1$。

因 $t(R_1)$ 是包含 R_1 的最小传递关系，所以 $t(R_1) \subseteq t(R_2)$。　　　　　证毕

定理 4.5.4　对非空集合 A 上的关系 R_1、R_2，则

(1) $r(R_1) \cup r(R_2) = r(R_1 \cup R_2)$

(2) $s(R_1) \cup s(R_2) = s(R_1 \cup R_2)$

(3) $t(R_1) \cup t(R_2) \subseteq t(R_1 \cup R_2)$

证明　(1)和(2)的证明留作练习，下面仅证明(3)。

因为 $R_1 \cup R_2 \supseteq R_1$，由定理 4.5.3 知

$$t(R_1 \cup R_2) \supseteq t(R_1)$$

同理　　　　　　　　　　$t(R_1 \cup R_2) \supseteq t(R_2)$

所以　　　　　　　　　　$t(R_1 \cup R_2) \supseteq t(R_1) \cup t(R_2)$　　　　　　　证毕

定理 4.5.5　设 R 是集合 A 上任意二元关系，则

(1) 如果 R 是自反的，那么 $s(R)$ 和 $t(R)$ 都是自反的。

(2) 如果 R 是对称的，那么 $r(R)$ 和 $t(R)$ 都是对称的。

(3) 如果 R 是传递的，那么 $r(R)$ 是传递的。

证明

(1)显然。

(2) 由于 $r(R)^{-1}=(I_A\bigcup R)^{-1}=I_A^{-1}\bigcup R^{-1}=I_A\bigcup R=r(R)$，故 $r(R)$ 是对称的。

另外，由于对任意自然数 n，$(R^n)^{-1}=(R^{-1})^n$（据定理 4.3.4），又由于 R 对称，故 $(R^n)^{-1}=R^n$。因此，对任意 $\langle x,y\rangle\in t(R)$，总有 i 使 $\langle x,y\rangle\in R^i$，从而 $\langle y,x\rangle\in(R^i)^{-1}=R^i$，即 $\langle y,x\rangle\in t(R)$。故 $t(R)$ 对称。

(3) 证明留给读者。请注意，R 传递并不保证 $s(R)$ 传递。例如，$R=\{\langle a,b\rangle\}$ 是传递的，但是 $s(R)=\{\langle a,b\rangle,\langle b,a\rangle\}$ 却不是传递的。 证毕

定理 4.5.6 设 R 为集合 A 上的任一二元关系，那么

(1) $rs(R)=sr(R)$

(2) $rt(R)=tr(R)$

(3) $st(R)\subseteq ts(R)$

证明

(1) $sr(R)=s(I_A\bigcup R)=I_A\bigcup R\bigcup(I_A\bigcup R)^{-1}$
$$=I_A\bigcup R\bigcup R^{-1}=I_A\bigcup s(R)=rs(R)$$

(2) 易证 $(I_A\bigcup R)^n=I_A\bigcup\bigcup_{i=1}^{\infty}R^i$ 对一切正整数 n 均成立（见本章习题 24），于是

$$tr(R)=t(I_A\bigcup R)=\bigcup_{i=1}^{\infty}(I_A\bigcup R)^i$$

$$=\bigcup_{i=1}^{\infty}(I_A\bigcup\bigcup_{j=1}^{\infty}R^j)$$

$$=I_A\bigcup\bigcup_{i=1}^{\infty}R^i$$

$$=I_A\bigcup t(R)=rt(R)$$

(3) 由定理 4.5.3 可知，任一闭包运算 Δ 和任意二元关系 R_1、R_2，如果 $R_1\subseteq R_2$，那么 $\Delta(R_1)\subseteq\Delta(R_2)$；又据闭包定义，对任意二元关系 R 有 $R\subseteq s(R)$，故 $t(R)\subseteq ts(R)$，$st(R)\subseteq sts(R)$。由于 $ts(R)$ 是对称的（据定理 4.5.5），由定理 4.5.2 知 $sts(R)=ts(R)$。于是可得到

$$st(R)\subseteq ts(R)$$
证毕

注意 (3)式中符号 $\subseteq$ 不能用等号 $=$ 代替。例如，$R=\{\langle 1,2\rangle\}$ 时，$st(R)=\{\langle 1,2\rangle,\langle 2,1\rangle\}$，而 $ts(R)=\{\langle 1,2\rangle,\langle 2,1\rangle,\langle 1,1\rangle,\langle 2,2\rangle\}$，$st(R)\ne ts(R)$。

【例 4.5.4】 设 R 是集合 X 上的二元关系，$X=\{a,b,c\}$，$R=\{\langle a,b\rangle,\langle b,c\rangle\}$。求 $st(R)$ 和 $ts(R)$，并画出关系图。

解 $t(R)=\{\langle a,b\rangle,\langle b,c\rangle,\langle a,c\rangle\}$

$st(R)=\{\langle a,b\rangle,\langle b,c\rangle,\langle a,c\rangle,\langle b,a\rangle,\langle c,b\rangle,\langle c,a\rangle\}$

$s(R)=\{\langle a,b\rangle,\langle b,c\rangle,\langle b,a\rangle,\langle c,b\rangle\}$

$ts(R)=\{\langle a,b\rangle,\langle b,c\rangle,\langle b,a\rangle,\langle c,b\rangle,\langle a,c\rangle,\langle a,a\rangle,\langle b,b\rangle,\langle c,a\rangle,\langle c,c\rangle\}$

$st(R)$ 和 $ts(R)$ 的关系图分别如图 4.5.2(a)、(b)所示。

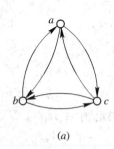
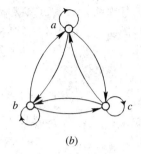

(a) (b)

图　4.5.2

4.6　等价关系和划分

本节的目的就是要研究可用以对集合中元素进行分类的一种重要二元关系——等价关系。

定义 4.6.1　设 R 是非空集合 A 上的二元关系，如果 R 是自反的、对称的和传递的，则称 R 为 A 上的等价关系(equivalent relation)。

【例 4.6.1】

(1) 人类集合中的"同龄"、"同乡"关系都是等价关系。

(2) 三角形集合的相似关系、全等关系都是等价关系。

(3) 住校学生的"同寝室关系"是等价关系。

(4) 命题公式间的逻辑等价关系是等价关系。

(5) 对任意集合 A，A 上的恒等关系 I_A 和全域关系 $A \times A$ 是等价关系。

【例 4.6.2】　设 $A=\{1,2,3,4\}$ 且 $R=\{\langle 1,1 \rangle, \langle 1,2 \rangle, \langle 2,1 \rangle, \langle 2,2 \rangle, \langle 3,4 \rangle,$ $\langle 4,3 \rangle, \langle 3,3 \rangle, \langle 4,4 \rangle\}$。我们易证 R 是一个等价关系。

【例 4.6.3】　整数集合 $\mathbf{I}$ 中的二元关系 $R=\{\langle x,y \rangle \mid m \mid (x-y), m \in \mathbf{I}_+\}$，其中"$\mid$"表示整除关系，证明 R 是等价关系。

证明

(1) $\forall x \in \mathbf{I}$，因为 $x-x=0$，所以 $m \mid (x-x)$，因此 $\langle x,x \rangle \in R$，$R$ 是自反的。

(2) $\forall x,y \in \mathbf{I}$，设 $\langle x,y \rangle \in R$，则 $m \mid (x-y)$，即

$$\frac{x-y}{m}=k \in \mathbf{I}$$

由于

$$\frac{y-x}{m}=-\frac{x-y}{m}=-k \in \mathbf{I}$$

故 $\langle y,x \rangle \in R$，所以 R 是对称的。

(3) $\forall x,y,z \in \mathbf{I}$，设 $\langle x,y \rangle \in R$ 且 $\langle y,z \rangle \in R$，则

$$\frac{x-y}{m}=k \in \mathbf{I} \qquad \frac{y-z}{m}=l \in \mathbf{I}$$

因而

$$\frac{x-z}{m}=\frac{x-y+y-z}{m}=k+l \in \mathbf{I}$$

故$\langle x, z \rangle \in R$，所以 R 是传递的。

因此，R 是一个等价关系。 证毕

注意到 $\dfrac{x-y}{m}=k \in \mathbf{I}$，即 $x=km+y$，说明 x 与 y 除以 m 的余数是一样的。所以这个关系又称为 x 与 y 的模 m 同余关系，x 与 y 的模 m 相等关系。模 m 相等关系用符号 "$\equiv_m$" 表示。

注意 这里 A 集合可取整数集合 $\mathbf{I}$ 的任何子集，m 可以是任意的正整数。

定义 4.6.2 设 R 为集合 A 上的等价关系。对每一 $a \in A$，令 A 中所有与 a 等价的元素构成的集合记为 $[a]_R$，即形式化为

$$[a]_R = \{x \mid x \in A \wedge xRa\}$$

称 $[a]_R$ 为 a 的关于 R 所生成的等价类（equivalent class），简称 a 的等价类，简单地记为 $[a]$，a 称为 $[a]_R$ 的代表元素。

【例 4.6.4】 设 R 是 $X=\{0, 1, 2, 3, 4\}$ 上的二元等价关系，$R=\{\langle x, y \rangle \mid x, y \in X$ 且 $(x-y)/2$ 是整数$\}$。

(1) 给出关系矩阵；

(2) 画出关系图；

(3) 求出等价类。

解

(1) R 的关系矩阵为

$$\boldsymbol{M}_R = \begin{bmatrix} 1 & 0 & 1 & 0 & 1 \\ 0 & 1 & 0 & 1 & 0 \\ 1 & 0 & 1 & 0 & 1 \\ 0 & 1 & 0 & 1 & 0 \\ 1 & 0 & 1 & 0 & 1 \end{bmatrix}$$

(2) R 的关系图如图 4.6.1 所示。

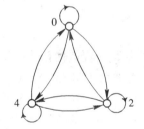

图 4.6.1

(3) $\qquad [0]_R = [2]_R = [4]_R = \{0, 2, 4\}$

$\qquad\qquad [1]_R = [3]_R = \{1, 3\}$

从上述关系图可看出，等价类是关系图中互不相连的各个部分的顶点组成。

【例 4.6.5】 若在例 4.6.2 中取 $m=4$，即设 R 为整数集上的 $\equiv_4$ 关系，它有四个不同的等价类：

$$[0] = \{\cdots, -12, -8, -4, 0, 4, 8, 12, \cdots\} = \{x \mid 4 \text{ 整除 } x\}$$

$$[1] = \{\cdots, -11, -7, -3, 1, 5, 9, 13, \cdots\} = \{x \mid 4 \text{ 除 } x \text{ 余 } 1\}$$

$$[2] = \{\cdots, -10, -6, -2, 2, 6, 10, 14, \cdots\} = \{x \mid 4 \text{ 除 } x \text{ 余 } 2\}$$

$$[3] = \{\cdots, -9, -5, -1, 3, 7, 11, 15, \cdots\} = \{x \mid 4 \text{ 除 } x \text{ 余 } 3\}$$

下面几个定理介绍等价类的性质。

定理 4.6.1 设 R 是非空集合 A 上的等价关系。

(1) 对任意的 $a \in A$，$[a]_R \neq \varnothing$，且 $[a]_R \subseteq A$，$[a]_R$ 是 A 的非空子集。

(2) $\bigcup\{[a] \mid a \in A\} = A$（$\bigcup S$ 表示集合 S 中的元素做并运算所构成的集合）。

证明

(1) 对任意的 $a \in A$，因为 R 自反，aRa，所以恒有 $a \in [a]_R$。

(2) 先证 $\bigcup\{[a] \mid a \in A\} \subseteq A$。任取 x，有

$$x \in \bigcup\{[a] \mid a \in A\} \Rightarrow \exists y(y \in A \wedge x \in [y])$$
$$\Rightarrow x \in A \qquad (因为[y] \subseteq A)$$

从而有 $\bigcup\{[a] \mid a \in A\} \subseteq A$。

再证 $A \subseteq \bigcup\{[a] \mid a \in A\}$。任取 x，有

$$x \in A \Rightarrow x \in [x] \wedge x \in A$$
$$\Rightarrow x \in \bigcup\{[a] \mid a \in A\}$$

所以 $A \subseteq \bigcup\{[a] \mid a \in A\}$ 成立。

因此 $\bigcup\{[a] \mid a \in A\} = A$。   证毕

定理 4.6.2　设 R 是集合 A 上的等价关系，那么，对任意 $a, b \in A$，有

$$aRb \text{ 当且仅当} [a]_R = [b]_R$$

证明　设 aRb。为证 $[a]_R \subseteq [b]_R$，又设 $x \in [a]_R$，那么 xRa。又据 aRb 及 R 的传递性，有 xRb，从而 $x \in [b]_R$。$[a]_R \subseteq [b]_R$ 得证。

同理可证 $[b] \subseteq [a]$。于是 $[b] = [a]$ 得证。

反之，设 $[a]_R = [b]_R$。由于 $a \in [a]_R$，故 $a \in [b]_R$，因而 aRb。   证毕

定理 4.6.3　设 R 是集合 A 上的等价关系，那么，对任意 $a, b \in A$，或者 $[a]_R = [b]_R$，或者 $[a]_R \cap [b]_R = \varnothing$。

证明　设 $[a]_R \cap [b]_R \neq \varnothing$，那么有 $x \in [a]_R \cap [b]_R$，从而有 xRa，xRb。据 R 的对称性又有 aRx，xRb。再用 R 的传递性，得 aRb。由定理 4.6.2 知 $[a]_R = [b]_R$。   证毕

由定理 4.6.2、定理 4.6.3 知，对任何集合 A 上的等价关系 R，有

$$对任何 a, b \in A, aRb \Leftrightarrow [a]_R = [b]_R \Leftrightarrow [a]_R \cap [b]_R \neq \varnothing$$

关于等价类有下面十分显然的事实：

(1) 对任何集合 A，I_A 有 $|A|$ 个不同的等价类，每个等价类都是单元素集。

(2) 对任何集合 A，$A \times A$ 只有一个等价类为 A（即每个元素的等价类全为 A）。

(3) 同一等价类可以有不同的表示元素，或者说，不同的元素可能有相同的等价类。

定义 4.6.3　当非空集合 A 的子集族 $\pi(\pi \subseteq P(A))$ 满足下列条件时称为 A 的一个划分 (partitions)：

(1) 对任意 $B \in \pi$，$B \neq \varnothing$，

(2) 对任意 $B \in \pi$，$B \subseteq A$，

(3) $\bigcup\pi = A$（其中 $\bigcup\pi$ 表示 π 中元素的并）

(4) 对任意 $B, B' \in \pi$，$B \neq B'$ 时，$B \cap B' = \varnothing$，

则称 π 中元素为划分的划分块。

【例 4.6.6】　设 $A = \{0, 1, 2, 3, 4\}$，则

$$\pi_1 = \{\{1, 3\}, \{0, 2, 4\}\}$$
$$\pi_2 = \{\{0, 1, 3\}, \{2, 4\}\}$$
$$\pi_3 = \{\{3\}, \{0, 1, 2, 4\}\}$$

$$\pi_4 = \{\{0,1,2,3,4\}\}$$

均为 A 的划分，且 π_1 中的元素恰是例 4.6.3 的等价类。

定理 4.6.4 设 R 为集合 A 上的等价关系，那么 R 对应的 A 的划分是 $\{[x]_R \mid x \in A\}$。该定理的证明留作练习。

定理 4.6.5 设 π 是集合 A 的一个划分，则如下定义的关系 R 为 A 上的等价关系：
$$R = \{\langle x, y \rangle \mid \exists B(B \in \pi \wedge x \in B \wedge y \in B)\}$$

称 R 为 π 对应的等价关系。

证明是极为容易的，请读者自己完成。

定理 4.6.6 设 π 是集合 A 的划分，R 是 A 上的等价关系，那么，对应 π 的等价关系为 R，当且仅当 R 对应的划分为 π。

证明 $A = \varnothing$ 时，只有 $\varnothing$ 划分和等价关系 $\varnothing$，结论显然成立。下文设 $A \neq \varnothing$。

先证必要性。设对应 π 的等价关系为 R，R 对应的划分为 π'，欲证 $\pi = \pi'$。为此对任一元素 $a \in A$，设 B，B' 分别是 π，π' 中含 a 的单元。那么，对 A 中任一元素 b，有
$$b \in B \Leftrightarrow aRb \quad (R \text{ 是对应的等价关系})$$
$$\Leftrightarrow b \in [a]_R$$
$$\Leftrightarrow b \in B' \quad (\pi' \text{ 是 } R \text{ 对应的划分})$$

这就是说 $B = B'$。由于 a 是 A 中任意元素，故可断定 $\pi = \pi'$。

再证充分性。设 R 对应的划分为 π，π 对应的等价关系为 R'，欲证 $R = R'$。为此考虑对 A 中任意元素 a，b，有
$$aRb \Leftrightarrow b \in [a]_R$$
$$\Leftrightarrow \exists B(B \in \pi \wedge [a]_R = B \wedge b \in B) \quad (\pi \text{ 为 } R \text{ 对应的划分})$$
$$\Leftrightarrow \exists B(B \in \pi \wedge a \in B \wedge b \in B)$$
$$\Leftrightarrow aR'b \quad (R' \text{ 为 } \pi \text{ 对应的等价关系})$$

故 $R = R'$。   证毕

【例 4.6.7】 设 A 是一个集合且 $|A| = 4$，则 A 上共有多少种不同的等价关系？

解 本题利用划分与等价关系的一一对应，用划分求等价关系，具体求解见表 4.6.1。

表 **4.6.1**

$4=1+1+1+1$	$4=1+3$	$4=2+2$	$4=4$	$4=1+1+2$
1 种	C_4^1 种	$\frac{1}{2}C_4^2$ 种	1 种	C_4^2 种

合计：$1 + C_4^1 + \frac{1}{2}C_4^2 + 1 + C_4^2 = 1 + 4 + 9 + 1 = 15$ 种。

定义 4.6.4 设 R 为集合 A 上的等价关系，那么称 A 的划分 $\{[a]_R \mid a \in A\}$ 为 A 关于 R 的商集（quotient sets），记为 A/R。

【例 4.6.8】 设关系 R 是例 4.6.2 中定义的，计算 A/R。

解 从该例子中，我们有

$$[1]_R = \{1, 2\} = [2]_R, [3]_R = \{3, 4\} = [4]_R$$

所以
$$A/R = \{\{1, 2\}, \{3, 4\}\}$$

【例 4.6.9】 在例 4.6.3 中的等价关系中，取 $m = 2$。求 A/R。

解 $[0] = \{\cdots, -6, -4, -2, 0, 2, 4, 6, 8, \cdots\}$，即由偶整数组成，因为它们整除 2 的余数是 0。$[1] = \{\cdots, -5, -3, -1, 1, 3, 5, 7, \cdots\}$，即由奇整数组成，因为它们整除 2 的余数是 1。因此 A/R 是由偶整数集合和奇整数集合组成的集合。

由上面两个例子我们可归纳出对有穷集合 A 如何求 A/R 的步骤：

(1) 从集合 A 中任意选一个元素 a，并计算 a 所在的等价类 $[a]$。

(2) 如果 $[a] \neq A$，选另一个元素 b，$b \in A$ 且 $b \notin [a]$，计算 $[b]$。

(3) 如果 A 不与上面计算的所有等价类的并相等，则在 A 中选不在这些等价类中的元素 x 且计算 $[x]$。

(4) 重复 (3) 直到集合 A 与所有等价类的并相等，则结束。

定义 4.6.5 设 π_1，π_2 为集合的两个划分。称 π_1 细分 π_2，如果 π_1 的每一划分块都包含于 π_2 的某个划分块。π_1 细分 π_2 表示为 $\pi_1 \leqslant \pi_2$。$\pi_1 \leqslant \pi_2$ 且 $\pi_1 \neq \pi_2$，则表示为 $\pi_1 < \pi_2$，读作 π_1 真细分于 π_2。

【例 4.6.10】 当 $A = \{a, b, c, d\}$ 时，$\pi_1 = \{\{a, b\}, \{c\}, \{d\}\}$ 细分 $\pi_2 = \{\{a, b, c\}, \{d\}\}$，$\pi_3 = \{\{a\}, \{b\}, \{c\}, \{d\}\}$ 细分所有划分。而所有划分均细分 $\pi_4 = \{\{a, b, c, d\}\}$。并且，$\pi_1$ 真细分 π_2，π_3 真细分 π_1。

定理 4.6.7 设 R_1，R_2 为集合 A 上的等价关系，π_1，π_2 分别是 R_1，R_2 所对应的划分，那么

$$R_1 \subseteq R_2 \text{ 当且仅当 } \pi_1 \leqslant \pi_2$$

证明 当 $A = \varnothing$ 时命题显然真。以下设 $A \neq \varnothing$。

先证必要性。设 $R_1 \subseteq R_2$，B_1 为 π_1 中任一划分块，令 $B_1 = [a]_{R_1}$，$a \in A$。考虑 $[a]_{R_2} = B_2 \in \pi_2$。对任一 $b \in B_1$，即 $b \in [a]_{R_1}$，有 bR_1a，从而有 bR_2a（因 $R_1 \subseteq R_2$），故 $b \in [a]_{R_2} = B_2$。这就是说 $B_1 \subseteq B_2$，因而 $\pi_1 \leqslant \pi_2$。

再证充分性。设 $\pi_1 \leqslant \pi_2$，对任意 x，y，若 xR_1y，那么有 π_1 中划分块 $B_1 = [x]_{R_1}$，使 x，$y \in B_1$。由于 $\pi_1 \leqslant \pi_2$，故有 π_2 中划分块 B_2，使 $B_1 \subseteq B_2$，从而 x，$y \in B_2$，即 x，y 属同一个 R_2 等价类，因此 xR_2y。至此我们证得 $R_1 \subseteq R_2$。 证毕

本定理表明，越"小"（含有较少序偶）的等价关系对应越细的划分，反之亦然。很明白，最小的等价关系是相等关系，它对应于最细的划分（每一划分块恰含一个元素），最大的等价关系是全关系，它对应于最粗的划分（只有一个划分块）。

4.7 序 关 系

序关系是关系的一大类型，它们的共同点是都具有传递性，因此可根据这一特性比较集合中各元素的先后顺序。事物之间的次序常常是事物群体的重要特征，决定事物之间次

序的还是事物间的关系。本节的目的则是要研究可用以对集合中元素进行排序的关系——序关系。其中很重要的一类关系称作偏序关系。偏序的作用是用来排序(称偏序是因为 A 上的所有元素不一定都能按此关系排序,所以又称为半序、部分序)。

定义 4.7.1 设 R 是非空集合 A 上的二元关系,如果 R 是自反、反对称、传递的,称 R 为 A 上的偏序关系(partial ordered relations),记作 ≤。如果集合 A 上有偏序关系 R,则称 A 为偏序集(ordered sets),用序偶 $\langle A, R \rangle$ 表示之。若 $\langle x, y \rangle \in \leqslant$,常记作 $x \leqslant y$,读作"x 小于或等于 y",说明 x 在偏序上排在 y 的前面或者相同。

为简明起见,我们用记号"≤"表示一般的偏序关系,从而 $\langle A, \leqslant \rangle$ 表示一般的偏序集。

注意 这里的"小于或等于"不是指数的大小,而是指在偏序关系中的顺序性。x 小于或等于 y 的含义是:按照这个序,x 排在 y 的前边或者 x 就是 y。根据不同偏序的定义,对偏序有着不同的解释。例如,正整数集合上的整除关系"|"为一偏序关系,$\langle \mathbf{I}_+, | \rangle$ 为一偏序集,2|4(通常写为 2≤4)的含义是 2 整除 4,2 在整除关系上排在 4 的前面,也就是说 2 比 4 小。

【例 4.7.1】

(1) 设 A 是集合 S 的子集为元素所构成的集合,包含关系"⊆"是 A 上的一个偏序关系,因此 $\langle A, \subseteq \rangle$ 是一个偏序集。

(2) 实数集 **R** 上的"≤"即小于等于关系为一偏序关系,$\langle \mathbf{R}, \leqslant \rangle$ 表示偏序集。实数集 **R** 上的"≥"即大于等于关系也是偏序关系,$\langle \mathbf{R}, \geqslant \rangle$ 也表示一个偏序集。7≥6,可以写作 7 ≤6,理解为在大于等于偏序关系中,7 排在 6 的前面,或说 7 比 6 大。

定义 4.7.2 设 R 为非空集合 A 上的偏序关系,

(1) $\forall x, y \in A$,若 $x \leqslant y$ 或 $y \leqslant x$,则称 x 与 y 可比。

(2) $\forall x, y \in A$,若 $x \leqslant y$ 且 $x \neq y$,则称 $x < y$,读作 x 小于 y。这里所说的小于是指在偏序中 x 排在 y 的前边。

由上面的定义可知,在具有偏序关系 ≤ 的集合 A 中任取两个元素 x 和 y,可能有下述几种情况发生:

$x < y$(或 $y < x$),$x = y$,x 与 y 不是可比的。

例如,实数集合上的小于等于关系是偏序关系且任意两个数均是可比的。而正整数上的整除关系也是偏序关系,但不是任意两个数都可比,如 2 与 3 不可比,因为 2 不能整除 3。

我们可对偏序关系的关系图作简化。由于偏序关系自反,各结点处均有环,约定全部略去。由于偏序关系反对称且传递,关系图中任何两个不同结点之间不可能有相互到达的边或通路,因此可约定边的向上方向为箭头方向,省略全部箭头。最后由于偏序关系具有传递性,我们还可将由传递关系可推定的边也省去。经过这种简化的具有偏序关系的关系图称为哈斯(Hasse)图。哈斯图既表示一个偏序关系,又表示一个偏序集。

【例 4.7.2】 表示集合 $\langle a, b \rangle$ 的幂集 $P(\langle a, b \rangle)$ 上的子集包含关系的关系图,可如图 4.7.1 作简化。

为了说明哈斯图的画法,首先定义"覆盖"的性质。

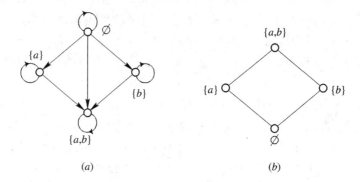

图 4.7.1

(a) $\langle P(\{a, b\}), \subseteq\rangle$的关系图；(b) $\langle P(\{a, b\}), \subseteq\rangle$的 Hasse 图

定义 4.7.3　设偏序集$\langle A, \leqslant\rangle$，如果 $x, y\in A$，$x\leqslant y$，$x\neq y$，且不存在元素 $z\in A$，使得 $x\leqslant z$ 且 $z\leqslant y$，则称 y 覆盖 x。A 上的覆盖关系 cov A 定义为

$$\text{cov } A = \{\langle x, y\rangle | x\in A \land y\in A \land y\ \text{盖住}\ x\}$$

【例 4.7.3】　设 A 是正整数 $m=12$ 的因子的集合，并设$\leqslant$为整除的关系，求 cov A。

解　cov $A = \{\langle 1, 2\rangle, \langle 1, 3\rangle, \langle 2, 4\rangle, \langle 2, 6\rangle, \langle 3, 6\rangle, \langle 4, 12\rangle, \langle 6, 12\rangle\}$

【例 4.7.4】　在例 4.7.2 中，cov $P(\{a, b\}) = \{\langle\varnothing, \{a\}\rangle, \langle\varnothing, \{b\}\rangle, \langle\{a\}, \{a, b\}\rangle,$
$\langle\{b\}, \{a, b\}\rangle\}$。

对于给定的偏序集$\langle A, \leqslant\rangle$，它的覆盖关系是唯一的，所以可用覆盖的性质画出偏序集合图，又称为哈斯图，其作图法为：

(1) 以"。"表示元素；

(2) 若 $x\prec y$，则 y 画在 x 的上层；

(3) 若 y 覆盖 x，则连线；

(4) 不可比的元素，可画在同一层。

【例 4.7.5】　画出下面几个偏序集的哈斯图：

(1) $\langle S_8, |\rangle$，其中 S_8 表示 8 的所有因子作元素构成的集合。

(2) $\langle\{2, 3, 6, 12, 24, 36\}, |\rangle$，其中"|"是集合上的数之间的整除关系。

(3) $\langle S_{30}, |\rangle$，其中 S_{30} 表示 30 的所有因子作元素构成的集合。

解　先分别求出其覆盖。

(1) $S_8 = \{1, 2, 4, 8\}$

　　cov$\{S_8\} = \{\langle 1, 2\rangle, \langle 2, 4\rangle, \langle 4, 8\rangle\}$

(2) cov$\{2, 3, 6, 12, 24, 36\} = \{\langle 2, 6\rangle, \langle 3, 6\rangle, \langle 6, 12\rangle, \langle 12, 24\rangle, \langle 12, 36\rangle\}$

(3) $S_{30} = \{1, 2, 3, 5, 6, 10, 15, 30\}$

　　cov $S_{30} = \{\langle 1, 2\rangle, \langle 1, 3\rangle, \langle 1, 5\rangle\langle 2, 6\rangle, \langle 2, 10\rangle\langle 3, 6\rangle, \langle 3, 15\rangle,$

　　　　　　　　$\langle 5, 10\rangle, \langle 5, 15\rangle, \langle 6, 30\rangle, \langle 10, 30\rangle, \langle 15, 30\rangle\}$

画出其哈斯图，如图 4.7.2 所示，图 (a)、(b)、(c) 分别表示上述各偏序集。

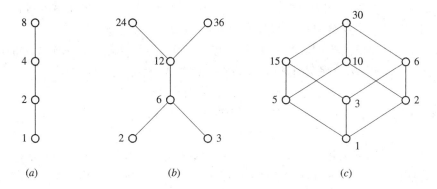

(a) (b) (c)

图 4.7.2

【例 4.7.6】 由图 4.7.3 所示的哈斯图，写出对应的偏序关系、关系矩阵。

解 $A = \{a, b, c, d, e\}$

偏序关系 $\leqslant = \{\langle a, a \rangle, \langle b, b \rangle, \langle c, c \rangle, \langle d, d \rangle, \langle e, e \rangle, \langle c, a \rangle, \langle c, b \rangle, \langle d, c \rangle,$
       $\langle d, a \rangle, \langle d, b \rangle\}$

关系矩阵 $\boldsymbol{M} = \begin{bmatrix} 1 & 0 & 0 & 0 & 0 \\ 0 & 1 & 0 & 0 & 0 \\ 1 & 1 & 1 & 0 & 0 \\ 1 & 1 & 1 & 1 & 0 \\ 0 & 0 & 0 & 0 & 1 \end{bmatrix}$

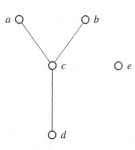

偏序集中链和反链的概念是十分重要的。

定义 4.7.4 设偏序集 $\langle A, \leqslant \rangle$，$B \subseteq A$。

(1) 如果对任意的 $x, y \in B$，x 和 y 都是可比的，则称 B 为 A 上的链(chain)，B 中元素个数称为链的长度。

图 4.7.3

(2) 如果对任意的 $x, y \in B$，x 和 y 都不是可比的，则称 B 为 A 上的反链(antichain)，B 中元素个数称为反链的长度。

我们约定，若 A 的子集只有单个元素，则这个子集既是链又是反链。

【例 4.7.7】 图 4.7.4 中的哈斯图表示一偏序集，举例说明链及反链。

解 在图 4.7.4 所示的哈斯图中：

长度为 5 的链有 $\{a, c, e, h, m\}$，$\{a, b, e, i, n\}$ 等。

长度为 4 的链有 $\{b, d, g, m\}$，$\{c, e, h, k\}$，$\{c, d, f, j\}$ 等。

长度为 3 的链有 $\{b, e, i\}$，$\{f, d, c\}$，$\{n, i, e\}$ 等。

长度为 2 的链有 $\{d, f\}$，$\{m, h\}$ 等。

长度为 1 的链有 $\{m\}$，$\{n\}$ 等。

长度为 4 的反链有 $\{f, g, h, i\}$ 和 $\{n, m, k, j\}$。

长度为 3 的反链有 $\{j, k, i\}$，$\{f, g, e\}$，$\{d, h, i\}$ 等。

长度为 2 的反链有 $\{d, e\}$，$\{b, c\}$，$\{g, h\}$，$\{f, e\}$ 等。

长度为 1 的反链有 $\{a\}$，$\{e\}$ 等。

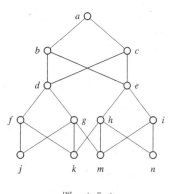

图 4.7.4

从例题 4.7.7 的哈斯图上可看出，在每个链中总可从最高结点出发沿着覆盖方向遍历该链中所有结点。每个反链中任意两个结点间均无连线。

定义 4.7.5 设偏序集 $\langle A, \leqslant \rangle$，如果 A 是一个链，则称 $\leqslant$ 为 A 上的全序关系，或称线序关系，并称 $\langle A, \leqslant \rangle$ 为全序集（totally ordered）。

全序集 $\langle A, \leqslant \rangle$ 意味着对任意 x，$y \in A$，或者有 $x \leqslant y$ 或者有 $y \leqslant x$ 成立。

例如，实数集合上的小于等于关系是偏序关系且任意两个数均是可比的，所以也是全序关系。

利用偏序关系可对有序集合中元素进行比较或排序。在哈斯图中，各元素都处在不同的层次上，有的元素的位置特殊，它们是偏序集合中的特殊元素，了解这些元素有助于我们对偏序集合进行深入分析。

定义 4.7.6 设 $\langle A, \leqslant \rangle$ 为偏序集，$B \subseteq A$。

（1）如果 $b \in B$ 且对每一 $x \in B$，$b \leqslant x$，称 b 为 B 的最小元（least element），即

$$b \text{ 为 } B \text{ 的最小元} \Leftrightarrow b \in B \wedge \forall x(x \in B \rightarrow b \leqslant x)$$

（2）如果 $b \in B$，并且对每一 $x \in B$，$x \leqslant b$，称 b 为 B 的最大元（greatest element），即

$$b \text{ 为 } B \text{ 的最大元} \Leftrightarrow b \in B \wedge \forall x(x \in B \rightarrow x \leqslant b)$$

（3）如果 $b \in B$，并且没有 $x \in B$，$x \neq b$，使得 $x \leqslant b$，称 b 为 B 的极小元（minimal element），即

$$b \text{ 为 } B \text{ 的极小元} \Leftrightarrow b \in B \wedge \neg \exists x(x \in B \wedge x \neq b \wedge x \leqslant b)$$

（4）如果 $b \in B$，并且没有 $x \in B$，$x \neq b$，使得 $b \leqslant x$，称 b 为 B 的极大元（maximal element），即

$$b \text{ 为 } B \text{ 的极大元} \Leftrightarrow b \in B \wedge \neg \exists x(x \in B \wedge x \neq b \wedge b \leqslant x)$$

从以上定义可以看出，最小元与极小元是不一样的。最小元是 B 中最小的元素，它与 B 中其他元素都可比；而极小元不一定与 B 中元素都可比，只要没有比它更小的元素，它就是极小元，同理，最大元是 B 中最大的元素，它与 B 中其他元素都可比；而极大元不一定与 B 中元素都可比，只要没有比它更大的元素，它就是极大元。

【例 4.7.8】 偏序集 $\langle \{1, 2, 3, 4, 5, 6, 7, 8\}, \leqslant \rangle$，由图 4.7.5 所示哈斯图给出。

（1）$B = \{1, 2, 3, 5\}$

B 的最大元为 5。

B 的极大元为 5。

B 的最小元为 1。

B 的极小元也为 1。

（2）$B = \{2, 3, 4, 5, 6, 7\}$

B 无最大元和最小元。

B 的极大元是 6，7，极小元是 2，3。

（3）$B = \{4, 5, 8\}$

B 的最大元是 8，无最小元。

B 的极大元为 8，极小元为 4，5。

（4）$B = \{4, 5\}$

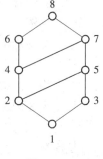

图 4.7.5

B 无最大元，也无最小元。

B 的极大元是 4，5，极小元也是 4，5。

从例 4.7.8 中可知，最大元、最小元未必存在，若存在则必唯一。极大元、极小元虽存在，但却不唯一，它们之间不可比，并处在子集哈斯图的同一层次上，极大元在最高层，极小元在最低层。关于这些，有下面的定理。

定理 4.7.1 设 $\langle A, \leqslant \rangle$ 为偏序集，$B \subseteq A$。

(1) 若 b 为 B 的最大(最小)元，则 b 为 B 的极大(极小)元。

(2) 若 B 有最大(最小)元，则 B 的最大(最小)元唯一。

(3) 若 B 为有限集，则 B 的极大元、极小元恒存在。

证明

(1) 由定义可得。

(2) 设 b_1，b_2 为 B 的最大(最小)元，那么 $b_1 \leqslant b_2$ 且 $b_2 \leqslant b_1$。由 $\leqslant$ 的反对称性即得 $b_1 = b_2$。所以 B 的最大(最小)元若存在，则唯一。

(3) 设 $B = \{b_1, b_2, \cdots, b_n\}$，对 n 进行归纳。

当 $n = 1$ 时，B 中仅有一个元素，它既是极大元，也是极小元。当 $n = 2$ 时，设 $B = \{b_1, b_2\}$。那么，$b_1 \leqslant b_2$ 时 b_1 为极小元，b_2 为极大元；$b_2 \leqslant b_1$ 时 b_2 为极小元，b_1 为极大元；$\neg b_1 \leqslant b_2$ 且 $\neg b_2 \leqslant b_1$ 时，b_1，b_2 同为极大元，也同为极小元。

设 $n = k$ 时命题为真。若 $n = k+1$，$B = \{b_1, b_2, \cdots, b_k, b_{k+1}\}$。据归纳假设，$\{b_1, b_2, \cdots, b_k\}$ 有极大元 b_i，极小元 b_j。考虑 $\{b_i, b_{k+1}\}$，若 $b_i \leqslant b_{k+1}$，b_{k+1} 显然是 B 的极大元；若 $b_{k+1} \leqslant b_i$，或两者不可比较，则 b_i 是 B 的极大元。同理可证，b_j 或 b_{k+1} 是 B 的极小元。

归纳完成，(3)得证。 **证毕**

【例 4.7.9】 在例 4.7.5 中的(3)题中设子集 $B = \{15, 5, 6\}$，则子集 B 的极大元是 15，6；极小元是 5，6；无最大元；也无最小元。

在例 4.7.6 中，A 的极大元是 a，b，e；A 的极小元是 d，e；A 无最大元；也无最小元。

定理 4.7.2(偏序集的分解定理) 设 $\langle A, \leqslant \rangle$ 为一有限的偏序集，且 A 中最长链的长度为 n，则将 A 中元素分成不相交的反链，反链个数至少是 n。即 A 有一划分，使划分有 n 个划分块，且每个划分块为一反链。

证明 对 n 进行归纳。

当 $n = 1$ 时，A 中没有任何两个不同元素有 $\leqslant$ 关系，因此 A 本身既为一链，又为一反链，因此划分 $\{A\}$ 即满足要求。

设 $n = k$ 时命题成立。现令 $n = k+1$。

设 M 为 A 中所有极大元素的集合。由于 A 为有限集，因此 M 必为一非空的反链(极大元之间是不可比较的)。考虑有序集 $\langle A - M, \leqslant \rangle$，它不可能有长度为 n 的链(否则 A 中链的长度将超过 n，关于这一点请读者思考)，因而 $\langle A - M, \leqslant \rangle$ 中最长链的长度应当为 $n - 1 = k$。据归纳假设，$A - M$ 有 k 个划分块的划分，且每个划分块为一反链。这 k 个反链连同反链 M，恰构成 A 的 $k+1$ 个划分块组成的划分。所以归纳完成。 **证毕**

定理 4.7.3 设 $\langle A, \leqslant \rangle$ 为一偏序集，$|A| = mn+1$，那么，A 中或者存在一条长度为 $m+1$ 的反链，或者存在一条长度为 $n+1$ 的链。

证明 若 A 中链的长度不超过 n，那么据定理 4.7.2，A 中必有长度为 $m+1$ 个划分块

的反链，否则 $|A| \leqslant mn$。

证毕

定义 4.7.7　设 $\langle A, \leqslant \rangle$ 为偏序集，$B \subseteq A$。

（1）如果 $a \in A$，且对每一 $x \in B$，$x \leqslant a$，则称 a 为 B 的上界（upper bound），即

$$a \text{ 为 } B \text{ 的上界} \Leftrightarrow a \in A \wedge \forall x (x \in B \rightarrow x \leqslant a)$$

（2）如果 $a \in A$，且对每一 $x \in B$，$a \leqslant x$，则称 a 为 B 的下界（lower bound），即

$$a \text{ 为 } B \text{ 的下界} \Leftrightarrow a \in A \wedge \forall x (x \in B \rightarrow a \leqslant x)$$

（3）如果 C 是 B 的所有上界的集合，即 $C = \{y \mid y \text{ 是 } B \text{ 的上界}\}$，则 C 的最小元 a 称为 B 的最小上界或上确界（least upper bound）。

（4）如果 C 是 B 的所有下界的集合，即 $C = \{y \mid y \text{ 是 } B \text{ 的下界}\}$，则 C 的最大元 a 称为 B 的最大下界或下确界（greatest lower bound）。

从以上定义可知，B 的最小元一定是 B 的下界，同时也是 B 的最大下界。同样地，B 的最大元一定是 B 的上界，同时也是 B 的最小上界。但反过来不一定正确，B 的下界不一定是 B 的最小元，因为它可能不是 B 中的元素。同样地，B 的上界也不一定是 B 的最大元。

【例 4.7.10】　设偏序集 $\langle A, \leqslant \rangle$ 如图 4.7.4 所示，考虑集合 $B = \{d, e\}$，它有上界 a，b，c 但无最小上界；它有下界 k，m 等，但没有最大下界。当 $B = \{f, g, h, i\}$ 时，它有上界 a，b，c 等，无最小上界；它没有下界和最大下界。

再设偏序集 $\langle A, \leqslant \rangle$ 如图 4.7.5 所示。

（1）当 $B = \{2, 3, 4, 5, 7\}$ 时，B 有上界 7，8，下界 1；最小上界 7，最大下界 1。

（2）当 $B = \{2, 5, 4, 6\}$ 时，B 有上界 8，下界 2，1；最小上界 8，最大下界 2。

定理 4.7.4　设 $\langle A, \leqslant \rangle$ 为偏序集，$B \subseteq A$。

（1）若 b 为 B 的最大元（最小元），则 b 必为 B 的最小上界（最大下界）。

（2）若 b 为 B 的上（下）界，且 $b \in B$，则 b 必为 B 的最大元（最小元）。

（3）如果 B 有最大下界（最小上界），则最大下界（最小上界）唯一。

证明略。

注意　上、下界未必存在，存在时又未必唯一。即使在有上界、下界时，最小上界和最大下界也未必存在。

定义 4.7.8　设 $\langle A, \leqslant \rangle$ 为偏序集，如果 A 的任何非空子集都有最小元，则称 $\leqslant$ 为良序关系（well founded relation），称 $\langle A, \leqslant \rangle$ 为良序集（well ordered set）。

【例 4.7.11】　设 $\mathbf{I}_n = \{1, 2, \cdots\}$ 及 $\mathbf{N} = \{1, 2, 3, \cdots\}$，对于小于等于关系来说是良序集合，即 $\langle \mathbf{I}_n, \leqslant \rangle$ 是良序集合。

定理 4.7.5　一个良序集一定是全序集。

证明　设 $\langle A, \leqslant \rangle$ 为良序集合，则对任意两个元素 x，$y \in A$ 可构成子集 $\{x, y\}$，必存在最小元素，这个最小元素不是 x 就是 y，因此一定有 $x \leqslant y$ 或 $y \leqslant x$。所以 $\langle A, \leqslant \rangle$ 为全序集合。

定理 4.7.6　一个有限的全序集一定是良序集。

证明　设 $A = \{a_1, a_2, \cdots, a_n\}$，令 $\langle A, \leqslant \rangle$ 是全序集合。

用反证法，假定 $\langle A, \leqslant \rangle$ 不是良序集合，则必存在一个非空子集 $B \subseteq A$，在 B 中不存在

最小元素，由于 B 是一个有限集合，故一定可以找出两个元素 x 与 y 是无关的，由于 $\langle A, \leqslant \rangle$ 是全序集，$x, y \in A$，所以 x, y 必有关系，得出矛盾，故 $\langle A, \leqslant \rangle$ 必是良序集合。

证毕

上述结论对于无限的全序集合不一定成立。

例如，大于 0 小于 1 的全部实数，按大小次序关系是一个全序集合，但不是良序集合，因为集合本身就不存在最小元素。

定理 4.7.8（良序定理） 任意的集合都是可以良序化的。

4.8 函数的定义和性质

函数概念是最基本的数学概念之一，也是最重要的数学工具。初中数学中函数定义为"对自变量每一确定值都有一确定的值与之对应"的因变量；高中数学中函数又被定义为两集合元素之间的映射。现在，我们要把后一个定义作进一步的深化，用一个特殊关系来具体规定这一映射，称这个特殊关系为函数，因为关系是一个集合，从而又将函数作为集合来研究。离散结构之间的函数关系在计算机科学研究中也已显示出极其重要的意义。我们在讨论函数的一般特征时，总把注意力集中在离散结构之间的函数关系上，但这并不意味着这些讨论不适用于其他函数关系。

定义 4.8.1 设 X, Y 为集合，如果 f 为 X 到 Y 的关系（$f \subseteq X \times Y$），且对每一 $x \in X$，都有唯一的 $y \in Y$，使 $\langle x, y \rangle \in f$，称 f 为 X 到 Y 的函数（functions），记为 $f: X \to Y$。当 $X = X_1 \times X_2 \times \cdots \times X_n$ 时，称 f 为 n 元函数。函数也称映射（mapping）。

换言之，函数是特殊的关系，它满足

(1) 函数的定义域是 X，而不能是 X 的某个真子集。

(2) 若 $\langle x, y \rangle \in f$，$\langle x, y' \rangle \in f$，则 $y = y'$（单值性）。

由于函数的第二个特性，人们常把 $\langle x, y \rangle \in f$ 或 $x f y$ 这两种关系表示形式，在 f 为函数时改为 $y = f(x)$。这时称 x 为自变元，y 为函数在 x 处的值；也称 y 为 x 的像点，x 为 y 的源点。一个源点只能有唯一的像点，但不同的源点允许有共同的像点。注意，函数的上述表示形式不适用于一般关系。（因为一般关系不具有单值性。）

从定义可知函数是作为关系定义的，并不限于实数。如计算机系统中的输入、输出就可以看作一个函数，每输入一组数据，得到唯一的结果。

【例 4.8.1】 设 $A = \{a, b\}$，$B = \{1, 2, 3\}$，判断下列集合是否是 A 到 B 的函数。

$F_1 = \{\langle a, 1 \rangle, \langle b, 2 \rangle\}$，$F_2 = \{\langle a, 1 \rangle, \langle b, 1 \rangle\}$，$F_3 = \{\langle a, 1 \rangle, \langle a, 2 \rangle\}$，$F_4 = \{\langle a, 3 \rangle\}$

解 F_1，F_2 是函数，F_3，F_4 不是函数，但若不强调是 A 到 B 的函数，则 F_4 是函数，其定义域为 $\{a\}$。

【例 4.8.2】 下列关系中哪些能构成函数？

(1) $\{\langle x, y \rangle \mid x, y \in \mathbf{N}, x + y < 10\}$

(2) $\{\langle x, y \rangle \mid x, y \in \mathbf{N}, x + y = 10\}$

(3) $\{\langle x, y \rangle \mid x, y \in \mathbf{R}, |x| = y\}$

(4) $\{\langle x, y\rangle \mid x, y \in \mathbf{R}, x = |y|\}$

(5) $\{\langle x, y\rangle \mid x, y \in \mathbf{N}, |x| = |y|\}$

解 只有(3)能构成函数。

由于函数归结为关系，因而函数的表示及运算可归结为集合的表示及运算，函数的相等的概念、包含概念，也便归结为关系相等的概念及包含概念。

定义 4.8.2 设 $f: A \rightarrow B$，$g: C \rightarrow D$，如果 $A = C$，$B = D$，且对每一 $x \in A$，有 $f(x) = g(x)$，称函数 f 等于 g，记为 $f = g$。如果 $A \subseteq C$，$B = D$，且对每一 $x \in A$，有 $f(x) = g(x)$，称函数 f 包含于 g，记为 $f \subseteq g$。

事实上，当不强调函数是定义在哪个集合上的时候，由于函数是序偶的集合(特殊的关系)，所以 $f = g$ 的充分必要条件是 $f \subseteq g$ 且 $g \subseteq f$。

【例 4.8.3】 设 $A = \{a, b\}$，$B = \{1, 2, 3\}$。由 $A \rightarrow B$ 能生成多少个不同的函数？由 $B \rightarrow A$ 能生成多少个不同的函数？

解 设 $f_i: A \rightarrow B(i=1,2,\cdots,9)$，$g_i: B \rightarrow A(i=1,2,\cdots,8)$。

$f_1 = \{\langle a, 1\rangle, \langle b, 1\rangle\}$ $g_1 = \{\langle 1, a\rangle, \langle 2, a\rangle, \langle 3, a\rangle\}$

$f_2 = \{\langle a, 1\rangle, \langle b, 2\rangle\}$ $g_2 = \{\langle 1, a\rangle, \langle 2, a\rangle, \langle 3, b\rangle\}$

$f_3 = \{\langle a, 1\rangle, \langle b, 3\rangle\}$ $g_3 = \{\langle 1, a\rangle, \langle 2, b\rangle, \langle 3, a\rangle\}$

$f_4 = \{\langle a, 2\rangle, \langle b, 1\rangle\}$ $g_4 = \{\langle 1, a\rangle, \langle 2, b\rangle, \langle 3, b\rangle\}$

$f_5 = \{\langle a, 2\rangle, \langle b, 2\rangle\}$ $g_5 = \{\langle 1, b\rangle, \langle 2, a\rangle, \langle 3, a\rangle\}$

$f_6 = \{\langle a, 2\rangle, \langle b, 3\rangle\}$ $g_6 = \{\langle 1, a\rangle, \langle 2, a\rangle, \langle 3, b\rangle\}$

$f_7 = \{\langle a, 3\rangle, \langle b, 1\rangle\}$ $g_7 = \{\langle 1, b\rangle, \langle 2, a\rangle, \langle 3, b\rangle\}$

$f_8 = \{\langle a, 3\rangle, \langle b, 2\rangle\}$ $g_8 = \{\langle 1, b\rangle, \langle 2, b\rangle, \langle 3, b\rangle\}$

$f_9 = \{\langle a, 3\rangle, \langle b, 3\rangle\}$

我们有下面的定理：

定理 4.8.1 设 $|A| = m$，$|B| = n$，那么 $\{f \mid f: A \rightarrow B\}$ 的基数为 n^m，即共有 n^m 个 A 到 B 的函数。

证明 设 $A = \{a_1, a_2, \cdots, a_m\}$，$B = \{b_1, b_2, \cdots, b_n\}$，那么每一个 $f: A \rightarrow B$ 由一张如下的表来规定：

a	a_1	a_2	$\cdots$	a_m
$f(a)$	b_{i1}	b_{i2}	$\cdots$	b_{im}

表中，$b_{i1}, b_{i2}, \cdots, b_{im}$ 为取自 $b_1, b_2, \cdots, b_n$ 的允许元素重复的排列，这种排列总数为 n^m 个。因此，上述形式的表恰有 n^m 张，恰对应全部 n^m 个 A 到 B 的函数。   **证毕**

由于上述缘故，当 A, B 是有穷集合时，我们以 B^A 记所有 A 到 B 的全体函数的集合：

$$B^A = \{f \mid f: A \rightarrow B\}$$

则 $|B^A| = |B|^{|A|}$。

特别地 A^A 表示 A 上函数的全体。目前在计算机科学中，也用 $A \rightarrow B$ 替代 B^A。

例 4.8.3 中，$B^A = \{f_1, f_2, \cdots, f_9\}$，$|B^A| = 9$，$A^B = \{g_1, g_2, \cdots, g_8\}$，$|A^B| = 8$。

该定理当 X 或 Y 中至少有一个集合是空集时，可分成下面两种情况：

(1) 当 $X=\varnothing$ 时，X 到 Y 的空关系为一函数，称为空函数，即 $Y^X=\varnothing^\varnothing=\{\varnothing\}$。

(2) 当 $X\neq\varnothing$ 且 $Y=\varnothing$ 时，X 到 Y 的空关系不是一个函数，即 $Y^X=\varnothing^X=\varnothing$。

关于函数有下列术语和记号。

定义 4.8.3 设 $f\colon X\to Y$，$A\subseteq X$，称 $f(A)$ 为 A 的像(image)，定义为
$$f(A)=\{y\mid \exists x(x\in A\wedge y=f(x))\}$$

显然，此时 f 为 X 到 Y 的函数，且 $f(\varnothing)=\varnothing$，$f(X)=\mathrm{Ran}(f)$，此时 $f(X)$ 称为函数的像，$f(\{x\})=\{f(x)\}(x\in A)$。

在这里请注意区别函数值和像两个不同的概念。函数值 $f(x)\in Y$，而像 $f(A)\subseteq Y$。

关于像有下列性质。

定理 4.8.2 设 $f\colon X\to Y$，对任意 $A\subseteq X$，$B\subseteq X$，有

(1) $f(A\bigcup B)=f(A)\bigcup f(B)$

(2) $f(A\bigcap B)\subseteq f(A)\bigcap f(B)$

(3) $f(A)-f(B)\subseteq f(A-B)$

证明

(1) 对任一 $y\in Y$，有
$$
\begin{aligned}
y\in f(A\bigcup B)&\Leftrightarrow \exists x(x\in A\bigcup B\wedge y=f(x))\\
&\Leftrightarrow \exists x((x\in A\wedge y=f(x))\vee(x\in B\wedge y=f(x)))\\
&\Leftrightarrow \exists x(x\in A\wedge y=f(x))\vee \exists x(x\in B\wedge y=f(x))\\
&\Leftrightarrow y\in f(A)\vee y\in f(B)\\
&\Leftrightarrow y\in f(A)\bigcup f(B)
\end{aligned}
$$

因此 $f(A\bigcup B)=f(A)\bigcup f(B)$。

(2)、(3)的证明请读者完成。注意，(2)、(3)中的包含符号不能用等号代替。我们举例说明。　　　　　　　　　　　　　　　　　　　　　　　　　　　　　　证毕

【**例 4.8.4**】 设 $X=\{a,b,c,d\}$，$Y=\{1,2,3,4,5\}$，$f\colon X\to Y$，如图 4.8.1 所示。那么，

$f(\{a\})=\{2\}$

$f(\{b\})=\{2\}$

$f(\{a\})\bigcap f(\{b\})=\{2\}$

$f(\{a\})-f(\{b\})=\varnothing$

$f(\{a\}\bigcap\{b\})=f(\varnothing)=\varnothing$

$f(\{a\}-\{b\})=f(\{a\})=\{2\}$

$f(\{a\}\bigcap\{b\})\subset f(\{a\})\bigcap f(\{b\})$

$f(\{a\})-f(\{b\})\subset f(\{a\}-\{b\})$

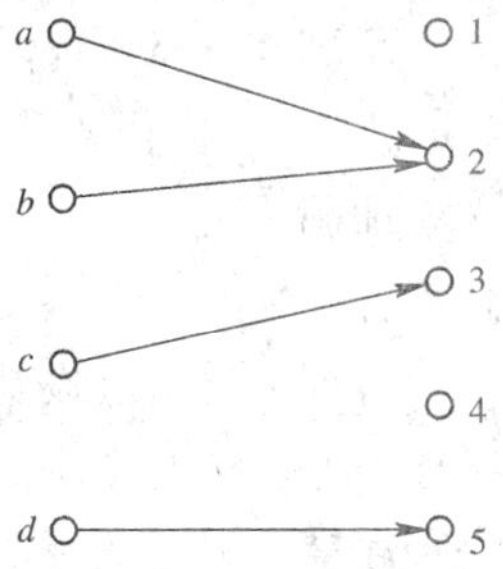

图 4.8.1

注意 $f(A)=\{f(x)\mid x\in A\}$ 的写法是不适当的，因为这意味着 $f(x)\in f(A)\Leftrightarrow x\in A$，但它是与 $f(A)$ 的定义不相符的，由 $f(x)\in f(A)$ 并不能确定 $x\in A$。上例中 $f(b)=2\in f(\{a\})$，但 $b\notin\{a\}$。

下面讨论函数的性质。

定义 4.8.4 给定函数 $f\colon X\to Y$，

（1）如果函数 f 的值域 Ran $f=Y$，则称 f：$X \rightarrow Y$ 为满射函数（surjection），满射函数也称映上的函数。

（2）对于任意 x_1，$x_2 \in X$，若 $x_1 \neq x_2 \Rightarrow f(x_1) \neq f(x_2)$，或者 $f(x_1) = f(x_2) \Rightarrow x_1 = x_2$，则称 f 为单射函数（injection），单射函数也称一对一的函数。

（3）f：$X \rightarrow Y$。如果它既是映满的映射，又是一对一的映射，则称 f 为双射函数（bijection），双射函数也称一一对应。

由定义不难看出，如果 f：$X \rightarrow Y$ 是满射的，则对于任意的 $y \in Y$，都存在 $x \in X$，使得 $y = f(x)$；如果 f：$X \rightarrow Y$ 是单射的，则对于任意的 $y \in$ Ran f，都存在唯一的 $x \in X$，使得 $y = f(x)$。

图 4.8.2 说明了这三类函数之间的关系。注意，既非单射又非满射的函数是大量存在的。

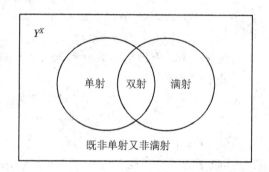

图 4.8.2

【例 4.8.5】 对于给定的 f 和集合 A，请判断 f 的性质；并求 A 在 f 下的像 $f(A)$。

（1）f：$\mathbf{R} \rightarrow \mathbf{R}$，$f(x) = x$，$A = \{8\}$

（2）f：$\mathbf{N} \rightarrow \mathbf{N} \times \mathbf{N}$，$f(x) = \langle x, x+1 \rangle$，$A = \{2, 5\}$

（3）f：$\mathbf{Z} \rightarrow \mathbf{N}$，$f(x) = |x|$，$A = \{-1, 2\}$

（4）f：$S \rightarrow \mathbf{R}$，$f(x) = \dfrac{1}{x+1}$，$S = [0, +\infty)$，$A = [0, 7)$

解

（1）f 是双射，$f(A) = f(\{8\}) = \{8\}$

（2）f 是单射，$f(A) = f(\{2, 5\}) = \{\langle 2, 3 \rangle, \langle 5, 6 \rangle\}$

（3）f 是满射，$f(A) = f(\{-1, 2\}) = \{1, 2\}$

（4）f 是单射，$f(A) = f([0, 7)) = (1/8, 1]$

定理 4.8.3 设 A，B 是有穷集合，$|A| = |B|$，则 f：$A \rightarrow B$ 是单射的充分必要条件是 f 是满射。

证明 先证必要性。设 f 是单射，则 $|A| = |f(A)| = |B|$。因为 $f(A) \subseteq B$，而 B 是有穷集合，所以 $f(A) = B$，故 f 是满射。

再证充分性。设 f 是满射，则 $f(A) = B$。于是 $|A| = |f(A)| = |B|$。又因为 A 是有穷集合，所以 f 是单射。 **证毕**

注意 对于无限集合，该定理不成立。如设 f：$\mathbf{Z} \rightarrow \mathbf{Z}$，$f(x) = 2x$，显然 f 是单射但不是满射。

下面定义一些常用的函数。

定义 4.8.5

（1）设 f：$X \rightarrow Y$，如果存在 $c \in Y$，使得对所有的 $x \in X$ 都有 $f(x) = c$，则称 f：$X \rightarrow Y$ 是常函数。

（2）任意集合 A 上的恒等关系 I_A 为一函数，常称为恒等函数，因为对任意 $x \in A$ 都有

$I_A(x)=x$。

(3) 设 $\langle X, \leqslant\rangle$，$\langle Y, \leqslant\rangle$ 为偏序集，$f: X \rightarrow Y$，如果对任意的 $x_1, x_2 \in X$，$x_1 \prec x_2$，就有 $f(x_1) \leqslant f(x_2)$，则称 f 为单调递增的；如果对任意的 $x_1, x_2 \in X$，$x_1 \prec x_2$，就有 $f(x_1) \prec f(x_2)$，则称 f 为严格单调递增的。类似地，也可以定义单调递减的和严格单调递减的函数。

(4) 设 A 为集合，对于任意的 $A' \subseteq A$，A' 的特征函数 $\chi_{A'}: A \rightarrow \{0,1\}$ 定义为

$$\chi_{A'} = \begin{cases} 1 & a \in A' \\ 0 & a \in A-A' \end{cases}$$

(5) 设 R 是 A 上的等价关系，令

$$g: A \rightarrow A/R$$

$\forall a \in A$，$g(a)=[a]$，其中 $[a]$ 是由 a 生成的等价类，则称 g 是从 A 到商集 A/R 的自然映射。

我们都很熟悉实数集合 $\mathbf{R}$ 上的函数 $f: \mathbf{R} \rightarrow \mathbf{R}$，$f(x)=x+1$，它是单调递增的和严格单调递增的，但它只是上面定义中的单调函数的特例。而在上面的定义中，单调函数可以定义于一般的偏序集合上。

【例 4.8.6】 给定偏序集 $\langle P(\{a, b\}), R_{\subseteq}\rangle$，$\langle\{0,1\}, \leqslant\rangle$，其中 $R_{\subseteq}$ 为集合的包含关系，$\leqslant$ 为一般的小于或等于关系。令 $f: P(\{a, b\}) \rightarrow \{0,1\}$，$f(\varnothing)=f(\{a\})=f(\{b\})=0$，$f(\{a, b\})=1$，则 f 是单调递增的，但不是严格单调递增的。

关于集合的特征函数：设 A 为集合，不难证明，A 的每一个子集 A' 都对应于一个特征函数，不同的子集则对应于不同的特征函数。而自然映射 g 给定集合 A 和 A 上的等价关系 R，就可以确定一个自然映射 $g: A \rightarrow A/R$。

【例 4.8.7】 设 $A=\{1,2,3,4\}$，$R=\{\langle 1,2\rangle, \langle 2,1\rangle\} \bigcup I_A$，求自然映射：$g_1: A \rightarrow A/E_A$，$g_2: A \rightarrow A/R$。

解　　　　$g_1(1)=g_1(2)=g_1(3)=g_1(4)=A$

$g_2(1)=g_2(2)=\{1,2\}$，$g_2(3)=\{3\}$，$g_2(4)=\{4\}$

注意到，$A/E_A=\{\{1,2,3,4\}\}=\{A\}$，$A/R=\{\{1,2\},\{3\},\{4\}\}$，所以自然映射都是满射且只有等价关系取 I_A 时是双射。

双射函数无疑是最为重要的一类函数。作为例子，我们介绍一种常见的双射函数——置换。特别地若 A 是有穷集合，f 是 A 到 A 的单射函数，则必是双射，我们称之为置换。

定义 4.8.6　设 A 为有限集，$p: A \rightarrow A$ 为一单射函数，那么称 p 为 A 上的置换（permutations）。当 $|A|=n$ 时，称 p 为 n 次置换。

置换常用一种特别的形式来表示。设 $A=\{a_1, a_2, \cdots, a_n\}$，那么

$$p = \begin{bmatrix} a_1 & a_2 & \cdots & a_n \\ a_{i1} & a_{i2} & \cdots & a_{in} \end{bmatrix}$$

表示一个 A 上的 n 次置换，它满足

$$p(a_j)=a_{ij}$$

A 上的恒等函数显然为一置换，称为幺置换，用 i 表示。

4.9 函数的复合和反函数

函数既然是一种关系，因此可以仿照关系的复合对函数进行复合运算。

定理 4.9.1 设 $f: X \to Y$，$g: Y \to Z$，那么合成关系 $f \circ g$ 为 X 到 Z 的函数。

证明 首先证明 $\mathrm{Dom}(f \circ g) = X$。对任一 $x \in X$，有 $y \in Y$，使 $\langle x, y \rangle \in f$；对这一 y，有 $z \in Z$，使得 $\langle y, z \rangle \in g$，因此 $\langle x, z \rangle \in f \circ g$。故 $x \in \mathrm{Dom}(f \circ g)$。$\mathrm{Dom}(f \circ g) = X$ 得证。

再证 $f \circ g$ 的单值性。设对任意 $x \in X$ 有 z_1, z_2，使 $\langle x, z_1 \rangle \in f \circ g$，$\langle x, z_2 \rangle \in f \circ g$，那么有 y_1, y_2，使 $\langle x, y_1 \rangle \in f$，$\langle y_1, z_1 \rangle \in g$，$\langle x, y_2 \rangle \in f$，$\langle y_2, z_2 \rangle \in g$。由于 f 为函数，知 $y_1 = y_2$；又因 g 为函数，得知 $z_1 = z_2$。$f \circ g$ 为 X 到 Z 的函数得证。 **证毕**

我们注意到，$\langle x, z \rangle \in f \circ g$ 是指有 y 使 $\langle x, y \rangle \in f$，$\langle y, z \rangle \in g$，即 $y = f(x)$，$z = g(y) = g(f(x))$，因而

$$f \circ g(x) = g(f(x))$$

这就是说，当 f，g 为函数时，它们的合成作用于自变量的次序刚好与合成的原始记号的顺序相反。

我们约定，函数合成时，只有当两个函数中一个的定义域与另一个的值域相同时，它们的合成才有意义。

【例 4.9.1】 设 $A = \{x_1, x_2, x_3, x_4\}$，$B = \{y_1, y_2, y_3, y_4, y_5\}$，$C = \{z_1, z_2, z_3\}$。

$f: A \to B$，$f = \{\langle x_1, y_2 \rangle, \langle x_2, y_1 \rangle, \langle x_3, y_3 \rangle, \langle x_4, y_5 \rangle\}$

$g: B \to C$，$g = \{\langle y_1, z_1 \rangle, \langle y_2, z_2 \rangle, \langle y_3, z_3 \rangle, \langle y_4, z_3 \rangle, \langle y_5, z_2 \rangle\}$

求 $f \circ g$。

解 $\qquad f \circ g = \{\langle x_1, z_2 \rangle, \langle x_2, z_1 \rangle, \langle x_3, z_3 \rangle, \langle x_4, z_2 \rangle\}$

用关系图图示 $f \circ g$，其中 ——→ 表示 $f \circ g$，见图 4.9.1。

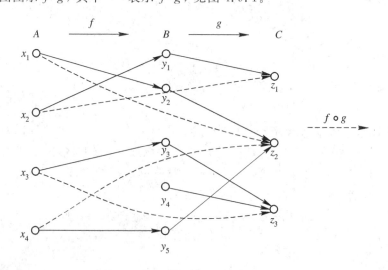

图 4.9.1

【例 4.9.2】 设 f，g 均为实函数，$f(x) = 2x + 1$，$g(x) = x^2 + 1$，求 $f \circ g$，$g \circ f$，$f \circ f$，$g \circ g$。

解
$$f \circ g(x) = g(f(x)) = (2x+1)^2 + 1 = 4x^2 + 4x + 2$$
$$g \circ f(x) = f(g(x)) = 2(x^2+1) + 1 = 2x^2 + 3$$
$$f \circ f(x) = f(f(x)) = 2(2x+1) + 1 = 4x + 3$$
$$g \circ g(x) = g(g(x)) = (x^2+1)^2 + 1 = x^4 + 2x^2 + 2$$

所以
$$f \circ g = \{\langle x, 4x^2 + 4x + 2 \rangle\}$$
$$g \circ f = \{\langle x, 2x^2 + 3 \rangle\}$$
$$f \circ f = \{\langle x, 4x + 3 \rangle\}$$
$$g \circ g = \{\langle x, x^4 + 2x^2 + 2 \rangle\}$$

同关系的复合运算一样，函数的复合运算不满足交换律，但满足结合律，有

推论 函数的复合运算满足结合律，即 $f \circ (g \circ h) = (f \circ g) \circ h$。

证明 因对任意 $x \in \mathrm{Dom}(f)$，有
$$f \circ (g \circ h)(x) = (g \circ h)(f(x))$$
$$= h(g(f(x)))$$
$$= h((f \circ g)(x))$$
$$= (f \circ g) \circ h(x) \qquad\qquad \text{证毕}$$

由于函数的合成满足结合律，n 个函数 f 的合成可记为 f^n，常称为 f 的 n 次迭代。显然
$$\begin{cases} f^0(x) = x \\ f^{n+1}(x) = f(f^n(x)) \end{cases}$$

【例 4.9.3】

(1) 设 f 为 $\mathbf{N}$ 上的后继函数，即 $f(x) = x+1$，那么 $f^y(x) = x+y$。这表明，当把复合运算强化地运用于变元(合成次数)，它就成为一种有力的构造新函数的手段。

(2) 设 $f: X \to X$，$X = \{a, b, c\}$。若 $f(a) = a$，$f(b) = b$，$f(c) = c$，那么 $f^2 = f$。这时称 f 是等幂的。

函数复合的下列性质也是明显的。

定理 4.9.2 设 $f: X \to Y$，则
$$f \circ I_y = I_x \circ f = f$$

关于单射的、满射的和双射的函数有下列性质。

定理 4.9.3 设函数 $f: X \to Y$，$g: Y \to Z$，那么

(1) 如果 f 和 g 是单射的，则 $f \circ g$ 也是单射的。

(2) 如果 f 和 g 是满射的，则 $f \circ g$ 也是满射的。

(3) 如果 f 和 g 是双射的，则 $f \circ g$ 也是双射的。

证明

(1) 设 $x_1, x_2 \in X$，$x_1 \neq x_2$，由于 f 为单射，故有
$$y_1 \neq y_2 \in Y \quad \text{且} \quad y_1 = f(x_1) \neq y_2 = f(x_2)$$
又因为 g 也是单射，所以有
$$z_1 \neq z_2 \in Z \quad \text{且} \quad z_1 = g(y_1) \neq z_2 = g(y_2) \Rightarrow g(f(x_1)) \neq g(f(x_2))$$
即
$$f \circ g(x_1) \neq f \circ g(x_2)$$
$f \circ g$ 是单射得证。

（2）为证 $f \circ g$ 为满射，设 z 为 Z 中任一元素。由于 g 为满射，因而至少有一 $y \in Y$ 使 $g(y)=z$。对于这一 y，由于 f 为满射，又必有 $x \in X$ 使 $y=f(x)$。于是我们找到 x，使 $g(f(x))=z$，即 $f \circ g(x)=z$。$f \circ g$ 是满射得证。

（3）由（1）、（2）立得。 证毕

注意 定理说明复合运算保持了原来函数的单射、满射、双射的性质。但本定理之逆是不完全成立的。图 4.9.2(a) 中 $f \circ g$ 是单射，但 g 并非单射；图 4.9.2(b) 中 $f \circ g$ 为满射，但 f 不是满射。

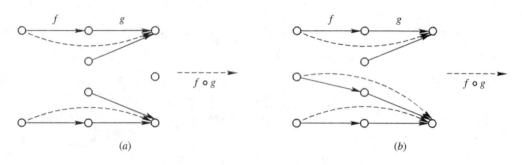

图 4.9.2

定理 4.9.4 设 $f: X \rightarrow Y$，$g: Y \rightarrow Z$，那么

（1）如果 $f \circ g$ 是单射，则 f 是单射函数。

（2）如果 $f \circ g$ 是满射，则 g 是满射函数。

（3）如果 $f \circ g$ 是双射，则 f 是单射函数，g 是满射函数。

证明

（1）设 $f \circ g$ 是单射，而 f 并非单射。那么有 $x_1, x_2 \in X$，$x_1 \neq x_2$，使 $f(x_1)=f(x_2)$，从而

$$f \circ g(x_1)=g(f(x_1))=g(f(x_2))=f \circ g(x_2)$$

与 $g \circ f$ 为单射矛盾。因此 f 为单射。

（2）、（3）的证明留给读者。 证毕

由于习惯上把置换的复合写得与一般函数复合次序相同，因而置换的复合的书写与关系复合的书写次序一致。显然，对任一集合 A 上的任一置换 p，有

$$p \circ i = i \circ p = p$$

【例 4.9.4】 设 $A=\{1, 2, 3, 4\}$，P_1，P_2 为 A 上置换，

$$P_1 = \begin{pmatrix} 1 & 2 & 3 & 4 \\ 2 & 4 & 1 & 3 \end{pmatrix} \qquad P_2 = \begin{pmatrix} 1 & 2 & 3 & 4 \\ 3 & 4 & 2 & 1 \end{pmatrix}$$

那么

$$P_1 \circ P_2 = \begin{pmatrix} 1 & 2 & 3 & 4 \\ 2 & 4 & 1 & 3 \end{pmatrix} \circ \begin{pmatrix} 1 & 2 & 3 & 4 \\ 3 & 4 & 2 & 1 \end{pmatrix} = \begin{pmatrix} 1 & 2 & 3 & 4 \\ 4 & 1 & 3 & 2 \end{pmatrix}$$

$$P_2 \circ P_1 = \begin{pmatrix} 1 & 2 & 3 & 4 \\ 3 & 4 & 2 & 1 \end{pmatrix} \circ \begin{pmatrix} 1 & 2 & 3 & 4 \\ 2 & 4 & 1 & 3 \end{pmatrix} = \begin{pmatrix} 1 & 2 & 3 & 4 \\ 1 & 3 & 4 & 2 \end{pmatrix}$$

$$P_1 \circ P_2(2) = P_2(P_1(2)) = P_2(4) = 1$$

$$P_2 \circ P_1(2) = P_1(P_2(2)) = P_1(4) = 3$$

一般的关系 R，只要交换所有序偶的元素，就可以得到它的逆关系 R^{-1}，函数作为关系可以求取它的逆。对 $f: X \to Y$，$f^{-1} \subseteq Y \times X$ 为 f 的逆关系，那么是否 f^{-1} 一定是 Y 到 X 的函数呢？回答是否定的。容易明白，当 f 不是单射或不是满射时，即 f 不是双射时，无法满足 $\text{Dom}(f^{-1}) = Y$ 或单值性，f^{-1} 就不再是一个函数了。但是，f 是双射时，有定理 4.9.5。

定理 4.9.5 若 $f: X \to Y$ 为一双射，那么其逆关系 f^{-1} 为 Y 到 X 的函数，称为 f 的反函数(inverse functions)，$f^{-1}: Y \to X$ 也为一双射。

证明 我们只证 f^{-1} 为一函数，而把 f^{-1} 为单射和满射的证明留给读者。

由于 f 为满射，因此对每一 $y \in Y$，有 $x \in X$，使 $f(x) = y$，从而 $\langle y, x \rangle \in f^{-1}$，这表明 $\text{Dom}(f^{-1}) = Y$。为证 f^{-1} 的单值性，设 $y \in Y$，且 $\langle y, x_1 \rangle \in f^{-1}$，$\langle y, x_2 \rangle \in f^{-1}$，从而 $f(x_1) = y = f(x_2)$。据 f 的单射性，有 $x_1 = x_2$。f^{-1} 的单值性证毕。故 f^{-1} 为 Y 到 X 的一个函数。

当 f 为一双射函数时，f^{-1} 为 f 的反函数，称 f 是可逆的。 证毕

关于反函数，有下列性质是明显的。

定理 4.9.6 若 $f: X \to Y$ 是可逆的，那么

(1) $(f^{-1})^{-1} = f$

(2) $f \circ f^{-1} = I_X$，$f^{-1} \circ f = I_Y$

证明

(1) 由定理 4.9.5 知 f^{-1} 为一双射，因而 f^{-1} 也是可逆的。故
$$(f^{-1})^{-1} = f$$

(2) 设 x 为 X 中任一元素，$f(x) = y$，那么 $x = f^{-1}(y)$。由于
$$f \circ f^{-1}(x) = f^{-1}(f(x)) = f^{-1}(y) = x$$
故 $f \circ f^{-1} = I_X$。同理可证 $f^{-1} \circ f = I_Y$。 证毕

定理 4.9.7 设 $f: X \to Y$，$g: Y \to Z$ 都是可逆的，那么 $f \circ g$ 也是可逆的，且
$$(f \circ g)^{-1} = g^{-1} \circ f^{-1}$$

证明留作练习。

【**例 4.9.5**】 设 $f, g \in \mathbf{N}^n$，$\mathbf{N}$ 为自然数集。且

$$f(x) = \begin{cases} x+1 & x = 0,1,2,3 \\ 0 & x = 4 \\ x & x \geqslant 5 \end{cases} \qquad g(x) = \begin{cases} x/2 & x \text{ 为偶数} \\ 3 & x \text{ 为奇数} \end{cases}$$

(1) 求 $f \circ g$，并讨论它的性质(是否是单射或满射)。

(2) 设 $A = \{0, 1, 2\}$，求 $f \circ g(A)$。

解

(1) $f \circ g(x) = g(f(x)) = \begin{cases} 0 & x = 4 \\ 1 & x = 1 \\ 2 & x = 3 \\ 3 & x = 0, 2, \text{ 或 } x \geqslant 5 \text{ 且为奇数} \\ x/2 & x \geqslant 5 \text{ 且为偶数} \end{cases}$

因为对任何一个 $y \in \mathbf{N}$，均有 $x \in \mathbf{N}$ 使得 $f \circ g(x) = y$，所以 $f \circ g$ 是满射。

(2) $f \circ g(A) = \{1, 3\}$

【例 4.9.6】 设 $f: \mathbf{R} \to \mathbf{R}$，$f(x) = x^2 - 2$；$g: \mathbf{R} \to \mathbf{R}$，$g(x) = x + 4$。

(1) 求 $g \circ f$，$f \circ g$。

(2) 问 $g \circ f$ 和 $f \circ g$ 是否为单射、满射、双射？

(3) 求出 f，g，$g \circ f$ 和 $f \circ g$ 中的可逆函数的逆（反）函数。

解

(1)
$$g \circ f = \{\langle x, x^2 + 8x + 14 \rangle \mid x \in \mathbf{R}\}$$
$$f \circ g = \{\langle x, x^2 + 2 \rangle \mid x \in \mathbf{R}\}$$

(2) $g \circ f$ 和 $f \circ g$ 均是非单非满函数。

(3) 因为 g 是双射，所以可逆，反函数为：$g^{-1}(x) = x - 4$。

4.10 集 合 的 基 数

在第三章中，我们把基数简单地看作集合元素的个数，这对于有限集来说是没有问题的，但对于无限集而言，"元素的个数"这个概念是没有意义的。那么两个集合的"大小"相同的确切含义是什么呢？用基数相同的概念可以精确地刻画集合的"大小"。

下文我们先讨论自然数集合、有限集、无限集的定义，然后再指出形式地描述元素"多少"概念的最好工具是函数，并给出常见无限集的基数规定及基数的基本性质。第三章中我们只是直观地描述有限集与无限集的意义，现在要给出它们的严格定义。

定义 4.10.1 设 S 为任意集合，$S \cup \{S\}$ 称为 S 的后继集合，记为 S^+。

易证对于任意集合 S 都有 $S \in S^+$ 和 $S \subseteq S^+$ 成立。

例如，令 $S = \varnothing$，反复利用定义 4.10.1 可以构造出集合序列：

$$\varnothing$$
$$\varnothing \cup \{\varnothing\} = \{\varnothing\}$$
$$\{\varnothing\} \cup \{\{\varnothing\}\} = \{\varnothing, \{\varnothing\}\}$$
$$\{\varnothing, \{\varnothing\}\} \cup \{\{\varnothing, \{\varnothing\}\}\} = \{\varnothing, \{\varnothing\}, \{\varnothing, \{\varnothing\}\}\} \cdots$$

将上面的各集合依次命名为 $0, 1, 2, \cdots$，就可构造出自然数。下面用记号 "$:=$" 给这些集合命名，于是，

$$0 := \varnothing$$
$$1 := = 0^+ = \{\varnothing\} = \{0\}$$
$$2 := 1^+ = \{\varnothing, \{\varnothing\}\} = \{0, 1\}$$
$$3 := 2^+ = \{\varnothing, \{\varnothing\}, \{\varnothing, \{\varnothing\}\}\} = \{0, 1, 2\}$$
$$\cdots\cdots$$

一般地，若已给出 n，则 $n+1 := n^+ = \{0, 1, 2, \cdots\}$，因此得到自然数集 $\mathbf{N} = \{0, 1, 2, 3, \cdots\}$。

G. Peano 将自然数所组成的集合的基本特性描述为下列公理：设 $\mathbf{N}$ 表自然数集合，则

(1) $\varnothing$ 记为 0，$0 \in \mathbf{N}$；

(2) 若 $n \in \mathbf{N}$，则 $n^+ \in \mathbf{N}$；

（3）若子集 $S \subseteq \mathbf{N}$ 且 $0 \in S$，又若 $n \in S$，则 $n^+ \in S$，则 $S = \mathbf{N}$。

该定理中（3）说明了 $\mathbf{N}$ 是满足条件（1），（2）的最小集合，（3）也称为极小性质。

定义 4.10.2　如果存在集合 $\{0, 1, 2, \cdots, n-1\}$（自然数 n）到 A，或 A 到集合 $\{0, 1, 2, \cdots, n-1\}$ 的双射，则集合 A 称为有限集，否则称为无限集。　　　　证毕

定理 4.10.1　自然数集 $\mathbf{N}$ 为无限集。

证明　只需证明 $\mathbf{N}$ 不是有限集。为证明这一点，反设 $\mathbf{N}$ 为有限集，即存在 f 是 $\{0, 1, 2, \cdots, n-1\}$ 到 $\mathbf{N}$ 的双射。现令 $L \in \mathbf{N}$，$L = 1 + \max\{f(0), f(1), \cdots, f(n-1)\}$。显然，对每一 $i = 0, 1, 2, \cdots, n-1$，恒有 $f(i) < L$，这就是说 f 不是满射，与前面矛盾。因此 $\mathbf{N}$ 不是有限集，是无限集。

定理 4.10.2　有限集的任何子集均为有限集。

证明　设 S 为有限集，因而有双射 f，自然数 n，

$$f : \{0, 1, 2, \cdots, n-1\} \rightarrow S$$

因此 $S = \{f(0), f(1), f(2), \cdots, f(n-1)\}$。若 S_1 为 S 的任一子集，则 $S_1 = \{f(a_0), f(a_1), f(a_2), \cdots, f(a_{k-1})\}$，$k \leqslant n$。$a_0, a_1, a_2, \cdots, a_{k-1}$ 为 $\{0, 1, 2, \cdots, n-1\}$ 中的不同成员。将序列 $a_0, a_1, a_2, \cdots, a_{k-1}$ 看作 $\{0, 1, 2, \cdots, k-1\}$ 到 $\{a_0, a_1, a_2, \cdots, a_{k-1}\}$（$= S_2$）的双射，记为 g，那么

$$g \circ f \uparrow S_2 : \{0, 1, 2, \cdots, k-1\} \rightarrow S_1$$

为一双射，其中 $f \uparrow S_2$ 表示双射 f 将集合 S_2 作为定义域。因此 S_1 为有限集。　　　　证毕

定理 4.10.3　任何含有无限子集的集合必定是无限集。

此定理是定理 4.10.2 的逆否命题。

定理 4.10.4　无限集必与它的一个真子集存在双射函数。

证明　设 S 为任一无限集，显然 $S \neq \varnothing$，可取元素 $a_0 \in S$。考虑 $S_1 = S - \{a_0\}$，S_1 仍为非空无限集，又在 S_1 中可取元素 $a_1 \in S_1$。考虑 $S_2 = S_1 - \{a_1\}$，S_2 依然为非空无限集，同样有 $a_2 \in S_2$……如此等等。

令 $B = \{a_0, a_1, a_2, \cdots\}$，显然 $B \subseteq S$，且对任一自然数 n，总有 $a_n \in B$，S 有可数无限子集 $B = \{a_0, a_1, a_2, \cdots\}$。令 $S_0 = S - \{a_0\} \subset S$。定义函数 $f : S \rightarrow S_0$ 为

$$f(x) = \begin{cases} x & x \notin B \\ a_{i+1} & x = a_i \in B \ (i = 0, 1, 2, \cdots) \end{cases}$$

容易看出 f 为一双射。　　　　证毕

推论　凡不能与自身的任意真子集之间存在双射函数的集合为有限集合。

这里给出了有限集合和无限集合的另一个定义，它与定义 4.10.2 是等价的。即凡能与自身的某一真子集之间存在双射函数的集合为无限集合，否则为有限集合。

对无限集还可作进一步的分类。

定义 4.10.3　如果存在从 $\mathbf{N}$ 到 S 的双射（或 S 到 $\mathbf{N}$ 的双射），则称集合 S 为可数无限集（countable infinite sets）。其他无限集称为不可数无限集。有限集和可数无限集统称为可数集（countable sets）。因此，不可数集即不可数无限集。

显然，自然数集合 $\mathbf{N}$ 为可数集，$\mathbf{N}$ 的任何子集均为可数集。自然数集 $\mathbf{N}$ 可以排成一个无穷序列的形式：

$$0, 1, 2, 3, \cdots$$

因此，任何可数集 S 中的元素也可以排成一个无穷序列的形式：

$$a_0, a_1, a_2, a_3, a_4, \cdots$$

反之，对于任何集合 S，如果它的元素可以排成上述无穷序列的形式，则 S 一定是可数集。因为 S 中元素 a_i 与 i 之间可以建立一一对应的关系，所以一个集合是可数集的充要条件是它的元素可以排成一个无穷序列的形式。

【例 4.10.1】 非负偶数集以及正奇数集均为可数集，因为 $f(x) = 2x$，$f(x) = 2x + 1$ 分别为 $\mathbf{N}$ 到非负偶数集以及正奇数集的双射。

定理 4.10.5 整数集为可数无限集。

证明 建立函数 $f: \mathbf{Z} \to \mathbf{N}$（$\mathbf{Z}$ 为整数集）。

$$f(x) = \begin{cases} 2x & \text{当 } x > 0 \\ 0 & \text{当 } x = 0 \\ 2(-x) - 1 & \text{当 } x < 0 \end{cases}$$

易知 f 为一双射（证明略），因此 $\mathbf{Z}$ 为可数集。 证毕

定理 4.10.6 任何无限集必含有一个可数子集。

该定理的证明类似于定理 4.10.4，从无限集中可以依次取出一列元素构成一个可数集。

定理 4.10.7 可数集的任何无限子集必为可数集。

证明 设 S 是可数集，S 中的元素可以排成：$a_0, a_1, a_2, a_3, a_4, \cdots$，设 B 是 S 的任一无限子集，它的元素也是 S 的元素，并且一定可以排成：$a_{0k}, a_{1k}, a_{2k}, a_{3k}, a_{4k}, \cdots$，所以 B 是可数集。 证毕

定理 4.10.8 可数集中加入有限个元素（或删除有限个元素）仍为可数集。

证明 设 $S = \{a_0, a_1, a_2, a_3, a_4, \cdots\}$ 是可数集，不妨在 S 中加入有限个元素 $b_0, b_1, b_2, b_3, \cdots, b_m$，且它们均与 S 的元素不相同，得到新的集合 B，它的元素也可排成无穷序列：

$$b_0, b_1, b_2, b_3, \cdots, b_m, a_0, a_1, a_2, a_3, a_4, \cdots$$

所以 $B = \{b_0, b_1, b_2, b_3, \cdots, b_m, a_0, a_1, a_2, a_3, a_4, \cdots\}$ 是可数集。 证毕

定理 4.10.9 两个可数集的并集是可数集。

证明 设 $S_1 = \{a_0, a_1, a_2, a_3, a_4, \cdots\}$，$S_2 = \{b_0, b_1, b_2, b_3, b_4, \cdots\}$ 均为可数集。不妨设 S_1 与 S_2 不相交。$S_1 \cup S_2$ 的元素可以排成无穷序列，即 $a_0, b_0, a_1, b_1, a_2, b_2, a_3, b_3, a_4, \cdots$，所以 $S_1 \cup S_2 = \{a_0, b_0, a_1, b_1, a_2, b_2, a_3, b_3, a_4, \cdots\}$ 是可数集。 证毕

推论 有限个可数集的并集是可数集。

定理 4.10.10 可数个可数集的并集是可数集。

证明 不失一般性，设这可数个可数集均非空，且它们都是两两不相交的。

$$S_0 = \{a_{00}, a_{01}, a_{02}, \cdots\}$$
$$S_1 = \{a_{10}, a_{11}, a_{12}, \cdots\}$$
$$S_2 = \{a_{20}, a_{21}, a_{22}, \cdots\}$$
$$\cdots$$

当 S_i 为有限集 $\{a_{i0}, a_{i1}, a_{i2}, \cdots, a_{ik}\}$ 时，令 $a_{ik} = a_{i(k+1)}$ $= a_{i(k+2)} = \cdots$，从而 $S = \bigcup\limits_{i=0}^{\infty} S_i = S_0 \bigcup S_1 \bigcup S_2 \bigcup \cdots$，$S$ 中元素排列次序如图 4.10.1 中的箭头所示。

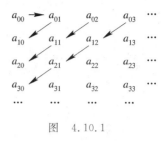

图 4.10.1

从左上角开始排，每一斜线上的每个元素的两个足标之和都相同，依次为 0，1，2，3，4，5，$\cdots$，各斜线上的元素的个数依次为 1，2，3，4，$\cdots$，因此这一排列可以写为：

$$a_{00}, a_{01}, a_{10}, a_{02}, a_{11}, a_{20}, a_{03}, a_{12}, a_{21}, a_{30}, \cdots$$

因而 S 是可数集。

证毕

这种排列方法称为对角线方法，它是常用的方法，在计算机科学的某些理论中将发挥很大的作用。

【例 4.10.2】 利用对角线方法证明 $\mathbf{N} \times \mathbf{N}$ 是可数集。

证明 $\mathbf{N} \times \mathbf{N}$ 中的元素可以排成如图 4.10.2 所示的形式。

类似定理 4.10.7，按对角线方法可以将这样的排列写为：

$$(0,0)\ (0,1)\ (1,0)\ (0,2)\ (1,1)\ (2,0)$$
$$(0,3)\ (1,2)\ (2,1)\ (3,0)\cdots$$

所以 $\mathbf{N} \times \mathbf{N}$ 是可数集。

证毕

注意 本题若不限定方法，也可定义双射 $f: \mathbf{N} \times \mathbf{N} \to \mathbf{N}$，使得 $f((i,j)) = \frac{1}{2}(i+j)(i+j+1)+i$，从而可知 $\mathbf{N} \times \mathbf{N}$ 是可数集。

【例 4.10.3】 有理数集是可数集。

证明 先证正有理数集 $\mathbf{Q}_+$ 是可数的。上例已证得 $\mathbf{N} \times \mathbf{N}$ 是可数集，从 $\mathbf{N} \times \mathbf{N}$ 中删除所有使 i 和 j 不是互质的有序对 (i,j)，并删除所有有序对 $(i,0)$，得到集合为 S，$S \subseteq \mathbf{N} \times \mathbf{N}$。因为 S 中包含 $(1,1)\ (2,1)\ (3,1)\cdots$，显然 S 是可数集。定义函数 $f: S \to \mathbf{Q}_+$，$f((i,j)) = \frac{i}{j}$，显然 f 是双射，所以 $\mathbf{Q}_+$ 是可数集。

设负有理数集 $\mathbf{Q}_-$，同理也可证是可数集。而 $\mathbf{Q} = \mathbf{Q}_+ \bigcup \mathbf{Q}_- \bigcup \{0\}$ 显然也是可数集。

证毕

定理 4.10.11 实数集的子集 $[0,1]$ 区间是不可数集。

证明 用反证法证明。设 $[0,1]$ 为可数集 $\{a_0, a_1, a_2, a_3, a_4, \cdots\}$。由于 $[0,1]$ 中实数均可表示为十进制无限小数（对于有限小数均可以写成以"9"为循环节的无限循环小数形式（数 0 例外，0 表示为 $0.000\cdots$，1 表示为 $0.999\cdots$，$0.87 = 0.869\ 99\cdots$），因此 $[0,1]$ 中实数可如下列出：

$$
\begin{array}{ll}
a_0 & 0.\,x_{00}x_{01}x_{02}x_{03}\cdots \\
a_1 & 0.\,x_{10}x_{11}x_{12}x_{13}\cdots \\
a_2 & 0.\,x_{20}x_{21}x_{22}x_{23}\cdots
\end{array}
$$

$$\vdots \qquad\qquad \vdots$$
$$a_n \qquad 0.\,x_{n0}\,x_{n1}\,x_{n2}\,x_{n3}\cdots$$
$$\vdots \qquad\qquad \vdots$$

这里 $x_{nj}(n,\,j=0,1,2,\cdots)$ 为第 n 个小数的第 j 个数字。现作一个十进制小数 $y=0.\,y_0\,y_1\,y_2\cdots$，其中

$$y_i = \begin{cases} 1 & x_{ii}\neq 1 \\ 2 & x_{ii}=1 \end{cases}$$

显然 y 满足：$y_i\neq 0$，$y_i\neq 9$，$i=0,1,2,3,\cdots$，$y\in(0,1)$，且对于任一 n，因为 $y_i\neq x_{ii}$，所以 y 与 $\{a_0,a_1,a_2,a_3,a_4,\cdots\}$ 中的任一个数都不相同，即 $y\notin\{a_0,a_1,a_2,a_3,a_4,\cdots\}=[0,1]$，于是产生矛盾。这表明，$[0,1]$ 是不可数集。 证毕

定义 4.10.4 如果有双射 $f:\{0,1,2,\cdots,n-1\}\to S$，或双射 $f:A\to\{0,1,2,\cdots,n-1\}$，则称集合 S 的基数(cardinal number)为 n(n 为自然数)，记为 $|S|=n$。

显然，集合 S 为有限集，当且仅当它以自然数为其基数，即存在自然数 n 使 $|S|=n$。可以说 n 是集合 A 的元素个数。

定义 4.10.5 如果有双射 $f:\mathbf{N}\to S$，或双射 $f:S\to\mathbf{N}$，$\mathbf{N}$ 为自然数集，称集合 S 的基数为 $\aleph_0$，记为 $|S|=\aleph_0$，读作阿列夫零。

因此，自然数集及一切可数无限集的基数均为 $\aleph_0$。

定义 4.10.6 如果有双射 $f:[0,1]\to S$，或双射 $f:S\to[0,1]$，则称集合 S 的基数为 c，也记为 $\aleph$，读作阿列夫。记为 $|S|=c$。具有基数 c 的集合常称为连续统(continuum)。

【例 4.10.4】 实数集上的任何闭区间 $[a,b]$，开区间 (a,b)($a<b$)，以及实数集本身都是连续统。

证明 为证 $|(a,b)|=c$，先证明 $[0,1]$ 与 $(0,1)$ 的基数相同。令 $A=\left\{0,1,\dfrac{1}{2},\dfrac{1}{3},\cdots\right\}$，$A\subseteq[0,1]$。定义函数 $f:[0,1]\to(0,1)$，使 $f(0)=\dfrac{1}{2}$，$f\left(\dfrac{1}{n}\right)=\dfrac{1}{n+2}$($n\geqslant 1$)，则

$$f(x)=x \qquad (x\in[0,1]-A)$$

显然 f 是双射。所以 $|(0,1)|=c$。

建立双射 $g:[0,1]\to[a,b]$，使 $g(x)=(b-a)x+a$，因此 $|[a,b]|=|[0,1]|=c$，同理 $|(a,b)|=|(0,1)|=c$。

为证 $|R|=c$，建立双射 $h:(0,1)\to R$，使

$$h(x)=\tan\left(\pi x-\frac{\pi}{2}\right)$$

因此 $|R|=|(0,1)|=c$。 证毕

也许有人会问，是否所有集合都以自然数 n、$\aleph_0$ 和 c 之一作为其基数呢？为此我们引入基数大小的概念。

定义 4.10.7 设 A，B 为任意集合。

(1) 如果有双射 $f:A\to B$ 或双射 $f:B\to A$，则称 A，B 基数相等，记为 $|A|=|B|$。

(2) 如果有单射 $f:A\to B$ 或满射 $f:B\to A$，则称 A 的基数小于等于 B 的基数，记为

$|A| \leqslant |B|$。

(3) 如果 $|A| \leqslant |B|$，且 $|A| \neq |B|$，则称 A 的基数小于 B 的基数，记为 $|A| < |B|$。

显然，上述定义与我们前面对有限集、可数无限集及连续统的基数规定是一致的。对任何自然数 m，n，若 $m \leqslant n$，则

$$|\{0, 1, 2, \cdots, m-1\}| \leqslant |\{0, 1, 2, \cdots, n-1\}|$$

对任意自然数 n，$n < \aleph_0$，即 $|\{0, 1, 2, \cdots, n-1\}| < |\{0, 1, 2, 3, \cdots\}|$。而 $\aleph_0 < c$，即 $|\{0, 1, 2, 3, \cdots\}| < |\mathbf{R}|$。

问是否存在无限集合 B，满足 $\aleph_0 < |B| < c$，这是一个至今尚未解决的理论问题。

定理 4.10.12 对任意集合 A，B，C，有

(1) $|A| \leqslant |A|$。

(2) 若 $|A| \leqslant |B|$，$|B| \leqslant |C|$，则 $|A| \leqslant |C|$。

请读者自行证明本定理。

定理 4.10.13 对任意集合 A，B，或者 $|A| < |B|$，或者 $|A| = |B|$，或者 $|B| < |A|$，且任意两者都不能兼而有之。

本定理常称为基数三歧性定理，它的证明依赖于选择公理，我们略去这一证明，有兴趣的读者可参阅相关文献。

定理 4.10.14 对任意集合 A，B，如果 $|A| \leqslant |B|$，$|B| \leqslant |A|$，那么 $|A| = |B|$。

证明 设 $|A| \neq |B|$，那么根据基数三歧性定理，或者 $|A| < |B|$，或者 $|B| < |A|$，且不能兼而有之。

若 $|A| < |B|$，则 $|B| < |A|$ 不成立，且 $|A| \neq |B|$，于是与 $|A| \leqslant |B|$ 矛盾。

若 $|B| < |A|$，则 $|A| < |B|$ 不成立，且 $|A| \neq |B|$，于是又与 $|B| \leqslant |A|$ 矛盾。

$|A| = |B|$ 得证。 证毕

该定理为我们证明集合之间的基数相等提供了一个有力的工具。因为在某些情况下直接构造两个集合之间的双射函数是相当困难的。相比之下，构造两个单射函数这可能要容易得多。这样可降低构造的难度。

【例 4.10.5】 $P(\mathbf{N})$（$\mathbf{N}$ 为自然数集）为连续统。

证明 利用定理 4.10.14 证明本命题，为此要建立单射 $f : P(\mathbf{N}) \to [0, 1]$，单射 $g : [0, 1] \to P(\mathbf{N})$ 以便证明，$|P(\mathbf{N})| \leqslant c$，$c \leqslant |P(\mathbf{N})|$。

定义 $f : P(\mathbf{N}) \to [0, 1]$ 如下：对每一 $A \subseteq \mathbf{N}$，有

$$f(A) = 0. x_0 x_1 x_2 x_3 \cdots \quad \text{（十进制小数）}$$

其中

$$x_i = \begin{cases} 1 & i \in A \\ 0 & i \notin A \end{cases}$$

例如 $f(\varnothing) = 0.000\cdots$，$f(\mathbf{N}) = 0.111\cdots$，$f(\{0, 2\}) = 0.10100\cdots$，显然 f 为单射。

定义 $g : [0, 1] \to P(\mathbf{N})$ 如下：对每一 $[0, 1]$ 中数的二进制表示（如果这种表示不唯一，则取定其中之一）$0. x_0 x_1 x_2 x_3 \cdots$（$x_i$ 为 0 或 1）：

$$g(0. x_0 x_1 x_2 x_3) = \{i \mid x_i = 1\}$$

易知，g 也是单射。故原命题得证。 证毕

注意 上述证明中，对 f 的定义不可用二进制表示的实数 $0.x_0x_1x_2x_3\cdots$，因为

$$f(\{0\})=0.1000\cdots=0.0111\cdots=f(\{1,2,3,\cdots\})$$

从而 f 便不是单射。另外，应注意 g 不是满射。因为，例如 $1/2$，只能取一种二进制表示方式，当它确定表示为 $0.1000\cdots$ 时，$g(0.1000\cdots)=\{0\}$，从而不可能有 x 使 $g(x)=\{1,2,3,4,\cdots\}$，因为只有在 $x=0.0111\cdots$ 时才有这一结果，而 $0.0111\cdots$ 是 $1/2$ 的另一种二进制表示形式。

定理 4.10.15（康托定理） 设 M 为任意集合，记 M 的幂集为 S，则 $|M|<|S|$。

证明 对任意集合 M，当 $M=\varnothing$ 时，显然 $|M|=0$，$S=\{\varnothing\}$，$|S|=1$，故定理得证。

当 $M\neq\varnothing$ 时，对任意 $a\in M$，有 $\{a\}\in 2^M=S$，因为如下定义的函数 $f:M\rightarrow S$，明显为一单射，即对每一 $a\in M$，$f(a)=\{a\}$，所以 $|M|\leqslant|S|$。现证 $|M|\neq|S|$（用反证法）。设 $|M|=|S|$，故有双射 $g:M\rightarrow S$，使得对每一 $a\in M$，有唯一的 $g(a)\in S$，即 $g(a)\subseteq M$。定义集合

$$B=\{a\mid a\in M\wedge a\notin g(a)\}$$

当然 $B\in S$。由于 g 为双射，对 $B\in S$，有唯一的 $y\in M$，使得 $g(y)=B$。考虑 $y\in B$ 与否，得知

$$
\begin{aligned}
y\in B &\Longleftrightarrow y\in\{a\mid a\in M\wedge a\notin g(a)\}\\
&\Longleftrightarrow y\notin g(y)\\
&\Longleftrightarrow y\notin B
\end{aligned}
$$

这是一个矛盾，因此 g 不存在。$|M|\neq|S|$，因此，$|M|<|S|$。 证毕

这个定理表明没有最大的基数，也没有最大的集合。

4.11 例 题 选 解

为帮助读者熟练掌握本章的内容，本节选择部分综合性的题目，并做较为详细的解答。

【例 4.11.1】 证明：非空的对称、传递关系不可能是反自反关系。

证明 设 R 是集合 A 上的对称、传递关系，若 R 非空，则 $\exists x,y\in A$，有 $\langle x,y\rangle\in R$。由于 R 对称，因此 $\langle y,x\rangle\in R$，又由于 R 是传递的，因此 $\langle x,x\rangle\in R$。

因此非空的对称、传递关系不可能是反自反关系。 证毕

【例 4.11.2】 设 R、S 均是 A 上的等价关系，证明：$R\circ S$ 于 A 上等价 iff $S\circ R=R\circ S$。

证明 "$\Rightarrow$"（先证必要性）：

$$\forall\langle x,z\rangle$$

$$\langle x,z\rangle\in S\circ R\Longleftrightarrow\exists y(\langle x,y\rangle\in S\wedge\langle y,z\rangle\in R)$$

$$\Longleftrightarrow\exists y(\langle z,y\rangle\in R\wedge\langle y,x\rangle\in S)\qquad(\text{由于 }R\text{、}S\text{ 均是对称的})$$

$$\Longleftrightarrow\langle z,x\rangle\in R\circ S$$

$$\Longleftrightarrow\langle x,z\rangle\in R\circ S\qquad(\text{由于 }R\circ S\text{ 于 }A\text{ 上是对称的})$$

故 $S\circ R=R\circ S$。

"⇐"（再证充分性）：

(1) $\forall x \in A$，由于 R、S 均是自反的，因此 $\langle x, x \rangle \in R$ 且 $\langle x, x \rangle \in S$，所以 $\langle x, x \rangle \in R \circ S$，即 $R \circ S$ 是自反的。

(2) $\forall \langle x, y \rangle$

$$\langle x, y \rangle \in R \circ S \Leftrightarrow \exists t(\langle x, t \rangle \in R \wedge \langle t, y \rangle \in S)$$

$$\Rightarrow \exists t(\langle t, x \rangle \in R \wedge \langle y, t \rangle \in S) \quad （由于 R、S 均是对称的）$$

$$\Leftrightarrow \langle y, x \rangle \in S \circ R$$

$$\Leftrightarrow \langle y, x \rangle \in R \circ S \quad （由于 S \circ R = R \circ S）$$

即 $R \circ S$ 是对称的。

(3) $\forall \langle x, y \rangle$，$\forall \langle y, z \rangle$

$$\langle x, y \rangle \in R \circ S \wedge \langle y, z \rangle \in R \circ S$$

$$\Leftrightarrow \langle x, y \rangle \in R \circ S \wedge \langle y, z \rangle \in S \circ R \quad （由于 S \circ R = R \circ S）$$

$$\Rightarrow \langle x, z \rangle \in R \circ S \circ S \circ R$$

$$\Rightarrow \langle x, z \rangle \in R \circ (S \circ S) \circ R \quad （关系的复合满足结合律）$$

$$\Rightarrow \langle x, z \rangle \in R \circ S \circ R \quad （由于 S 传递，因此 S \circ S \subseteq S）$$

$$\Rightarrow \langle x, z \rangle \in R \circ R \circ S \quad （由于 S \circ R = R \circ S）$$

$$\Rightarrow \langle x, z \rangle \in R \circ S \quad （由于 R 传递，因此 R \circ R \subseteq R）$$

即 $R \circ S$ 是传递的。

综上可得：$R \circ S$ 是等价的。 证毕

【例 4.11.3】 设 R、S 均是 A 上的等价关系，证明：$R \cup S$ 于 A 上等价 iff $R \circ S \subseteq R \cup S$ 且 $S \circ R \subseteq R \cup S$。

证明 "⇒"（先证必要性）：

$$\forall \langle x, y \rangle \in R \circ S \Leftrightarrow \exists t(\langle x, t \rangle \in R \wedge \langle t, y \rangle \in S)$$

$$\Rightarrow \exists t(\langle x, t \rangle \in R \cup S \wedge \langle t, y \rangle \in R \cup S)$$

$$\Rightarrow \langle x, y \rangle \in R \cup S \quad （由于 R \cup S 传递）$$

即 $R \circ S \subseteq R \cup S$。

同理可证：$S \circ R \subseteq R \cup S$。

"⇐"（再证充分性）：

(1) $\forall x \in A$，由于 R、S 均是自反的，因此 $\langle x, x \rangle \in R$ 且 $\langle x, x \rangle \in S$，所以 $\langle x, x \rangle \in R \cup S$，即 $R \cup S$ 是自反的。

(2) $\forall \langle x, y \rangle$

$$\langle x, y \rangle \in R \cup S \Leftrightarrow \langle x, y \rangle \in R \vee \langle x, y \rangle \in S$$

$$\Rightarrow \langle y, x \rangle \in R \vee \langle y, x \rangle \in S \quad （由于 R、S 均是对称的）$$

$$\Leftrightarrow \langle y, x \rangle \in R \cup S$$

即 $R \cup S$ 是对称的。

(3) $\forall \langle x, y \rangle$，$\forall \langle y, z \rangle$

$$\langle x, y \rangle \in R \cup S \wedge \langle y, z \rangle \in R \cup S$$

$$\Leftrightarrow (\langle x, y \rangle \in R \vee \langle x, y \rangle \in S) \wedge (\langle y, z \rangle \in R \vee \langle y, z \rangle \in S)$$

$$\Leftrightarrow (\langle x, y \rangle \in R \wedge \langle y, z \rangle \in R) \vee (\langle x, y \rangle \in R \wedge \langle y, z \rangle \in S) \vee (\langle x, y \rangle$$

$$\in S \wedge \langle y, z \rangle \in R) \vee (\langle x, y \rangle \in S \wedge \langle y, z \rangle \in S)$$

$$\Rightarrow \langle x, z \rangle \in R \vee \langle x, z \rangle \in R \circ S \vee \langle x, z \rangle \in S \vee \langle x, z \rangle \in S \circ R \text{（由于 } R \text{、} S \text{ 均传递）}$$

$$\Leftrightarrow (\langle x, z \rangle \in R \vee \langle x, z \rangle \in S) \vee \langle x, z \rangle \in R \circ S \vee \langle x, z \rangle \in S \circ R$$

$$\Rightarrow \langle x, z \rangle \in R \cup S \vee \langle x, z \rangle \in R \cup S \vee \langle x, z \rangle \in R \cup S \text{（由于 } R \circ S \subseteq R \cup S, S \circ R \subseteq R \cup S \text{）}$$

$$\Leftrightarrow \langle x, z \rangle \in R \cup S$$

即 $R \cup S$ 是传递的。

综上可得：$R \cup S$ 是等价的。　　　　　　　　　　　　　　　　　　　　**证毕**

【例 4.11.4】 设 R、S 均是非空集合 A 上的偏序关系，证明：$R \cap S$ 也是 A 上的偏序关系。

证明

（1）$\forall x \in A$，由于 R、S 均是自反的，因此有 $\langle x, x \rangle \in R$ 且 $\langle x, x \rangle \in S$，即 $\langle x, x \rangle \in R \cap S$，故 $R \cap S$ 自反。

（2）$\forall \langle x, y \rangle \wedge x \neq y$

$$\langle x, y \rangle \in R \cap S \Leftrightarrow \langle x, y \rangle \in R \wedge \langle x, y \rangle \in S$$

$$\Rightarrow \langle y, x \rangle \notin R \wedge \langle y, x \rangle \notin S \qquad \text{（由于 } R \text{、} S \text{ 均是反对称的）}$$

$$\Leftrightarrow \langle y, x \rangle \notin R \cap S$$

故 $R \cap S$ 反对称。

（3）$\forall \langle x, y \rangle, \forall \langle y, z \rangle$

$$\langle x, y \rangle \in (R \cap S) \wedge \langle y, z \rangle \in (R \cap S)$$

$$\Leftrightarrow (\langle x, y \rangle \in R \wedge \langle x, y \rangle \in S) \wedge (\langle y, z \rangle \in R \wedge \langle y, z \rangle \in S)$$

$$\Leftrightarrow (\langle x, y \rangle \in R \wedge \langle y, z \rangle \in R) \wedge (\langle x, y \rangle \in S \wedge \langle y, z \rangle \in S)$$

$$\Rightarrow \langle x, z \rangle \in R \wedge \langle x, z \rangle \in S \qquad \text{（由于 } R \text{、} S \text{ 均是传递的）}$$

$$\Rightarrow \langle x, z \rangle \in R \cap S$$

故 $R \cap S$ 传递。

因此，$R \cap S$ 也是偏序关系。　　　　　　　　　　　　　　　　　　　　**证毕**

【例 4.11.5】 $A = \{a, b\}$ 上有多少不同的偏序关系？

解　因为偏序关系与哈斯图一一对应，所以只要画出所有不同的哈斯图，就可求出其不同的偏序关系，详见图 4.11.1。

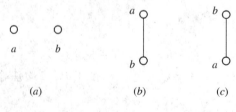

图　4.11.1

所以该集合上共有 3 个不同的偏序关系。

【例 4.11.6】 给出 $A = \{a, b, c\}$ 上既是等价关系又是偏序关系的 R。

解　$R = I_A$

【例 4.11.7】 设 $A=\{1,2,3,4,5,6,9,24,54\}$，$R$ 是 A 上的整除关系。

(1) 画出偏序关系 R 的 Hasse 图。

(2) 求 A 关于 R 的极大元、极小元。

(3) 设 $B=\{2,3\}$，求 B 的上界和上确界。

(4) 找出 $\langle A,R\rangle$ 中的长度为 4 的反链。

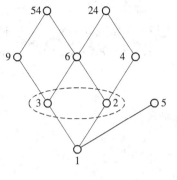

图 4.11.2

解

(1) 关系 R 的 Hasse 图见图 4.11.2。

(2) A 关于 R 的极大元：54，24，5；极小元：1。

(3) B 的上界：6，54，24；下界：1。

(4) 长度为 4 的反链：$\{4,5,6,9\}$。

【例 4.11.8】 设 $\mathbf{R}$ 是实数集，令 $X=\mathbf{R}^{[0,1]}$，若 $f,g\in X$，定义 $\langle f,g\rangle\in S\Leftrightarrow\forall x\in[0,1]$，$f(x)-g(x)\geqslant0$。试证：$S$ 是一个偏序。S 是全序吗？

解 $\forall x\in[0,1]$，$\forall f\in X$，有 $f(x)-f(x)=0$，故 $\langle f,f\rangle\in S$，即 S 是自反的。

若 $\langle f,g\rangle\in S$，且 $\langle g,f\rangle\in S$，则 $\forall x\in[0,1]$，$f(x)-g(x)\geqslant0$，且 $g(x)-f(x)\geqslant0$，故 $f(x)=g(x)$，即 S 是反对称的。

设 $\langle f,g\rangle\in S$，$\langle g,h\rangle\in S$，则 $\forall x\in[0,1]$，$f(x)-g(x)\geqslant0$，且 $g(x)-h(x)\geqslant0$，因而 $f(x)-h(x)\geqslant0$，故 $\langle f,h\rangle\in S$，即 S 是传递的。

因此 S 是偏序。但 S 不是全序。例如：设 $f(x)=x$，$g(x)=-x+1$，$f,g\in X$，由于 $f(0)-g(0)=-1$，$g(1)-f(1)=-1$，因此 f 与 g 不可比，即 S 不是全序。

【例 4.11.9】 设 $f:A\rightarrow B$ 是满射，且 $B'\subseteq B$，则 $f^{-1}(B')$ 表示 A 的一个子集，称作在 f 作用下 B' 的逆映射；$f^{-1}(B')=\{x\mid f(x)\in B'\}$，证明 $f(f^{-1}(B'))=B'$。

证明 由函数定义：$\forall y\in f(f^{-1}(B'))$，$\exists!\,x\in f^{-1}(B')$，使得 $f(x)=y$。因此，$y\in B'$，即 $f(f^{-1}(B'))\subseteq B'$。

$\forall y\in B'$，由于 $B'\subseteq B$，因此 $y\in B$，又由于 f 是满射，所以 $\exists x\in A$，使得 $f(x)=y$，故 $f(x)\in B'$，因此，$x\in f^{-1}(B')$，从而有 $y=f(x)\in f(f^{-1}(B'))$，即 $B'\subseteq f(f^{-1}(B'))$。

综上可得：$f(f^{-1}(B'))=B'$。 证毕

【例 4.11.10】 设 $f:A\rightarrow B$ 是函数，并定义一个函数 $g:B\rightarrow P(A)$。对于任意的 $b\in B$，有

$$g(b)=\{x\mid(x\in A)\wedge(f(x)=b)\}$$

请证明：若 f 是 A 到 B 的满射，则 g 是 B 到 $P(A)$ 的单射。

证明 对任意 $b_1,b_2\in B(b_1\neq b_2)$，由于 f 是满射，因此 $\exists a_1,a_2\in A$，使得 $f(a_1)=b_1$，$f(a_2)=b_2$。又由于 $b_1\neq b_2$ 且 f 是函数，因此 $a_1\neq a_2$。又

$$g(b_1)=\{x\mid(x\in A)\wedge(f(x)=b_1)\}$$
$$g(b_2)=\{x\mid(x\in A)\wedge(f(x)=b_2)\}$$

因此有 $a_1\in g(b_1)$，$a_2\in g(b_2)$，但 $a_1\notin g(b_2)$，$a_2\notin g(b_1)$，所以 $g(b_1)\neq g(b_2)$，故 g 为单射。 证毕

【例 4.11.11】 设 $X\neq\varnothing$，R 为 X^X 上的关系，定义为

$$\langle f,g\rangle\in R\Leftrightarrow\mathrm{Ran}\,f=\mathrm{Ran}\,g$$

证明：R 是 X^X 上的等价关系，且存在双射 $\varphi: X^X/R \to P(X)-\{\varnothing\}$。

证明

(1) ① $\forall f \in X^X$，由于 Ran f＝Ran f，因此 $\langle f, f \rangle \in R$，即 R 是自反的。

② $\forall \langle f, g \rangle \langle f, g \rangle \in R \Leftrightarrow$ Ran f＝Ran g

$\qquad\qquad\qquad\qquad \Leftrightarrow$ Ran g＝Ran f

$\qquad\qquad\qquad\qquad \Rightarrow \langle g, f \rangle \in R$

即 R 是对称的。

③ $\forall \langle f, g \rangle, \langle g, h \rangle$

$\quad \langle f, g \rangle \in R \wedge \langle g, h \rangle \in R \Leftrightarrow ($Ran f＝Ran $g) \wedge ($Ran g＝Ran $h)$

$\qquad\qquad\qquad\qquad\qquad \Rightarrow$ Ran f＝Ran h

$\qquad\qquad\qquad\qquad\qquad \Leftrightarrow \langle f, h \rangle \in R$

即 R 是传递的。

综上，R 是 X^X 上的等价关系。

(2) 定义 $\varphi: X^X/R \to P(X)-\{\varnothing\}$：$\forall [f]_R \in X^X/R$，$\varphi([f]_R)$＝Ran f，于是

$\quad \varphi([f]_R)$＝$\varphi([g]_R) \Leftrightarrow$ Ran f＝Ran g

$\qquad\qquad\qquad\qquad \Leftrightarrow \langle f, g \rangle \in R \Rightarrow [f]_R = [g]_R$

因而 φ 是单射。

又 $\forall A \in P(X)-\{\varnothing\}$，$A \subseteq X$，$A \neq \varnothing$，取定元素 $a \in A$，定义 $f: X \to X$ 为

$$f(x) = \begin{cases} x & x \in A \\ a & x \notin A \end{cases}$$

则 $\varphi([f]_R)$＝Ran f＝A，因而 φ 是满射。

综上所述，存在双射 $\varphi: X^X/R \to P(X)-\{\varnothing\}$。 证毕

【例 4.11.12】 设 $f: A \to B$，$g: B \to C$ 是两个函数，证明：

(1) 若 $f \circ g$ 是满射且 g 是单射，则 f 是满射。

(2) 若 $f \circ g$ 是单射且 g 是满射，则 f 是单射。

(注：这里函数的复合为右复合。)

证明

(1) $\forall b \in B$，因为 g 是函数，所以存在 $c \in C$，使得 $g(b)$＝c。由 $f \circ g$ 是满射，对该元素 c，存在 $a \in A$，使得 $f \circ g(a)$＝c，即 $g(f(a))$＝c。由 $g(b)$＝c，所以 $g(f(a))$＝$g(b)$＝c。由 g 是单射，所以有 $f(a)$＝b。即 $\forall b \in B$，$\exists a \in A$，使得 $f(a)$＝b。因此 f 是满射。

(2) 对任意 $b_1, b_2 \in B(b_1 \neq b_2)$，由于 f 是单射，所以 $\exists a_1, a_2 \in A$，使得 $f(a_1)$＝b_1，$f(a_2)$＝b_2。由于 $b_1 \neq b_2$ 且 f 是函数，所以 $a_1 \neq a_2$。再由 $f \circ g$ 是单射，可得 $f \circ g(a_1) \neq f \circ g(a_2)$，即 $g(f(a_1)) \neq g(f(a_2))$，所以 $g(b_1) \neq g(b_2)$。因此 g 是单射。 证毕

【例 4.11.13】 设 $f: A \to B$ 是函数，并定义一个函数 $g: B \to P(A)$。对于任意的 $b \in B$，有

$$g(b) = \{x \mid (x \in A) \wedge (f(x) = b)\}$$

证明：若 f 是 A 到 B 的满射，则 g 是 B 到 $P(A)$ 的单射。

证明 如果 f 是 A 到 B 的满射，则对每个 $b \in B$，至少存在一个 $a \in A$，使 $f(a)$＝b，

故 g 的定义域为 B。

若有 b_1, $b_2 \in B$, 且 $b_1 \neq b_2$,
$$g(b_1) = \{x \mid (x \in A) \wedge (f(x) = b_1)\}$$
$$g(b_2) = \{y \mid (y \in A) \wedge (f(y) = b_2)\}$$

因为 $b_1 \neq b_2$, $f(x) \neq f(y)$, 而 f 是函数, 故 $x \neq y$, 所以 $g(b_1) \neq g(b_2)$。

因此 g 是 B 到 $P(A)$ 的单射。　　　　　　　　　　　　　　　　　　**证毕**

习 题 四

1. 已知 $A = \{\varnothing\}$, 求 $P(A) \times A$。

2. 设 $A = \{1, 2, 3\}$, $\mathbf{R}$ 为实数集, 请在笛卡儿平面上表示出 $A \times \mathbf{R}$ 和 $\mathbf{R} \times A$。

3. 以下各式是否对任意集合 A, B, C, D 均成立? 试对成立的给出证明, 对不成立的给出适当的反例。

(1) $(A - B) \times C = (A \times C) - (B \times C)$

(2) $(A \cap B) \times (C \cap D) = (A \times C) \cap (B \times D)$

(3) $(A - B) \times (C - D) = (A \times C) - (B \times D)$

(4) $(A \cup B) \times (C \cup D) = (A \times C) \cup (B \times D)$

4. 设 A, B, C, D 为任意集合, 求证:

(1) 若 $A \subseteq C$, $B \subseteq D$, 那么 $A \times B \subseteq C \times D$。

(2) 若 $C \neq \varnothing$, $A \times C \subseteq B \times C$, 则 $A \subseteq B$。

(3) $(A \times B) - (C \times D) = ((A - C) \times B) \cup (A \times (B - D))$。

5. 证明定理 4.1.3 中的 (2)、(3)、(4)、(6)。

6. 证明定理 4.1.4 和定理 4.1.5。

7. 给定集合 $A = \{1, 2, 3\}$, R, S 均是 A 上的关系, $R = \{\langle 1, 2\rangle, \langle 2, 1\rangle\} \cup I_A$, $S = \{\langle 1, 1\rangle, \langle 2, 3\rangle\}$。

(1) 画出 R, S 的关系图;

(2) 说明 R, S 所具有的性质;

(3) 求 $R \circ S$。

8. 设 $A = \{0, 1, 2, 3, 4, 5\}$, $B = \{1, 2, 3\}$, 用列举法描述下列关系, 并作出它们的关系图及关系矩阵:

(1) $R_1 = \{\langle x, y\rangle \mid x \in A \cap B \wedge y \in A \cap B\}$

(2) $R_2 = \{\langle x, y\rangle \mid x \in A \wedge y \in B \wedge x = y^2\}$

(3) $R_3 = \{\langle x, y\rangle \mid x \in A \wedge y \in A \wedge x + y = 5\}$

(4) $R_4 = \{\langle x, y\rangle \mid x \in A \wedge y \in A \wedge \exists k(x = k \cdot y \wedge k \in \mathbf{N} \wedge k < 2)\}$

(5) $R_5 = \{\langle x, y\rangle \mid x \in A \wedge y \in A \wedge (x = 0 \vee 2x < 3)\}$

9. 设 R, S 为集合 A 上任意关系, 证明:

(1) $\mathrm{Dom}(R \cup S) = \mathrm{Dom}(R) \cup \mathrm{Dom}(S)$

(2) $\mathrm{Ran}(R \cap S) \subseteq \mathrm{Ran}(R) \cap \mathrm{Ran}(S)$

10. 设 $A = \{1, 2, 3, 4, 5\}$，A 上关系 $R = \{\langle 1, 2\rangle, \langle 3, 4\rangle, \langle 2, 2\rangle\}$，$S = \{\langle 4, 2\rangle, \langle 2, 5\rangle, \langle 3, 1\rangle, \langle 1, 3\rangle\}$。试求 $R \circ S$ 的关系矩阵。

11. 设 $A = \{1, 2, 3, 4\}$，A 上关系 $R = \{\langle 1, 4\rangle, \langle 3, 1\rangle, \langle 3, 2\rangle, \langle 4, 3\rangle\}$。求 R 的各次幂的关系矩阵。

12. 证明定理 4.3.1 中的(1)、(4)、(5)及(6)。

13. 设 $A = \{a, b, c, d\}$，A 上二元关系 R_1，R_2 分别为

$$R_1 = \{\langle b, b\rangle, \langle b, c\rangle, \langle c, a\rangle\}$$
$$R_2 = \{\langle b, a\rangle, \langle c, a\rangle, \langle c, d\rangle, \langle d, c\rangle\}$$

计算 $R_1 \circ R_2$，$R_2 \circ R_1$，R_1^2，R_2^2。

14. 设 $A = \{0, 1, 2, 3\}$，R 和 S 均是 A 上的二元关系：

$$R = \{\langle x, y\rangle \mid (y = x+1) \lor (y = x/2)\}$$
$$S = \{\langle x, y\rangle \mid (x = y+2)\}$$

(1) 用列举法表示 R，S；

(2) 说明 R，S 所具有的性质；

(3) 求 $R \circ S$。

15. 证明定理 4.3.3 中的(2)、(3)、(6)。

16. 设 R_1，R_2，R_3，R_4，R_5 都是整数集上的关系，且

$$x R_1 y \Leftrightarrow |x - y| = 1$$
$$x R_2 y \Leftrightarrow x \cdot y < 0$$
$$x R_3 y \Leftrightarrow x \mid y \quad (x \text{ 整除 } y)$$
$$x R_4 y \Leftrightarrow x + y = 5$$
$$x R_5 y \Leftrightarrow x = y^n \quad (n \text{ 是任意整数})$$

请用 T(True)和 F(False)填写表 4.1。

表 4.1

关　系	自　反	反自反	对　称	反对称	传　递
R_1					
R_2					
R_3					
R_4					
R_5					

17. 证明定理 4.4.2 和定理 4.4.6。

18. 设 $A = \{0, 1, 2, 3\}$，$R \subseteq A \times A$ 且 $R = \{\langle x, y\rangle \mid x = y \lor x + y \in A\}$。

(1) 画出 R 的关系图；

(2) 写出关系矩阵 $\boldsymbol{M}_R$；

(3) R 具有什么性质？

19. 设 A 为一集合，$|A|=n$，试计算

(1) A 上有多少种不同的自反的(反自反的)二元关系？

(2) A 上有多少种不同的对称的二元关系？

(3) A 上有多少种不同的反对称的二元关系？

20. 设 R 为 A 上的自反关系，证明：R 是传递的 iff $R \circ R = R$。并举例说明其逆不真。

21. 请判断下述的结论和理由正确吗？并说明理由。

(1) 如果 R 对称且传递，那么 R 必自反，因为由 R 对称可知 xRy 蕴含 yRx，而由 R 传递及 xRy，yRx，可知 xRx。

(2) 如果 R 反自反且传递，那么 R 必定是反对称的，因为若 R 对称可知 xRy 蕴含 yRx，而由 R 传递及 xRy，yRx，可导出 xRx，从而得到矛盾。

22. 证明：当关系 R 传递且自反时，$R^2 = R$。

23. 设 R、S、T 均是集合 A 上的二元关系，证明：若 $R \subseteq S$，则 $T \circ R \subseteq T \circ S$。

24. 设 R 为集合 A 上任一关系，求证对一切正整数 n 有

$$(I_A \cup R)^n = I_A \cup \bigcup_{i=1}^{n} R^i$$

25. 设 R 是集合 A 上的二元关系，R 在 A 上是反传递的定义为：若 $\langle x, y \rangle \in R$，$\langle y, z \rangle \in R$，则 $\langle x, z \rangle \notin R$ 即 $\forall x \forall y \forall z (xRy \wedge yRz \rightarrow \neg xRz)$。证明：$R$ 是反传递的，当且仅当 $(R \circ R) \cap R = \varnothing$。

26. 证明定理 4.5.1 中的(2)。

27. 证明定理 4.5.2 中的(1)、(3)。

28. 证明定理 4.5.3 中的(1)、(2)。

29. 证明定理 4.5.4 中的(1)、(2)及对(3)$t(R_1 \cup R_2) = t(R_1) \cup t(R_2)$ 举出反例。

30. 证明定理 4.5.5 中的(3)。

31. 设 R 是 $X = \{1, 2, 3, 4, 5\}$ 上的二元关系，$R = \{\langle 1, 2 \rangle, \langle 2, 1 \rangle, \langle 1, 5 \rangle, \langle 5, 1 \rangle, \langle 2, 5 \rangle, \langle 5, 2 \rangle, \langle 3, 4 \rangle, \langle 4, 3 \rangle\} \cup I_A$。请给出关系矩阵并画出关系图；若 R 是等价关系，则求出等价类。

32. 若 $\{\{a, c, e\}, \{b, d, f\}\}$ 是集合 $A = \{a, b, c, d, e, f\}$ 的一个划分，求其等价关系 R。

33. 若 $\{\{1, 3, 5\}, \{2, 4\}\}$ 是集合 $A = \{1, 2, 3, 4, 5\}$ 的一个划分，求其等价关系 R。

34. 设 $S = \{1, 2, 3, 4, 5\}$ 且 $A = S \times S$，在 A 上定义关系 R：$\langle a, b \rangle R \langle a', b' \rangle$ 当且仅当 $ab' = a'b$。

(1) 证明 R 是一个等价关系。

(2) 计算 A/R。

35. 设 R 是集合 A 上的二元关系，R 在 A 上是循环的充分必要条件是：若 aRb 并且 bRc，则 cRa。证明：R 为等价关系当且仅当 R 是自反的和循环的。

36. 设 R，S 为 A 上的两个等价关系，且 $R \subseteq S$。定义 A/R 上的关系 R/S：

$$\langle [x], [y] \rangle \in R/S \text{ 当且仅当 } \langle x, y \rangle \in S$$

证明：R/S 为 A/R 上的等价关系。

37. 设 $\{A_1, A_2, \cdots, A_m\}$ 为集合 A 的划分，证明：对任意集合 B，$\{A_1\cap B, A_2\cap B, \cdots, A_m\cap B\}-\{\varnothing\}$ 必为集合 $A\cap B$ 的划分。

38. 设 R_1 表示整数集上模 m_1 相等关系，R_2 表示模 m_2 相等关系，π_1，π_2 分别是 R_1，R_2 对应的划分。证明：π_1 细分于 π_2 当且仅当 m_1 是 m_2 的倍数。

39. 确定下面集合 A 上的关系 R 是不是偏序关系。

(1) $A=\mathbf{Z}$，$aRb\Leftrightarrow a=2b$

(2) $A=\mathbf{Z}$，$aRb\Leftrightarrow b^2\mid a$

(3) $A=\mathbf{Z}$，$aRb\Leftrightarrow$ 存在 k 使 $a=b^k$

(4) $A=\mathbf{Z}$，$aRb\Leftrightarrow a\leqslant b$

40. 设 $A=\{a, b, c, d, e\}$，A 上的偏序关系 $R=\{\langle c, a\rangle, \langle c, d\rangle\}\bigcup I_A$。

(1) 画出 R 的哈斯图；

(2) 求 A 关于 R 的极大元和极小元。

41. 偏序集 $\langle A, \leqslant\rangle$ 的哈斯图如图 4.1 所示。

(1) 用列举元素法求 R；

(2) 求 A 关于 R 的最大元和最小元；

(3) 求子集 $\{c, d, e\}$ 的上界和上确界；

(4) 求子集 $\{a, b, c\}$ 的下界和下确界。

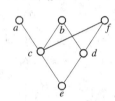

图 4.1

42. 图 4.2 为一偏序集 $\langle A, R\rangle$ 的哈斯图。

(1) 下列命题哪些为真？

aRb，dRa，cRd，cRb，bRe，aRa，eRa；

(2) 画出 R 的关系图；

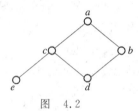

图 4.2

(3) 指出 A 的最大、最小元(如果有的话)，极大、极小元；

(4) 求出子集 $B_1=\{c, d, e\}$，$B_2=\{b, c, d\}$，$B_3=\{b, c, d, e\}$ 的上界、下界，上确界、下确界(如果有的话)。

43. 设 R 是集合 $A=\{a, b, c, d\}$ 上的偏序关系，关系矩阵为

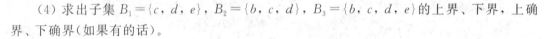

$$\begin{bmatrix} 1 & 0 & 1 & 1 \\ 0 & 1 & 1 & 1 \\ 0 & 0 & 1 & 0 \\ 0 & 0 & 0 & 1 \end{bmatrix}$$

(1) 写出 R 的表达式；

(2) 画出 R 的哈斯图；

(3) 求子集 $B=\{a, b\}$ 关于 R 的上界和上确界。

44. 对下列每一条件构造满足该条件的有限集和无限集各一个。

(1) 非空有序集，其中有子集没有最大元素。

(2) 非空有序集，其中有子集有下确界，但它没有最小元素。

(3) 非空有序集，其中有一子集存在上界，但它没有上确界。

45. 图 4.3 给出了集合 $S=\{a, b, c, d\}$ 上的四个关系图。请指出哪些是偏序关系图，哪些是全序关系图，哪些是良序关系图，并对偏序关系图画出对应的哈斯图。

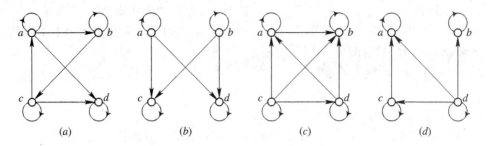

(a)　　　　　　(b)　　　　　　(c)　　　　　　(d)

图　4.3

46. 下列集合中哪些是偏序集合，哪些是全序集合，哪些是良序集合？

(1) $\langle P(N),\subseteq\rangle$

(2) $\langle P(N),\subseteq\rangle$

(3) $\langle P(\{a\}),\subseteq\rangle$

(4) $\langle P(\varnothing),\subseteq\rangle$

47. 设 R 是集合 S 上的关系，$S'\subseteq S$，定义 S' 上的关系 R' 为：$R'=R\cap(S'\times S')$。确定下述各断言的真假：

(1) 如果 R 传递，则 R' 传递。

(2) 如果 R 为偏序关系，则 R' 也是偏序关系。

(3) 如果 $\langle S,R\rangle$ 为全序集，则 $\langle S',R'\rangle$ 也是全序集。

(4) 如果 $\langle S,R\rangle$ 为良序集，则 $\langle S',R'\rangle$ 也是良序集。

48. 设 $\langle A,\leqslant\rangle$ 为一有限全序集，$|A|\geqslant 2$，R 是 $A\times A$ 上的关系，根据 R 下列各定义，确定 $\langle A\times A,R\rangle$ 是否为偏序集、全序集或良序集。设 x,y,u,v 为 A 中任意元素。

(1) $\langle x,y\rangle R\langle u,v\rangle\Leftrightarrow x\leqslant u\wedge y\leqslant v$

(2) $\langle x,y\rangle R\langle u,v\rangle\Leftrightarrow x\leqslant u\wedge x\neq u\vee(x=u\wedge y\leqslant v)$

(3) $\langle x,y\rangle R\langle u,v\rangle\Leftrightarrow x\leqslant u$

(4) $\langle x,y\rangle R\langle u,v\rangle\Leftrightarrow x\leqslant u\wedge x\neq u$

49. 指出下列各关系是否为 A 到 B 的函数：

(1) $A=B=\mathbf{N}$，$R=\{\langle x,y\rangle|x\in A\wedge y\in B\wedge x+y<100\}$

(2) $A=B=\mathbf{R}$(实数集)，$S=\{\langle x,y\rangle|x\in A\wedge y\in B\wedge y=x^2\}$

(3) $A=\{1,2,3,4\}$，$B=A\times A$，$R=\{\langle 1,\langle 2,3\rangle\rangle,\langle 2,\langle 3,4\rangle\rangle,\langle 3,\langle 1,4\rangle\rangle,\langle 4,\langle 2,3\rangle\rangle\}$

(4) $A=\{1,2,3,4\}$，$B=A\times A$，$S=\{\langle 1,\langle 2,3\rangle\rangle,\langle 2,\langle 3,4\rangle\rangle,\langle 3,\langle 2,3\rangle\rangle\}$

50. 设 $f:X\rightarrow Y$，$g:X\rightarrow Y$，求证：

(1) $f\cap g$ 为 X 到 Y 的函数当且仅当 $f=g$。

(2) $f\cup g$ 为 X 到 Y 的函数当且仅当 $f=g$。

51. 设 f 和 g 为函数，且有 $f\subseteq g$ 和 $\mathrm{Dom}(g)\subseteq\mathrm{Dom}(f)$。证明 $f=g$。

52. 证明定理 4.8.2 中的 (2)、(3)。

53. 设 $f:X\rightarrow Y$，$A\subseteq B\subseteq X$，求证 $f(A)\subseteq f(B)$。

54. 令 $f=\{\langle\varnothing,\{\varnothing,\{\varnothing\}\}\rangle,\langle\{\varnothing\},\varnothing\rangle\}$ 为一函数。计算 $f(\varnothing)$，$f(\{\varnothing\})$，$f(\{\varnothing,\{\varnothing\}\})$。

55. 设 X，Y 均是有穷集合。$|X|=n$，$|Y|=m$，分别找出从 X 到 Y 存在单射、满射、双射的必要条件。试计算集合 X 到集合 Y 有多少个不同的单射函数和多少个不同的满射函数及多少个不同的双射函数。

56. 考虑下列实数集上的函数：
$$f(x)=2x^2+1, \quad g(x)=-x+7, \quad h(x)=2^x, \quad k(x)=\sin x$$
求 $g \circ f$，$f \circ g$，$f \circ f$，$g \circ g$，$f \circ h$，$f \circ k$，$k \circ h$。

57. 设 $X=\{1,2,3\}$，请找出 X^X 中满足下列各式的所有函数。

(1) $f^2(x)=f(x)$（f 等幂）

(2) $f^2(x)=x$（f^2 为恒等函数）

(3) $f^3(x)=x$（f^3 为恒等函数）

58. 设 $A \neq \varnothing$，A，B，C 为集合。

(1) 求 $A^\varnothing$，$\varnothing^A$，$\varnothing^\varnothing$。

(2) 若 $A \subseteq B$，则 $A^C \subseteq B^C$。

59. 设 h 为 X 上的函数，证明下列条件中 (1) 与 (2) 等价，(3) 与 (4) 等价。

(1) h 为一单射。

(2) 对任意 X 上的函数 f，g，$f \circ h = g \circ h$ 蕴含 $f = g$。

(3) h 为一满射。

(4) 对任意 X 上的函数 f，g，$h \circ f = h \circ g$ 蕴含 $f = g$。

60. 设 $A=\{1,2,3\}$，作出全部 A 上的置换，并以三个函数值组成的字的字典序排列这些置换。试计算 $p_2 \circ p_3$，$p_3 \circ p_3$，$p_3 \circ p_2$，并求 x，使得 $p_3 \circ p_x = p_x \circ p_3 = i$。

61. 下列函数为实数集上的函数，如果它们可逆，请求出它们的反函数。

(1) $y=3x+1$

(2) $y=x^2-1$

(3) $y=x^2-2x$

(4) $y=\tan x+1$

62. 根据自然数集合的定义计算：

(1) $4 \cup 7$，$3 \cap 5$

(2) $6-5$，$4 \oplus 2$

(3) 2×5

63. 证明 $\{1,3,5,\cdots,2n+1,\cdots\}$ 是可数集。

64. 设 A，B 为可数集，证明：$A \times B$ 为可数集。

65. 设 $f: A \rightarrow B$ 为一满射。

(1) A 为无限集时，B 是否一定为无限集？

(2) A 为可数集时，B 是否一定为可数集？

66. 设 $f: A \rightarrow B$ 为一单射。

(1) A 为无限集时，B 是否一定为无限集？

(2) A 为可数集时，B 是否一定为可数集？

67. 证明定理 4.10.12。

68. 若 $|A|=|B|$，$|C|=|D|$，则 $|A \times C|=|B \times D|$。

第三篇

代数结构

人们研究和考察现实世界中的各种现象或过程，往往要借助某些数学工具。在代数学中，可以用正整数集合上的加法运算来描述企业产品的累计数，可以用集合之间的"并"、"交"运算来描述单位与单位之间的关系等。我们所接触过的数学结构，连续的或离散的，常常是对研究对象(自然数、实数、多项式、矩阵、命题、集合乃至图)定义种种运算(加、减、乘，与、或、非，并、交、补)，然后讨论这些对象及运算的有关性质。针对某个具体问题选用适宜的数学结构去进行较为确切的描述，这就是所谓的"数学模型"。可见，数学结构在数学模型中占有极为重要的位置。我们这里所要研究的是一类特殊的数学结构——由对象集合及运算组成的数学结构，我们通常称它为代数结构(algebra structures)。它在计算机科学中有着广泛的应用，对计算机科学的产生和发展有重大影响；反过来，计算机科学的发展对抽象代数学又提出了新的要求，促使抽象代数学不断涌现新概念，发展新理论。格和布尔代数的理论成为电子计算机硬件设计和通信系统设计中的重要工具。半群理论在自动机和形式语言研究中发挥了重要作用。关系代数理论成为最流行的数据库的理论模型。格论是计算机语言的形式语义的理论基础。抽象代数规范理论和技术广泛应用于计算机软件形式说明和开发，以及硬件体系结构设计。有限域的理论是编码理论的数学基础，在通讯中发挥了重要作用。在计算机算法设计与分析中，代数算法研究占有主导地位，因为它们便于形式描述、正确性和终止性证明以及复杂性分析。尤其值得注意的是，基于代数理论的符号计算技术和计算机代数自20世纪80年代以来在自动推理和智能教学系统研究中获得了广泛的应用，由此形成的自动定理证明的代数方法与传统方法比较具有明显的优越性，使得用计算机实际证明数学定理和发现新的数学结果成为可能。

代数系统的理论是离散数学的重要组成部分之一。本篇将介绍代数系统的最基本概念和最基本理论，以及几类常用的代数系统，它们是：半群、幺半群、群、阿贝尔群、循环群、环、域、格和布尔代数。

第五章 代数系统的基本概念

前两章已经给出了集合和函数的概念，使用这些概念可以定义集合上的运算。一般说来，集合和它上面的运算都遵从某些规律——算律，这就构成了代数系统。本章讨论代数系统的基本概念和基本性质，而把对各种类型的代数结构的深入讨论留在下一章进行。

5.1 二元运算及其性质

集合中的代数运算实质上是集合中的一类函数。

定义 5.1.1 设 A 是集合，函数 $f: A^n \rightarrow A$ 称为集合 A 上的 n 元代数运算(operators)，整数 n 称为运算的阶(order)。

当 $n=1$ 时，$f: A \rightarrow A$ 称为集合 A 中的一元运算。

当 $n=2$ 时，$f: A \times A \rightarrow A$ 称为集合 A 中的二元运算。

一般地，二元运算用算符 $\circ$，$*$，$\cdot$，$\triangle$，$\diamondsuit$ 等等表示，并将其写于两个元素之间，如 $\mathbf{Z} \times \mathbf{Z} \rightarrow \mathbf{Z}$ 的加法：

$$F(\langle 2, 3 \rangle) = +(\langle 2, 3 \rangle) = 2+3 = 5$$

注意到 $\operatorname{Ran} f \subseteq A$，即运算结果是 A 中的元素，这称为运算的封闭性。另外，运算是函数，要具备函数所具有的对每一个自变元有唯一的像的特性。

【例 5.1.1】 下面均是一元运算的例子。

(1) 在 $\mathbf{Z}$ 集合上(或 $\mathbf{Q}$，或 $\mathbf{R}$)，$f: \mathbf{Z} \rightarrow \mathbf{Z}$，$\forall x \in \mathbf{Z}$，$f(x) = -x$。

(2) 在 $A = \{0, 1\}$ 集合上，$f: A \rightarrow A$，$\forall p \in A$，$f(p) = \neg p$，$\neg$ 表示否定。

(3) 在 $\mathbf{R}_+$ 集合上，$f: \mathbf{R}_+ \rightarrow \mathbf{R}_+$，$\forall x \in \mathbf{R}_+$，$f(x) = \dfrac{1}{x}$(但在 $\mathbf{R}$ 上，倒数不是一元运算，因为 0 无像)。

【例 5.1.2】 下面均是二元运算的例子。

(1) 在 $\mathbf{Z}$ 集合上(或 $\mathbf{Q}$，或 $\mathbf{R}$)，$f: \mathbf{Z} \times \mathbf{Z} \rightarrow \mathbf{Z}$，$\forall \langle x, y \rangle \in \mathbf{Z}^2$，$f(\langle x, y \rangle) = x+y$(或 $f(\langle x, y \rangle) = x-y$ 或 $f(\langle x, y \rangle) = x \cdot y$)，如 $f(\langle 2, 3 \rangle) = 5$。

注意 在 $\mathbf{N}$ 集合上，"减法"因其不封闭性，而不是 $\mathbf{N}$ 上的二元运算。

(2) A 为集合，$P(A)$ 为其幂集。$f: P(A) \times P(A) \rightarrow P(A)$。$f$ 可以是 $\cap$、$\cup$、$-$、$\oplus$。

(3) $A = \{0, 1\}$。$f: A \times A \rightarrow A$。$f$ 可以是 $\wedge$、$\vee$、$\rightarrow$、$\leftrightarrow$。

(4) $A^A = \{f | f: A \rightarrow A\}$。"$\circ$(复合)"是 A^A 上的二元运算。

当 A 是有穷集合时，运算可以用运算表给出。如 $A=\{0,1,2,3,4,5\}$，二元运算"∘"的定义见表 5.1.1。

表 5.1.1

∘	0	1	2	3	4	5
0	0	0	0	0	0	0
1	0	1	2	0	1	2
2	0	2	1	0	2	1
3	0	0	0	0	0	0
4	0	1	2	0	1	2
5	0	2	1	0	2	1

表 5.1.2

*	0	1
0	0	0
1	0	1

事实上，对于表 5.1.1，通过观察我们可看出其运算为

$$\circ(\langle x,y\rangle)=x\cdot y(\bmod 3)$$

其中，"·"是普通乘法。

而对于表 5.1.2，此时的"*"运算应是在集合 $\{0,1\}$ 上的 $\wedge$（逻辑合取运算符）。

下面介绍二元运算的性质。

定义 5.1.2 设 $*$，$\circ$ 均为集合 S 上的二元运算。

(1) 若 $\forall x\forall y\forall z(x,y,z\in S\rightarrow x*(y*z)=(x*y)*z)$，则称"$*$"运算满足结合律。

(2) 若 $\forall x\forall y(x,y\in S\rightarrow x*y=y*x)$，则称"$*$"运算满足交换律。

(3) 若 $\forall x\forall y\forall z(x,y,z\in S\rightarrow x*(y\circ z)=(x*y)\circ(x*z))$，则称"$*$"运算对 $\circ$ 运算满足左分配律；若 $\forall x\forall y\forall z(x,y,z\in S\rightarrow(y\circ z)*x=(y*x)\circ(z*x))$，则称"$*$"运算对 $\circ$ 运算满足右分配律。若二者均成立，则称"$*$"运算对"$\circ$"运算满足分配律。

(4) 设 $*$，$\circ$ 均可交换，若 $\forall x$，$\forall y\in A$，有

$$x*(x\circ y)=x$$
$$x\circ(x*y)=x$$

则称"$*$"运算和"$\circ$"运算满足吸收律。

(5) 若 $\forall x(x\in A,x*x=x)$，则称"$*$"运算满足幂等律。

【例 5.1.3】 加法、乘法运算是自然数集上的二元运算，减法和除法便不是。但是减法是有理数集、实数集上的二元运算，除法却仍不是。加法、乘法满足结合律、交换律，乘法对加法、减法满足分配律，减法不满足这些定律。乘法"·"对加法"+"运算满足分配律（对"−"也满足）。但加法"+"对乘法"·"运算不满足分配律。

【例 5.1.4】 设 A 是集合，在 A 的幂集 $P(A)$ 上的二元运算并 $\bigcup$、交 $\bigcap$ 满足交换律、结合律、吸收律、幂等律且彼此满足分配律。

【例 5.1.5】 设 $A=\{a,b\}$，A 上的运算 $*$、$\circ$ 分别如表 5.1.3 和表 5.1.4 所示。

表 5.1.3

*	a	b
a	a	b
b	b	a

表 5.1.4

∘	a	b
a	a	a
b	a	a

解 从 * 运算表可知，* 是可交换的。因为

$$(a*a)*b=a*b=b \qquad\qquad a*(a*b)=a*b=b$$

$$(a*b)*b=b*b=a \qquad\qquad a*(b*b)=a*a=a$$

所以 * 是可结合的。

从。运算表可知，。是可交换的。因为

$$(a\circ a)\circ b=a\circ b=a \qquad\qquad a\circ(a\circ b)=a\circ a=a$$

$$(a\circ b)\circ b=a\circ b=a \qquad\qquad a\circ(b\circ b)=a\circ b=a$$

所以。是可结合的。

(1) $b\circ(a*b)=b\circ b=b \qquad\qquad (b\circ a)*(b\circ b)=a*b=b$

(2) $a\circ(a*b)=a\circ b=a \qquad\qquad (a\circ a)*(a\circ b)=a*a=a$

$\quad\ \ b\circ(a*a)=b\circ a=a \qquad\qquad (b\circ a)*(b\circ a)=a*a=a$

$\quad\ \ b\circ(b*b)=b\circ a=a \qquad\qquad (b\circ b)*(b\circ b)=b*b=a$

$\quad\ \ a\circ(a*a)=a\circ a=a \qquad\qquad (a\circ a)*(a\circ a)=a*a=a$

$\quad\ \ a\circ(b*b)=a\circ a=a \qquad\qquad (a\circ b)*(a\circ b)=a*a=a$

所以。对 * 是可分配的。(由于。运算满足交换律成立，因此右分配也成立。)

(3) $b*(a\circ b)=b*a=b \qquad\qquad (b*a)\circ(b*b)=b\circ a=a$

故 * 对。是不可分配的。

又由 $a*(a\circ b)=a*a=a$ 及上面(1)、(2)、(3)式可知。和 * 满足吸收律。

由运算表可知，。满足幂等律，而 * 不满足幂等律。

下面我们来定义与集合 A 中的二元运算有关的集合 A 中的特异元素。

定义 5.1.3 设 * 是集合 S 中的一种二元运算，如果存在 $e_r\in S(e_l\in S)$ 且对任意元素 $x\in S$ 均有 $x*e_r=x(e_l*x=x)$，则称元素 $e_r(e_l)$ 为 S 中关于运算 * 的右幺元(左幺元)或右单位元(左单位元)。

定理 5.1.1 设 * 是 S 中的二元运算且 e_r 与 e_l 分别是对于 * 的右幺元和左幺元，则 $e_r=e_l=e$，使对任意元素 $x\in S$ 有 $x*e=e*x=x$，称元素 e 为关于运算 * 的幺元(identity elements)且唯一。

证明 因为 e_r 和 e_l 分别是 * 的右幺元和左幺元，故有 $e_l*e_r=e_l$，$e_l*e_r=e_r$，所以 $e_r=e_l$。令其为 e，有

$$x*e=e*x=x$$

设另有一幺元为右幺元 e'，那么

$$e=e*e'=e'$$

故 e 对 * 是唯一的幺元。   证毕

显然，对于可交换的二元运算来说，左幺元即为右幺元，反之亦然。因此对于可交换的二元运算，左(右)幺元即幺元。

另外，我们必须强调是对哪一个运算而言的幺元。

【例 5.1.6】 在实数集 **R** 中，对加法"＋"运算，0 是幺元；

在实数集 **R** 中，对乘法"×"运算，1 是幺元；

对于全集 E 的子集的并"∪"运算，∅ 是幺元；

对于全集 E 的子集的交"∩"运算，E 是幺元；

在命题集合中，对于析取"∨"运算，矛盾式是幺元；

在命题集合中，对于合取"∧"运算，重言式是幺元；

在 $A^A = \{f \mid f : A \to A\}$ 中，对于复合"∘"运算，I_A 是幺元。

定义 5.1.4 设 $*$ 是集合 S 中的一种二元运算，如果存在 $\theta_r \in S (\theta_l \in S)$ 且对任意元素 $x \in S$ 均有 $x * \theta_r = \theta_r (\theta_l * x = \theta_l)$，则称元素 $\theta_r (\theta_l)$ 是 S 中关于运算 $*$ 的右零元（左零元）。

定理 5.1.2 设 $*$ 是 S 中的二元运算且 θ_r 与 θ_l 分别是对于 $*$ 的右零元和左零元，则 $\theta_r = \theta_l = \theta$，使对任意元素 $x \in S$ 有 $x * \theta = \theta * x = \theta$，称元素 θ 是 S 中关于运算 $*$ 的零元（zero）且唯一。

证明 因为 θ_r 和 θ_l 分别是 $*$ 的右零元和左零元，故有 $\theta_l * \theta_r = \theta_l$，$\theta_l * \theta_r = \theta_r$，所以 $\theta_r = \theta_l$。令其为 θ，有

$$x * \theta = \theta * x = \theta$$

设另有一零元为右零元 θ'，那么

$$\theta = \theta * \theta' = \theta'$$

故 θ 对 S 中的 $*$ 运算是唯一的零元。 证毕

同样，需强调零元是针对于哪个运算的。

【例 5.1.7】 在实数集 $\mathbf{R}$ 中，对加法"$+$"运算，没有零元；

在实数集 $\mathbf{R}$ 中，对乘法"$\times$"运算，0 是零元；

对于全集 E 的子集的并"$\cup$"运算，E 是零元；

对于全集 E 的子集的交"$\cap$"运算，$\varnothing$ 是零元；

在命题集合中，对于析取"$\vee$"运算，重言式是零元；

在命题集合中，对于合取"$\wedge$"运算，矛盾式是零元。

【例 5.1.8】 设 $S = \{a, b, c\}$，S 上 $*$ 运算由运算表（如表 5.1.5 所示）确定，那么 b 是右零元，a 是幺元。

我们注意到，关于同一运算可能同时有幺元和零元，甚至可能有这样的元素，它关于同一运算既是左（右）幺元，又是右（左）零元，例如表 5.1.5 第一行（不计表头）改为三个 a 时，那么 $*$ 运算有左零元 a 和右幺元 a。

表 5.1.5

$*$	a	b	c
a	a	b	c
b	b	b	c
c	c	b	b

我们强调以下几点：

(1) 左、右幺元，幺元，左、右零元，零元都是常元。

(2) 左、右幺元，幺元，左、右零元，零元都是依赖于运算的。例如，在代数结构 $\langle \mathbf{N}, +, \cdot \rangle$ 中，0 关于数加 $+$ 是幺元，关于数乘 $\cdot$ 是零元；1 关于 $\cdot$ 是幺元，关于 $+$ 则既非幺元又非零元。又如在 $P(A)$ 中，$\varnothing$ 是关于 $\cup$ 的幺元，是关于 $\cap$ 的零元；A 是关于 $\cup$ 的零元，又是关于 $\cap$ 的幺元。

(3) 今后，在不致造成混淆时，特殊元素是关于什么运算的不再一一指出，但当有两个或两个以上的运算时仍将对此作出申明。这时，常常出现这样的情况，一个运算与数加的性质接近，另一个运算与数乘的性质接近，为了简明、直观，我们把前一种运算叫做加法运算，关于它的幺元、零元称为加法幺元、加法零元；常把后一种运算叫做乘法运算，关

于它的幺元、零元称为乘法幺元、乘法零元。例如，在 $\langle P(A)，\bigcup，\bigcap\rangle$ 中可称 $\varnothing$ 为 $P(A)$ 的加法幺元、乘法零元，称 A 为 $P(A)$ 的乘法幺元、加法零元。

定义 5.1.5 设 $*$ 是集合 S 中的一种二元运算，且 S 中对于 $*$ 有 e 为幺元，x，y 为 S 中元素。若 $x*y=e$，那么称 x 为 y 的左逆元，y 为 x 的右逆元，若 x 对于 $*$ 运算既有左逆元又有右逆元，则称 x 是左、右可逆的。若 x 左右均可逆，称 x 可逆。

显然对于二元运算 $*$，若 $*$ 是可交换的，则任何左(右)可逆的元素均可逆。

定理 5.1.3 设 $*$ 是集合 S 中的一个可结合的二元运算，且 S 中对于 $*$ 有 e 为幺元，若 $x\in S$ 是可逆的，则其左、右逆元相等，记作 x^{-1}，称为元素 x 对运算 $*$ 的逆元(inverse elements)且是唯一的。(x 的逆元通常记为 x^{-1}；但当运算被称为"加法运算"(记为＋)时，x 的逆元可记为 $-x$。)

证明 设 x_r 和 x_l 分别是 x 对 $*$ 运算的右逆元和左逆元，故有

$$x_l*x=x*x_r=e$$

由于 $*$ 可结合，于是

$$x_l=x_l*e=x_l*(x*x_r)=(x_l*x)*x_r=e*x_r=x_r$$

故 $x_l=x_r$。

假设 x_1^{-1}，x_2^{-1} 均是 x 对 $*$ 的逆元，则

$$x_1^{-1}=x_1^{-1}*e=x_1^{-1}*(x*x_2^{-1})=(x_1^{-1}*x)*x_2^{-1}=e*x_2^{-1}=x_2^{-1}$$

由 $x_1^{-1}=x_2^{-1}$，故唯一性成立。

由逆元定义知，若 x^{-1} 存在，则 $x^{-1}*x=x*x^{-1}=e$。 证毕

定理 5.1.4 设 $*$ 是集合 S 中的一个可结合的二元运算，且 e 为 S 中对于 $*$ 的幺元，x 有逆元 x^{-1}，则 $(x^{-1})^{-1}=x$。

证明 $(x^{-1})^{-1}=(x^{-1})^{-1}*e=(x^{-1})^{-1}*(x^{-1}*x)=((x^{-1})^{-1}*x^{-1})*x=e*x=x$。 证毕

由以上讨论可得结论：

(1) $e^{-1}=e$。

(2) 并非每个元素均可逆。

【例 5.1.9】

(1) 在自然数集合 $\mathbf{N}$ 上，对于数乘"·"运算，只有数 1 有逆元 1，对于数加"＋"运算，只有数 0 有逆元 0。总之，任何代数结构其幺元恒有逆元，逆元为其自身。

(2) 在整数集合 $\mathbf{I}$ 上(＋，·的定义同上)，$\mathbf{I}$ 上每个元素均有加法逆元，但除 1 以外的数都没有乘法逆元。对任意 $x\in\mathbf{I}$，x 的逆元是 $-x$。

(3) 在有理数集合 $\mathbf{Q}$ 上(＋，·的定义同上)，$\mathbf{Q}$ 上每个元素 x，都有加法逆元 $-x$，除 0 以外的每个元素 x 都有乘法逆元 $x^{-1}=1/x$。

(4) 在 $P(A)$ 中，对于 $\bigcup$ 运算，其幺元为 $\varnothing$，每个元素 $B(B\neq\varnothing)$ 均无逆元；对于 $\bigcap$ 运算，其幺元为 A，每个元素 $B(B\neq A)$ 均无逆元。

(5) 在集合 A^A(其中 $A^A=\{f|f:A\rightarrow A\}$)中，$\circ$ 为函数的合成运算，恒等函数 I_A 为幺元，从而 A 中所有双射函数都有逆元，所有单射函数都有左逆元，所有满射函数都有右逆元。

定理 5.1.5 设 * 是 S 上的二元运算，e 为幺元，θ 为零元，并且 $|S| \geqslant 2$，那么 θ 无左（右）逆元。

证明 首先证 $\theta \neq e$，否则 $\theta = e$，则 S 中另有元素 a，a 不是幺元和零元，从而

$$\theta = \theta * a = e * a = a$$

与 a 不是零元矛盾，故 $\theta \neq e$ 得证。

再用反证法证 θ 无左（右）逆元，即可设 θ 有左（右）逆元 x，那么

$$\theta = x * \theta = e \qquad (\theta = \theta * x = e)$$

与 $\theta \neq e$ 矛盾，故 θ 无左（右）逆元。得证。 **证毕**

注意 逆元是对某个元素而言的，它并不是常元，它不仅依赖于运算，而且更依赖于是哪个元素的逆元。

【例 5.1.10】 有理数集合 **Q** 上的加法"＋"运算与乘法"·"运算，10 的加法逆元是 -10，乘法逆元是 $1/10$；而 -10 的加法逆元是 10，乘法逆元是 $-1/10$。

当一个集合中每一元素都有逆元时，可以认为该集合上定义了一个一元求逆运算。与逆元概念密切相关的是可约性概念。

定义 5.1.6 设 * 是集合 S 中的一个二元运算，$a \in S$，$a \neq \theta$，如果 a 满足：对任意 $x, y \in S$ 均有

$$a * x = a * y \Rightarrow x = y \tag{1}$$
$$x * a = y * a \Rightarrow x = y \tag{2}$$

则称元素 a 对 * 是可约（可消去）的（cancelable），当 a 满足（1）式时，也称 a 是左可约（左可消去）的，当 a 满足（2）式时，也称 a 是右可约（右可消去）的。

特别地，若对任意 $x, y, z \in S$，有

$$(x * y = x * z) \wedge x \neq \theta \Rightarrow y = z$$
$$(y * x = z * x) \wedge x \neq \theta \Rightarrow y = z$$

则称运算 * 满足消去律（可约律）。

定理 5.1.6 若 * 是 S 中满足结合律的二元运算，且元素 a 有逆元（左逆元，右逆元），则 a 必定是可约的（左可约的，右可约的）。

证明 设 a 的逆元为 a^{-1}，对任意元素 $x, y \in S$，设 $a * x = a * y$ 及 $x * a = y * a$，可得

$$a^{-1} * (a * x) = a^{-1} * (a * y) \qquad (x * a) * a^{-1} = (y * a) * a^{-1}$$

即 $\qquad (a^{-1} * a) * x = (a^{-1} * a) * y \qquad x * (a * a^{-1}) = y * (a * a^{-1})$

均可推得 $x = y$。因此，a 是可约的。 **证毕**

注意 定理 5.1.6 的逆并不成立。即 a 可约推不出 a 可逆。例如整数集合 **I** 中的乘法运算 $\times$，任一非零元素 a 均可约，但 a 除 1 外其余元素均无逆元。

当 S 是有穷集合时，其上的二元运算常可用运算表给出，运算的一些性质可直接由运算表看出。

（1）二元运算满足可交换性的充分必要条件是运算表关于主对角线对称。

（2）二元运算满足幂等性的充分必要条件是运算表主对角线上的每个元素与它所在行、列的表头元素相同。

（3）二元运算有幺元的充分必要条件是该元素对应的行和列依次与该表表头的行、列相一致。

（4）二元运算有零元的充分必要条件是运算表中该元素所对应的行、列元素均与该元素相同。

（5）二元运算中 a 与 b 互为逆元素的充分必要条件是运算表中位于 a 所在行、b 所在列的元素及 b 所在行、a 所在列的元素都是幺元。

【例 5.1.11】 $\mathbf{N}_4$ 是整数中模 4 同余产生的等价类集合，$\mathbf{N}_4 = \{[0], [1], [2], [3]\}$，$\mathbf{N}_4$ 上运算 $+_4$，$\times_4$ 定义为

$$[m] +_4 [n] = [(m+n) \bmod 4] \qquad [m] \times_4 [n] = [(m \cdot n) \bmod 4]$$

其中 $m, n \in \{0, 1, 2, 3\}$，运算表如表 5.1.6、5.1.7 所示。

表 5.1.6

$+_4$	[0]	[1]	[2]	[3]
[0]	[0]	[1]	[2]	[3]
[1]	[1]	[2]	[3]	[0]
[2]	[2]	[3]	[0]	[1]
[3]	[3]	[0]	[1]	[2]

表 5.1.7

$\times_4$	[0]	[1]	[2]	[3]
[0]	[0]	[0]	[0]	[0]
[1]	[0]	[1]	[2]	[3]
[2]	[0]	[2]	[0]	[2]
[3]	[0]	[3]	[2]	[1]

解 由表 5.1.6 可知，[0] 为幺元，$[1]^{-1} = [3]$，$[2]^{-1} = [2]$，无零元。

由表 5.1.7 可知，[1] 为幺元，$[3]^{-1} = [3]$，[0]、[2] 无逆元，[0] 为零元。

5.2 代 数 系 统

什么是代数系统？

粗略地说，代数系统是由一个特定的集合，以及定义于该集合上的若干"运算"所组成的。换言之，它是一个"有组织的集合"。现代科学在研究各种不同的现象时，为了探索它们之间的共同特点，常常利用代数系统这个框架研究，以得出深刻的结果。目前，代数系统的理论已经在理论物理、生物学、计算机科学以及社会科学中得到广泛的应用。

定义 5.2.1 代数结构是由以下三个部分组成的数学结构：

（1）非空集合 S。

（2）集合 S 上的若干运算。

（3）一组刻画集合上各运算所具有的性质。

代数结构常用一个多元序组 $\langle S, \triangle, *, \cdots \rangle$ 来表示，其中 S 是集合，$\triangle$，$*$，$\cdots$ 为各种运算。S 称为基集，各运算组成的集合称为运算集，代数结构也称为代数系统。

【例 5.2.1】

（1）以实数集 $\mathbf{R}$ 为基集，数加运算"$+$"为二元运算，组成一代数系统，记为 $\langle \mathbf{R}, + \rangle$。

（2）以全体 $n \times n$ 实数矩阵组成的集合 M 为基集，矩阵加"$\circ$"为二元运算，组成一代数系统，记为 $\langle M, \circ \rangle$。

（3）以集合 A 的幂集 $P(A)$ 为基集，以集合并、交、补为其二元运算和一元运算，组成一代数结构，记为 $\langle P(A), \cup, \cap, \sim \rangle$。有时为了突出全集 E 及空集 $\varnothing$ 在 $P(A)$ 中的特殊地位，也可将这一代数结构记为 $\langle P(A), \cup, \cap, \sim, A, \varnothing \rangle$。这个系统就是常说的幂集代

数系统。

以上的(1),(2),(3)均称为具体代数系统,其运算满足的性质未列出。

(4) 设 S 为一非空集合,$*$ 为 S 上满足结合律、交换律的二元运算,那么 $\langle S,*\rangle$ 为代数结构,称为一个抽象代数系统,即一类具体代数结构的抽象。例如 $\langle R,+\rangle$,$\langle M,\circ\rangle$,$\langle P(A),\bigcup\rangle$,$\langle P(A),\bigcap\rangle$ 都是 $\langle S,*\rangle$ 的具体例子。

(5) $\langle \mathbf{R},+,-,\times\rangle$,$\langle \mathbf{Z},+,-,\times\rangle$ 均是代数系统,但我们不能写 $\langle \mathbf{Z},\div\rangle$,$\langle \mathbf{R},\div\rangle$,$\langle \mathbf{N},-\rangle$,因为它们不是代数系统,它们的运算不封闭。

注意 代数系统 $\langle S,\Delta,*,\cdots,\circ\rangle$ 中的这些代数运算可以是不同阶的,但我们讨论的一般是一、二阶(一元、二元)运算。

由上节可知,某些代数系统中存在着一些特异元素,它们对系统中的运算起着重要的作用,如幂集代数中的 $\varnothing$ 和全集 E,命题代数中的重言式和矛盾式,二元运算的幺元和零元等,我们称这些元素为该系统的特异元素或代数常数。有时为了强调它们的特殊地位,也可将它们列入这种代数系统的多元序组的末尾,如 $\langle P(A),\bigcup,\bigcap,\sim,A,\varnothing\rangle$。

定义 5.2.2 如果两个代数系统中运算的个数相同,对应的阶数也相同,且代数常数的个数也相同,则称这两个代数系统具有相同的构成成分,也称它们是同类型的代数系统。

例如命题代数与幂集代数:$\langle P(A),\bigcup,\bigcap,\sim,A,\varnothing\rangle$ 与 $\langle R,+,\times,-,0,1\rangle$(这里"$-$"指一元运算——相反数)。

定义 5.2.3 设 $*$ 是 S 上的 n 元运算($n=1,2,\cdots$),$T\subseteq S$,如果对任意元素 $x_1,x_2,\cdots,x_n\in T$,$*(x_1,x_2,\cdots,x_n)\in T$,称 $*$ 运算对 T 封闭(closed)。

【例 5.2.2】 设 E 为非负偶数集,M 为非负奇数集,那么定义于 $\mathbf{N}$ 上的数加运算对 E 封闭,对 M 不封闭,数乘运算对 E 和 M 都封闭。

定义 5.2.4 设 $\langle S,*\rangle$ 是代数系统,如果有非空集合 T 满足

(1) $T\subseteq S$,

(2) 运算 $*$ 对 T 封闭,

则称 $\langle T,*\rangle$ 为代数系统 $\langle S,*\rangle$ 的子代数系统,或子代数(subalgebra)。

根据定义,子代数必为一代数系统,$*$ 运算所满足的性质显然在子代数中仍能得到满足。

注意 由于 T 只是 S 的子集,S 中关于 $*$ 运算的特殊元素,T 中未必仍然具有。

常把 $\langle S,*\rangle$ 叫做 $\langle S,*\rangle$ 的平凡子代数;若 S 含幺元 e,那么也把 $\langle \{e\},*\rangle$ 叫做 $\langle S,*,e\rangle$ 的平凡子代数。若 T 是 S 的真子集,则 T 构成的子代数称为 S 的真子代数。

【例 5.2.3】 在例 5.2.2 中,对 $\langle \mathbf{N},+\rangle$ 而言,$\langle E,+\rangle$ 为其子代数,$\langle \mathbf{N},+\rangle$,$\langle \{0\},+\rangle$ 为其平凡子代数,$\langle M,+\rangle$ 不构成其子代数。

5.3 代数系统的同态与同构

本节将讨论代数系统之间的联系,研究两个同类型的代数系统之间的关系,即同态与同构。同态与同构映射是研究代数系统的重要工具。两个看起来似乎不同的代数系统,往

往具有一些共同的性质，或进一步它们还会有相同的结构，仅仅是元素的名称和标记运算用的符号不同而已。在这种情况下，对其中一个代数系统所得的结论，在改变符号之后，对另一个代数系统也有效。由于我们只讨论含一元运算、二元运算的代数系统，因此下文（直至本章末）常用 $\langle S, * \rangle$ 表示一个一般的代数系统，$*$ 表示二元运算。为简明起见，有时也仅用基集 S 表示一个代数系统。

定义 5.3.1 设 $\langle S, * \rangle$ 及 $\langle T, \circ \rangle$ 均为代数系统，如果函数 $f: S \rightarrow T$ 对 S 中任何元素 a, b，有

$$f(a * b) = f(a) \circ f(b)$$

称函数 f 为（代数系统 S 到 T 的）同态映射，或同态（homomorphism），当同态 f 为单射时，又称 f 为单一同态；当 f 为满射时，又称 f 为满同态；当 f 为双射时，又称 f 为同构映射，或同构（isomorphism）。当两个代数系统间存在同构映射时，也称这两个代数系统同构，记为 $S \cong T$。当 f 为 $\langle S, * \rangle$ 到 $\langle S, * \rangle$ 的同态（同构）时，称 f 为 S 的自同态（自同构）。

$f(a * b) = f(a) \circ f(b)$ 称为同态 f 的同态方程。

【例 5.3.1】

(1) 设 $f: \mathbf{R} \rightarrow \mathbf{R}$ 为 $f(x) = e^x$（$\mathbf{R}$ 为实数集），那么，f 为 $\langle \mathbf{R}, + \rangle$ 到 $\langle \mathbf{R}, \cdot \rangle$ 的同态。因为对任意实数 x, y，有

$$f(x+y) = e^{x+y} = e^x \cdot e^y = f(x) \cdot f(y)$$

由 f 的定义还可知 f 为单一同态。

但是当 $f: \mathbf{R} \rightarrow \mathbf{R}_+$ 为 $f(x) = e^x$（$\mathbf{R}_+$ 为正实数集），那么 f 为 $\langle \mathbf{R}, + \rangle$ 到 $\langle \mathbf{R}_+, \cdot \rangle$ 的同构映射，换言之，$\langle \mathbf{R}, + \rangle$ 与 $\langle \mathbf{R}_+, \cdot \rangle$ 同构。

(2) 设 $h: \mathbf{R} \rightarrow \mathbf{R}$ 为 $h(x) = 2x$，那么 h 为 $\langle \mathbf{R}, + \rangle$ 到 $\langle \mathbf{R}, + \rangle$ 的自同态，因为对任何实数 x, y，有

$$h(x+y) = 2(x+y) = 2x + 2y = h(x) + h(y)$$

并且 h 为自同构。

识别和证明两个代数系统是否同构是十分重要的代数学基本技能。

【例 5.3.2】 有代数系统 $\langle \mathbf{Z}, \cdot \rangle$ 和代数系统 $\langle B, \odot \rangle$，其中 $\cdot$ 是普通乘法，$\odot$ 定义见表 5.3.1，$B = \{1, 0, -1\}$。定义映射 $f: \mathbf{Z} \rightarrow B$，$\forall n \in \mathbf{Z}$，

$$f(n) = \begin{cases} 1 & n > 0 \\ 0 & n = 0 \\ -1 & n < 0 \end{cases}$$

表 5.3.1

$\odot$	1	0	-1
1	1	0	-1
0	0	0	0
-1	-1	0	1

则 $\forall a, b \in \mathbf{Z}$，有

$$f(a \cdot b) = \begin{cases} 1 & a, b \text{ 同正或同负} \\ 0 & a, b \text{ 至少有一个为 } 0 \\ -1 & a, b \text{ 异号} \end{cases}$$

$$f(a) \odot f(b) = \begin{cases} 1 & f(a) = f(b) \neq 0 \\ 0 & f(a), f(b) \text{ 至少有一个为 } 0 \\ -1 & f(a) \neq f(b) \text{ 且非 } 0 \end{cases} = \begin{cases} 1 & a, b \text{ 同正或同负} \\ 0 & a, b \text{ 至少有一为 } 0 \\ -1 & a, b \text{ 异号} \end{cases}$$

所以 $f(a \cdot b) = f(a) \odot f(b)$。$f$ 是 $\langle \mathbf{Z}, \cdot \rangle$ 到 $\langle B, \odot \rangle$ 的同态，且 $f(\mathbf{Z}) = B$。

需要指出的是，同态映射并不是唯一的。如例 5.3.1 中（1）的同态映射可取不同的底数。

【例 5.3.3】 设 $A=\{a,b,c,d\}$，$B=\{0,1,2,3\}$，$*$，$+_4$ 定义见表 5.3.2 和 5.3.3。证明：$\langle A,*\rangle$ 和 $\langle B,+_4\rangle$ 是同构的。

<table>
<tr><td colspan="5">表 5.3.2</td></tr>
<tr><td>$*$</td><td>a</td><td>b</td><td>c</td><td>d</td></tr>
<tr><td>a</td><td>a</td><td>b</td><td>c</td><td>d</td></tr>
<tr><td>b</td><td>b</td><td>c</td><td>d</td><td>a</td></tr>
<tr><td>c</td><td>c</td><td>d</td><td>a</td><td>b</td></tr>
<tr><td>d</td><td>d</td><td>a</td><td>b</td><td>c</td></tr>
</table>

<table>
<tr><td colspan="5">表 5.3.3</td></tr>
<tr><td>$+_4$</td><td>0</td><td>1</td><td>2</td><td>3</td></tr>
<tr><td>0</td><td>0</td><td>1</td><td>2</td><td>3</td></tr>
<tr><td>1</td><td>1</td><td>2</td><td>3</td><td>0</td></tr>
<tr><td>2</td><td>2</td><td>3</td><td>0</td><td>1</td></tr>
<tr><td>3</td><td>3</td><td>0</td><td>1</td><td>2</td></tr>
</table>

证明 设 $f:A\rightarrow B$，$f(a)=0$，$f(b)=1$，$f(c)=2$，$f(d)=3$。

显然 f 是双射，又 $*$，$+_4$ 均是可交换的。

$$f(a*b)=f(b)=1 \qquad f(a)+_4 f(b)=0+_4 1=1$$
$$f(a*c)=f(c)=2 \qquad f(a)+_4 f(c)=0+_4 2=2$$
$$f(a*d)=f(d)=3 \qquad f(a)+_4 f(d)=0+_4 3=3$$
$$f(a*a)=f(a)=0 \qquad f(a)+_4 f(a)=0+_4 0=0$$
$$f(b*b)=f(c)=2 \qquad f(b)+_4 f(b)=1+_4 1=2$$
$$f(b*c)=f(d)=3 \qquad f(b)+_4 f(c)=1+_4 2=3$$
$$f(b*d)=f(a)=0 \qquad f(b)+_4 f(d)=1+_4 3=0$$
$$f(c*c)=f(a)=0 \qquad f(c)+_4 f(c)=2+_4 2=0$$
$$f(c*d)=f(b)=1 \qquad f(c)+_4 f(d)=2+_4 3=1$$
$$f(d*d)=f(c)=2 \qquad f(d)+_4 f(d)=3+_4 3=2$$

故 f 是 $\langle A,*\rangle$ 到 $\langle B,+_4\rangle$ 的同构。   证毕

同构是一个重要的概念，由上例可以说明不同形式的代数系统，如果它们之间存在同构，可以抽象地将它们看为本质上是一样的代数系统，不同之处只是所使用的符号不一样。

注意到例 5.3.3 中，A 对于 $*$ 运算，a 是幺元，b、d 互逆，a、c 均以自身为逆元；B 对于 $+_4$ 运算，$0(=f(a))$ 是幺元，$1(=f(b))$、$3(=f(d))$ 互逆，$0(=f(a))$、$2(=f(c))$ 均以自身为逆元。

由此猜想：同态保持性质，并把幺元映射成幺元。

为了进一步讨论同态的性质，我们引入同态像的概念。

定义 5.3.2 设 f 为代数系统 $\langle S,*\rangle$ 到 $\langle T,\circ\rangle$ 的同态映射，那么称 $f(S)$ 为 f 的同态像（image under homomorphism）。

定理 5.3.1 设 f 为代数系统 $\langle S,*\rangle$ 到 $\langle T,\circ\rangle$ 的同态，那么同态像 $f(S)$ 与 $\circ$ 构成 $\langle T,\circ\rangle$ 的一个子代数。

证明 只要证 $f(S)$ 对运算 $\circ$ 封闭即可。为此设 a'，b' 为 $f(S)$ 中任意两个元素，且 $f(a)=a'$，$f(b)=b'$，那么

$$a' \circ b' = f(a) \circ f(b) = f(a * b) \in f(S)$$

故 $f(S)$ 对运算 $\circ$ 封闭，$\langle f(S), \circ \rangle$ 为 T 的子代数。　　　　　　　　　　　　　证毕

很显然，f 为单射时 $\langle S, * \rangle$ 与同态像 $\langle f(S), \circ \rangle$ 同构，这使我们想到，同态像应同 $\langle S, * \rangle$ 有许多共同的性质。

定理 5.3.2　设 f 是代数系统 $\langle S, * \rangle$ 到 $\langle T, \circ \rangle$ 的满同态（这里 $*$，$\circ$ 均为二元运算），那么

(1) 当运算 $*$ 满足结合律、交换律时，T 中运算 $\circ$ 也满足结合律、交换律。

(2) 如果 $\langle S, * \rangle$ 关于 $*$ 有幺元 e，那么 $f(e)$ 是 $\langle T, \circ \rangle$ 中关于 $\circ$ 的幺元。

(3) 如果 x^{-1} 是 $\langle S, * \rangle$ 中元素 x 关于 $*$ 的逆元，那么 $f(x^{-1}) = (f(x))^{-1}$ 是 $\langle T, \circ \rangle$ 中元素 $f(x)$ 关于 $\circ$ 的逆元。

(4) 如果 $\langle S, * \rangle$ 关于 $*$ 有零元 θ，那么 $f(\theta)$ 是 $\langle T, \circ \rangle$ 中关于 $\circ$ 的零元。

证明　仅证 (2)、(3)。

(2) 设 $\langle S, * \rangle$ 有关于 $*$ 的幺元 e。考虑 T 中任一元素 b，因为 f 是满射，所以必存在一个元素 $a \in S$ 使 $b = f(a)$，那么

$$b \circ f(e) = f(a) \circ f(e) = f(a * e) = f(a) = b$$
$$f(e) \circ b = f(e) \circ f(a) = f(e * a) = f(a) = b$$

因此 $f(e)$ 为 T 中关于 $\circ$ 的幺元。

(3) 设 $\langle S, * \rangle$ 中元素 x 有关于 $*$ 的逆元 x^{-1}，考虑 $f(x)$ 与 $f(x^{-1})$，那么

$$f(x) \circ f(x^{-1}) = f(x * x^{-1}) = f(e)$$
$$f(x^{-1}) \circ f(x) = f(x^{-1} * x) = f(e)$$

这就是说，T 中 $f(x)$ 有关于 $\circ$ 的逆元 $f(x^{-1})$，即

$$(f(x))^{-1} = f(x^{-1})$$

这表明，同态也是保持一元求逆运算的。　　　　　　　　　　　　　　　　　　　证毕

(4) 关于零元的证明可仿上进行，留给读者完成。

需要强调指出，上述定理中满同态的条件是必要的，否则性质只在同态像上有效，决不能随意扩大到 $\langle T, \circ \rangle$ 上，下面将举例说明这一点。对于具有多个代数运算的两个同类型系统，同态是指相应的 n 个同态方程均成立。一般同态无法保持消去律。因为同构映射是双射，所以不仅保持性质而且可逆，此时可将两个代数系统视为一个，只是运算、元素符号不同。

下面我们要讨论同态核的概念。

定义 5.3.3　如果 f 为代数系统 $\langle S, * \rangle$ 到 $\langle T, \circ \rangle$ 的同态，并且 T 中有幺元 e'，那么称下列集合为同态 f 的核 (kernel of homomorphism)，记为 $K(f)$。

$$K(f) = \{x \mid x \in S \wedge f(x) = e'\}$$

关于同态核我们有定理 5.3.3。

定理 5.3.3　设 f 为代数系统 $\langle S, * \rangle$ 到 $\langle T, \circ \rangle$ 的同态，如果 $K(f) \neq \varnothing$，那么 $\langle K(f), * \rangle$ 为 $\langle S, * \rangle$ 的子代数。

证明　只要证 $K(f)$ 对 $*$ 运算封闭即可。设 $K(f)$ 中任意元素 x, y，于是 $f(x) = f(y) = e'$。考虑

$$f(x * y) = f(x) \circ f(y) = e' \circ e' = e'$$

因此 $x*y \in K(f)$，故 $\langle K(f), *\rangle$ 为 $\langle S, *\rangle$ 的子代数。　　　　　　　**证毕**

至此我们看到，一个同态映射 f 可导致两个子代数，一个是 $\langle T, \circ\rangle$ 的子代数 $\langle f(S), \circ\rangle$，另一个是 $\langle S, *\rangle$ 的子代数 $\langle K(f), *\rangle$。

5.4 例 题 选 解

【例 5.4.1】 设 $*$ 和 $+$ 是集合 S 上的两个二元运算，并满足吸收律。证明：$*$ 和 $+$ 均满足幂等律。

证明 $\forall x, y \in S$，因为吸收律成立，所以
$$x*x = x*(x+(x*y)) = x$$
$$x+x = x+(x*(x+y)) = x$$

因此，$*$ 和 $+$ 均满足幂等律。　　　　　　　　　　　　　　　　　　　　　　　**证毕**

【例 5.4.2】 设 $*$ 和 $+$ 是集合 S 上的两个二元运算，$\forall x, y \in S$，均有 $x+y=x$。证明：$*$ 对于 $+$ 是可分配的。

证明 $\forall x, y, z \in S$，因为 $x+y=x$，所以
$$x*(y+z) = x*y$$
而
$$(x*y)+(x*z) = x*y$$
故
$$x*(y+z) = (x*y)+(x*z)$$
左分配律成立。

又因为
$$(y+z)*x = y*x$$
而
$$(y*x)+(z*x) = y*x$$
故
$$(y+z)*x = (y*x)+(z*x)$$
右分配律成立。

因此，$*$ 对于 $+$ 是可分配的。　　　　　　　　　　　　　　　　　　　　　　　**证毕**

【例 5.4.3】

(1) 设 $\mathbf{N}_4 = \{0, 1, 2, 3\}$，$f: \mathbf{N}_4 \to \mathbf{N}_4$ 定义如下：
$$f(x) = \begin{cases} x+1 & \text{当 } x+1 \neq 4 \\ 0 & \text{当 } x+1 = 4 \end{cases}$$

令 $F = \{f^0, f^1, f^2, f^3\}$，其中 f^0 为 $\mathbf{N}_4$ 上的恒等函数。易证 $\langle F, \circ\rangle$ 为一代数系统，且 $f^i \circ f^j = f^{i+_4 j}$，试证 $\langle F, \circ\rangle$ 与 $\langle \mathbf{N}_4, +_4\rangle$ 同构。

(2) 证明代数系统 $\langle \mathbf{N}, +\rangle$ 与 $\langle \mathbf{N}, \cdot\rangle$ 不同构。

解

(1) 证明：建立双射 $h: F \to \mathbf{N}_4$，使
$$h(f^i) = i \quad (i=0, 1, 2, 3)$$
由于对任何 $f^i, f^j \in F$，
$$h(f^i \circ f^j) = h(f^{i+_4 j}) = i +_4 j = h(f^i) +_4 h(f^j)$$
故 h 为一同构映射，$\langle F, \circ\rangle$ 与 $\langle \mathbf{N}_4, +_4\rangle$ 同构得证。

（2）证明：（用反证法）设$\langle \mathbf{N}, +\rangle$与$\langle \mathbf{N}, \cdot\rangle$同构，$f$为任一同构映射。

不失一般性，设有n，$n \geqslant 2$，$f(n)$为一质数p。于是

$$p = f(n) = f(n+0) = f(n) \cdot f(0) \tag{5.4.1}$$

$$p = f(n) = f(n-1+1) = f(n-1) \cdot f(1) \tag{5.4.2}$$

由$f(n)$为质数，据式（5.4.1），$f(n)=1$或$f(0)=1$；据式（5.4.2），$f(n-1)=1$或$f(1)=1$。

总之，至少在两处f的值为1，这与f为同构映射（双射）冲突。因此$\langle \mathbf{N}, +\rangle$与$\langle \mathbf{N}, \cdot\rangle$不同构。

【例5.4.4】 代数系统$\langle \{0, 1\}, \vee\rangle$是否是代数系统$\langle \mathbf{N}, +\rangle$的同态像？（说明理由）

解 是。理由如下：

作映射$f: \mathbf{N} \to \{0, 1\}$，$\forall n \in \mathbf{N}$，令$f(0)=0$，$f(n)=1 (n \neq 0)$，则$\forall n, m \in \mathbf{N}$，

当$n, m \neq 0$时，$f(n+m) = 1 = 1 \vee 1 = f(n) \vee f(m)$

当$n=0, m \neq 0$时，$f(n+m) = 1 = 0 \vee 1 = f(n) \vee f(m)$

当$n \neq 0, m=0$时，$f(n+m) = 1 = 1 \vee 0 = f(n) \vee f(m)$

当$n=0, m=0$时，$f(n+m) = 0 = 0 \vee 0 = f(n) \vee f(m)$

即$\forall n, m \in \mathbf{N}$，均有$f(n+m) = f(n) \vee f(m)$，故$f$是$\langle \mathbf{N}, +\rangle$到$\langle \{0, 1\}, \vee\rangle$的同态，因为$f$是满射，所以$\langle \{0, 1\}, \vee\rangle$是$\langle \mathbf{N}, +\rangle$的同态像。

习 题 五

1. 设集合$S = \{1, 2, 3, 4, 5, 6, 7, 8, 9, 10\}$，问下面定义的二元运算$*$关于集合$S$是否封闭？

（1）$x * y = x - y$

（2）$x * y = x + y - xy$

（3）$x * y = \dfrac{x+y}{2}$

（4）$x * y = 2^{xy}$

（5）$x * y = \min(x, y)$

（6）$x * y = \max(x, y)$

（7）$x * y = x$

（8）$x * y = \mathrm{GCD}(x, y)$，$\mathrm{GCD}(x, y)$是$x$与$y$的最大公约数

（9）$x * y = \mathrm{LCM}(x, y)$，$\mathrm{LCM}(x, y)$是$x$与$y$的最小公倍数

（10）$x * y = $质数$p$的个数，其中$x \leqslant p \leqslant y$

2. 已知S上运算$*$满足结合律与交换律，证明：对S中任意元素a, b, c, d有

$$(a * b) * (c * d) = ((d * c) * a) * b$$

3. 设$*$是集合S上的可结合的二元运算。$\forall x, y \in S$，若$x * y = y * x$，则$x = y$。证明：$*$满足幂等律（对一切$x \in S$有$x * x = x$）。

4. S及其S上的运算$*$如下定义，问各种定义下$*$运算是否满足结合律、交换律，$\langle S, *\rangle$中是否有幺元、零元，S中哪些元素有逆元，哪些元素没有逆元？

(1) S 为 **I**(整数集)，$x * y = x - y$

(2) S 为 **I**(整数集)，$x * y = x + y - xy$

(3) S 为 **Q**(有理数集)，$x * y = \dfrac{x + y}{2}$

(4) S 为 **N**(自然数集)，$x * y = 2^{xy}$

(5) S 为 **N**(自然数集)，$x * y = \max(x, y)(\min(x, y))$

(6) S 为 **N**(自然数集)，$x * y = x$

5. 下列说法正确吗？为什么？

(1) 代数系统中的幺元与零元总不相等。

(2) 一代数系统中可能有三个右幺元，而只有一个左幺元。

(3) 代数系统中可能有一个元素，它既是左零元，又是右幺元。

(4) 幺元总有逆元。

6. 设 $A = \{0, 1\}$，S 为 A^A，即 $S = \{f_1, f_2, f_3, f_4\}$，诸 f 由表 5.1 给出。

表 5.1

x	$f_1(x)$	$f_2(x)$	$f_3(x)$	$f_4(x)$
0	0	0	1	1
1	0	1	0	1

(1) 给出 S 上函数复合运算。的运算表。

(2) $\langle S, \circ \rangle$ 是否有幺元、零元？

(3) $\langle S, \circ \rangle$ 中哪些元素有逆元？逆元是什么？

7. 下面各集合都是 **N** 的子集，它们能否构成代数系统 $\langle \mathbf{N}, + \rangle$ 的子代数？

(1) $\{x \mid x \in \mathbf{N} \wedge x$ 的某次幂可以被 16 整除 $\}$

(2) $\{x \mid x \in \mathbf{N} \wedge x$ 与 5 互质 $\}$

(3) $\{x \mid x \in \mathbf{N} \wedge x$ 是 30 的因子 $\}$

(4) $\{x \mid x \in \mathbf{N} \wedge x$ 是 30 的倍数 $\}$

8. 证明：$f: \mathbf{R}_+ \rightarrow \mathbf{R}$，$f(x) = \mathrm{lb}\, x$ 为代数系统 $\langle \mathbf{R}_+, \cdot \rangle$ 到 $\langle \mathbf{R}, \cdot \rangle$ 的同态(这里 $\mathbf{R}_+$ 为正实数集，$\mathbf{R}$ 为实数集，$\cdot$ 为数乘运算)。它是否为一同构映射？为什么？

9. 设 $f: \mathbf{N} \rightarrow \{0, 1\}$ 定义如下：

$$f(n) = \begin{cases} 1 & \text{当 } n = 2^k (k \text{ 是自然数}) \\ 0 & \text{否则} \end{cases}$$

证明：f 为代数系统 $\langle \mathbf{N}, \cdot \rangle$ 到 $\langle \{0, 1\}, \cdot \rangle$ 的同态。它是单一同态、满同态吗？

10. 设 $A = \{a, b, c\}$。问代数系统 $\langle \{\varnothing, A\}, \cup, \cap \rangle$ 和 $\langle \{\{a, b\}, A\}, \cup, \cap \rangle$ 是否同构？

11. 假定 f 是 $\langle S, * \rangle$ 到 $\langle T, \circ \rangle$ 的同态，试举例说明：

(1) $\langle f(S), \circ \rangle$ 的幺元(零元)，可能不是 $\langle T, \circ \rangle$ 的幺元(零元)。

(2) $\langle f(S), \circ \rangle$ 的成员的逆元，可能不是它在 $\langle T, \circ \rangle$ 中的逆元。

12. 设 f, g 都是 $\langle S, * \rangle$ 到 $\langle T, \circ \rangle$ 的同态，并且 $*$ 与 $\circ$ 运算均满足交换律和结合律。证明：如下定义的函数 $h: S \rightarrow T$

$$h(x) = f(x) \circ g(x)$$

是 $\langle S, * \rangle$ 到 $\langle T, \circ \rangle$ 的同态。

13. 设 f, g 分别是 $\langle S, * \rangle$ 到 $\langle T, \circ \rangle$ 的同态和 $\langle T, \circ \rangle$ 到 $\langle H, \oplus \rangle$ 的同态。证明：$f \circ g$ 是 $\langle S, * \rangle$ 到 $\langle H, \oplus \rangle$ 的同态。

14. 设 f 是 $\langle \mathbf{R}, + \rangle$ 到 $\langle \mathbf{C}, \cdot \rangle$ 的映射（这里 $\mathbf{R}$ 为实数集，$\mathbf{C}$ 为复数集，$+$ 为普通加法运算，$\cdot$ 为数乘运算），且 $f: x \to e^{2\pi i x}$，$x \in \mathbf{R}$。问 f 是否同态？如果是，请写出同态像和同态核。

第六章　几个典型的代数系统

6.1　半　群　与　群

半群与群都是具有一个二元运算的代数系统，群是半群的特殊例子。事实上，群是历史上最早研究的代数系统，它比半群复杂一些，而半群概念是在群的理论发展之后才引进的。逻辑关系见图 6.1.1。

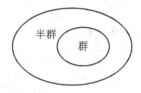

图　6.1.1

定义 6.1.1　设 $\langle S, *\rangle$ 是代数系统，$*$ 是二元运算，如果 $*$ 运算满足结合律，则称它为半群(semigroups)。

换言之，$\forall x, y, z \in S$，若 $*$ 是 S 上的封闭运算且满足 $(x*y)*z = x*(y*z)$，则 $\langle S, *\rangle$ 是半群。

许多代数系统都是半群。例如，$\langle \mathbf{N}, +\rangle$，$\langle \mathbf{Z}, \times\rangle$，$\langle P(S), \oplus\rangle$，$\langle S^S, \circ\rangle$($S^S = \{f \mid f: S \to S\}$，$\circ$ 是复合运算)均是半群。但 $\langle \mathbf{Z}, -\rangle$ 不是半群。

再如，设 Σ 是有限字母表，Σ^+ 是 Σ 中的字母串，$\Sigma^* = \{\lambda\} \cup \Sigma^+$，其中 λ 是不含字母的空串，运算 τ 是字母串的"连接"运算，则 $\langle \Sigma^*, \tau\rangle$ 是半群。如 Com $\in \Sigma^*$，puter $\in \Sigma^*$，经 τ 运算后，得 Computer 仍是字母串。

【例 6.1.1】　$S = \left\{ \begin{pmatrix} a & b \\ 0 & 0 \end{pmatrix} \mid a, b \in \mathbf{R}, a \neq 0 \right\}$，则 $\langle S, \cdot\rangle$ 是半群。这里 $\cdot$ 代表普通的矩阵乘法运算。

证明　对任意的 $\begin{bmatrix} a_1 & b_1 \\ 0 & 0 \end{bmatrix} \in S$，$\begin{bmatrix} a_2 & b_2 \\ 0 & 0 \end{bmatrix} \in S$，因为 $\begin{bmatrix} a_1 & b_1 \\ 0 & 0 \end{bmatrix} \cdot \begin{bmatrix} a_2 & b_2 \\ 0 & 0 \end{bmatrix} = \begin{bmatrix} a_1 a_2 & a_1 b_2 \\ 0 & 0 \end{bmatrix}$ 且 $a_1 a_2 \neq 0$，所以 $\begin{bmatrix} a_1 a_2 & a_1 b_2 \\ 0 & 0 \end{bmatrix} \in S$，因此 $\cdot$ 运算封闭。

又因为矩阵运算满足结合律，所以 $\langle S, \cdot\rangle$ 是半群。　　　证毕

【例 6.1.2】 $S = \left\{ \begin{pmatrix} a & b \\ 0 & 0 \end{pmatrix} | a, b \in \mathbf{R}, a \neq 0 \right\}$，则$\langle S, + \rangle$不是半群。这里$+$代表普通的矩阵加法运算。

证明 对任意的 $\begin{bmatrix} a_1 & b_1 \\ 0 & 0 \end{bmatrix} \in S$, $\begin{bmatrix} a_2 & b_2 \\ 0 & 0 \end{bmatrix} \in S$, 取 $a_2 = -a_1$，则 $\begin{bmatrix} a_1 & b_1 \\ 0 & 0 \end{bmatrix} + \begin{bmatrix} a_2 & b_2 \\ 0 & 0 \end{bmatrix} = \begin{bmatrix} a_1+a_2 & b_1+b_2 \\ 0 & 0 \end{bmatrix}$ 且 $a_1 + a_2 = 0$，所以 $\begin{bmatrix} a_1+a_2 & b_1+b_2 \\ 0 & 0 \end{bmatrix} \notin S$，因此 $*$ 运算不封闭。

所以$\langle S, + \rangle$不是半群。 证毕

【例 6.1.3】 $S = \left\{ \begin{pmatrix} a & b \\ c & 0 \end{pmatrix} | a, b, c \in \mathbf{R} \right\}$，则$\langle S, \cdot \rangle$不是半群。这里$\cdot$代表普通的矩阵乘法运算。

证明 取 $\begin{pmatrix} 1 & 1 \\ 1 & 0 \end{pmatrix} \in S$, $\begin{pmatrix} 1 & 1 \\ 1 & 0 \end{pmatrix} \in S$，则 $\begin{pmatrix} 1 & 1 \\ 1 & 0 \end{pmatrix}\begin{pmatrix} 1 & 1 \\ 1 & 0 \end{pmatrix} = \begin{pmatrix} 2 & 1 \\ 1 & 1 \end{pmatrix}$，所以 $\begin{pmatrix} 2 & 1 \\ 1 & 1 \end{pmatrix} \notin S$，因此 $*$ 运算不封闭。

所以$\langle S, \cdot \rangle$不是半群。 证毕

对于半群中的元素，我们有一种简便的记法。

设半群$\langle S, * \rangle$中元素 a（简记为 $a \in S$）的 n 次幂记为 a^n，递归定义如下：
$$a^1 = a$$
$$a^{n+1} = a^n * a^1 \qquad n \in \mathbf{Z}_+$$
即半群中的元素有时可用某些元素的幂表示出来。

因为半群满足结合律，所以可用数学归纳法证明 $a^m * a^n = a^{m+n}$，$(a^m)^n = a^{mn}$。

普通乘法的幂、关系的幂、矩阵乘法的幂等具体的代数系统都满足这个幂运算规则。如果有 $a^2 = a$，则称 a 为半群中的幂等元。

定理 6.1.1 若$\langle S, * \rangle$是半群，S 是有限集合，则 S 中必含有幂等元。

证明 因为$\langle S, * \rangle$是半群，$\forall a \in S$，有 a^2, a^3, $\cdots \in S$。因为 S 是有限集合，所以必定存在 $j > i$，使得 $a^i = a^j$。令 $p = j - i$，便有 $a^i = a^j = a^p * a^i$，所以 $a^q = a^p * a^q (q \geq i)$。因为 $p \geq 1$，所以可找到 $k \geq 1$，使得 $kp \geq i$，
$$a^{kp} = a^p * a^{kp} = a^p * (a^p * a^{kp}) = a^{2p} * a^{kp} = a^{2p} * (a^p * a^{kp}) = \cdots = a^{kp} * a^{kp}$$
即在 S 中存在元素 $b = a^{kp}$，使得 $b * b = b$。 证毕

下面介绍一些特殊半群。

定义 6.1.2 如果半群$\langle S, * \rangle$中二元运算 $*$ 是可交换的，则称$\langle S, * \rangle$是可交换半群（commutative semigroups）。

如$\langle \mathbf{Z}, + \rangle$，$\langle \mathbf{Z}, \times \rangle$，$\langle P(S), \oplus \rangle$均是可交换半群。但$\langle S^S, \circ \rangle$，$\langle \Sigma^*, \tau \rangle$不是可交换半群。

定义 6.1.3 含有关于 $*$ 运算的幺元的半群$\langle S, * \rangle$，称它为独异点（monoid），或含幺半群，常记为$\langle S, *, e \rangle$（e 是幺元）。

【例 6.1.4】
$\langle \mathbf{Z}, + \rangle$是独异点，幺元是 0，$\langle \mathbf{Z}, +, 0 \rangle$；

$\langle \mathbf{Z}, \times \rangle$ 是独异点，幺元是 1，$\langle \mathbf{Z}, \times, 1 \rangle$；

$\langle P(S), \oplus \rangle$ 是独异点，幺元是 $\varnothing$，$\langle P(S), \oplus, \varnothing \rangle$；

$\langle \varSigma^*, \tau \rangle$ 是独异点，幺元是 λ(空串)，$\langle \varSigma^*, \tau, \lambda \rangle$；

$\langle S^S, \circ \rangle$ 是独异点，幺元是 I_S，$\langle S^S, \circ, I_S \rangle$；

但 $\langle \mathbf{Z}_E, \times \rangle$ 不是独异点，因为无幺元，$(1 \notin \mathbf{Z}_E, \mathbf{Z}_E$：偶数集$)$。

半群与独异点的差别就在于独异点含有幺元，但独异点首先是半群，所以其中元素也可由某个元素的乘幂表示，只是一般规定：$a^0 = e(\forall a \in S)$。

定义 6.1.4

(1) 设 $\langle S, * \rangle$ 为一半群，若 $T \subseteq S$，$*$ 在 T 中封闭，则 $\langle T, * \rangle$ 称为子半群。

(2) 设 $\langle S, * \rangle$ 为一独异点，若 $T \subseteq S$，$*$ 在 T 中封闭，且幺元 $e \in T$，则 $\langle T, *, e \rangle$ 称为子独异点。

我们前面提过，对于有穷集合的二元运算，可用运算表来给出。

定理 6.1.2 一个有限独异点，$\langle S, *, e \rangle$ 的运算表中不会有任何两行或两列元素相同。

证明 设 S 中关于运算 $*$ 的幺元是 e。因为对于任意的 $a, b \in S$ 且 $a \neq b$ 时，总有 $e * a = a \neq b = e * b$ 和 $a * e = a \neq b = b * e$，所以，在 $*$ 的运算表中不可能有两行或两列是相同的。

证毕

该定理容易理解，因为幺元所在的行、列均与表头相同，所以不会出现两行(列)元素完全相同的情况。

但这一条对于有限半群，则不一定成立。

【**例 6.1.5**】 $S = \{a, b, c\}$，$*$ 运算的定义如表 6.1.1 所示，判断 $\langle S, * \rangle$ 的代数结构。

解

(1) $*$ 是 S 上的二元运算，因为 $*$ 运算关于 S 集合封闭。

(2) 从运算表中可看出 a, b, c 均为左幺元。

(3) $\forall x, y, z \in S$，有

$$x * (y * z) = x * z = z$$

$$(x * y) * z = x * z = z$$

所以 $*$ 运算满足可结合，因而 $\langle S, * \rangle$ 是半群。

注意 该运算表中任何二行元素完全相同。

表 6.1.1

$*$	a	b	c
a	a	b	c
b	a	b	c
c	a	b	c

【**例 6.1.6**】 $\langle \mathbf{Z}_4, +_4 \rangle$，$\mathbf{Z}_4 = \{[0], [1], [2], [3]\} = \mathbf{Z}/R(R$ 是 $\mathbf{Z}$ 上的模 4 同余关系$)$。$\mathbf{Z}_4$ 上运算 $+_4$，定义为 $\forall [m], [n] \in \mathbf{Z}_4, [m] +_4 [n] = [(m + n) (\bmod 4)]$，它由表 6.1.2 给出。判断 $\langle \mathbf{Z}_4, +_4 \rangle$ 的代数结构。

解

(1) $+_4$ 运算显然封闭。

表 6.1.2

$+_4$	$[0]$	$[1]$	$[2]$	$[3]$
$[0]$	$[0]$	$[1]$	$[2]$	$[3]$
$[1]$	$[1]$	$[2]$	$[3]$	$[0]$
$[2]$	$[2]$	$[3]$	$[0]$	$[1]$
$[3]$	$[3]$	$[0]$	$[1]$	$[2]$

（2）由$+_4$的定义可知$+_4$可结合。

（3）从运算表中可知$[0]$是幺元，所以$\langle \mathbf{Z}_4, +_4\rangle$是独异点。但在该表中没有任意两行（列）元素完全相同。

半群及独异点的下列性质是明显的。

定理 6.1.3　设$\langle S, *\rangle$，$\langle T, \circ\rangle$是半群，f为S到T的同态，这时称f为半群同态。对半群同态，有

（1）同态像$\langle f(S), \circ\rangle$为一半群。

（2）当$\langle S, *\rangle$为独异点时，则$\langle f(S), \circ\rangle$为一独异点。

利用上一章的知识立刻可以得到这些结论。

独异点中含有幺元。前面曾提到，对于含有幺元的运算可考虑元素的逆元，并不是每个元素均有逆元的，这一点引出了一个特殊的独异点——群。

定义 6.1.5　如果代数系统$\langle G, *\rangle$满足

（1）$\langle G, *\rangle$为一半群，

（2）$\langle G, *\rangle$中有幺元e，

（3）$\langle G, *\rangle$中每一元素$x \in G$都有逆元x^{-1}，

则称代数系统$\langle G, *\rangle$为群(groups)。或者说，群是每个元素都可逆的独异点。群的基集常用字母G表示，因而字母G也常用于表示群。

【例 6.1.7】

（1）$\langle \mathbf{Z}, +\rangle$（整数集与数加运算）为一群（加群），数 0 为其幺元。$\langle \mathbf{Z}, \times\rangle$不是群，因为除幺元 1 外所有整数都没有逆元。

（2）$\langle N_4, +_4\rangle$为一 4 阶群，数 0 为其幺元。

（3）$A \neq \varnothing$，$\langle P(A), \cup\rangle$是半群，幺元为$\varnothing$，非空集合无逆元，所以不是群。

（4）$A \neq \varnothing$，$\langle P(A), \cap\rangle$是半群，幺元为$A$，非空集合无逆元，所以不是群。

（5）$A \neq \varnothing$，$\langle P(A), \oplus\rangle$的幺元为$\varnothing$，$\forall S \in P(A)$，$S$的逆元是$S$，所以是群。

（6）$\langle \mathbf{Q}_+, \cdot\rangle$（正有理数与数乘）为一群，1 为其幺元。$\langle \mathbf{Q}, \cdot\rangle$不是群，因为数 0 无逆元。

因为零元无逆元，所以含有零元的代数系统就不会是群。

【例 6.1.8】　设$G = \{a, b, c, e\}$，$*$为G上的二元运算，它由表 6.1.3 给出，不难证明G是一个群。且e是G中的幺元；G中任何元素的逆元就是它自己，在a, b, c三个元素中，任何两个元素运算的结果都等于另一个元素，这个群称为 Klein 四元群。

表　6.1.3

$*$	e	a	b	c
e	e	a	b	c
a	a	e	c	b
b	b	c	e	a
c	c	b	a	e

【例 6.1.9】　设$\langle G, *\rangle$是一个独异点，并且每个元素都有右逆元，证明$\langle G, *\rangle$为群。

证明　设e是$\langle G, *\rangle$中的幺元。每个元素都有右逆元，即$\forall x \in G$，$\exists y \in G$使得$x * y = e$，而对于此y，又$\exists z \in G$使得$y * z = e$。由于$\forall x \in G$均有$x * e = e * x = x$，因此

$$z = e * z = x * y * z = x * e = x$$

即

$$x * y = e = y * z = y * x = e$$

y既是x的右逆元，又是x的左逆元，故$\forall x \in G$均有逆元，$\langle G, *\rangle$为群。　　　　　　**证毕**

对群$\langle G, * \rangle$的任意元素a，我们可以同半群一样来定义它的幂：$a^0 = e$，对任何正整数n，$a^{n+1} = a^n * a$。群的幂运算有下列性质：

定理 6.1.4 对群$\langle G, * \rangle$的任意元素a，b，有

(1) $(a^{-1})^{-1} = a$

(2) $(a * b)^{-1} = b^{-1} * a^{-1}$

(3) $(a^n)^{-1} = (a^{-1})^n$（记为a^{-n}）（n为整数）

证明

(1) 因为a^{-1}的逆元是a，即$a * a^{-1} = a^{-1} * a = e$，所以$(a^{-1})^{-1} = a$。

(2) 因为
$$(a * b) * (b^{-1} * a^{-1}) = a * (b * b^{-1}) * a^{-1} = e$$
$$(b^{-1} * a^{-1}) * (a * b) = b^{-1} * (a^{-1} * a) * b = e$$

所以$a * b$的逆元为$b^{-1} * a^{-1}$，即$(a * b)^{-1} = b^{-1} * a^{-1}$。

(3) 对n进行归纳。群首先是独异点，所以$a^{n+1} = a^n * a$。

$n = 1$时命题显然真。设$n = k$时$(a^{-1})^k$是a^k的逆元为真，即$(a^k)^{-1} = (a^{-1})^k$，那么
$$a^{k+1} * (a^{-1})^{k+1} = a^k * (a * a^{-1}) * (a^{-1})^k = a^k * (a^{-1})^k = e$$
$$(a^{-1})^{k+1} * a^{k+1} = (a^{-1})^k * (a^{-1} * a) * a^k = (a^{-1})^k * a^k = e$$

故a^{k+1}的逆元为$(a^{-1})^{k+1}$，即$(a^{k+1})^{-1} = (a^{-1})^{k+1}$。归纳完成。 证毕

又据定理 6.1.4，在群中可引入"负指数幂"的概念：$a^{-n} = (a^{-1})^n$，且容易证明：

定理 6.1.5 对群$\langle G, * \rangle$的任意元素a，b，及任何整数m，n，有

(1) $a^m * a^n = a^{m+n}$

(2) $(a^m)^n = a^{mn}$

证明留给读者。

群的下列性质是明显的。

定理 6.1.6 设$\langle G, * \rangle$为群，则

(1) G有唯一的幺元，G的每个元素恰有一个逆元。

(2) 方程$a * x = b$，$y * a = b$都有解且有唯一解。

(3) 当$G \neq \{e\}$时，G无零元。

证明

(1) 结论是十分明显的。

(2) 先证$a^{-1} * b$是方程$a * x = b$的解。将$a^{-1} * b$代入方程左边的x，得
$$a * (a^{-1} * b) = (a * a^{-1}) * b = e * b = b$$

所以$a^{-1} * b$是该方程的解。下面证明唯一性。

假设c是方程$a * x = b$的解，必有$a * c = b$，从而有
$$c = e * c = (a^{-1} * a) * c = a^{-1} * (a * c) = a^{-1} * b$$

唯一性得证。同理可证$b * a^{-1}$是方程$y * a = b$的唯一解。

(3) 若G有零元，那么由定理 5.1.5 知它没有逆元，与G为群矛盾。（注意，$G = \{e\}$时，e既是幺元，又是零元。） 证毕

定理 6.1.7 设$\langle G, * \rangle$为群，则G的所有元素都是可约的。因此，群中适合消去律，即对任意a，x，$y \in S$，有

$$a*x=a*y \text{ 蕴含 } x=y$$
$$x*a=y*a \text{ 蕴含 } x=y$$

证明留作练习。

定义 6.1.6 设 G 为有限集合时，称 G 为有限群（finite group），此时 G 的元素个数也称 G 的阶数（order）；否则，称 G 为无限群（infinite group）。

由定理 6.1.7 可知，特别地，当 G 为有限群时，$*$ 运算的运算表的每一行（列）都是 G 中元素的一个全排列。对于有限群，运算可用表给出，称为群表。从而有限群 $\langle G, * \rangle$ 的运算表中没有一行（列）上有两个元素是相同的。因此，当 G 分别为 $1, 2, 3$ 阶群时，$*$ 运算都只有一个定义方式（即不计元素记号的不同，只有一张定义 $*$ 运算的运算表，分别如表 6.1.4、6.1.5 和 6.1.6 所示），于是可以说，$1, 2, 3$ 阶的群在同构的意义下都只有一个。

表 6.1.4

$*$	e
e	e

表 6.1.5

$*$	e	a
e	e	a
a	a	e

表 6.1.6

$*$	e	a	b
e	e	a	b
a	a	b	e
b	b	e	a

【例 6.1.10】 设 $\langle G, * \rangle$ 为有限独异点，适合消去律，证明 $\langle G, * \rangle$ 为群。

证明 设 e 是 $\langle G, * \rangle$ 中的幺元。设 $G = \{a_1, a_2, \cdots, a_n\}$，任取 $a_i \in G$，因为适合消去律，所以 $a_i * a_j (j = 1, 2, \cdots, n)$ 是 G 中的 n 个不同的元素，而 $e \in G$，所以必有 $k(1 \leqslant k \leqslant n)$，使得 $a_i * a_k = e$，所以 a_i 的右逆元为 a_k。同理可证 a_i 的左逆元也为 a_k。

因此 $\forall a_i \in G$，$\exists a_k \in G$ 是 a_i 的逆元，故 $\langle G, * \rangle$ 为群。 证毕

定理 6.1.8 设 $\langle G, * \rangle$ 为群，则幺元是 G 的唯一的幂等元素。

证明 设 G 中有幂等元 x，那么 $x * x = x$，又 $x = x * e$，所以 $x * x = x * e$。由定理 6.1.7 得 $x = e$。故得证。 证毕

设 $\langle G, * \rangle$ 为群，如果我们用 aG 和 Ga 分别表示下列集合

$$aG = \{a * g \mid g \in G\} \qquad Ga = \{g * a \mid g \in G\}$$

那么我们有以下定理。

定理 6.1.9 设 $\langle G, * \rangle$ 为一群，a 为 G 中任意元素，那么 $aG = G = Ga$。

特别地，当 G 为有限群时，$*$ 运算的运算表的每一行（列）都是 G 中元素的一个全排列。

证明 $aG \subseteq G$ 是显然的。

设 $g \in G$，那么 $a^{-1} * g \in G$，从而 $a * (a^{-1} * g) \in aG$，即 $g \in aG$。因此 $G \subseteq aG$。$aG = G$ 得证。$Ga = G$ 同理可证。 证毕

表 6.1.7

$*$	e	a	b	c
e	e	a	b	c
a	a	b	c	e
b	b	c	e	a
c	c	e	a	b

【例 6.1.11】 设 $g = \{a, b, c, d\}$，$*$ 为 G 上的二元运算，它由表 6.1.7 给出，不难证明 G 是一个群，且 e 是 G 中的幺元；G 中元素 b 的逆元就是它自己，a 与 c 互逆。在 a，b, c 三个元素中，任何两个元素运算的结果都等于另一个元素，这是除了 Klein 四元群外的另一个四阶群。

对群还可以引入元素的阶的概念。

定义 6.1.7 设〈G，$*$〉为群，$a \in G$，满足等式 $a^n = e$ 的最小正整数 n 称为 a 的阶（order），记作 $|a| = n$。若不存在这样的正整数 n，称 a 是无限阶。

【例 6.1.12】

(1) 任何群 G 的幺元 e 的阶为 1，且只有幺元 e 的阶为 1。

(2)〈$\mathbf{Z}$，$+$〉中幺元 0 的阶为 1，而整数 $a = 10$ 时，a 有无限阶。

(3)〈$\mathbf{Z}_4$，$+_4$〉中[1]的阶是 4，[2]的阶是 2，[3]的阶是 4。

关于元素的阶有以下性质。

定理 6.1.10 有限群 G 的每个元素都有有限阶，且其阶数不超过群 G 的阶数 $|G|$。

证明 设 a 为 G 的任一元素，考虑 $e = a^0$，a^1，a^2，$\cdots$，$a^{|G|}$ 这 $|G| + 1$ 个 G 中元素，由于 G 中只有 $|G|$ 个元素，由鸽巢原理，它们中至少有两个是同一元素，不妨设

$$a^s = a^t \qquad (0 \leqslant s < t \leqslant |G|)$$

于是 $a^{t-s} = e$，因此 a 有有限阶，且其阶数至多是 $t - s$，不超过群 G 的阶数 $|G|$。 证毕

定理 6.1.11 设〈G，$*$〉为群，G 中元素 a 的阶为 r，那么，$a^n = e$ 当且仅当 r 整除 n。

证明 先证充分性。设 $a^r = e$，r 整除 n，那么设 $n = kr$（k 为整数），因为 $a^r = e$，所以 $a^n = a^{kr} = (a^r)^k = e^k = e$。

再证必要性。设 $a^n = e$，$n = mr + k$，其中 m 为 n 除以 r 的商，k 为余数，因此 $0 \leqslant k < r$。于是

$$e = a^n = a^{mr+k} = a^{mr} * a^k = a^k$$

因此，由 r 的最小性得 $k = 0$，r 整除 n。 证毕

定理 6.1.12 设〈G，$*$〉为群，a 为 G 中任一元素，那么 $|a| = |a^{-1}|$。

证明 设 a 的阶为 n，由 $(a^{-1})^n = (a^n)^{-1} = e^{-1} = e$，可知 a^{-1} 的阶是存在的。

只要证 a 具有阶 n 当且仅当 a^{-1} 具有阶 n。由于逆元是相互的，即 $(a^{-1})^{-1} = a$，因此只需证：当 a 具有阶 n 时，a^{-1} 也具有阶 n。

设 a 的阶是 n，a^{-1} 的阶是 t。由于 $(a^{-1})^n = (a^n)^{-1} = e^{-1} = e$，故 $t \leqslant n$。又因为 $a^t = ((a^{-1})^t)^{-1} = e^{-1} = e$，故 $n \leqslant t$。因此，$n = t$，即 $|a| = |a^{-1}|$。 证毕

【例 6.1.13】 设 G 是 n 阶有限群，证明：

(1) G 中阶大于 2 的元素个数一定是偶数；

(2) 若 n 是偶数，则 G 中阶等于 2 的元素个数一定是奇数。

证明

(1) 设 $A = \{x \mid x \in G, x$ 的阶大于 $2\}$，则 $\forall a \in A$，$a^{-1} \neq a$，否则 $a^2 = e$ 与 $a \in A$ 矛盾。因为 a 与 a^{-1} 的阶相同，且 a^{-1} 相对于 a 是唯一的，所以 $\forall a \in A$，a^{-1} 与 a 成对出现，故 G 中阶大于 2 的元素个数一定是偶数。

(2) 当 n 是偶数时，因为 G 中阶大于 2 的元素个数一定是偶数，所以 G 中阶小于等于 2 的元素个数是偶数，由于阶为 1 的元素是唯一的幺元 e，因此 G 中阶等于 2 的元素一定是奇数。 证毕

定义 6.1.8 设〈G，$*$〉为一群。若 $*$ 运算满足交换律，则称 G 为交换群或阿贝尔群（Abel group）。阿贝尔群又称加群，常表示为〈G，$+$〉（这里的 $+$ 不是数加，而泛指可交换二元运算，$*$ 常被称为乘）。加群的幺元常用 0 来表示，常用 $-x$ 来表示 x 的逆元。

如⟨**I**，＋⟩(整数集与数加运算)为一阿贝尔群(加群)。⟨**Q**，＋⟩，⟨**R**，＋⟩⟨**C**，＋⟩均为交换群。⟨**Q**$_+$，·⟩(正有理数与数乘)为一阿贝尔群，1 为其幺元。⟨**N**$_4$，＋$_4$⟩为一 4 阶阿贝尔群。

定理 6.1.13 设⟨G，＊⟩为一个群，⟨G，＊⟩为阿贝尔群的充分必要条件是对任意 x，$y \in G$，有 $(x * y) * (x * y) = (x * x) * (y * y)$。

证明 先证必要性。设⟨G，＊⟩为阿贝尔群，这对于任意的 x，$y \in G$，有 $(x * y) = (y * x)$，所以

$$(x * x) * (y * y) = x * (x * y) * y = x * (y * x) * y = (x * y) * (x * y)$$

再证充分性。设对于任意的 x，$y \in G$，有 $(x * y) * (x * y) = (x * x) * (y * y)$。因为
$$x * (x * y) * y = (x * x) * (y * y) = (x * y) * (x * y) = x * (y * x) * y$$
由消去律可得

$$(x * y) = (y * x)$$

所以⟨G，＊⟩为阿贝尔群。 证毕

阿贝尔群满足我们上面讨论的群的所有性质。

6.2 子 群

定义 6.2.1 设⟨G，＊⟩为群，$H \neq \varnothing$，如果⟨H，＊⟩为 G 的子代数，且⟨H，＊⟩为一群，则称⟨H，＊⟩为 G 的子群(subgroups)，记作 $H \leqslant G$。

【例 6.2.1】 ⟨**Z**，＋⟩是⟨**Q**，＋⟩的子群；⟨**Q**，＋⟩是⟨**R**，＋⟩的子群；⟨**R**，＋⟩是⟨**C**，＋⟩的子群。

【例 6.2.2】 $E \subseteq$ **I**，E 为偶数集，那么⟨E，＋⟩为⟨**I**，＋⟩的子群；$M \subseteq$ **I**，M 为奇数集，但⟨M，＋⟩不是⟨**I**，＋⟩的子群。

显然，对任何群 G，⟨$\{e\}$，＊⟩及⟨G，＊⟩均为其子群，它们被称为平凡子群，其他子群则称为非平凡子群或真子群。

子群有下列特性：

定理 6.2.1 设⟨G，＊⟩为群，那么⟨H，＊⟩为⟨G，＊⟩的子群的充分必要条件是

(1) G 的幺元 $e \in H$。

(2) 若 a，$b \in H$，则 $a * b \in H$。

(3) 若 $a \in H$，则 $a^{-1} \in H$。

证明 先证必要性。设 H 为子群。

(1) 设⟨H，＊⟩的幺元为 e'，对于任意 $x \in H \subseteq G$，那么 $e' * x = x = e * x$。由于在 G 中满足消去律，故 $e' = e$，$e \in H$ 得证。

(2) 这是显然的(因 H 为子代数)。

(3) 设⟨H，＊⟩中任一元素 a 在 H 中逆元为 b，那么 $a * b = b * a = e$，因为 $H \subseteq G$，所以 a，$b \in G$，由逆元的唯一性，b 就是 a 在 G 中的逆元，即 $b = a^{-1} \in H$。

充分性是明显的。事实上只要有条件(2)、(3)便可使⟨H，＊⟩成为⟨G，＊⟩的子群，因

为当 H 不空时条件(2)、(3)蕴含条件(1)，因此，可用(2)、(3)来判别非空子集 H 是否构成 G 的子群$\langle H,*\rangle$。

对于有限群，子群的判别更为简单。 证毕

定理 6.2.2 设$\langle G,*\rangle$为群，H 为 G 的非空有限子集，且 H 对 $*$ 运算封闭，那么 $\langle H,*\rangle$为$\langle G,*\rangle$的子群。

证明 由于 H 为有限集，设 $|H|=k$，$H=\{a_1,a_2,\cdots,a_k\}$，任取 $a_i\in H$，由于 G 是群，满足消去律，且 H 对 $*$ 运算封闭，因而 $a_i*a_1,a_i*a_2,\cdots,a_i*a_k$ 均在 H 中，且互不相同，而 $a_i\in H$，所以存在 a_j，使 $a_i=a_i*a_j$，故 a_j 是右幺元。同理可证 a_j 也是左幺元，可记为 e。

若 $H=\{e\}$，$\langle H,*\rangle$为 G 的子群得证。

若 $H\neq\{e\}$，设 a 为 H 中任意一个不同于 e 的元素。同上可证，有 $r\geqslant 2$ 使 $a^r=e$，从而有

$$a^r=a*a^{r-1}=a^{r-1}*a=e$$

因此，$a^{-1}=a^{r-1}\in H$。

根据定理 6.2.1，$\langle H,*\rangle$为 G 的子群得证。 证毕

子群的判别还有下面的方法。

定理 6.2.3 设$\langle G,*\rangle$为群，H 是 G 的非空子集，那么$\langle H,*\rangle$为$\langle G,*\rangle$的子群的充分必要条件是 $\forall a,b\in H$ 有 $a*b^{-1}\in H$。

证明 先证必要性。任取 $a,b\in H$，由于 H 是 G 的子群，必有 $b^{-1}\in H$，所以 $a*b^{-1}\in H$。

再证充分性。因为 H 非空，必存在 $a\in H$（取 $b=a$），由已知条件有 $a*a^{-1}\in H$，即 $e\in H$。

任取 $a\in H$，由 $e,a\in H$ 有 $e*a^{-1}\in H$，即 $a^{-1}\in H$。

任取 $a,b\in H$，则 $b^{-1}\in H$，由已知条件有 $a*(b^{-1})^{-1}\in H$，即 $ab\in H$。

据定理 6.2.1，$\langle H,*\rangle$为 G 的子群得证。 证毕

下面是一些重要子群的例子。

【例 6.2.3】 Klein 四元群，$\langle\{e\},*\rangle$，$\langle\{e,a\},*\rangle$，$\langle\{e,b\},*\rangle$，$\langle\{e,c\},*\rangle$均是其子群。

【例 6.2.4】 设 G 为群，$a\in G$，令 $H=\{a^k|k\in\mathbf{Z}\}$，即 a 的所有的幂构成的集合，则 H 是 G 的子群，称为由 a 生成的子群，记作$\langle a\rangle$。a 称为生成元(generater)。

证明 因为 $a\in\langle a\rangle$，所以$\langle a\rangle\neq\varnothing$。任取 $a^m,a^l\in\langle a\rangle$，有

$$a^m(a^l)^{-1}=a^m a^{-l}=a^{m-l}\in\langle a\rangle$$

由定理 6.2.3 可知$\langle a\rangle\leqslant G$。 证毕

注意 由 a 生成的子群是包含 a 的最小子群。

如例 6.2.3 中由它的每个元素生成的子群是：

$$\langle e\rangle=\{e\},\langle a\rangle=\{e,a\},\langle b\rangle=\{e,b\},\langle c\rangle=\{e,c\}$$

【例 6.2.5】 $\langle\mathbf{Z},+\rangle$除$\langle 0\rangle=\{0\}$外，子群都是无限阶。

$\langle 1\rangle=\{0,1,-1,2,-2,\cdots\}=\mathbf{Z}$，称 1 是 $\mathbf{Z}$ 的生成元

$$\langle 2 \rangle = \{0, 2, -2, 4, -4, \cdots\} = \{2k \mid k \in \mathbf{Z}\} = 2\mathbf{Z}$$

【例 6.2.6】 设 $\langle G, * \rangle$ 是群，对任一个 $a \in G$，令 C 是与 G 中所有的元素都可交换的元素构成的集合，即

$$C = \{y \mid y * a = a * y, y \in G\}$$

则 $\langle C, * \rangle$ 是 G 的子群，称为 G 的中心。

证明 由 e 与 G 中所有元素可交换可知 $e \in C$。C 是 G 的非空子集。

由 $y * a = a * y$ 可得 $y = a * y * a^{-1}$，因此 $\forall x, y \in C$，因为

$$x * y^{-1} = (a * x * a^{-1}) * (a * y^{-1} * a^{-1}) = a * x * y^{-1} * a^{-1}$$

因此

$$x * y^{-1} * a = a * x * y^{-1}$$

所以 $x * y^{-1} \in C$，故 $\langle C, * \rangle$ 是 G 的子群。 证毕

对于阿贝尔群 G，因为 G 中所有的元素都可交换，G 的中心就等于 G。但对于某些非交换群 G，它的中心是 $\{e\}$。

6.3 循环群和置换群

在这一节里我们要介绍两种重要的群——循环群和置换群。

定义 6.3.1 如果 G 为群，且 G 中存在元素 a，使 G 以 a 为生成元，称 $\langle G, * \rangle$ 为循环群 (cyclic group)，即 G 的任何元素都可表示为 a 的幂（约定 $e = a^0$）。

【例 6.3.1】

(1) $\langle \mathbf{Z}, + \rangle$ 为循环群，1 或 (-1) 为其生成元 。

(2) 令 $A = \{2^i \mid i \in \mathbf{I}\}$，那么 $\langle A, \cdot \rangle$（$\cdot$ 为普通的数乘）是循环群，2 是生成元。

(3) $\langle \mathbf{Z}_8, +_8 \rangle$ 为循环群，1，3 都可以是生成元。

(4) $\left\langle \left\{ \left. \begin{pmatrix} 1 & n \\ 0 & 1 \end{pmatrix} \right|_{n \in \mathbf{Z}} \right\}, \cdot \right\rangle$（$\cdot$ 为矩阵乘法），幺元为 $\begin{pmatrix} 1 & 0 \\ 0 & 1 \end{pmatrix}$。

因为 $\begin{pmatrix} 1 & n \\ 0 & 1 \end{pmatrix} \cdot \begin{pmatrix} 1 & m \\ 0 & 1 \end{pmatrix} = \begin{pmatrix} 1 & m+n \\ 0 & 1 \end{pmatrix}$，所以逆元为 $\begin{pmatrix} 1 & n \\ 0 & 1 \end{pmatrix}^{-1} = \begin{pmatrix} 1 & -n \\ 0 & 1 \end{pmatrix}$，生成元为 $\begin{pmatrix} 1 & 1 \\ 0 & 1 \end{pmatrix}$。

关于循环群的下列性质是明显的。

定理 6.3.1 设 $\langle G, * \rangle$ 为循环群，a 为生成元，则 G 为阿贝尔群。

证明 对于任意的 $x, y \in G$，必有 $s, t \in \mathbf{Z}$ 使得 $x = a^s, y = a^t$，所以

$$x * y = a^s * a^t = a^{s+t} = a^{t+s} = a^t * a^s = y * x$$

所以，$\langle G, * \rangle$ 为阿贝尔群。 证毕

定理 6.3.2 G 为由 a 生成的有限循环群，则有

$$G = \{e, a, a^2, \cdots, a^{n-1}\}$$

其中 $n = |G|$，也是 a 的阶。从而 n 阶循环群必同构于 $\langle \mathbf{Z}_n, +_n \rangle$。

证明 由于 G 为有限群，a 有有限阶，设为 k，$k \leqslant |G| = n$。易证 $\{e, a, a^2, \cdots, a^{k-1}\}$

为 G 的子群(只要证其每一元素 a^i 有逆元 a^{k-i})。现证

$$G \subseteq \{e, a, a^2, \cdots, a^{k-1}\}$$

从而知 $n=k$，$G=\{e, a, a^2, \cdots, a^{n-1}\}$。

设有 $a^m \in G$，但 $a^m \notin \{e, a, a^2, \cdots, a^{k-1}\}$。令 $m=pk+q$，其中 p 为 k 除 m 的商，q 为余数，$0 \leqslant q < k$，于是

$$a^m = a^{pk+q} = a^{pk} * a^q = a^q$$

这就是说 $a^q \notin \{e, a, a^2, \cdots, a^{k-1}\}$，$0 \leqslant q < k$，产生矛盾。因此 $G=\{e, a, a^2, \cdots, a^{k-1}\}$，命题得证。 证毕

定理 6.3.3 设 $\langle G, * \rangle$ 为无限循环群且 $G=\langle a \rangle$，则 G 只有两个生成元 a 和 a^{-1}，且 $\langle G, * \rangle$ 同构于 $\langle \mathbf{Z}, + \rangle$。

证明 首先证明 a^{-1} 是其生成元，因为 $\langle a^{-1} \rangle \subseteq G$，须证 $G \subseteq \langle a^{-1} \rangle$，设 $a^k \in G$，因为 $a^k = (a^{-1})^{-k}$，所以 $G = \langle a^{-1} \rangle$。

再证明 G 只有两个生成元 a 和 a^{-1}。假设 b 是 G 的生成元，则 $G=\langle b \rangle$，由 $a \in G$ 可知存在整数 s 使得 $a=b^s$，又由 $b \in G$ 可知存在整数 t 使得 $b=a^t$，有

$$a = b^s = (a^t)^s = a^{ts}$$

由消去律得

$$a^{ts-1} = e$$

因为 $\langle G, * \rangle$ 为无限循环群，所以 $ts-1=0$，从而有 $t=s=1$ 或 $t=s=-1$。因此 $b=a$ 或 $b=a^{-1}$。 证毕

上面定理 6.3.2 和定理 6.3.3 告诉我们，循环群本质上只有两种，一种同构于 $\langle \mathbf{Z}, + \rangle$，另一种同构于 $\langle \mathbf{Z}_n, + \rangle$，弄清了 $\langle \mathbf{Z}, + \rangle$ 与 $\langle \mathbf{Z}_n, + \rangle$，也就弄清了所有无限的和有限的循环群。

定理 6.3.4 循环群的子群都是循环群。

证明 设 $\langle G, * \rangle$ 为 a 生成的循环群，$\langle H, * \rangle$ 为其子群。当然，H 中元素均可表示为 a^r 形。

(1) 若 $H=\{e\}=\langle e \rangle$，显然 H 为循环群。

(2) 若 $H \neq \{e\}$，那么 H 中有 a^k($k \neq 0$)。由于 H 为子群，H 中必还有 a^{-k}，因此，不失一般性，可设 k 为正整数，并且它是 H 中元素的最小正整数指数。现证 H 为 a^k 生成的循环群。

设 a^m 为 H 中任一元素。令 $m=pk+q$，其中 p 为 k 除 m 的商，q 为余数，$0 \leqslant q < k$。于是

$$a^m = a^{pk+q} = a^{pk} * a^q$$

$$a^q = a^{-pk} * a^m$$

由于 a^m，$a^{-pk} \in H$(因 $a^{pk} \in H$)，故 $a^q \in H$，根据 k 的最小性，$q=0$，从而 $a^m = a^{pk} = (a^k)^p$，H 为循环群得证。 证毕

根据上述定理，立即可以推得以下定理。

定理 6.3.5 设 $\langle G, * \rangle$ 为 a 生成的循环群。

(1) 若 G 为无限群，则 G 有无限多个子群，它们分别由 a^0，a^1，a^2，a^3，$\cdots$ 生成。

(2) 若 G 为有限群，$|G|=n$，且 n 有因子 k_1，k_2，k_3，$\cdots$，k_r，那么 G 有 r 个循环子群，

它们分别由 a^{k1}，a^{k2}，a^{k3}，…生成。（注意，这 r 个子群中可能有相同者。）

【例 6.3.2】 $\langle \mathbf{Z}, + \rangle$ 有循环子群：

$$\langle \{0\}, + \rangle，\langle 2\mathbf{Z}, + \rangle，\langle 3\mathbf{Z}, + \rangle，\langle 4\mathbf{Z}, + \rangle，\cdots，\langle \mathbf{Z}, + \rangle$$

下面介绍置换群。

定义 6.3.2 任意集合 A 上的双射函数称为变换。对任意集合 A 定义集合 G，即 $A \neq \varnothing$，$G = \{f \mid f$ 是 A 上的变换$\}$，。为函数的复合运算，$\langle G, \circ \rangle$ 是群，称为 A 的全变换群，记作 S_A，S_A 的子群称为 A 的变换群。

【例 6.3.3】 平面上全体平移组成一个变换群。

解 设 $\sigma_1 : \alpha \to \alpha + \beta_1$（一个双射函数），$\sigma_2 : \alpha \to \alpha + \beta_2$，则 $\sigma_2 \circ \sigma_1 : \alpha \to \alpha + (\beta_1 + \beta_2)$，。封闭。

$\sigma_e : \alpha \to \alpha$ 是幺元。σ_1 的逆元为 $\sigma_1^{-1} : \alpha \to \alpha - \beta_1$。

所以平面上全体平移组成一个变换群。

定理 6.3.6 每个群均同构于一个变换群。

证明 设 $\langle G, * \rangle$ 为任一群，对 G 中每一元素 a，定义双射函数 $f_a : G \to G$ 如下：

$$f_a(x) = a * x$$

显然 f_a 为双射，令

$$F = \{f_a \mid a \in G\}$$

下证 $\langle F, \circ \rangle$ 为群（$\circ$ 为函数复合运算）。

(1) F 对 $\circ$ 运算封闭。

设 $f_a \in F$，$f_b \in F$，那么 $a \in G$，$b \in G$。考虑 $f_a \circ f_b$：对任意 $x \in G$，有

$$f_a \circ f_b(x) = f_b(f_a(x)) = b * a * x = f_{b*a}(x)$$

即 $f_a \circ f_b = f_{b*a}$。由于 $b * a \in G$，$f_{b*a} \in F$，故 $f_a \circ f_b \in F$。

(2) $\circ$ 运算显然满足结合律。

(3) $\circ$ 运算有幺元 $f_e \in F$。e 为群 G 的幺元。

(4) F 中每一元素 f_a 均有逆元 $f_{a^{-1}}$。这是因为由 $a \in G$ 知 $a^{-1} \in G$，从而 $f_{a^{-1}} \in F$，并且对任意 $x \in G$，$f_a \circ f_{a^{-1}}(x) = a^{-1} * a * x = x = e * x = f_e(x)$，即 $f_a \circ f_{a^{-1}} = f_e$。

再证 $\langle G, * \rangle$ 与 $\langle F, \circ \rangle$ 同构。为此定义函数 $h : G \to F$，使得对任一 $x \in G$，$h(x) = f_x$。显然 h 为双射（请读者自证）。另仿(1)可证 h 保持运算，即对 G 中任意元素 x，y，有

$$h(x * y) = f_{x*y} = f_y \circ f_x = h(y) \circ h(x)$$

所以 $\langle G, * \rangle$ 与 $\langle F, \circ \rangle$ 同构。   证毕

定义 6.3.3 有限集上的双射函数称为置换。

【例 6.3.4】 设 $A = \{1, 2, 3\}$，A 上有 6 个置换：

$$\sigma_1 = \begin{pmatrix} 1 & 2 & 3 \\ 1 & 2 & 3 \end{pmatrix} \quad \sigma_2 = \begin{pmatrix} 1 & 2 & 3 \\ 2 & 1 & 3 \end{pmatrix} \quad \sigma_3 = \begin{pmatrix} 1 & 2 & 3 \\ 3 & 2 & 1 \end{pmatrix}$$

$$\sigma_4 = \begin{pmatrix} 1 & 2 & 3 \\ 1 & 3 & 2 \end{pmatrix} \quad \sigma_5 = \begin{pmatrix} 1 & 2 & 3 \\ 2 & 3 & 1 \end{pmatrix} \quad \sigma_6 = \begin{pmatrix} 1 & 2 & 3 \\ 3 & 1 & 2 \end{pmatrix}$$

一般地，$A = \{a_1, a_2, \cdots, a_n\}$ 时，A 上有 $n!$ 个置换。置换 σ 满足 $\sigma(a_i) = a_{j_i}$ 时，可表示为

$$\begin{pmatrix} a_1 & a_2 & \cdots & a_n \\ a_{j1} & a_{j2} & \cdots & a_{jn} \end{pmatrix}$$

置换的合成运算通常用记号。表示，对置换的独特表示形式计算它们的合成时，可像计算两个关系的合成那样来进行。例如：

$$\sigma_5 \circ \sigma_3 = \begin{pmatrix} 1 & 2 & 3 \\ 2 & 3 & 1 \end{pmatrix} \circ \begin{pmatrix} 1 & 2 & 3 \\ 3 & 2 & 1 \end{pmatrix} = \begin{pmatrix} 1 & 2 & 3 \\ 2 & 1 & 3 \end{pmatrix}$$

因此，应当注意

$$(\sigma_i \circ \sigma_j)(x) = \sigma_j(\sigma_i(x))$$

对于置换的复合运算而言，A 上的全体置换中有幺元——恒等函数，又称幺置换，且每一置换都有逆置换，因此置换全体构成一个群。

定义 6.3.4 将 n 个元素的集合 A 上的置换全体记为 S_n，那么称群 $\langle S_n, \circ \rangle$ 为 n 次对称群(symmetric group)，它的子群又称为 n 次置换群(permutation group)。

【例 6.3.5】 令 $A = \{1, 2, 3, 4\}$，$S_4 = \{\sigma | \sigma$ 为 A 上置换$\}$，因此，$\langle S_4, \circ \rangle$ 为四次对称群,其中

$$\sigma_0 = \begin{pmatrix} 1 & 2 & 3 & 4 \\ 1 & 2 & 3 & 4 \end{pmatrix} \qquad \sigma_1 = \begin{pmatrix} 1 & 2 & 3 & 4 \\ 2 & 3 & 4 & 1 \end{pmatrix}$$

$$\sigma_2 = \begin{pmatrix} 1 & 2 & 3 & 4 \\ 3 & 4 & 1 & 2 \end{pmatrix} \qquad \sigma_3 = \begin{pmatrix} 1 & 2 & 3 & 4 \\ 4 & 1 & 2 & 3 \end{pmatrix}$$

$$\sigma_4 = \begin{pmatrix} 1 & 2 & 3 & 4 \\ 4 & 3 & 2 & 1 \end{pmatrix} \qquad \sigma_5 = \begin{pmatrix} 1 & 2 & 3 & 4 \\ 2 & 1 & 4 & 3 \end{pmatrix}$$

$$\sigma_6 = \begin{pmatrix} 1 & 2 & 3 & 4 \\ 1 & 4 & 3 & 2 \end{pmatrix} \qquad \sigma_7 = \begin{pmatrix} 1 & 2 & 3 & 4 \\ 3 & 2 & 1 & 4 \end{pmatrix}$$

则 $H = \{\sigma_0, \sigma_1, \sigma_2, \sigma_3, \sigma_4, \sigma_5, \sigma_6, \sigma_7\}$ 是 $\langle S_4, \circ \rangle$ 的子群，。为复合运算，。的运算表见表 6.3.1。

表 6.3.1

$\circ$	σ_0	σ_1	σ_2	σ_3	σ_4	σ_5	σ_6	σ_7
σ_0	σ_0	σ_1	σ_2	σ_3	σ_4	σ_5	σ_6	σ_7
σ_1	σ_1	σ_2	σ_3	σ_0	σ_7	σ_6	σ_4	σ_5
σ_2	σ_2	σ_3	σ_0	σ_1	σ_5	σ_4	σ_7	σ_6
σ_3	σ_3	σ_0	σ_1	σ_2	σ_6	σ_7	σ_5	σ_4
σ_4	σ_4	σ_6	σ_5	σ_7	σ_0	σ_2	σ_1	σ_3
σ_5	σ_5	σ_7	σ_4	σ_6	σ_2	σ_0	σ_3	σ_1
σ_6	σ_6	σ_5	σ_7	σ_4	σ_3	σ_1	σ_0	σ_2
σ_7	σ_7	σ_4	σ_6	σ_5	σ_3	σ_3	σ_2	σ_0

定义 6.3.5　设 σ 是 $S=\{1,\,2,\,\cdots,\,n\}$ 上的 n 元置换。若 $\sigma(i_1)=i_2$，$\sigma(i_2)=i_3$，$\cdots$，$\sigma(i_{k-1})=i_k$，$\sigma(i_k)=i_1$ 且保持 S 中的其他元素不变，则称 σ 为 S 上的 k 阶轮换，记作 $(i_1,\,i_2,\,\cdots,\,i_k)$。若 $k=2$，这时也称 σ 为 S 上的对换。

下面介绍置换的轮换表示。设置换为

$$\sigma=\begin{pmatrix} 1 & 2 & 3 & 4 & 5 & 6 & 7 & 8 \\ 3 & 6 & 5 & 4 & 7 & 2 & 1 & 8 \end{pmatrix}$$

其轮换表示为

$$\sigma=(1357)(26)(4)(8)$$

轮换有下面性质：

(1) 每个置换均可写成一些轮换的乘积，使得不同轮换中没有公共元素。例如，$\begin{pmatrix} 1 & 2 & 3 & 4 & 5 & 6 & 7 \\ 1 & 3 & 2 & 5 & 6 & 4 & 7 \end{pmatrix}=(1)(23)(456)(7)$。长度为 1 的轮换往往忽略不写，即上式通常记为 $(23)(456)$。

(2) 同一置换中任何不相交轮换可交换，因为不同轮换中没有公共元素，这些轮换的次序可任意改变。如上式 $(23)(456)=(456)(23)$。

(3) 如果不计这种次序，每个置换可唯一表成没有公共元素的一些轮换之积。

(4) 每个轮换可表成一些对换之积。例如 $(1,\,2,\,3,\,\cdots,\,n)=(1\,2)(1\,3)\cdots(1\,n-1)(1n)$，所以每个置换中可表成有限个对换之积。这种表达式(甚至对换的个数)显然不唯一。但是，同一个置换以多种方式表成对换之积时，其所含对换个数的奇偶性是不变的。表成奇(偶)数个对换之积的置换叫做奇(偶)置换。显然，两个奇置换或两个偶置换之积是偶置换，一个奇置换与一个偶置换之积是奇置换。

如例 6.3.5 中，S_4 中的置换可用轮换表示为

$S_4=\{(1),\,(1234),\,(13)(24),\,(1432),\,(14)(23),\,(12)(34),\,(24),\,(13)\}$

6.4　陪集与拉格朗日定理

本节主要讨论群的分解，先定义群中子集合的乘积。

定义 6.4.1　设 $\langle G,\,*\rangle$ 为群，$A,\,B\subseteq G$，且 $A,\,B$ 非空，则 $AB=\{a*b\mid a\in A,\,b\in B\}$ 称为 $A,\,B$ 的乘积。

【例 6.4.1】　设 $S_3=\{(1),\,(12),\,(13),\,(23),\,(123),\,(132)\}$，$A=\{(1),\,(12)\}$，$B=\{(123),\,(13)\}$，求 $AB,\,BA$。

解　$AB=\{(123),\,(13),\,(12)(123),\,(12)(13)\}=\{(123),\,(13)\,\}$

$\qquad BA=\{(123),\,(13),\,(123)(12),\,(13)(12)\}=\{(123),\,(13),\,(23),\,(132)\,\}$

一般地，$|AB|\neq|A|\,|B|$，当 G 可交换，则 $AB=BA$。当 $A=\{a\}$ 时，$\{a\}B=aB$。

乘积的性质：设 $\langle G,\,*\rangle$ 为群，$A,\,B,\,C\subseteq G$，且 $A,\,B,\,C$ 非空，则

(1) $(AB)C=A(BC)$(因为群中所有元素都满足结合律)。

(2) $eA=Ae=A$(因为群中所有元素乘一幺元都等于元素本身)。

定义 6.4.2　设 $\langle H,\,*\rangle$ 为 $\langle G,\,*\rangle$ 的子群，那么对任一 $g\in G$，称 gH 为 H 的左陪集

(left coset)，称 Hg 为 H 的右陪集(right coset)。这里

$$gH=\{g*h\,|\,h\in H\} \qquad Hg=\{h*g\,|\,h\in H\}$$

【例 6.4.2】 在 S_3 中，$H=\{(1),(12)\}$，则

$$(13)H=\{(13)(1),(13)(12)\}=\{(13),(132)\}$$
$$(123)H=\{(123)(1),(123)(12)\}=\{(123),(23)\}$$

关于左(右)陪集我们有以下定理。

定理 6.4.1 设 $\langle H,*\rangle$ 为 $\langle G,*\rangle$ 的子群，那么

(1) 对任意 $g\in G$，$|gH|=|H|(|Hg|=|H|)$。

(2) 当 $g\in H$ 时，$gH=H(Hg=H)$。

证明 (1) 只要证 H 与 gH 之间存在双射即可。

定义函数 $f\colon H\to gH$ 如下：对任何一 $h\in H$，有

$$f(h)=g*h$$

设 $h_1\neq h_2$，则 $f(h_1)=g*h_1$，$f(h_2)=g*h_2$，若 $f(h_1)=f(h_2)$，那么由消去律即得 $h_1=h_2$，与 $h_1\neq h_2$ 矛盾。f 为单射得证。f 为满射是显然的。因此 f 为双射。$|gH|=|H|$ 得证。同理可证 $|Hg|=|H|$。所以一个元素乘以集合使该集合的基数保持不变。

(2) 由定理 6.1.9 立即可得。 证毕

下面几个定理讨论陪集的性质。

定理 6.4.2 设 $\langle H,*\rangle$ 为 $\langle G,*\rangle$ 的子群，有

(1) $a\in aH$。

(2) 若 $b\in aH$，则 $bH=aH$。

证明

(1) 因为 $\langle H,*\rangle$ 为 $\langle G,*\rangle$ 的子群，所以 G 中的幺元 e 一定在子群 H 中，所以 $a=a*e\in aH$，因此 $a\in aH$，得证。

(2) 若 $b\in aH$，则存在 $h\in H$，使 $b=ah$，$bH=(ah)H=a(hH)$，由定理 6.4.1 之(2)可知 $hH=H$，因此 $bH=a(hH)=aH$。 证毕

注意 该定理对右陪集也适用。

定理 6.4.3 任意两陪集或相同或不相交。即设 $\langle H,*\rangle$ 为 $\langle G,*\rangle$ 的子群，$\forall a,b\in G$，则或者 $aH=bH(Ha=Hb)$，或者 $aH\bigcap bH=\varnothing(Ha\bigcap Hb=\varnothing)$。

证明 我们用否定一个推出另一个的方法。只需证明若相交则相同。

设 $aH\bigcap bH\neq\varnothing$，那么有 $c\in aH\bigcap bH$，因此存在 $h_1,h_2\in H$ 使得 $a*h_1=b*h_2$。于是 $a=b*h_2*h_1^{-1}$。

为证 $aH\subseteq bH$，设 $x\in aH$，那么有 $h_3\in H$，使得 $x=a*h_3=b*(h_2*h_1^{-1}*h_3)\in bH$。$aH\subseteq bH$ 得证。

同理可证 $bH\subseteq aH$。于是 $aH=bH$ 得证。对于右陪集 Ha,Hb，同上可证平行的命题。

证毕

定理 6.4.4 设 $\langle H,*\rangle$ 为 $\langle G,*\rangle$ 的子群，$\forall a,b\in G$ 有 a,b 属于 H 的同一左陪集 $\Leftrightarrow a^{-1}*b\in H$。

证明 设 a,b 属于 H 的同一左陪集，则有 $g\in G$，使 $a,b\in gH$，因而有 $h_1,h_2\in H$，

使得 $a=g*h_1$，$b=g*h_2$。于是

$$a^{-1}*b=(g*h_1)^{-1}*(g*h_2)=h_1^{-1}*h_2\in H$$

反之，设 $a^{-1}*b\in H$，即有 $h\in H$ 使 $a^{-1}*b=h$。因而 $b=a*h\in aH$。而 $a\in aH$ 显然，故 a，b 在同一左陪集 aH 中。 证毕

利用陪集还可以定义陪集等价关系。

定理 6.4.5 设 $\langle H,*\rangle$ 为群 $\langle G,*\rangle$ 的子群，则 $R=\{\langle a,b\rangle|a,b\in G,a^{-1}*b\in H\}$ 是 G 上的一个等价关系，且 $[a]_R=aH$，称 R 为群 G 上 H 的左陪集等价关系。

证明 首先证明 R 是一个等价关系。

(1) $\forall a\in G$，$a^{-1}\in G$，有 $a^{-1}*a=e\in H$，所以 $\langle a,a\rangle\in R$，因此 R 是自反的。

(2) 若 $\langle a,b\rangle\in R$，有 $a^{-1}*b\in H$，$(a^{-1}*b)^{-1}=b^{-1}*a$，因为 H 是群 G 的子群，所以 $(a^{-1}*b)^{-1}\in H$，即 $b^{-1}*a\in H$，所以 $\langle b,a\rangle\in R$，因此 R 是对称的。

(3) 若 $\langle a,b\rangle$，$\langle b,c\rangle\in R$，则有 $a^{-1}*b\in H$ 和 $b^{-1}*c\in H$，所以 $(a^{-1}*b)*(b^{-1}*c)\in H$，而 $(a^{-1}*b)*(b^{-1}*c)=a^{-1}*c\in H$，所以 $\langle a,c\rangle\in R$，因此 R 是传递的。

综上所述，R 是 G 上的一个等价关系。

再证明 $[a]_R=aH$。

$b\in[a]_R\Leftrightarrow bRa\Leftrightarrow a^{-1}*b\in H\Leftrightarrow a$，$b$ 属于 H 的同一左陪集 $\Leftrightarrow b\in aH$，得证。 证毕

对右陪集同理可证上述定理。

由于对每一元素 $g\in G$，$g\in gH$（$g\in Hg$），$gH\subseteq G$（$Hg\subseteq G$），因此据以上讨论可以看出，子群 H 的全体左（右）陪集构成 G 的一个划分，且划分的各单元与 H（亦即陪集 eH，He）具有同样数目的元素。由此可导出下列重要的拉格朗日定理（Lagrange theorem）。

定理 6.4.6 设 $\langle G,*\rangle$ 为有限群，H 是 G 的子群，那么 $|H|\mid|G|$（H 的阶整除 G 的阶）。

证明 设 R 是 G 中的等价关系，将 G 分成不同等价类，由以上讨论知

$$G=\bigcup_{i=1}^{k}[a_i]_R=\bigcup_{i=1}^{k}a_iH$$

由于这 k 个左陪集是两两不相交的，所以有

$$|G|=|a_1H|+|a_2H|+\cdots+|a_kH| \tag{6.4.1}$$

由定理 6.4.1 可知 $|a_iH|=|H|$（$i=1,2,\cdots,k$），将这些式子代入式(6.4.1)得

$$|G|=k|H|$$

其中 k 为不同左（右）陪集的数目。定理得证。 证毕

注意 拉格朗日定理之逆不能成立。因此，据此定理只可判别一子代数"非子群"，却不可用它来判别一子代数"是子群"。

推论 1 有限群 $\langle G,*\rangle$ 中任何元素的阶均为 G 的阶的因子。

证明 设 a 为 G 中任一元素，a 的阶为 r，那么令 $H=\langle a\rangle=\{e,a,a^2,\cdots,a^{r-1}\}$，则 H 必为 G 的 r 阶子群，由定理 6.4.6，因此 r 整除 $|G|$。 证毕

推论 2 质数阶的群没有非平凡子群。

证明 如果有非平凡子群，则该子群的阶必是原来群的阶的一个因子，则与原来群的阶是质数相矛盾。 证毕

推论 3 设 $\langle G,*\rangle$ 是群且 $|G|=4$，则 G 同构于 4 阶循环群 C_4 或 Klein 四元群 D_2。

证明　设 $G=\{e, a, b, c\}$，其中 e 是幺元。因为元素阶只可能是 $1, 2, 4$。

若有 4 阶元 a，则 $|a|=4$，$\langle a\rangle=\{e, a, a^2, a^3\}\cong C_4$（$\cong$ 表示同构）。

若 G 中无 4 阶元素，则 G 中有一个幺元，剩余的 3 个均是 2 阶元，$a^2=b^2=c^2=e$。$a*b$ 不可能等于 a，b 或 e，否则将导致 $b=e$，$a=e$ 或 $a=b$ 的矛盾。所以 $a*b=c$，同样地有 $b*a=c$ 及 $a*c=c*a=b$，$b*c=c*b=a$。

因此这个群是 Klein 四元群 D_2。　　　　　　　　　　　　　　　　　　　　　　**证毕**

6.5　正规子群、商群和同态基本定理

定义 6.5.1　设 $\langle H, *\rangle$ 为群 $\langle G, *\rangle$ 的子群，如果对任一 $g\in G$，有
$$gH=Hg$$
则称 H 为正规子群（normal subgroup）。

显然，任何群都有正规子群，因为 G 的两个平凡子群即 G 和 $\{e\}$ 是 G 的两个正规子群。当 G 为阿贝尔群时，G 的任何子群都是正规子群。

注意　正规子群虽然要求 Hg 与 gH 两个集合相等，但并不意味着 g 与 H 中的每个元素相乘是可交换的。

下面介绍正规子群的判定定理。

定理 6.5.1　设 $\langle H, *\rangle$ 是群 $\langle G, *\rangle$ 的子群，$\langle H, *\rangle$ 是群 $\langle G, *\rangle$ 的正规子群当且仅当 $\forall g\in G$，$\forall h\in H$ 有 $g*h*g^{-1}\in H$。

证明　先证充分性，即需证明 $\forall g\in G$，有 $gH=Hg$。

任取 $g*h\in gH$，由 $g*h*g^{-1}\in H$ 可知，存在 $h_1\in H$ 使得 $g*h*g^{-1}=h_1$，从而得 $g*h=h_1*g\in Hg$，所以 $gH\subseteq Hg$。

反之，$h*g\in Hg$，由 $g^{-1}\in G$，$(g^{-1})*h*(g^{-1})^{-1}\in H$ 即 $g^{-1}*h*g\in H$，所以存在 $h_1\in H$ 使得 $g^{-1}*h*g=h_1$，从而得 $h*g=g*h_1\in gH$，所以 $Hg\subseteq gH$。

因此，$\forall g\in G$ 有 $gH=Hg$。

再证必要性。任取 $g\in G$，$h\in H$，由 $gH=Hg$ 可知，存在 $h_1\in H$ 使得 $g*h=h_1*g$。因此有
$$g*h*g^{-1}=h_1*g*g^{-1}=h_1\in H$$
　　　　　　　　　　　　　　　　　　　　　　　　　　　　　　　证毕

我们知道，G 的子群 H 的左（右）陪集全体构成 G 的划分，从而导出 G 上的一个等价关系。那么当 H 为正规子群时情况将如何呢？此时正规子群的左陪集或右陪集均可称为陪集。

利用群的正规子群能够按如下方式诱导出一个新的群，这个群比原来的群简单却又保留了原来群的许多重要性质。

设 $\langle H, *\rangle$ 是群 $\langle G, *\rangle$ 的正规子群，H 在 G 中的所有陪集形成一个集合，即 $G/H=\{gH\,|\,g\in G\}$（或 $\{Hg\,|\,g\in G\}$），$\odot$ 运算定义如下：对任意 g_1，$g_2\in G$，有
$$[g_1]\odot[g_2]=[g_1*g_2]$$
亦即
$$g_1H\odot g_2H=(g_1*g_2)H\quad\text{或}\quad Hg_1\odot Hg_2=H(g_1*g_2)$$

定理 6.5.2 设 $\langle H, * \rangle$ 是群 $\langle G, * \rangle$ 的正规子群，群 G 的商代数系统 $\langle G/H, \odot \rangle$ 构成群。

证明

(1) $\odot$ 运算满足结合律。$\forall x, y, z \in G$，有

$$((xH) \odot (yH)) \odot (zH) = ((x * y)H) \odot (zH) = ((x * y) * z)H$$
$$= x * (y * z)H = (xH) \odot ((y * z)H) = (xH) \odot ((yH) \odot (zH))$$

(2) $eH(=H)$ 为关于 $\odot$ 运算的幺元。事实上，对任意 $g \in G$，有

$$gH \odot eH = (g * e)H = gH = eH \odot gH$$

(3) 对每一 gH 有关于 $\odot$ 运算的逆元。事实上，对任意 $g \in G$，有

$$gH \odot g^{-1}H = (g * g^{-1})H = H = g^{-1}H \odot gH$$

所以 $\langle G/H, \odot \rangle$ 构成群。   证毕

定义 6.5.2 群 G 的正规子群 H 的所有陪集在运算 $g_1H \odot g_2H = (g_1 * g_2)H$ 下形成的群 G/H 称为 G 关于 H 的商群。

显然，当 G 为有限群时，有如下关系：

$$\frac{G \text{的阶}}{H \text{的阶}} = G/H \text{的阶}$$

【例 6.5.1】 $H = \{0, 3\}$ 时 $\langle H, * \rangle$ 为群 $\langle \mathbf{Z}_6, +_6 \rangle$ 的正规子群。由于它们都是加群，我们把左右陪集分别表示为 $a + H$，$H + a$。于是 H 有左右陪集如下：

$$0 + H = H + 0 = H : \{0, 3\}$$
$$1 + H = H + 1 = H : \{1, 4\}$$
$$2 + H = H + 2 = H : \{2, 5\}$$

$\langle \mathbf{Z}_6, +_6 \rangle$ 有商群 $\langle \{\{0, 3\}, \{1, 4\}, \{2, 5\}\}, \oplus \rangle$，而 $(a + H) \oplus (b + H) = (a + b) + H$。例如

$$\{1, 4\} \oplus \{2, 5\} = (1 + H) \oplus (2 + H) = 3 + H = \{0, 3\}$$

我们再来讨论群之间的同态映射——群同态。

如果存在群 G_1 到群 G_2 上的同态映射，则称群 G_1 与 G_2 同态。但同态映射是双射时，则称群 G_1 与 G_2 是同构。

定理 6.5.3 群 $\langle G, * \rangle$ 与它的每个商群 $\langle G/H, \odot \rangle$ 同态。

证明 只要在 G 与 G/H 之间建立对应 $\varphi : g \to gH$，$g \in G$，φ 显然是 G 到 G/H 上的映射，而且对于任意的 $x, y \in G$，有

$$x * y \to (x * y)H = (xH) \odot (yH)$$

所以 φ 是 G 到 G/H 上的一个同态映射。   证毕

最后介绍同态基本定理，这个定理揭示了两个同态群之间的重要关系。为此先讨论同态核的性质。

定理 6.5.4 设 φ 为群 $\langle G_1, *_1 \rangle$ 到群 $\langle G_2, *_2 \rangle$ 的同态映射，那么 φ 的核 $K(\varphi)$ 构成 $\langle G_1, *_1 \rangle$ 的正规子群。（为简明起见，以下用 K 表示 $K(\varphi)$。）

证明 不难看出 $\langle K(\varphi), *_1 \rangle$ 为 $\langle G_1, *_1 \rangle$ 的一个子群。

现对任一 $g \in G$，证明 $gK = Kg$。为此，设 $x \in gK$，那么有 $k \in K$，使得 $x = g *_1 k$。考虑到

$$\varphi(g *_1 k *_1 g^{-1}) = \varphi(g) *_2 \varphi(e_1) *_2 \varphi(g^{-1})$$

又由于

$$\varphi(g^{-1}) = \varphi(g)^{-1}, \quad \varphi(e_1) = e_2$$

$$\varphi(g *_1 k *_1 g^{-1}) = \varphi(g) *_2 \varphi(g)^{-1} = e_2$$

故 $g *_1 k *_1 g^{-1} \in K$。由定理 6.5.1 知 K 为 G 的正规子群。 证毕

下面就是重要的同态基本定理。

定理 6.5.5 设 φ 为群 $\langle G_1, *_1 \rangle$ 到群 $\langle G_2, *_2 \rangle$ 的同态映射，$K = K(\varphi)$，那么商群 $\langle G/K, \odot \rangle$ 与同态像 $\langle \varphi(G_1), *_2 \rangle$ 同构。

证明 在 G/H 与 $\varphi(G_1)$ 之间我们建立如下对应：

$$\sigma: (xK) \rightarrow \varphi(x) \qquad x \in G$$

下面表明 σ 为 G/H 与 $\varphi(G_1)$ 之间的同构映射。共分四点说明，前三点说明 σ 是 G/H 与 $\varphi(G_1)$ 之间的一一对应，第四点说明 σ 还保持群的运算关系不变。

(1) σ 把 G/K 中的任意元素 (xK) 只映射为 $\varphi(G_1)$ 中的一个元素。这是因为对于 (xK) 中的任意代表元 xk，有

$$\varphi(x *_1 k) = \varphi(x) *_2 \varphi(k) = \varphi(x) *_2 e_2 = \varphi(x)$$

所以在映射 σ 下 G/K 中的任意元素 (xK) 在 $\varphi(G_1)$ 中只有一个像。

(2) 对于 $\varphi(G_1)$ 中的任意元素 b，由于 φ 是 G_1 到 $\varphi(G_1)$ 的满射，故 b 在 G 中至少有一个像源 a（即 $\varphi(a) = b$），从而对于 σ 而言，b 在 G/K 中就至少有一个像源 aK，这说明 σ 是满射。

(3) σ 也是单射。如果 $xK \neq yK$，则 $x^{-1} *_1 y \notin K$，从而 $\varphi(x^{-1} *_1 y) \neq e_2$，于是 $\varphi(x)^{-1} * \varphi(y) \neq e_2$，即 $\varphi(x) \neq \varphi(y)$。

(4) 在映射 σ 之下，我们有

$$(xK) \odot (yK) = (x *_1 y)K \rightarrow \varphi(x *_1 y) = \varphi(x) *_2 \varphi(y)$$

左面的等式是根据商群 G/K 中的运算，右面的等式是因为 φ 为同态映射。该式表明 σ 是保持运算关系的。

综上所述，σ 为 G/K 与 $\varphi(G_1)$ 之间的同构映射。 证毕

【例 6.5.2】 设 h 为群 $\langle \mathbf{Z}_6, +_6 \rangle$ 到群 $\langle \mathbf{Z}_3, +_3 \rangle$ 的同态映射，使得

$$h(x) = 2x \pmod 3$$

即

$$h(0) = h(3) = 0, \ h(1) = h(4) = 2, \ h(2) = h(5) = 1$$

于是 $K = K(h) = \{0, 3\}$，$\langle K, +_6 \rangle$ 为 $\langle \mathbf{Z}_6, +_6 \rangle$ 的正规子群。所以

$$\langle \mathbf{Z}_6/K, \oplus \rangle = \langle \{\{0, 3\}, \{1, 4\}, \{2, 5\}\}, \oplus \rangle$$

它同构于 $\langle \mathbf{Z}_3, +_3 \rangle$，同构映射 $\sigma: \mathbf{Z}_6/K \rightarrow \mathbf{Z}_3$ 满足

$$\sigma(\{0, 3\}) = 0, \quad \sigma(\{2, 5\}) = 1, \quad \sigma(\{1, 4\}) = 2$$

6.6 环

从这一节起我们要讨论含有两个二元运算的代数结构，首先讨论环。

定义 6.6.1 $\langle R, +, \cdot \rangle$ 是代数系统，$+, \cdot$ 是二元运算，如果满足

(1) $\langle R, + \rangle$ 是阿贝尔群(或加群);

(2) $\langle R, \cdot \rangle$ 是半群;

(3) 乘运算对加运算可分配,即对任意元素 $a, b, c \in R$,有

$$a \cdot (b+c) = a \cdot b + a \cdot c, \qquad (b+c) \cdot a = b \cdot a + c \cdot a$$

则称 $\langle R, +, \cdot \rangle$ 为环(ring)。

约定,文中符号 $+$,$\cdot$ 表示一般二元运算,分别称为环中的加法、乘法运算(未必是数加和数乘),并对它们沿用数加、数乘的术语及运算,例如,a, b 的积表示为 ab,n 个 a 的和 $a + \cdots + a$ 表示为 na,n 个 a 的积表示为 a^n 等。

【例 6.6.1】

(1) $\langle \mathbf{Z}, +, \cdot \rangle$,$\langle \mathbf{Q}, +, \cdot \rangle$,$\langle \mathbf{R}, +, \cdot \rangle$,$\langle \mathbf{C}, +, \cdot \rangle$ 均为环(其中 $\mathbf{Z}$ 为整数集,$\mathbf{Q}$ 为有理数集,$\mathbf{R}$ 为实数集,$\mathbf{C}$ 为复数集,$+$,$\cdot$ 为数加与数乘运算)。

(2) $M_n(R)$ 表示所有实数分量的 $n \times n$ 方阵集合与矩阵加运算($+$)及矩阵乘运算($\circ$)构成一环,即 $\langle M_n(R), +, \circ \rangle$ 为环。

(3) $\langle P(A), \oplus, \cap \rangle$ 是环。其中 $P(A)$ 是集合 A 上的幂集合,$\oplus$ 为集合上的对称差运算,$\cap$ 为集合上的交运算。

(4) $\langle \mathbf{Z}_k, +_k, \times_k \rangle$ 为环,因为我们已知 $\langle \mathbf{Z}_k, +_k \rangle$ 为加群,$\langle \mathbf{Z}_k, \times_k \rangle$ 为半群,$\forall a, b \in \mathbf{Z}_k$,有 $a +_k b = (a+b) \bmod k$,$a \times_k b = (a \cdot b) \bmod k$($+$,$\cdot$ 是数加和数乘)。下面用 $x(\bmod k)$ 表示 x 除以 k 的余数。此外,

$$
\begin{aligned}
a \times_k (b +_k c) &= a \times_k ((b+c) \bmod k) \\
&= (a \cdot (b+c)(\bmod k))(\bmod k) \\
&= (a \cdot (b+c))(\bmod k) \\
&= (a \cdot b + a \cdot c)(\bmod k) \\
&= a \cdot b(\bmod k) +_k a \cdot c(\bmod k) \\
&= a \times_k b +_k a \times_k c
\end{aligned}
$$

且同理可证 $(b +_k c) \times_k a = b \times_k a +_k c \times_k a$。

(5) $R[x]$ 表示所有实系数多项式(以 x 为变元)的集合与多项式加、乘运算构成环,即 $\langle R[x], +, \cdot \rangle$ 为环。

(6) $\langle \{0\}, +, \cdot \rangle$(其中 0 为加法幺元、乘法零元)为环,称为零环。(其他环至少有两个元素。)

(7) $\langle \{0, e\}, +, \cdot \rangle$(其中 0 为加法幺元、乘法零元,$e$ 为乘法幺元)为环。

环 R 中,将用 $-b$ 表示 b 的加法逆元,$a + (-b)$ 记为 $a - b$。

环有下列基本性质。

定理 6.6.1 设 $\langle R, +, \cdot \rangle$ 为环,0 为加法幺元,那么对任意 $a, b, c \in R$,有

(1) $0 \cdot a = a \cdot 0 = 0$ (加法幺元必为乘法零元)

(2) $(-a) \cdot b = a \cdot (-b) = -(a \cdot b)$ ($-a$ 表示 a 的加法逆元,下同)

(3) $(-a) \cdot (-b) = a \cdot b$

(4) $(a-b) \cdot c = a \cdot c - b \cdot c$,$c \cdot (a-b) = c \cdot a - c \cdot b$

证明

(1) $a \cdot 0 = a \cdot (0+0) = a \cdot 0 + a \cdot 0$，因为$\langle R, + \rangle$是阿贝尔群，所以满足消去律。因此 $a \cdot 0 = 0$。

同理可证 $0 \cdot a = 0$。

(2) $a \cdot b + (-a) \cdot b = (a + (-a)) \cdot b = 0 \cdot b = 0$，因为$\langle R, + \rangle$是阿贝尔群，由逆元的唯一性，有 $(-a) \cdot b = -(a \cdot b)$。

同理可证 $a \cdot (-b) = -a \cdot b$。

(3) $(-a) \cdot (-b) = -(a \cdot (-b)) = -(-(a \cdot b)) = a \cdot b$。

(4) $(a-b) \cdot c = (a + (-b)) \cdot c = a \cdot c + (-b) \cdot c = a \cdot c + (-b \cdot c) = a \cdot c - b \cdot c$。

同理可证 $c \cdot (a-b) = c \cdot a - c \cdot b$。 证毕

注意 $\langle R, +, \cdot \rangle$中乘运算不一定满足交换律，也不一定有幺元(但一定有零元)。

定义 6.6.2 设$\langle R, +, \cdot \rangle$是环，若 $\cdot$ 运算可交换，称 R 为交换环(commutative rings)，当 $\cdot$ 运算有幺元时，称 R 为含幺环(ring with unity)。

例 6.6.1 中(1)、(3)、(4)、(5)是含幺交换环，(2)是含幺环，因为矩阵乘法不可交换。

环不仅必有零元，还可能有下述所谓的零因子。

定义 6.6.3 设$\langle R, +, \cdot \rangle$为环，若有非零元素 a, b 满足 $a \cdot b = 0$，则称 a, b 为 R 的零因子(divisor of 0)，并称 R 为含零因子环，否则称 R 为无零因子环。

【例 6.6.2】

(1) 在环$\langle \mathbf{Z}_8, +_8, \times_8 \rangle$中，$[0]$是零元，$[2]$，$[4]$为零因子，因为$[2] \times_8 [4] = 0$。

(2) 在环$\langle M_2(R), +, \circ \rangle$中有零因子 $\begin{pmatrix} 1 & 0 \\ 0 & 0 \end{pmatrix}$ 和 $\begin{pmatrix} 0 & 0 \\ 1 & 1 \end{pmatrix}$，因为

$$\begin{pmatrix} 1 & 0 \\ 0 & 0 \end{pmatrix} \circ \begin{pmatrix} 0 & 0 \\ 1 & 1 \end{pmatrix} = \begin{pmatrix} 0 & 0 \\ 0 & 0 \end{pmatrix}$$

它是矩阵加的幺元。

(3) 在环$\langle P(A), \oplus, \cap \rangle$中，取 $X \subseteq A$ 且 $X \neq \varnothing$，$Y = \varnothing$，所以 $X \cap Y = \varnothing$。$\varnothing$ 是 $\langle P(A), \oplus \rangle$的幺元。

关于零因子我们有定理 6.6.2。

定理 6.6.2 设$\langle R, +, \cdot \rangle$为环，那么 R 中无零因子当且仅当 R 中乘运算满足消去律(即 R 中所有非零元素均可约)。

证明 设 R 无零因子，且 $a \neq 0$，$a \cdot b = a \cdot c$，那么由 $a \cdot b - a \cdot c = 0$ 有 $a \cdot (b-c) = 0$。

因为 R 无零因子，所以 a 和 $b-c$ 不是零因子，因此或者 $a = 0$ 或者 $b - c = 0$。因为 $a \neq 0$，故 $b - c = 0$，即 $b = c$。可约得证。

反之，设对任意元素 x, y, z，$x \neq 0$，由 $x \cdot y = x \cdot z$，可推得 $y = z$。欲证 R 无零因子，反设 R 中有零因子 a, b，$a \neq 0$，$b \neq 0$，但 $a \cdot b = 0$，于是 $a \cdot b = a \cdot 0$，据可约性得 $b = 0$，与前面矛盾。因此 R 无零因子。 证毕

定义 6.6.4 设$\langle R, +, \cdot \rangle$不是零环，如果$\langle R, +, \cdot \rangle$满足含幺、交换、无零因子环，则称 R 为整环(integral ring)。

显然，上文中的$\langle \mathbf{Z}, +, \cdot \rangle$是整环，$\langle \mathbf{Z}_8, +_8, \times_8 \rangle$及$\langle M_2(R), +, \circ \rangle$不是整环。注意，$\langle \{0\}, +, \cdot \rangle$也不是整环，它是零环。

定义 6.6.5 设 $\langle R, +, \cdot \rangle$ 为环，如果有集合 S 满足

(1) $\langle S, + \rangle$ 为 $\langle R, + \rangle$ 的子群（正规子群），

(2) $\langle S, \cdot \rangle$ 为 $\langle R, \cdot \rangle$ 的子半群，

则称代数系统 $\langle S, +, \cdot \rangle$ 为 R 的子环（subring）。

显然，当 $\langle S, +, \cdot \rangle$ 为 $\langle R, +, \cdot \rangle$ 的子代数系统，并且 S 对（关于 +的）求逆运算"—"封闭，那么 $\langle S, +, \cdot \rangle$ 为 $\langle R, +, \cdot \rangle$ 的子环。另外，由于乘对加的分配律在 $\langle S, +, \cdot \rangle$ 中沿袭下来，因此子环必定是环。

定义 6.6.6 设 R 是环，如果存在最小正整数 n 使得对所有的 $a \in R$ 均有 $na = 0$，则称 R 的特征是 n，记作 charR = n；如果不存在这样的 n，则称 R 的特征是 0。

定理 6.6.3 在整环 R 的加法群 R^+ 中，或者每个非零元素都生成一个无限阶的循环群；或者存在一个素数 p，R^+ 中的每个元素都生成一个 p 阶循环子群。

证明：R 为整环，于是 $1 \in R$。R^+ 作为 R 的加法群含有由 1 生成的循环子群

$$\langle 1 \rangle = \{k \cdot 1 \mid k \in Z\}$$

(1) 如果 $\langle 1 \rangle$ 为无限循环群。

$\forall a \in R, a \neq 0$，证 $\langle a \rangle$ 也为无限循环群。若否，设 a 的阶为 m，于是：

$$0 = m \cdot a = \underbrace{a + a + \cdots + a}_{m} = \underbrace{(1 + 1 + \cdots + 1)}_{m} \cdot a = (m \cdot 1) \cdot a$$

由于整环无零因子，必有 $m \cdot 1 = 0$，说明 $\langle 1 \rangle$ 为 m 的因子，与 $\langle 1 \rangle$ 为无限循环群矛盾。所以 $\langle a \rangle$ 也为无限循环群。

(2) 如果 $\langle 1 \rangle$ 为有限循环群。

首先断定 R^+ 元素 1 的阶必为某个素数 p。事实上，如果假设 $|\langle 1 \rangle| = m = p_1 p_2$，其中 $1 < p_1 < m, 1 < p_2 < m$。我们有：

$$(p_1 \cdot 1)(p_2 \cdot 1) = \underbrace{(1 + 1 + \cdots + 1)}_{p_1} \underbrace{(1 + 1 + \cdots + 1)}_{p_2} = \underbrace{1 + 1 + \cdots + 1}_{m} = m \cdot 1 = 0$$

由于整环无零因子，所以 $p_1 \cdot 1$ 和 $p_2 \cdot 1$ 这两者中必然有一个为 0，这与 $m = |\langle 1 \rangle|$ 矛盾。所以 m 必为素数，设 $m = p$ 为一个素数。$\forall a \in R, a \neq 0$，有

$$p \cdot a = \underbrace{a + a + \cdots + a}_{p} = \underbrace{(1 + 1 + \cdots + 1)}_{p} \cdot a = (p \cdot 1)a = 0$$

说明 R^+ 中的每个非零元素都生成一个 p 阶的循环子群。　　　　　　　　　证毕

注 当 R 为整环时，上述定理中的两种情况必有而且仅有一种成立。前一种情况称整环 R 的特征为 0(charR = 0)；后一种情况称整环 R 的特征为 p(charR = p)。

推论 1 在一个特征为 p 的整环 R 中，对任意自然数 m 有：

$$(a + b)^{p^m} = a^{p^m} + b^{p^m}, \quad (ab)^{p^m} = a^{p^m} b^{p^m}, \quad \forall a, b \in R$$

推论 2 在一个特征为 p 的整环 R 中，由 $a^{p^m} = b^{p^m}$ 等式对某个自然数成立，可以断定 $a = b$。

下面我们要推广多项式的概念，讨论环上的多项式。

定义 6.6.7 设 $\langle R, +, \cdot \rangle$ 为含幺交换环，x 被称为未定元，它本身不是 R 的元素，但它与 R 中元素的乘积满足 $rx = xr$，那么形如 $f(x) = a_0 + a_1 x + \cdots + a_n x^n (a_i \in R, i = 0, 1, \cdots, n)$ 的表达式称为环 R 上的一元多项式，简称为 R—多项式（polynomials）。

对 R—多项式我们所采用的术语及约定如下：a_0，a_1，$\cdots$，a_n 称为系数，$0x$ 省略，x^i 即 ex^i，其中 e 是幺元。下文 $R[x]$ 表示全体 R—多项式的集合。

定义 6.6.8 代数结构 $\langle R[x]$，$+$，$\cdot\rangle$（$+$，$\cdot$ 分别是 R—多项式的加、乘运算）称为 R—多项式环（ring of polynomial）。

容易证明 R—多项式环确为一环，因为加运算满足结合律、交换律，它有幺元 $f(x)=0$（零多项式），每一 $f(X)\in R[x]$ 都有加法逆元 $-f(x)$；而乘运算满足结合律、交换律，它有幺元 $f(x)=e$（零次多项式 e）。

显然，对环 $\langle R$，$+$，$\cdot\rangle$ 而言，$R\subseteq R[x]$，因此 $\langle R$，$+$，$\cdot\rangle$ 是 R—多项式环的子环（R 为零次多项式的全体）。

此外，R 的零因子亦必是 $R[x]$ 的零因子，从而当 R 不是整环时，$R[x]$ 亦非整环；反之，当 R 无零因子时，对 $R[x]$ 中任意非零 R 多项式，有

$$f(x) = a_0 + a_1 x + \cdots + a_n x^n \qquad (a_n \neq 0)$$

$$g(x) = b_0 + b_1 x + \cdots + b_m x^m \qquad (b_m \neq 0)$$

$$f(x) \cdot g(x) = (a_0 + a_1 x + \cdots + a_n x^n) \cdot (b_0 + b_1 x + \cdots + b_m x^m)$$

$$= \sum_{i=0}^{m+n} c_k x^k \left(c_k = \sum_{i+j=k} a_i b_j \right)$$

由于 $a_n \neq 0$，$b_m \neq 0$，从而 $a_n b_m \neq 0$，$c_{m+n} \neq 0$，因此 $f(x) \cdot g(x) \neq 0$。这就是说 $R[x]$ 亦无零因子，即 R 为整环蕴含 $R[x]$ 为整环。

于是，我们有定理 6.6.4。

定理 6.6.4 设 $\langle R$，$+$，$\cdot\rangle$ 为含幺交换环，那么 R—多项式环 $\langle R[x]$，$+$，$\cdot\rangle$ 也是含幺交换环，并且 R 为整环当且仅当 $R[x]$ 为整环。

【例 6.6.3】

(1) 令 $R = \langle Z$，$+$，$\cdot\rangle$，那么 $R[x]$ 即整系数多项式集，$\langle R[x]$，$+$，$\cdot\rangle$ 为一整环。

(2) 令 $R=\langle Z_6$，$+_6$，$\times_6\rangle$，那么 $\langle R[x]$，$+_6$，$\times_6\rangle$（以下将 $+_6$，$\times_6$ 简略为 $+$，$\cdot$）为一环，但非整环。设 $R[x]$ 中多项式 $f(x)$，$g(x)$ 分别是 $f(x)=3x^4-x^2+2$，$g(x)=2x^2-3$，计算 $f(x) \cdot g(x)$。

(3) 令 $R = \langle Z_3$，$+_3$，$\times_3\rangle$，那么 $\langle R[x]$，$+_3$，$\times_3\rangle$ 为一整环〉。设 $R[x]$ 中多项式

$$f(x) = 2x^2 + x - 1$$

计算 $(f(x))^2$。

解

(1) 显然 $\langle R[x]$，$+$，$\cdot\rangle$ 为一整环。

(2)

$$
\begin{array}{r}
3x^4 + x + 3 \\
\cdot)\quad 2x^2 - 2 \\
\hline
0x^6 + 2x^4 + 0x^2 \\
+)\quad -0x^4 \qquad -2x - 0 \\
\hline
2x^4 \qquad + 2x
\end{array}
$$

由于 $R[x]$ 有零因子，因此积

$$f(x) \cdot g(x) = 2x^4 + 2x$$

的次数不等于 $f(x)$ 与 $g(x)$ 的次数和。

（3）

$$
\begin{array}{r}
2x^2 + x - 1 \\
\cdot)\ \ 2x^2 + x - 1 \\
\hline
x^4 + 2x^3 - 2x^2 \\
2x^3 + x^2 - x \\
+)\ \ \ \ \ \ \ \ \ \ -2x^2 - x + 1 \\
\hline
x^4 + x^3 - 0x^2 - 2x + 1
\end{array}
$$

这里幂 $(f(x))^2 = x^4 + x^3 - 2x + 1$ 次数正是 $f(x)$ 次数的两倍。

定义 6.6.9 设 $\langle S, +, \cdot \rangle$ 为含幺交换环，$\langle R, +, \cdot \rangle$ 是 S 的子环，且 R 与 S 具有同一乘法幺元．设 $f(x) = a_0 + a_1 x + \cdots + a_n x^n (a_n \neq 0) \in R[x]$，$c \in S$，那么称

$$f(c) = a_0 + a_1 c + \cdots + a_n c^n$$

为 $f(x)$ 在 c 处的值，若 $f(c) = 0$，那么称 c 为 $f(x)$ 的根(roots)。

记所有 R 多项式在 c 处的值的集合为 $R[c]$，$R[c] = \{f(c) \mid f(x) \in R[x]\}$，显然 $R[c] \subseteq S$。

定义 6.6.10 设 $\langle S, +, \cdot \rangle$ 为含幺交换环，$\langle R, +, \cdot \rangle$ 是 S 的子环，$c \in S$，如果 c 不是任何非零 R-多项式的根，只是零多项式 0（或 $0(x)$）的根，那么称 c 为环 R 的超越元，否则称 c 为环 R 的代数元。

【例 6.6.4】

（1）对任意 $y \in R$，y 都是环 R 的代数元，因为 y 是 $x - y$ 的根。

（2）用 Q 表示有理数环 $\langle Q, +, \cdot \rangle$，$i$（虚数单位）为环 Q 的代数元，因为它是 $x^2 + 1$ 的根。

（3）用 Z 表示环 $\langle Z, +, \cdot \rangle$，$\sqrt{2} + \sqrt{3}$ 是环 Z 的代数元，因为由 $x = \sqrt{2} + \sqrt{3}$ 可推得

$$x^2 - 5 = 2\sqrt{6}, \quad x^4 - 10x^2 + 1 = 0$$

$\sqrt{2} + \sqrt{3}$ 是 $Z[x]$ 中多项式 $x^4 - 10x^2 + 1$ 的根。

关于超越元我们有如下定理。

定理 6.6.5 设 c 是环 R 的超越元，$f(x)$，$g(x) \in R[x]$，且 $f(c) = g(c)$，则 $f(x) = g(x)$。

证明 若 $f(x) \neq g(x)$，则 $f(x) - g(x) \neq 0$，从而 $f(c) - g(c) \neq 0$（c 为超越元），即 $f(c) \neq g(c)$，矛盾。故 $f(x) = g(x)$。

注意 对代数元 c，上述定理不成立。

6.7　域

定义 6.7.1 如果 $\langle F, +, \cdot \rangle$ 是环，且令 $F^* = F - \{0\}$，$\langle F^*, \cdot \rangle$ 为阿贝尔群，则称 $\langle F, +, \cdot \rangle$ 为域(fields)。

由于群无零因子(因为群满足消去律),因此域必定是整环。事实上,域也可以定义为每个非零元素都有乘法逆元的整环。易见,有限域作为特殊的整环,它的特征必定为 p。

定理 6.7.1 域的特征数或为素数,或为 0。

证明 设域 $\langle F, +, \cdot \rangle$ 的特征数为 n,欲证 n 为素数。若 n 不是素数,那么有整数 p, q, $1 < p$, $q < n$,使得 $n = pq$。设 a 为 F 中非零元素,那么

$$0 = na = pqa = (pe) \cdot (qa)$$

其中 e 为 $\cdot$ 运算的幺元。由于 F 无零因子,$pe \neq 0$,(e 的阶为 n),因此 $qa = 0$,与 a 的阶为 n 矛盾。故 n 为素数。 证毕

【例 6.7.1】 $\langle Q, +, \cdot \rangle$、$\langle R, +, \cdot \rangle$、$\langle C, +, \cdot \rangle$ 均为域,并分别称为有理数域、实数域和复数域。但 $\langle Z, +, \cdot \rangle$ 不是域,因为在整数集中整数没有乘法逆元。$\langle Z_7, +_7, \times_7 \rangle$ 为域,1 和 6 的逆元是 1 和 6,2 和 4 互为逆元。3 和 5 互为逆元。但 $\langle Z_8, +_8, \times_8 \rangle$ 不是域,它甚至不是整环,因为它有零因子,例如 2,4,它们没有乘法逆元。

【例 6.7.2】 $\langle Z_p, +_p, \times_p \rangle$ 为域当且仅当 p 为素数。

证明 设 p 不是素数,那么由上例可知 Z_p 有零因子(p 的因子),故 $\langle Z_p, +_p, \times_p \rangle$ 不是域。

反之,当 p 为素数时,只需证 Z_p 中所有非零元素都有 $\times_p$ 运算的逆元,从而 Z_p 是含幺交换环 $\langle Z_p, +_p, \times_p \rangle$,即为域。

设 q 是 Z_p 中任一非零元素,那么 q 与 p 互素,据有整数 a, b 使 $ap + bq = 1$,从而

$$(ap + bq)(\bmod\ p) = 1$$

即

$$ap(\bmod\ p) +_p bq(\bmod\ p) = 1$$

$$0 + b(\bmod\ p) \times_p q(\bmod\ p) = 1, \text{ 或 } b(\bmod\ p) \times_p q = 1$$

因此,q 有逆元 $b(\bmod\ p)$。 证毕

定理 6.7.2 有限整环都是域。

证明 设 $\langle R, +, \cdot \rangle$ 为有限整环,由于 $\langle R, \cdot \rangle$ 为有限含幺交换半群,据例 6.1.10 的证明,$\langle R, \cdot \rangle$ 为阿贝尔群,因而 $\langle R, +, \cdot \rangle$ 为域。 证毕

定理 6.7.3 设 $\langle F, +, \cdot \rangle$ 为域,那么 F 中的非零元素在 $\langle F, + \rangle$ 中有相同的阶。

证明 当 $\langle F, + \rangle$ 中每个元素都是无限阶时,定理当然真。当 $\langle F, + \rangle$ 中有非零元素 a 具有有限阶 n,欲证 $\langle F, + \rangle$ 中任一元素 b 的阶亦必是 n。

事实上 $(nb) \cdot a = b \cdot (na) = 0$,而 F 无零因子,且 $a \neq 0$。故 $nb = 0$,因此 b 的阶不超过 n(a 的阶),即 $|b| \leqslant |a|$。

现设 b 的阶为 m。由 $(ma) \cdot b = a \cdot (mb) = 0$,可知 $ma = 0$,因此 a 的阶(n)不超过 m(b 的阶),即 $|a| \leqslant |b|$。

故 a 的阶等于 b 的阶。 证毕

定义 6.7.2 设 $\langle F, +, \cdot \rangle$ 为域。$\langle S, +, \cdot \rangle$ 为 F 的子环,且 $\langle S, +, \cdot \rangle$ 为一域,那么称 S 为 F 的子域(subfields),F 为 S 的一个扩域(exfileds)。

【例 6.7.3】 域 $\langle Q, +, \cdot \rangle$ 是域 $\langle R, +, \cdot \rangle$、$\langle C, +, \cdot \rangle$ 的子域。其中 R, C 分别表示实数集和复数集。

不难证明下面子域的判定法则。

定理 6.7.4 设 $\langle F, +, \cdot \rangle$ 为域，$F' \subseteq F$，且 F' 至少有两个元素. 那么 $\langle F', +, \cdot \rangle$ 为 $\langle F, +, \cdot \rangle$ 的子域当且仅当 F' 满足下列条件：

(1) 对任意 $a, b \in F'$，$a \neq b$，有 $a - b \in F'$（从而 $\langle F', + \rangle$ 为 $\langle F, + \rangle$ 的子群）。

(2) 对任意 $a, b \in F'$，$a \neq b$，有 $ab^{-1} \in F'$（从而 $\langle F' - \{0\}, \cdot \rangle$ 为 $\langle F - \{0\}, \cdot \rangle$ 的子群）。

定理 6.7.5 设 $\langle F, +, \cdot \rangle$ 为域，那么当 F 的特征数为素数 p 时，F 包含一个与 $\langle Z_p, +_p, \times_p \rangle$ 同构的子域；当 F 的特征数为 0 时，F 包含一个与 $\langle Q, +, \cdot \rangle$ 同构的子域。

证明 当 F 的特征数为素数 p 时，定义函数 $g: Z \to F$，使得对任何 $n \in Z$（Z 为整数集），

$$g(n) = n(\mod p)e$$

e 为 F 中乘法幺元。

易证 g 为环 $\langle Z, +, \cdot \rangle$ 到 $\langle F, +, \cdot \rangle$ 的同态映射，而同态核 $K(g) = \{\cdots, -2p, -p, 0, p, 2p, \cdots\}$，记为 K（因 $g(ip) = ip(\mod p) = 0$）。另一方面，g 的同态像为

$$\langle \{0, e, 2e, \cdots, (p-1)e\}, +, \cdot \rangle \quad (e \text{ 的阶为 } P)$$

据同态基本定理，商环 $\langle Z/K, \oplus, \otimes \rangle$ 同构于有限域 $\langle \{0, e, 2e, \cdots, (p-1)e\}, +, \cdot \rangle$，从而 $\langle Z_p, +_p, \times_p \rangle$ 同构于 F 的一个子域。

当 F 的特征数为 ∞ 时，建立函数 $g: Q \to F$，使得对任意 $a/n \in Q$（a, n 互素，$n \neq 0$），

$$g(a/n) = (ne)^{-1}(ae)$$

易证 g 是单射。同时

$$g((a/n)(s/t)) = g((as)/(nt)) = (nte)^{-1}(ase)$$

$$g(a/n) \cdot g(s/t) = (ne)^{-1}(ae) \cdot (te)^{-1}(se) = (nte)^{-1}(ase)$$

所以

$$g((a/n)(s/t)) = g(a/n) \cdot g(s/t)$$

$$g((a/n) + (s/t)) = g((at + ns)/(nt)) = (nte)^{-1}((at + ns)e)$$

$$g(a/n) + g(s/t) = (ne)^{-1}(ae) + (te)^{-1}(se)$$

$$= (nte^2)^{-1}(ate^2) + (nte^2)^{-1}(nse^2)$$

$$= (nte)^{-1}((at + ns)e)$$

故 $g((a/n) + (s/t)) = g(a/n) + g(s/t)$。

这就是说，g 为 $\langle Q, +, \cdot \rangle$ 到 $\langle F, +, \cdot \rangle$ 的一个单一同态。同态像为

$$\langle \{(ne)^{-1}(ae) \mid a, n \text{ 互素}, n \neq 0\}, +, \cdot \rangle$$

由于 $\langle Q, +, \cdot \rangle$ 为域，从而 g 同态像也为域，且为 $\langle F, +, \cdot \rangle$ 的子域。以上证明说明 F 确有一个子域与 Q 同构。 **证毕**

本定理说明，任何一个域在同构意义下都必然包含域 $\langle Q, +, \cdot \rangle$ 或 $\langle Z_p, +_p, \times_p \rangle$。因此，可以说 $\langle Q, +, \cdot \rangle$，$\langle Z_p, +_p, \times_p \rangle$（$p$ 为素数）是一些最小的域。

注：

（1）任何一个特征为 0 的域 E 都包含一个子域 F，它同构于有理数域 Q，任何一个特

征为 p 的域 E 都包含了一个子域 F，它同构于素域 F_p。易见，扩域 E 对 E 中的加法运算和 F 中的元素与 E 中的元素的乘法运算形成 F 上的一个向量空间。如果 E 作为 F 上的向量空间是 n 维的，则 E 被称为 F 的一个 n 次扩张，否则 E 称为 F 的无限次扩张。前者记为 $[E:F]=n$，后者记为 $[E:F]=\infty$。

（2）特征为 0 的域 E 可以视为由有理数域 Q 扩张而来；特征为 p 的域 E 可视为由素域 F_p 扩张而来。对于特征为 p 的域 E 来说，若设 E 的乘法单位元为 e，则 e 的全体整倍元的集合为 $\{e, 2e, \cdots, (p-1)e \mid pe=o\} \cong F_p$。这就说明 E 可视为由 F_p 扩张而来。若设 $[E:F_p]=n$，则存在 n 个元素 $u_i (1 \leqslant i \leqslant n)$ 使得 E 中任意元 u 可以唯一地表示成为 $u=a_1 u_1 + a_2 u_2 + \cdots + a_n u_n, a_i \in F_p$，所以 $|E|=p^n$。

6.8 有 限 域

我们知道，在 p 为素数时，$\langle Z_p, +_p, \times_p \rangle$ 为域，它们是极为重要的有限域，域的元素个数与元素的阶数相同，均为素数 p。但是还有元素个数不是素数的有穷集合构成的有限域。

【例 6.8.1】 令 $F=\{0, e, b, b^2\}$，其中 $b^2 \neq b, b^3=e$。因此 $\langle F, \cdot \rangle$ 构成一循环群，因而也是阿贝尔群。$\langle F, + \rangle$ 中的运算 $+$ 的定义由表 6.8.1 给出。

表 6.8.1

$+$	0	e	b	b^2
0	0	e	b	b^2
e	e	0	b^2	b
b	b	b^2	0	e
b^2	b^2	b	e	0

易验证 $\langle F, + \rangle$ 是阿贝尔群，也可验证乘运算对加运算是可分配的。于是 $\langle F, +, \cdot \rangle$ 为 4 个元素的一个域。

阶数不是素数的有限域如何构造呢？

设有限域 $\langle F, +, \cdot \rangle$ 的特征数为素数 p，从而其每个元素都是 p 阶的。据拉格朗日定理，F 的阶数应当是 p 的倍数。事实上我们有定理 6.8.1。

定理 6.8.1 $\langle F, +, \cdot \rangle$ 是有限域，则 F 中的元素的个数是其特征 n 的方幂，即 $|E|=p^n$。

考虑由实数域扩充出复数域的过程。

从一个无实根的实多项式 x^2+1 出发，令 i 为复数域的一个元素，认为它是 x^2+1 在复数域中的根，即 $i^2=-1$；然后用所有的线性组合 $a+bi(a, b$ 为实数）组成复数域；据 $i^2=-1$，定义复数域上的加运算和乘运算，使它们成为实数加、乘运算的扩充。

利用这一思想，我们可以从 $\langle Z_p, +_p, \times_p \rangle$ 出发，构造 p^n 阶的有限域。

域是环，对域 F 用 $F[x]$ 表示 F—多项式环，并且由于 F 中所有非零元素都有乘法逆元，在讨论 F 多项式的除运算时，不必要求除式的最高次数项系数为 e，即欧几里德标准形：

$$f(x)=g(x)q(x)+r(x)$$

中，$g(x)=a_0+a_1x+\cdots+a_nx^n$ 中的 a_n 未必为 e。

定义 6.8.1 称非零及非零次的 F—多项式 $f(x)$ 是可约的(divisable)，如果 $f(x)$ 可表示为 $g(x)h(x)$，其中 $g(x)$，$h(x)$ 次数不低于 1。

定理 6.8.2 F—多项式 $f(x)$ 是不可约的，当且仅当由 $f(x)=g(x)h(x)$ 可推得 $g(x)$ 次数为零，或 $h(x)$ 次数为零。

证明 先证必要性。设 $f(x)$ 不可约，另设 $f(x)=g(x)h(x)$，那么当 $g(x)$，$h(x)$ 次数都不为零时，$f(x)$ 是可约的，与题设矛盾。

再证充分性。设由 $f(x)=g(x)h(x)$ 可推得 $g(x)$ 次数为零，或 $h(x)$ 次数为零。若 $f(x)$ 可约，那么有 $g(x)$，$h(x)$ 次数均不低于 1，$f(x)=g(x)h(x)$，又与题设矛盾，故 $f(x)$ 不可约。 证毕

注意：

(1) 二次 F—多项式 $f(x)$ 是可约的当且仅当 $f(x)$ 在 F 中有根。对三次 F—多项式 $f(x)$，上述结论也成立。

证明如下：

当 $f(x)$ 可约时，$f(x)$ 必可表示为 $(ax-b)g(x)$（其中 $g(x)$ 为二次），因此 $f(x)$ 有根 $x=a^{-1}b$。反之，设 $f(x)$ 有根 r，那么 $f(x)$ 可表示为 $(x-r)g(x)$，$g(x)$ 次数为 2，因此 $f(x)$ 是可约的。

(2) 当 F—多项式是 4 次以上的，那么上述结论便不真了。实数域上多项式

$$f(x)=x^4+2x^2+1=(x^2+1)(x^2+1)$$

是可约的，但它无实数根。

定义 6.8.2 若 F—多项式 $f(x)=g(x)h(x)$，则称 $g(x)$，$h(x)$ 为 $f(x)$ 的因式(divisor)。当 $g(x)$ 同时为两个不同的非零 F—多项式 $f(x)$，$f'(x)$ 的因式时，称 $g(x)$ 为它们的公因式(common divisor)。当 $g(x)$ 在 $f(x)$，$f'(x)$ 的公因式中次数最大时，称 $g(x)$ 为最大公因式(greatest common divisor)。当 $f(x)$ 与 $f'(x)$ 的最大公因式为零次多项式，称 $f(x)$ 与 $f'(x)$ 互素(prime relatively)。

定理 6.8.3 设 $f(x)$，$h(x)$ 为 $F[x]$ 中成员，它们有最大公因式 $g(x)$，那么，存在 $u(x)$，$v(x)\in F[x]$，使得

$$u(x)f(x)+v(x)h(x)=g(x)$$

证明 考虑正整数 n 和域 F，用 $F[x,n]$ 表示 $F[x]$ 中所有次数小于 n 的 F—多项式集合。当然，$\langle F[x,n]$，$+$，$\cdot\rangle$ 不构成环，因为它对运算 $\cdot$ 不封闭。如果我们如下定义 $F[x,n]$ 上的乘运算，那么情况就大不相同了。

设 $k(x)$ 为 n 次的 F—多项式，定义 $\cdot$ 为 $F[x,n]$ 上的模 $k(x)$ 乘，即

"$f(x)\cdot h(x)=f(x)$ 与 $h(x)$ 的积除以 $k(x)$ 所得的余式"

易见 $F[x,n]$ 对如此定义的 $\cdot$ 运算是封闭的。 证毕

定理 6.8.4 设 F 为域，$k(x)$ 为 $F[x]$ 中的 n 次 F—多项式，它是不可约的。那么，$F[x,n]$ 与通常的多项式加运算及多项式模 $k(x)$ 相乘运算构成一个域。

证明 设 $\langle F[x,n],+,\cdot\rangle$ 中 $\cdot$ 为模 $k(x)$ 相乘运算。

$\langle F[x,n],+\rangle$ 为阿贝尔群是显然的。

$\cdot$ 对 $+$ 的分配律验证可仿例 6.6.1 之(2)来做。

$\langle F[x,n],\cdot\rangle$ 为阿贝尔群的证明由下列几个步骤组成：

(1) e 为乘运算 $\cdot$ 的幺元。

(2) $F[x,n]$ 对 $\cdot$ 运算封闭已知。

(3) $\cdot$ 运算满足结合律是明显的。

(4) $F[x,n]$ 中所有非零元素都有逆元的证明，可利用定理 6.8.3，仿定理 6.7.2 进行。 **证毕**

应用本定理，可以从域 $\langle Z_p,+_p,\times_p\rangle$($p$ 为素数)出发，构造出阶为 p^n 的域(n 为正整数)。其步骤是：

(1) 对域 $\langle Z_p,+_p,\times_p\rangle$ 考虑 $Z_p[x]$。

(2) 作出 n 次多项式 $k(x)\in Z_p[x]$，使 $k(x)$ 在 $Z_p[x]$ 中是不可约的。

(3) 作出域 $\langle Z_p[x,n],+,\cdot\rangle$，其中 $\cdot$ 为模 $k(x)$ 相乘运算。

由于 $Z_p[x,n]$ 中多项式都形如

$$a_0+a_1x+a_2x^2+\cdots+a_{n-1}x^{n-1}$$

而 $a_0,a_1,a_2,\cdots,a_{n-1}\in N_p$，它们中的每一个有 p 种取值可能，因此 $Z_p[x,n]$ 有 p^n 个元素，即域 $\langle Z_p[x,n],+,\cdot\rangle$ 是 p^n 阶的。

定理 6.8.5 对任一素数 p 及任一正整数 n，有阶(元素个数)为 p^n 的有限域 F。

事实上，它的逆也真，即对任一有限域 F，总有质数 p 和正整数 n，使得 $|F|=p^n$。

【例 6.8.2】

(1) 构造有 $2^2=4$ 个元素的有限域。

(2) 构造一个 $3^3=27$ 个元素的有限域。

解

(1) 考虑域 $\langle Z_2,+_2,\times_2\rangle$ 及 $Z_2[x]$ 中不可约 2 次多项式 $k(x)=x^2+x+1$(它在 N_2 中无根)。$Z_2[x,2]$ 中多项式恰为 4 个，它们是

$$0(=0+0x),1(=1+0x),x(=0+x),1+x$$

表 6.8.2 中给出了 $Z_2[x,2]$ 上的加运算表和模 $k(x)$ 乘运算表。请注意

$$(1+x)+(1+x)=0,(x+1)x=-1=1,$$
$$(1+x)(1+x)=x,xx=-x-1=(-1)x+(-1)=x+1$$

表 **6.8.2**

+	0	1	x	$1+x$	$\cdot$	0	1	x	$1+x$
0	0	1	x	$1+x$	0	0	0	0	0
1	1	0	$1+x$	x	1	0	1	x	$1+x$
x	x	$1+x$	0	1	x	0	x	$1+x$	1
$1+x$	$1+x$	x	1	0	$1+x$	0	$1+x$	1	x

(2) 考虑有限域$\langle Z_3,+_3,\times_3\rangle$及$Z_3[x]$中 3 次不可约多项式$k(x)=x^3+2x+1$($0$，$1$，$2$均非$k(x)$的根)，由

$$Z_3[x,3]=\{a_0+a_1x+a_2x^2\mid a_0,a_1,a_2\in Z_3\}$$

($Z_3[x,3]$中共$3^3=27$个多项式)及加运算和模$k(x)$乘运算构成的有限域$\langle Z_3[x,3],+,\cdot\rangle$恰有 27 个元素。

注意：比较例 6.8.2 中的$\langle Z_2[x,2],+,\cdot\rangle$与例 6.8.1，不难发现，它们是同构的。$x$对应于$b$，$1+x$对应于$b^2$(事实上$x^2=1+x$)。

定理 6.8.6 两个有限域$F1$，$F2$同构，当且仅当它们具有相同数目的元素。

证明略。

6.9 例 题 选 解

【**例 6.9.1**】 设$\langle A,*\rangle$是一个独异点，B是A中所有有逆元的元素集合，证明：$\langle B,*\rangle$构成群。

证明 设e是$\langle A,*\rangle$中的幺元，因为$e^{-1}=e$，所以$e\in B$且$\forall a\in B$必有$a\in A$，因此$a*e=e*a=a\in B$，B中有幺元e。

$\forall a\in B$，因为a有逆元a^{-1}，而a与a^{-1}互逆，所以$a^{-1}\in B$。$\forall a,b\in B$，因为

$$(a*b)*b^{-1}*a^{-1}=a*b*b^{-1}*a^{-1}=e$$

所以$a*b$有逆元$b^{-1}*a^{-1}$，故$a*b\in B$。

由$*$在A上满足结合律，可知$*$在B上也必满足结合律。

因此，$\langle B,*\rangle$构成群。   证毕

【**例 6.9.2**】 设$\langle G_1,\circ\rangle$、$\langle G_2,\diamondsuit\rangle$均是群，$*$是定义在$G_1\times G_2$上的二元运算，且$\forall a_1,a_2\in G_1$，$\forall b_1,b_2\in G_2$，有$\langle a_1,b_1\rangle*\langle a_2,b_2\rangle=\langle a_1\circ a_2,b_1\diamondsuit b_2\rangle$，证明：$\langle G_1\times G_2,*\rangle$是群。

证明 因为$\forall a_1,a_2\in G_1$，$\forall b_1,b_2\in G_2$，$\langle a_1,b_1\rangle$，$\langle a_2,b_2\rangle\in G_1\times G_2$，而$a_1\circ a_2\in G_1$，$b_1\diamondsuit b_2\in G_2$，所以$\langle a_1\circ a_2,b_1\diamondsuit b_2\rangle\in G_1\times G_2$，$*$在$G_1\times G_2$上封闭。

因为
$$\begin{aligned}
&(\langle a_1,b_1\rangle*\langle a_2,b_2\rangle)*\langle a_3,b_3\rangle\\
&=\langle a_1\circ a_2,b_1\diamondsuit b_2\rangle*\langle a_3,b_3\rangle\\
&=\langle(a_1\circ a_2)\circ a_3,(b_1\diamondsuit b_2)\diamondsuit b_3\rangle\\
&=\langle a_1\circ(a_2\circ a_3),b_1\diamondsuit(b_2\diamondsuit b_3)\rangle\\
&=\langle a_1,b_1\rangle*(\langle a_2,b_2\rangle*\langle a_3,b_3\rangle)
\end{aligned}$$

故$*$在$G_1\times G_2$上可结合。

设e_1、e_2分别是群$\langle G_1,\circ\rangle$、$\langle G_2,\diamondsuit\rangle$上的幺元，因为

$$\langle a_1,b_1\rangle*\langle e_1,e_2\rangle=\langle a_1\circ e_1,b_1\diamondsuit e_2\rangle=\langle a_1,b_1\rangle=\langle e_1,e_2\rangle*\langle a_1,b_1\rangle$$

因此$*$在$G_1\times G_2$上有幺元$\langle e_1,e_2\rangle$。又

$$\langle a_1,b_1\rangle*\langle a_1^{-1},b_1^{-1}\rangle=\langle a_1\circ a_1^{-1},b_1\diamondsuit b_1^{-1}\rangle=\langle e_1,e_2\rangle=\langle a_1^{-1},b_1^{-1}\rangle*\langle a_1,b_1\rangle$$

所以$\forall\langle a,b\rangle\in G_1\times G_2$，有逆元$\langle a^{-1},b^{-1}\rangle\in G_1\times G_2$，故$\langle G_1\times G_2,*\rangle$是群。   证毕

【例 6.9.3】 在整数集 $\mathbf{Z}$ 上定义运算 $*$：$\forall a, b \in \mathbf{Z}$，$a*b=a+b-2$。问：$\langle \mathbf{Z}, *\rangle$ 是什么代数系统？（半群、独异点、群、环、域）

解 因为 $\forall a, b \in \mathbf{Z}$，$a*b=a+b-2 \in \mathbf{Z}$，所以运算 $*$ 在整数集 $\mathbf{Z}$ 上封闭。由于 $\forall a, b \in \mathbf{Z}$，有

$$
\begin{aligned}
(a*b)*c &= (a+b-2)*c \\
&= ((a+b-2)+c-2) \\
&= a+(b+c-2)-2 \\
&= a*(b*c)
\end{aligned}
$$

因此运算 $*$ 在整数集 $\mathbf{Z}$ 上可结合。

因为 $\forall a \in \mathbf{Z}$，$a*2=a+2-2=a=2+a-2=2*a$，所以运算 $*$ 在整数集 $\mathbf{Z}$ 上有幺元：2。

因为 $\forall a \in \mathbf{Z}$，$a*(4-a)=a+(4-a)-2=2$，$(4-a)*a=(4-a)+a-2=2$，所以 $\forall a \in \mathbf{Z}$，a 有逆元：$4-a$。

故 $\langle \mathbf{Z}, *\rangle$ 是群。

【例 6.9.4】 设 $\langle H, *\rangle$ 和 $\langle G, *\rangle$ 均是群 $\langle S, *\rangle$ 的子群，令 $HG=\{h*g \mid h \in H, g \in G\}$。证明：$\langle HG, *\rangle$ 是 S 的子群的充分必要条件是 $HG=GH$。

证明 先证必要性。假设 $\langle HG, *\rangle$ 是 S 的子群。任取 $g*h \in GH$，则 $(g*h)^{-1} = h^{-1}*g^{-1} \in HG$，因为 HG 是群，所以 HG 上的元素 $(h^{-1}*g^{-1})$ 的逆 $(h^{-1}*g^{-1})^{-1} = g*h \in HG$，证得 $GH \subseteq HG$。

任取 $h*g \in HG$，因为 HG 是群，所以 $(h*g)^{-1} \in HG$，且必存在着 $h_1 \in H$，$g_1 \in G$，使得 $(h*g)^{-1}=h_1*g_1 \in HG$。因为 HG 是群，所以 HG 上的元素 (h_1*g_1) 的逆 $(h_1*g_1)^{-1}=g_1^{-1}*h_1^{-1} \in GH$，证得 $HG \subseteq GH$。

综上可得 $HG=GH$。

再证充分性。假设 $HG=GH$，$\forall h_1*g_1, h_2*g_2 \in HG$，有

$$
\begin{aligned}
&(h_1*g_1)*(h_2*g_2)^{-1} \\
&= (h_1*g_1)*(g_2^{-1}*h_2^{-1}) \\
&= h_1*(g_1*g_2^{-1})*h_2^{-1} \\
&= (h_1*g_3)*h_2^{-1} \qquad\qquad (g_3=g_1*g_2^{-1} \in G)
\end{aligned}
$$

由于 $GH=HG$，所以必有 $h_4 \in H$，$g_4 \in G$，使得 $h_1*g_3=g_4*h_4$。继续上面等式的变换

$$
\begin{aligned}
&= g_4*(h_4*h_2^{-1}) \\
&= g_4*h_5 \qquad\qquad (h_5=h_4*h_2^{-1} \in H) \\
&= h_6*g_6 \in HG \qquad (\text{因为 } HG=GH)
\end{aligned}
$$

因此，HG 是 S 的子群。   证毕

【例 6.9.5】 设 $\langle G, *\rangle$ 是一个群，$a \in G$，如果 f 是从 G 到 G 的映射，使得对于每个 $x \in G$ 都有 $f(x)=a*x*a^{-1}$。证明：f 是一个从 G 到 G 的自同构。

证明 因为

$\forall x$，$y \in G$，$f(x*y) = a*(x*y)*a^{-1} = a*x*a^{-1}*a*y*a^{-1} = f(x)*f(y)$
所以 f 是从 G 到 G 的同态。

因为 $\forall y_1$，$y_2 \in f(G)$，$\exists x_1$，$x_2 \in G$，使得 $y_1 = a*x_1*a^{-1}$，$y_2 = a*x_2*a^{-1}$，若 $y_1 = y_2$，则 $a*x_1*a^{-1} = a*x_2*a^{-1}$，由群的可约性得 $x_1 = x_2$，所以 f 是单射。

因为 $\forall y \in G$，均有 $a^{-1}*y*a \in G$，即 $\exists x \in G$，使得 $x = a^{-1}*y*a$，$y = a*x*a^{-1}$，所以 f 是满射。

综上所述，f 是一个从 G 到 G 的自同构。   证毕

【**例 6.9.6**】 设 f 为从群 $\langle A$，$*\rangle$ 到群 $\langle B$，。$\rangle$ 的同态映射，则 f 为单射当且仅当 $\mathrm{Ker}(f) = \{e\}$。其中 e 是 A 中的幺元。

证明 先证充分性。已知 $\mathrm{Ker}(f) = \{e\}$，设 e' 是 B 中的幺元，则 $f(e) = e'$，若 f 不是单射，则必存在 a_1，$a_2 \in A$，且 $a_1 \neq a_2$，但 $f(a_1) = f(a_2)$，于是有

$$e' = f(a_1) \circ f(a_1)^{-1} = f(a_2) \circ f(a_1^{-1}) = f(a_2*a_1^{-1})$$

由 $\mathrm{Ker}(f) = \{e\}$ 推得 $e = a_2*a_1^{-1}$，与群中元素逆元唯一矛盾，故 f 是单射。

再证必要性。已知 f 是单射，若 $\mathrm{Ker}(f) \neq \{e\}$，则必存在元素 $a \in A$，$a \neq e$ 使得 $f(a) = e'$，而 $f(e) = e'$，因此 $f(a) = f(e)$，与 f 是单射矛盾，故 $\mathrm{Ker}(f) = \{e\}$。   证毕

【**例 6.9.7**】 设有集合 $G = \{1, 5, 7, 11, 13, 17\}$，$*$ 是定义在 G 上的模 18 乘法。（即 $\forall a$，$b \in G$，$a*b = (a \times b)(\mathrm{mod}\ 18)$，其中 $\times$ 是普通乘法。）

(1) 构造 $\langle G$，$*\rangle$ 的运算表。

(2) 证明 $\langle G$，$*\rangle$ 是一个循环群。

(3) 找出 $\langle G$，$*\rangle$ 的每一个非平凡子群，并给出其左陪集。

证明

(1) $\langle G$，$*\rangle$ 的运算表见表 6.9.1。

表 6.9.1

$*$	1	5	7	11	13	17
1	1	5	7	11	13	17
5	5	7	17	1	11	13
7	7	17	13	5	1	11
11	11	1	5	13	17	7
13	13	11	1	17	7	5
17	17	13	11	7	5	1

(2) 证明：由 $*$ 的定义可知，$*$ 是可结合的。由运算表可知，$*$ 在 G 上是封闭的、可交换的。

1 是幺元。5 与 11、7 与 13 互逆，1、17 自逆。

因为 $5^2 = 7$，$5^3 = 17$，$5^4 = 13$，$5^5 = 11$，$5^6 = 1$，所以 5 是一个生成元，故 $\langle G$，$*\rangle$ 是一个循环群。

(3) 非平凡子群：$\langle\{1, 17\}$，$*\rangle$，对应的左陪集为 $\{1, 17\}$，$\{5, 13\}$，$\{7, 11\}$；$\langle\{1, 7, 13\}$，$*\rangle$，对应的左陪集为 $\{1, 7, 13\}$，$\{5, 11, 17\}$。   证毕

【例 6.9.8】 设$\langle R, +, \cdot \rangle$是含幺环，对任意$x \in R$，都有$x \cdot x = x$，证明：对任意$x$，$y \in R$，有

(1) $x + x = 0$。

(2) $x \cdot y = y \cdot x$。

证明

(1) $\forall x \in R$，由运算的封闭性知，$x + x \in R$，由题设$(x+x) \cdot (x+x) = x+x$，所以
$$(x \cdot x + x \cdot x) + (x \cdot x + x \cdot x) = x + x$$

即
$$(x+x) + (x+x) = x+x$$

因为$\langle R, + \rangle$是交换群，所以$x+x$的逆元是$-(x+x)$，故
$$(x+x) + (x+x) - (x+x) = (x+x) - (x+x) = 0$$

得
$$x + x = 0$$

(2) 任取$x, y \in R$，由于$x+y \in R$，所以
$$(x+y) \cdot (x+y) = x+y$$

即
$$x \cdot x + x \cdot y + y \cdot x + y \cdot y = x+y$$
$$x + y + x \cdot y + y \cdot x = x+y$$

推得
$$x \cdot y + y \cdot x = 0$$

由(1)的结果推得
$$x \cdot y = y \cdot x \qquad \text{证毕}$$

【例 6.9.9】 设$\langle \mathbf{Z}, + \rangle$是整数加群，$\langle \mathbf{R}^*, * \rangle$是非零实数乘法群。
$$f: \mathbf{Z} \to \mathbf{R}^* \qquad f(n) = \begin{cases} 1 & n \text{ 为偶数} \\ -1 & n \text{ 为奇数} \end{cases}$$
证明：f是群的同态映射，并求出同态核$\mathrm{Ker}(f)$和同态像$f(\mathbf{Z})$。

证明 $\forall n_1, n_2 \in \mathbf{Z}$，当$n_1, n_2$均为偶数或均为奇数时，$f(n_1 + n_2) = 1 = f(n_1) * f(n_2)$，当$n_1, n_2$为一奇一偶时，$f(n_1 + n_2) = -1 = f(n_1) * f(n_2)$，因此$f$是群的同态映射。

因为1是$\langle \mathbf{R}^*, * \rangle$的幺元，所以同态核$\mathrm{Ker}(f) = \{x \mid x = 2n, n \in \mathbf{Z}\}$，同态像$f(\mathbf{Z})$为$\langle \{1, -1\}, * \rangle$。

　　　　　　　　　　　　　　　　　　　　　　　　　　　　　　　　　　　　证毕

习 题 六

1. 证明：含幺半群$\langle S, * \rangle$的可逆元素集合$\mathrm{inv}(S)$构成一子半群，即$\langle \mathrm{inv}(S), * \rangle$为半群$\langle S, * \rangle$的子半群。

2. 设$\langle S, * \rangle$为一半群，$z \in S$为左(右)零元。证明：对任一$x \in S$，$x * z(z * x)$亦为左(右)零元。

3. 设$\langle S, * \rangle$为一半群，a, b, c为S中给定元素。证明：若a, b, c满足
$$a * c = c * a \qquad b * c = c * b$$
那么，$(a * b) * c = c * (a * b)$。

4. 设$\langle \{a, b\}, * \rangle$为一半群，且$a * a = b$。证明：

(1) $a * b = b * a$

(2) $b * b = b$

5. 代数系统$\langle\{a, b, c, d\}, * \rangle$中运算 $*$ 如表 6.1 规定。

表　6.1

$*$	a	b	c	d
a	a	b	c	d
b	b	c	d	a
c	c	d	a	b
d	d	a	b	c

(1) 已知 $*$ 运算满足结合律，证明$\langle\{a, b, c, d\}, * \rangle$为一独异点。

(2) 把$\{a, b, c, d\}$中各元素写成生成元的幂。

6. 设$\langle S, * \rangle$为一半群，且对任意 $x, y \in S$，若 $x \neq y$ 则 $x * y \neq y * x$。

(1) 求证 S 中所有元素均为等幂元(a 称为等幂元，如果 $a * a = a$)。

(2) 对任意元素 $x, y \in S$，有

$$x * y * x = x \qquad y * x * y = y$$

7. 设 $\mathbf{Z}_n = \{0, 1, 2, \cdots, n-1\}$，证明$\langle \mathbf{Z}_n, \oplus \rangle$为群并称其为模 n 整数群。其中对任意 $a, b \in \mathbf{Z}_n$，有

$$a \oplus b = \begin{cases} a+b & a+b < n \\ a+b-n & a+b \geqslant n \end{cases}$$

8. 设$\langle G, * \rangle$为群，若在 G 上定义运算$\circ$，使得对任何元素 $x, y \in G$，$x \circ y = y * x$。证明$\langle G, \circ \rangle$也是群。

9. 设$\langle S, * \rangle$是有限交换独异点，且 $*$ 满足消去律，即对任意 $a, b, c \in S$，$a * b = a * c$ 蕴含 $b = c$。证明$\langle S, * \rangle$为一阿贝尔群。

10. 设$\langle G, * \rangle$为一群，e 为幺元。证明：

(1) 若对任意 $x \in G$ 有 $x^2 = e$，则 G 为阿贝尔群。

(2) 若对任意 $x, y \in G$，有 $(x * y)^2 = x^2 * y^2$，则 G 为阿贝尔群。

11. 设$\langle G, * \rangle$为一群 $a, b \in G$ 且 $a * b = b * a$，如果 $|a| = n$，$|b| = m$，且 n 与 m 互质，证明：$|a * b| = mn$。

12. 设 p 为素数。求证：在阿贝尔群中，若 a, b 的阶都是 p 的方幂，那么 $a * b$ 的阶也必是 p 的方幂。

13. 设$\langle G, * \rangle$为群，定义集合 $s = \{x \mid x \in G \wedge \forall y (y \in G \to x * y = y * x)\}$。证明$\langle S, * \rangle$为$\langle G, * \rangle$的子群。

14. 设$\langle H, * \rangle$是群$\langle G, * \rangle$的子群，$\langle K, * \rangle$为$\langle H, * \rangle$的子群。求证：

(1) $\langle K, * \rangle$为$\langle G, * \rangle$的子群。

(2) $KH = HK = H$(这里 $KH = \{k * h \mid k \in K \wedge h \in H\}$)。

15. 设$\langle H_1, * \rangle$，$\langle H_2, * \rangle$都是群$\langle G, * \rangle$的子群。求证：

(1) $\langle H_1 \cap H_2, * \rangle$为$\langle G, * \rangle$的子群。

(2) $\langle H_1 \bigcup H_2, * \rangle$ 为 $\langle G, * \rangle$ 的子群当且仅当 $H_1 \subseteq H_2$ 或 $H_2 \subseteq H_1$。

16. 设有集合 $G=\{1, 3, 4, 5, 9\}$，$*$ 是定义在 G 上的模 11 乘法（即 $\forall a, b \in G$，有 $a * b = (a \times b)(\bmod 11)$，$\times$ 是普通乘法），问 $\langle G, * \rangle$ 是循环群吗？若是，试找出它的生成元。

17. 一个素数阶的群必定是循环群，并且它的不同于幺元的每个元素均可作生成元。

18. 设 G 是 6 阶循环群，找出 G 的所有生成元和 G 的所有子群。

19. 无限循环群的子群除 $\{e\}$ 外均为无限循环群。

20. 设 G 是 n 阶循环群，d 整除 n。证明：必存在唯一 d 阶子群。

21. 设 G 是阿贝尔群，H, K 为 G 的有限子群，$|H|=p$，$|K|=q$。求证：当 p, q 互素时，G 有 pq 阶循环子群。

22. 设置换

$$S = \begin{pmatrix} 1 & 2 & 3 & 4 & 5 \\ 2 & 4 & 3 & 5 & 1 \end{pmatrix}, T = \begin{pmatrix} 1 & 2 & 3 & 4 & 5 \\ 2 & 5 & 1 & 4 & 3 \end{pmatrix}$$

求 S^2，$S \circ T$，$T \circ S$，$S^{-1} \circ T^2$。

23. 求 $\langle S_3, \circ \rangle$ 中各元素的阶，并求出其所有的子群。

24. 证明：S 上所有偶置换的集合 $A_n (n=|S|)$ 与置换的合成运算构成一个置换群。

25. 把置换 $\sigma = (456)(567)(761)$ 写成不相交轮换的积。

26. 讨论置换 $\sigma = \begin{pmatrix} 1 & 2 & \cdots & n \\ n & n-1 & \cdots & 1 \end{pmatrix}$ 的奇偶性。

27. 设有集合 $\mathbf{Z}_6 = \{[0], [1], [2], [3], [4], [5]\}$，$+_6$ 是定义在 $\mathbf{Z}_6$ 上的模 6 加法。

(1) 构造 $\langle \mathbf{Z}_6, +_6 \rangle$ 的运算表。

(2) 证明 $\langle \mathbf{Z}_6, +_6 \rangle$ 是一个循环群（写明幺元、逆元、生成元）。

(3) 找出 $\langle \mathbf{Z}_6, +_6 \rangle$ 的每一个非平凡子群，并给出其左陪集。

28. 求不为零的复数所成的乘法群关于绝对值等于 1 的数的子群的陪集。

29. 设 p 为素数，证明 p^n 阶的群中必有 p 阶的元素，从而必有 p 阶的子群（n 为正整数）。

30. 设 $\langle H, * \rangle$ 是 $\langle G, * \rangle$ 的子群，试证明 H 在 G 中的所有陪集中有且只有一个子群。

32. 证明：对有限群 $\langle G, * \rangle$ 中任意元素 a，有 $a^{|G|}=e$，其中 e 为 G 的幺元。

33. 设 a 是群中的无限阶元素。证明：当 $m \neq n$ 时，$a^m \neq a^n$。

34. 设 $G = \left\{ \begin{pmatrix} r & s \\ 0 & 1 \end{pmatrix} \middle| r, s \in \mathbf{Q}, r \neq 0 \right\}$，$G$ 关于矩阵乘法构成一个群。令 $H = \left\{ \begin{pmatrix} 1 & t \\ 0 & 1 \end{pmatrix} \middle| t \in \mathbf{Q} \right\}$，$K = \left\{ \begin{pmatrix} 1 & n \\ 0 & 1 \end{pmatrix} \middle| n \in \mathbf{Z} \right\}$，证明：$H$ 是 G 的正规子群，K 是 H 的正规子群。问 K 是 G 的正规子群吗？

35. 设 $\langle H, * \rangle$，$\langle K, * \rangle$ 都是群 $\langle G, * \rangle$ 的正规子群。证明：$\langle H \bigcap K, * \rangle$ 必定是群 $\langle G, * \rangle$ 的正规子群。

36. 设 $\langle H, * \rangle$ 是 $\langle G, * \rangle$ 的子群。证明：如果 H 的任意两个左陪集的乘积仍是一个左陪集，则 H 是 G 的正规子群。

37. 设 $\langle \mathbf{Z}, + \rangle$ 是整数加群，$H = \{8k \mid k \in \mathbf{Z}\}$，求商群 $\mathbf{Z}/H$ 及其运算表。

38. 设 $\langle G, *\rangle$ 为循环群，$\langle H, *\rangle$ 为其正规子群。证明：商群 $\langle G/H, \odot\rangle$ 亦为一循环群。

39. 设 $\langle G, *\rangle$ 为群，$f: G \rightarrow G$ 为一同态映射。证明：对任一元素 $a \in G$，$f(a)$ 的阶不大于 a 的阶。

40. 设 $\langle H, *\rangle$ 和 $\langle K, *\rangle$ 都是群 $\langle G, *\rangle$ 的正规子群，且 $H \cap K = \{e\}$。证明：G 与 $G/H \times G/K$ 的一个子群同构。（其中 $\langle G_1 \times G_2, \circ\rangle$ 定义如下：$\forall \langle a_1, b_1\rangle \in G_1, \langle a_2, b_2\rangle \in G_2$，$*_1, *_2$ 分别为 G_1, G_2 上的二元运算，$\langle a_1, b_1\rangle \circ \langle a_2, b_2\rangle = \langle a_1 *_1 a_2, b_1 *_2 b_2\rangle$。）

41. 确定下列集合关于它们各自的运算是否构成环、整环和域。若不是，请说明理由。

(1) $R = \{a + b\sqrt{2} \mid a, b \in \mathbf{Z}\}$，其中运算为整数的加法和乘法。

(2) $R = \{a + bi \mid a, b \in \mathbf{Z}\}$，其中运算为复数的加法和乘法。

(3) $R = \{a + b\sqrt[3]{2} \mid a, b \in \mathbf{Z}\}$，其中运算为整数的加法和乘法。

(4) $R = \left\{ \begin{pmatrix} a & b \\ 5b & a \end{pmatrix} \middle| a, b \in \mathbf{Q} \right\}$，其中运算为矩阵的加法和乘法。

42. 设 $\mathbf{R}$ 是实数集，加法取普通数的加法，乘法 $*$ 定义为
$$a * b = |a| \cdot b$$
其中 $\cdot$ 为普通乘法运算。这时 $\mathbf{R}$ 是否构成环？

43. 设 $\langle R, +\rangle$ 为加群，R 上定义运算 $\cdot$，对任意 $a, b \in R$，有 $a \cdot b = \theta$，其中 θ 是加法幺元。证明：$\langle R, +, \cdot\rangle$ 为一环。

44. 证明：代数系统 $\langle \mathbf{Z}, \oplus, \otimes\rangle$ 是含幺交换环。其中运算 $\oplus, \otimes$ 分别定义如下：对任何整数 $a, b \in \mathbf{Z}$，有
$$a \oplus b = a + b - 1 \qquad a \otimes b = a + b - a \cdot b$$
这里 $+, \cdot$ 分别是整数加和整数乘。

45. 问 $\langle \{3x \mid x \in \mathbf{Z}\}, +, \cdot\rangle$ 是否为环？是否为整环？其中 $+, \cdot$ 分别为整数加和整数乘运算。

46. 若环 $\langle R, +, \cdot\rangle$ 中每一元素 a 均满足 $a^2 = a$，则称 R 为布尔环。证明：

(1) 布尔环是交换环。

(2) 对布尔环中每一元素 a，有 $a + a = 0$。

(3) 当 $|R| > 2$ 时布尔环不是整环。

47. 设环 $\langle R, +, \cdot\rangle$ 中 $\langle R, +\rangle$ 为循环群。证明：R 是交换环。

48. 设 $\langle F, +, \cdot\rangle$ 是一个域，$F_1 \subseteq F$，$F_2 \subseteq F$，且 $\langle F_1, +, \cdot\rangle$，$\langle F_2, +, \cdot\rangle$ 都是域，证明：$\langle F_1 \cap F_2, +, \cdot\rangle$ 是一个域。

49. 设
$R = \langle N_5, +_5, \times_5\rangle$，$f(x), g(x) \in R[x]$，$f(x) = 2x^3 + 2x - 3$，$g(x) = x^2 + 4x - 2$

(1) 计算 $f(x)g(x)$。

(2) 计算 $(g(x))^2$。

(3) 计算 $f(x)$ 除以 $g(x)$ 的商式和余式。

50. 设 $\langle F, +, \cdot\rangle$ 是一个域，$F_1 \subseteq F$，$F_2 \subseteq F$，且 $\langle F_1, +, \cdot\rangle$，$\langle F_2, +, \cdot\rangle$ 都是域，证明：$\langle F_1 \cap F_2, +, \cdot\rangle$ 是一个域。

51. 当 p 为质数时，计算域 $\langle Z_p, +_p, \times_p \rangle$ 的特征数和域 $\langle Z_p[x, n], +, \cdot \rangle$ 的特征数。

52. 证明：在特征数为 p(p 为质数)的域里，对任何元素 a, b，有

(1) $(a+b)^p = a^p + b^p$

(2) $(a-b)^p = a^p - b^p$

(3) $(ne)^p = ne$(e 为域的乘法幺元，n 为正整数)

53. 证明：域与其每个了域具有相等的特征数。

第七章 格和布尔代数

7.1 格 与 子 格

本章将讨论另外两种代数系统——格与布尔代数，它们与群、环、域的基本不同之处是：格与布尔代数的基集都是一个偏序集。这一序关系的建立及其与代数运算之间的关系是介绍的要点。格是具有两个二元运算的代数系统，它是一个特殊的偏序集，而布尔代数则是一个特殊的格。

在第四章，对偏序集的任一子集可引入上确界（最小上界）和下确界（最大下界）的概念，但并非每个子集都有上确界或下确界，例如在图 7.1.1 中哈斯图所示的偏序集里，$\{a,b\}$ 没有上确界，$\{e,f\}$ 没有下确界。不过，当某子集的上、下确界存在时，这个上、下确界是唯一确定的。

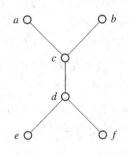

图 7.1.1

定义 7.1.1 如果偏序集 $\langle L, \leqslant \rangle$ 中的任何两个元素的子集都有上确界和下确界，则称偏序集 $\langle L, \leqslant \rangle$ 为格（lattice）。

虽然偏序集合的任何子集的上确界、下确界并不一定都存在，但存在，则必唯一，而格定义保证了上确界、下确界的存在性。因此我们通常用 $a \vee b$ 表示 $\{a,b\}$ 的上确界，用 $a \wedge b$ 表示 $\{a,b\}$ 的下确界，并记作 $a \vee b = \text{LUB}\{a,b\}$（least upper bound），$a \wedge b = \text{GLB}\{a,b\}$（greatest lower bound），$\vee$ 和 $\wedge$ 分别称为并（join）和交（meet）运算。由于对任何 a,b，$a \vee b$ 及 $a \wedge b$ 都是 L 中确定的成员，因此 $\vee$，$\wedge$ 均为 L 上的二元运算。

由定义可知，并非所有的偏序集都能构成格，我们用 Hasse 图表示偏序集，图 7.1.2 中哪个能构成格？

图 7.1.2 中哈斯图 (a)、(b)、(c) 所规定的偏序集是格，图 (d)、(e) 及图 7.1.1 所规定的偏序集不是格，因为图中 $\{a,b\}$ 无上确界。

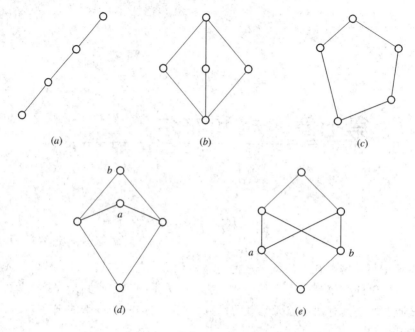

图 7.1.2

【例 7.1.1】

(1) 对任意集合 S，偏序集 $\langle P(S), \subseteq \rangle$ 为格，其中并、交运算即为集合的并、交运算，即

$$B \vee C = B \cup C \qquad B \wedge C = B \cap C$$

封闭于 $P(S)$，这里 $B, C \in P(S)$。

(2) 设 L 为命题公式集合，逻辑蕴含关系"$\Rightarrow$"为 L 上的偏序关系（指定逻辑等价关系"$\Leftrightarrow$"为相等关系），那么，$\langle L, \Rightarrow \rangle$ 为格，对任何命题公式 A, B，$A \vee B = A \vee B$，$A \wedge B = A \wedge B$（等式右边的 $\vee$，$\wedge$ 为析取与合取逻辑运算符）。

(3) 设 $\mathbf{Z}_+$ 表示正整数集，$|$ 表示 $\mathbf{Z}_+$ 上整除关系，那么 $\langle \mathbf{Z}_+, | \rangle$ 为格，其中并、交运算即为求两正整数最小公倍数和最大公约数的运算，即

$$m \vee n = \mathrm{LCM}(m, n) \qquad m \wedge n = \mathrm{GCD}(m, n)$$

另外，若将 $\langle L, \leqslant \rangle$ 中的小于等于关系换成大于等于关系 $\geqslant$，即对于 L 中任何两个元素 a, b 定义 $a \geqslant b$ 的充分必要条件是 $b \leqslant a$，则 $\langle L, \geqslant \rangle$ 也是偏序集。我们把偏序集 $\langle L, \leqslant \rangle$ 和 $\langle L, \geqslant \rangle$ 称为是相互对偶的。并且它们所对应的哈斯图是互为颠倒的。关于格我们有同样的性质。

定理 7.1.1 若 $\langle L, \leqslant \rangle$ 是一个格，则 $\langle L, \geqslant \rangle$ 也是一个格，且它的并、交运算 $\vee_r$，$\wedge_r$，对任意 $a, b \in L$ 满足

$$a \vee_r b = a \wedge b, \quad a \wedge_r b = a \vee b$$

于是，我们有下列对偶原理。

定理 7.1.2 如果命题 P 在任意格 $\langle L, \leqslant \rangle$ 上成立，则将 L 中符号 $\vee$，$\wedge$，$\leqslant$ 分别改为 $\wedge$，$\vee$，$\geqslant$ 后所得的公式 P^* 在任意格 $\langle L, \geqslant \rangle$ 上也成立，这里 P^* 称为 P 的对偶式。

在上述对偶原理中，"如果命题 P 在任意格 $\langle L, \leqslant \rangle$ 上成立"的含义是指当命题 P 中的

变量取值于 L 中，且上确界运算为 $\vee$，下确界运算为 $\wedge$，则 P 对于它们也成立。

现在我们深入地讨论格的性质。

定理 7.1.3 设 $\langle L, \leqslant \rangle$ 是一个格，那么对 L 中任何元素 a，b，c，有

(1) $a \leqslant a \vee b$，$b \leqslant a \vee b$

　　 $a \wedge b \leqslant a$，$a \wedge b \leqslant b$

(2) 若 $a \leqslant b$，$c \leqslant d$，则 $a \vee c \leqslant b \vee d$，$a \wedge c \leqslant b \wedge d$。

(3) 若 $a \leqslant b$，则 $a \vee c \leqslant b \vee c$，$a \wedge c \leqslant b \wedge c$。这个性质称为格的保序性。

证明

(1) 因为 $a \vee b$ 是 a 的一个上界，所以 $a \leqslant a \vee b$；同理有 $b \leqslant a \vee b$。

由对偶原理可得 $a \wedge b \leqslant a$，$a \wedge b \leqslant b$。

(2) 由题设知 $a \leqslant b$，$c \leqslant d$，由 (1) 有 $b \leqslant b \vee d$，$d \leqslant b \vee d$，于是由 $\leqslant$ 的传递性有 $a \leqslant b \vee d$，$c \leqslant b \vee d$。这说明 $b \vee d$ 是 a 和 c 的一个上界，而 $a \vee c$ 是 a 和 c 的最小上界，所以，必有

$$a \vee c \leqslant b \vee d$$

将 $a \wedge c \leqslant b \wedge d$ 的证明留给读者。

(3) 将 (2) 中的 a 代替 b，b 代替 c，c 代替 d 即可得证。　　　　　　证毕

定理 7.1.4 设 $\langle L, \leqslant \rangle$ 是一个格，那么对 L 中任意元素 a，b，c，有

(1) $a \vee a = a$，$a \wedge a = a$　　　　　　　　　　　（幂等律）

(2) $a \vee b = b \vee a$，$a \wedge b = b \wedge a$　　　　　　（交换律）

(3) $a \vee (b \vee c) = (a \vee b) \vee c$，$a \wedge (b \wedge c) = (a \wedge b) \wedge c$　　（结合律）

(4) $a \wedge (a \vee b) = a$，$a \vee (a \wedge b) = a$　　　　（吸收律）

证明

(1) 由自反性可得 $a \leqslant a$，所以 a 是 a 的一个上界，因为 $a \vee a$ 是 a 与 a 的最小上界，因此 $a \vee a \leqslant a$。

由定理 7.1.3 的 (1) 可知 $a \leqslant a \vee a$。

由 $\leqslant$ 的反对称性，所以 $a \vee a = a$。利用对偶原理可得 $a \wedge a = a$。

(2) 由格的并 $\vee$ 与交 $\wedge$ 运算的定义知满足交换律。

(3) 由下确界定义知

$$a \wedge (b \wedge c) \leqslant b \wedge c \leqslant b \tag{7.1.1}$$

$$a \wedge (b \wedge c) \leqslant a \tag{7.1.2}$$

$$a \wedge (b \wedge c) \leqslant b \wedge c \leqslant c \tag{7.1.3}$$

由式 (7.1.1)、(7.1.2) 得

$$a \wedge (b \wedge c) \leqslant a \wedge b \tag{7.1.4}$$

由式 (7.1.3)、(7.1.4) 得

$$a \wedge (b \wedge c) \leqslant (a \wedge b) \wedge c \tag{7.1.5}$$

同理可证

$$(a \wedge b) \wedge c \leqslant a \wedge (b \wedge c) \tag{7.1.6}$$

由 $\leqslant$ 的反对称性和式 (7.1.5)、(7.1.6)，所以 $a \wedge (b \wedge c) = (a \wedge b) \wedge c$。

利用对偶原理可得 $a \vee (b \vee c) = (a \vee b) \vee c$。

(4) 由定理 7.1.3 的 (1) 可知 $a \wedge (a \vee b) \leqslant a$；另一方面，由于 $a \leqslant a$，$a \leqslant a \vee b$，所以

$a \leqslant a \wedge (a \vee b)$，因此有 $a \wedge (a \vee b) = a$。

$a \vee (a \wedge b) = a$ 的证明留给读者。   **证毕**

由定理可知，格是带有两个二元运算的代数系统，它的两个运算有上述四个性质，那么具有上述四条性质的代数系统 $\langle L, \wedge, \vee \rangle$ 是否是格？回答是肯定的。为了解决这个问题，我们再进一步介绍格的下述性质。

定理 7.1.5 设 $\langle L, \leqslant \rangle$ 是一个格。那么对 L 中任意元素 a, b, c，有

(1) $a \leqslant b$ 当且仅当 $a \wedge b = a$ 当且仅当 $a \vee b = b$。

(2) $a \vee (b \wedge c) \leqslant (a \vee b) \wedge (a \vee c)$。

(3) $a \leqslant c$ 当且仅当 $a \vee (b \wedge c) \leqslant (a \vee b) \wedge c$。

证明

(1) 首先设 $a \leqslant b$，因为 $a \leqslant a$，所以 $a \leqslant a \wedge b$，而由定理 7.1.3 的 (1) 可知 $a \wedge b \leqslant a$。因此有 $a \wedge b = a$。

再设 $a = a \wedge b$，则 $a \vee b = (a \wedge b) \vee b = b$（由吸收律），即 $a \vee b = b$。

最后，设 $b = a \vee b$，则由 $a \leqslant a \vee b$ 可得 $a \leqslant b$。

因此，(1) 中 3 个命题的等价性得证。

(2) 因为 $a \leqslant a \vee b$，$a \leqslant a \vee c$，故 $a \leqslant (a \vee b) \wedge (a \vee c)$。又因为

$$b \wedge c \leqslant b \leqslant a \vee b \qquad b \wedge c \leqslant c \leqslant a \vee c \qquad (7.1.7)$$

所以有

$$b \wedge c \leqslant (a \vee b) \wedge (a \vee c) \qquad (7.1.8)$$

由式 (7.1.7) 和 (7.1.8) 可得

$$a \vee (b \wedge c) \leqslant (a \vee b) \wedge (a \vee c)$$

(3) 设 $a \vee (b \wedge c) \leqslant (a \vee b) \wedge c$。由于

$$a \leqslant a \vee (b \wedge c) \qquad (a \vee b) \wedge c \leqslant c$$

因此由传递性有 $a \leqslant c$。

反之，设 $a \leqslant c$，则 $a \vee c = c$，代入本定理 (2) 即得

$$a \vee (b \wedge c) \leqslant (a \vee b) \wedge c \qquad \text{证毕}$$

定理 7.1.6 设 L 为一非空集合，$\vee$，$\wedge$ 为 L 上的两个二元运算，如果 $\langle L, \wedge, \vee \rangle$ 中运算 $\wedge$，$\vee$ 满足交换律、结合律和吸收律，则称 $\langle L, \wedge, \vee \rangle$ 为格。即在 L 中可找到一种偏序关系 $\leqslant$，在 $\leqslant$ 作用下，对任意 $a, b \in L$，$a \wedge b = \mathrm{GLB}\{a, b\}$，$a \vee b = \mathrm{LUB}\{a, b\}$。

证明 先证幂等性成立。由吸收律知

$$a \wedge a = a \wedge (a \vee (a \wedge b)) = a$$
$$a \vee a = a \vee (a \wedge (a \vee b)) = a$$

下证有偏序关系 $\leqslant$。先定义 L 上 $\leqslant$ 关系如下：对任意 $a, b \in L$，$a \leqslant b$ 当且仅当 $a \wedge b = a$。

(1) 证 $\leqslant$ 为 L 上偏序关系。

① 因为 $a \wedge a = a$，故 $a \leqslant a$。自反性得证。

② 设 $a \leqslant b$，$b \leqslant a$，则 $a \wedge b = a$，$b \wedge a = b$。由于 $a \wedge b = b \wedge a$，故 $a = b$。反对称性得证。

③ 设 $a \leqslant b$，$b \leqslant c$，则 $a \wedge b = a$，$b \wedge c = b$，于是

$$a \wedge c = (a \wedge b) \wedge c = a \wedge (b \wedge c) = a \wedge b = a$$

故 $a \leqslant c$。传递性得证。

（2）可证 $a \leqslant b$ 当且仅当 $a \vee b = b$。

设 $a \leqslant b$，那么 $a \wedge b = a$，从而 $(a \wedge b) \vee b = a \vee b$，由吸收律即得 $b = a \vee b$。

反之，设 $a \vee b = b$，那么 $a \wedge (a \vee b) = a \wedge b$，由吸收律可知 $a = a \wedge b$，即 $a \leqslant b$。

（3）下证在这个关系下，对任意 $a, b \in L$，$a \vee b$ 为 $\{a, b\}$ 的上确界，即 $a \vee b =$ LUB$\{a, b\}$。

由吸收律 $a \wedge (a \vee b) = a$，所以 $a \leqslant a \vee b$。又因为 $b \wedge (a \vee b) = b$，所以 $b \leqslant a \vee b$，故 $a \vee b$ 为 $\{a, b\}$ 的一个上界。

设 c 为 $\{a, b\}$ 任一上界，即 $a \leqslant c, b \leqslant c$，那么，$a \vee c = c, b \vee c = c$，于是
$$a \vee c \vee b \vee c = c \vee c$$

亦即 $a \vee b \vee c = c$，故 $a \vee b \leqslant c$。这表明 $a \vee b$ 为 $\{a, b\}$ 的上确界。

（4）下证在这个关系下，对任意 $a, b \in L$，$a \wedge b$ 为 $\{a, b\}$ 的下确界，即 $a \wedge b =$ GLB$\{a, b\}$。

由吸收律 $(a \wedge b) \wedge a = a \wedge a \wedge b = a \wedge b$，所以 $a \wedge b \leqslant a$。

又因为 $(a \wedge b) \wedge b = a \wedge (b \wedge b) = a \wedge b$，所以 $a \wedge b \leqslant b$，故 $a \wedge b$ 为 $\{a, b\}$ 的一个下界。

设 c 为 $\{a, b\}$ 任一下界，即 $c \leqslant a$ 且 $c \leqslant b$，由 $\leqslant$ 的定义知 $a \wedge c = c, b \wedge c = c$，于是
$$c \wedge (a \wedge b) = (c \wedge a) \wedge b = c \wedge b = c$$

所以 $c \leqslant a \wedge b$，即 $a \wedge b$ 为 $\{a, b\}$ 的下确界。

因此 $\langle L, \leqslant \rangle$ 是格。 **证毕**

注意 这里的 $\leqslant$ 是由 $\wedge, \vee$ 定义的，因此我们可得格的等价定义。

定义 7.1.2 设 $\langle S, *, \circ \rangle$ 是代数系统，$*, \circ$ 是 S 上的二元运算，且 $*, \circ$ 满足交换律、结合律和吸收律，则 $\langle S, *, \circ \rangle$ 构成格。

【例 7.1.2】

（1）$\langle P(S), \cap, \cup \rangle$ 是一个代数系统，$P(S)$ 是集合 S 的幂集，因为 $\cap, \cup$ 满足可交换、可结合并满足吸收律，所以 $\langle P(S), \cap, \cup \rangle$ 是格。事实上该格对应的偏序关系就是 S 的子集之间的包含关系 $\subseteq$。

（2）$\langle S_n, *, \circ \rangle$ 是一个代数系统，S_n 是 n 的所有因子作元素构成的集合，这里对于任意的 $x, y \in S_n$，$x * y = \{x, y\}$ 的最大公约数，$x \circ y = \{x, y\}$ 的最小公倍数，因为 $*, \circ$ 满足可交换、可结合并满足吸收律，所以 $\langle S_n, *, \circ \rangle$ 是格，并且该格对应的偏序关系就是整除关系。

简单地说，子格即为格的子代数。

定义 7.1.3 设 $\langle L, \wedge, \vee \rangle$ 是一个格，设非空集合 S 且 $S \subseteq L$，若对任意的 $a, b \in S$，有 $a \wedge b \in S, a \vee b \in S$，则称 $\langle S, \wedge, \vee \rangle$ 是 $\langle L, \wedge, \vee \rangle$ 的子格。

显然，子格必是格。而格的某个子集构成格，却不一定是子格。这一点请读者思考。

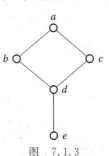

图 7.1.3

【例 7.1.3】 设 $\langle L, \leqslant \rangle$ 是一个格，其中 $L = \{a, b, c, d, e\}$，其哈斯图如图 7.1.3 所示。$S_1 = \{a, b, c, d\}$，$S_2 = \{a, b, c, e\}$，则 $\langle S_1, \leqslant \rangle$ 是 $\langle L, \leqslant \rangle$ 是一个子格，$\langle S_2, \leqslant \rangle$ 不是 $\langle L, \leqslant \rangle$ 是一个子格，因为 $b \wedge c = d \notin S_2$，$\langle S_2, \leqslant \rangle$ 不是格。

类似群的同态，也可以定义格的同态。

定义 7.1.4 设 $\langle L, *, \oplus \rangle$，$\langle S, \wedge, \vee \rangle$ 是两个格，存在映射 $f: L \to S$，$\forall a, b \in L$ 满足 $f(a*b) = f(a) \wedge f(b)$，称 f 是交同态；若满足 $f(a \oplus b) = f(a) \vee f(b)$，称 f 是并同态。若 f 既是交同态又是并同态，称 f 为格同态。若 f 是双射，则称 f 为格同构。

定义 7.1.5 设 $\langle L, *, \oplus \rangle$，$\langle S, \wedge, \vee \rangle$ 是两个格，其中 $\leqslant_1$，$\leqslant_2$ 分别为格 L，S 上的偏序关系，存在映射 $f: L \to S$，$\forall a, b \in L$，若 $a \leqslant_1 b \Rightarrow f(a) \leqslant_2 f(b)$，称 f 是序同态。若 f 是双射，则称 f 是序同构。

下面介绍格同态的定理。

定理 7.1.7 设 f 是格 $\langle L, \leqslant_1 \rangle$ 到格 $\langle S, \leqslant_2 \rangle$ 的格同态，则 f 是序同态，即同态是保序的。

证明 因为 $a \leqslant_1 b$，所以 $a*b = a \Rightarrow f(a*b) = f(a) \Rightarrow f(a) \wedge f(b) = f(a)$。因此，$f(a) \leqslant_2 f(b)$。

注意，此定理之逆不成立，如例 7.1.3 所示。

【例 7.1.4】 设 $\langle L, \leqslant \rangle$，$\langle S, \leqslant \rangle$ 是格，其中 $L = \{a, b, c, d\}$，$S = \{e, g, h\}$，如图 7.1.4(a)、(b) 所示。

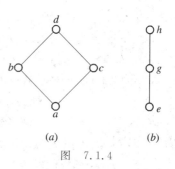

图 7.1.4

作映射 $f: L \to S$，$f(b) = f(c) = g$，$f(a) = e$，$f(d) = h$，显然 f 满足序同态。但 $f(b*c) = f(a)$，$f(b) \wedge f(c) = g \neq f(a)$，所以不满足交同态，因此 f 不是格同态。

定理 7.1.8 双射 f 是格 $\langle L, \leqslant_1 \rangle$ 到格 $\langle S, \leqslant_2 \rangle$ 的格同构的充分必要条件是 $\forall a, b \in L$，有 $a \leqslant_1 b \Leftrightarrow f(a) \leqslant_2 f(b)$。

证明 设双射 f 是格 $\langle L, \leqslant_1 \rangle$ 到格 $\langle S, \leqslant_2 \rangle$ 的格同构。由定理 7.1.7 可知 $\forall a, b \in L$，有 $a \leqslant_1 b \Rightarrow f(a) \leqslant_2 f(b)$。反之，

$$f(a) \leqslant_2 f(b)$$
$$\Rightarrow f(a) \wedge f(b) = f(a)$$
$$\Rightarrow f(a*b) = f(a)$$
$$\Rightarrow a*b = a \quad (f \text{ 是双射})$$
$$\Rightarrow a \leqslant_1 b$$

设 $\forall a, b \in L$，有 $a \leqslant_1 b \Leftrightarrow f(a) \leqslant_2 f(b)$。设 $a*b = c$（要证 $f(c)$ 是 $f(a)$、$f(b)$ 的最大下界），有

$$c \leqslant_1 a \Rightarrow f(c) \leqslant_2 f(a)$$
$$c \leqslant_1 b \Rightarrow f(c) \leqslant_2 f(b)$$

所以 $f(c)$ 是 $f(a)$、$f(b)$ 的一个下界。再设 x 是 $f(a)$，$f(b)$ 的任意下界，因为 f 是满射，所以有 $d \in L$，使 $x = f(d)$ 且

$$f(d) \leqslant_2 f(a) \Rightarrow d \leqslant_1 a \qquad f(d) \leqslant_2 f(b) \Rightarrow d \leqslant_1 b$$

所以 $d \leqslant_1 a*b$，即 $d \leqslant_1 c \Rightarrow f(d) \leqslant_2 f(c)$。因此 $f(c)$ 是 $f(a)$，$f(b)$ 的最大下界，即 $f(c) = f(a*b) = f(a) \wedge f(b)$。

类似可证 $f(a \oplus b) = f(a) \vee f(b)$。所以 f 是 $\langle L, \leqslant_1 \rangle$ 到 $\langle S, \leqslant_2 \rangle$ 的格同构。 **证毕**

【例 7.1.5】 在同构意义下，具有 1 个、2 个、3 个元素的格分别同构于元素个数相同

的链。4 个元素的格必同构于图 7.1.5 中给出的含 4 个元素的格之一；5 个元素的格必同构于图 7.1.5 中的含 5 个元素的格之一。其中图 7.1.5(g)称作五角格，图 7.1.5(h)称作钻石格，这两个格在讨论特殊格时会很有用。

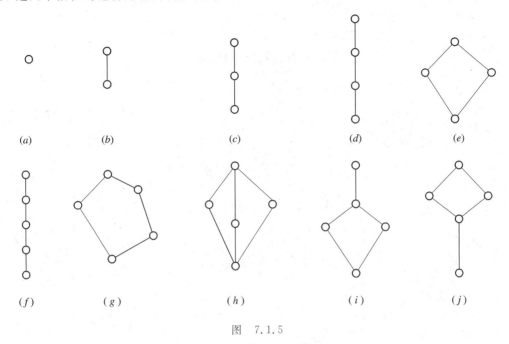

图　7.1.5

7.2　特　殊　格

本节讨论几个特殊的格。

定义 7.2.1　如果在格$\langle L, \leqslant \rangle$中，存在一个元素 $a \in L$，均有

$$a \leqslant x (x \leqslant a)$$

则称 a 为格的全下界(全上界)(相应于偏序集中的最小元、最大元)，且记全下界为 0，全上界为 1。

全下界(全上界)有如下性质。

定理 7.2.1　全下(上)界如果存在，则必唯一。

证明　设 1 与 $1'$ 均是全上界，则因为 1 是全上界，所以 $1' \leqslant 1$；又因为 $1'$ 是全上界，所以 $1 \leqslant 1'$。由 $\leqslant$ 的反对称性，所以 $1 = 1'$。

类似可证全下界唯一。　　　　　　　　　　　　　　　　　　　　　　　　　　　　证毕

【例 7.2.1】　在格$\langle P(S), \cap, \cup \rangle$中，$S$ 是全上界，$\varnothing$ 是全下界。

定义 7.2.2　如果$\langle L, \wedge, \vee \rangle$中既有全上界 1，又有全下界 0。称 0，1 为格 L 的界(bound)，并称格 L 为有界格(bounded lattice)。

不难看出，任何有限格必是有界格。而对于无限格，有的是有界格，有的不是有界格。有界格有如下性质。

定理 7.2.2　设$\langle L, \leqslant \rangle$是有界格，则 $\forall a \in L$，有 $a \wedge 0 = 0$，$a \wedge 1 = a$，$a \vee 0 = a$，$a \vee 1 = 1$。

证明留作练习。

定义 7.2.3 如果格$\langle L, \wedge, \vee \rangle$若满足：对任意元素 $a, b, c \in L$，有
$$a \leqslant c \Rightarrow a \vee (b \wedge c) = (a \vee b) \wedge c$$
则 L 称为模格(moduler lattice)。

定理 7.2.3 格 L 是模格的充分必要条件是它不含有同构于五角格的子格。

该定理在此我们不证明，有兴趣的读者可查阅相关文献。

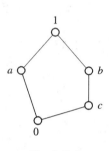

图 7.2.1

【例 7.2.2】 如图 7.2.1 所示的五角格，它不是模格。因为 $0 \leqslant c \leqslant b \leqslant 1$，而 $c \vee (a \wedge b) = c$，$(c \vee a) \wedge b = b$。

定理 7.2.4 格$\langle L, \wedge, \vee \rangle$为模格的充分必要条件是：对 L 中任意元素 a, b, c，若 $b \leqslant a$，$a \wedge c = b \wedge c$，$a \vee c = b \vee c$，则 $a = b$。

证明 先证必要性。设$\langle L, \wedge, \vee \rangle$为模格，且 $b \leqslant a$，$a \wedge c = b \wedge c$，$a \vee c = b \vee c$，那么，
$$
\begin{aligned}
b &= b \vee (b \wedge c) \\
&= b \vee (a \wedge c) \\
&= (b \vee c) \wedge a \\
&= (a \vee c) \wedge a \\
&= a
\end{aligned}
$$

再证充分性。为证$\langle L, \wedge, \vee \rangle$为模格，设 $b \leqslant a$，需证 $a \wedge (b \vee c) = b \vee (a \wedge c)$。

首先，据定理 7.1.5 之(3)，由 $b \leqslant a$ 可知
$$b \vee (c \wedge a) \leqslant (b \vee c) \wedge a \tag{7.2.1}$$
由此
$$
\begin{aligned}
a \wedge c &= (a \wedge c) \wedge c \\
&\leqslant (b \vee (c \wedge a)) \wedge c \\
&\leqslant ((b \vee c) \wedge a) \wedge c \qquad \text{（由式(7.2.1)）}\\
&= ((b \vee c) \wedge c) \wedge a = c \wedge a
\end{aligned}
$$
于是
$$(b \vee (c \wedge a)) \wedge c = ((b \vee c) \wedge a) \wedge c = c \wedge a \tag{7.2.2}$$
仿此也可推得(请读者完成)
$$(b \vee (a \wedge c)) \vee c = (a \wedge (b \vee c)) \vee c = b \vee c \tag{7.2.3}$$
因此，根据题设及式(7.2.1)、(7.2.2)和(7.2.3)得出
$$a \wedge (b \vee c) = b \vee (a \wedge c)$$
这表明 L 满足模性条件，故$\langle L, \vee, \wedge \rangle$为模格得证。 **证毕**

定义 7.2.4 格$\langle L, \wedge, \vee \rangle$如果满足分配律，即对任意 $a, b, c \in L$，有
$$a \wedge (b \vee c) = (a \wedge b) \vee (a \wedge c) \tag{7.2.4}$$
$$a \vee (b \wedge c) = (a \vee b) \wedge (a \vee c) \tag{7.2.5}$$
则 L 称为分配格(distributive lattice)。

注意到，上述两个分配等式中有一个成立，则另一个必成立。如式(7.2.4)成立，则
$$
\begin{aligned}
(a \vee b) \wedge (a \vee c) &= ((a \vee b) \wedge a) \vee ((a \vee b) \wedge c) \\
&= a \vee ((a \vee b) \wedge c)
\end{aligned}
$$

$$= a \vee ((a \wedge c) \vee (b \wedge c))$$
$$= (a \vee (a \wedge c)) \vee (b \wedge c)$$
$$= a \vee (b \wedge c)$$

【例 7.2.3】 设 S 是一个集合，则 $\langle P(S), \cap, \cup \rangle$ 构成格，而集合中求并 $\cup$ 与求交 $\cap$ 这两种运算满足分配律，所以 $\langle P(S), \cap, \cup \rangle$ 是分配格。

并不是所有的格都是分配格。

【例 7.2.4】 如图 7.2.1 和图 7.2.2 所示的 Hasse 图中的格均不是分配格。

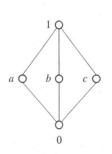

在图 7.2.2 中，有
$$a \vee (b \wedge c) = a \vee 0 = a$$
$$(a \vee b) \wedge (a \vee c) = 1 \wedge 1 = 1$$
所以不是分配格。

图 7.2.2

分配格有以下性质：

定理 7.2.5 设 $\langle L, \wedge, \vee \rangle$ 为分配格，那么对 L 中任意元素 a, b, c，若 $c \wedge a = c \wedge b$ 并且 $c \vee a = c \vee b$，则 $a = b$。

证明 因为
$$(c \wedge a) \vee b = (c \wedge b) \vee b = b \qquad (\text{因 } c \wedge a = c \wedge b)$$
$$(c \wedge a) \vee b = (c \vee b) \wedge (a \vee b)$$
$$= (c \vee a) \wedge (a \vee b) \qquad (\text{因 } c \vee a = c \vee b)$$
$$= a \vee (c \wedge b)$$
$$= a \vee (c \wedge a) \qquad (\text{因 } c \wedge a = c \wedge b)$$
$$= a$$
所以 $a = b$。

定理 7.2.6 若 $\langle L, \leqslant \rangle$ 是链，则 $\langle L, \leqslant \rangle$ 是分配格。 证毕

证明 设 $\langle L, \leqslant \rangle$ 是链，则 $\langle L, \leqslant \rangle$ 是全序集，设对于该集合中任意的 a, b, c 三个元素，分情况讨论：

(1) $b \leqslant a$, $c \leqslant a$，此时 $a \wedge (b \vee c) = b \vee c$，同时 $(a \wedge b) \vee (a \wedge c) = b \vee c$。

(2) $a \leqslant b$, $a \leqslant c$，此时 $a \wedge (b \vee c) = a$，同时 $(a \wedge b) \vee (a \wedge c) = a$。

因此无论任何情况，皆有 $a \wedge (b \vee c) = (a \wedge b) \vee (a \wedge c)$。所以 $\langle L, \leqslant \rangle$ 是分配格。 证毕

定理 7.2.7 设 $\langle L, \wedge, \vee \rangle$ 为分配格，则 $\langle L, \wedge, \vee \rangle$ 是模格。

证明 对于任意的 a, b, $c \in L$，若 $a \leqslant b$，则 $a \wedge b = a$，并有
$$b \wedge (a \vee c) = (b \wedge a) \vee (b \wedge c) = a \vee (b \wedge c)$$
因此，$\langle L, \wedge, \vee \rangle$ 是模格。 证毕

下面我们讨论补格。

定义 7.2.5 设 $\langle L, \wedge, \vee \rangle$ 为有界格，a 为 L 中任意元素，如果存在元素 $b \in L$，使 $a \vee b = 1$，$a \wedge b = 0$，则称 b 是 a 的补元或补（complements）。

补元有下列性质：

(1) 补元是相互的，即若 b 是 a 的补，那么 a 也是 b 的补。

(2) 并非有界格中每个元素都有补元，而有补元也不一定唯一。

（3）全下界 0 与全上界 1 互为补元且唯一。

【例 7.2.5】 考察图 7.2.3 中 Hasse 图所示的元素的补。

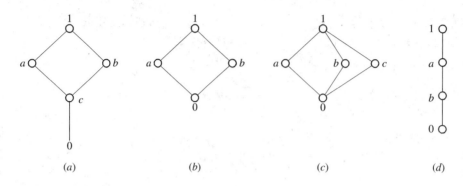

图　7.2.3

图 7.2.3(a)中除 0，1 之外 a，b，c 均没有补元。

图 7.2.3(b)中 a 的补元是 b，b 的补元是 a。

图 7.2.3(c)中元素 a，b，c 两两互为补元，但不唯一。

图 7.2.3(d)中除 0，1 之外没有元素有补元。事实上，多于两个元素的链除 0，1 之外没有元素有补元。

在有界格中，显然 0 是 1 的唯一补元，同时 1 是 0 的唯一补元。

定义 7.2.6　如果有界格 $\langle L, \vee, \wedge \rangle$ 中每个元素都至少有一个补元，则称 L 为有补格（complemented lattice）。

例 7.2.5 中(b)、(c)均是有补格，(a)、(d)不是有补格。多于两个元素的链都不是有补格。

定理 7.2.8　若 $\langle L, \wedge, \vee \rangle$ 是有补分配格，则 $\forall a \in L$，其补元是唯一的。因此，可用 a' 来表示 a 的补元。

证明　采用反证法：若存在 a 为 L 中一元素，有两补元 b，c，且 $b \neq c$，则
$$a \vee b = a \vee c = 1 \qquad a \wedge b = a \wedge c = 0$$
由定理 7.2.5 有 $b = c$，与前面矛盾。因此 a 只有唯一补元 a'。　　　　　证毕

定理 7.2.9　若 $\langle L, \wedge, \vee \rangle$ 是有补分配格，则 $\forall a \in L$，有 $a'' = (a')' = a$。

证明　$a'' \wedge a' = 0$，$a'' \vee a' = 1$，由补元唯一可得 $a'' = a$。

定理 7.2.10（德·摩根律）　设 $\langle L, \vee, \wedge \rangle$ 是有补分配格，则对 L 中任意元素 a，b，有

(1) $(a \wedge b)' = a' \vee b'$

(2) $(a \vee b)' = a' \wedge b'$

证明

(1) 由于
$$(a \wedge b) \wedge (a' \vee b') = ((a \wedge b) \wedge a') \vee ((a \wedge b) \wedge b') = 0$$
$$(a \wedge b) \vee (a' \vee b') = (a \vee a' \vee b') \wedge (b \vee a' \vee b') = 1$$
因此 $a' \vee b'$ 为 $a \wedge b$ 的补元。由补元的唯一性得知：
$$(a \wedge b)' = a' \vee b'$$
同样可证(2)，其证明留作练习。　　　　　证毕

定理 7.2.11　对有补分配格的任何元素 a，b，有 $a \leqslant b$ 当且仅当 $a \wedge b' = 0$ 当且仅当

$a' \vee b = 1$。

证明 若 $a \leqslant b$，则有 $a \vee b = b$，所以 $a \wedge b' = (a \wedge b') \vee (b \wedge b') = (a \vee b) \wedge b' = b \wedge b' = 0$。

若 $a \wedge b' = 0$，则其对偶式 $a' \vee b = 1$ 必成立。

若 $a' \vee b = 1$，则 $a \vee b = (a \vee b) \wedge 1 = (a \vee b) \wedge (a' \vee b) = (a \wedge a') \vee b = 0 \vee b = b$。   **证毕**

7.3 布 尔 代 数

定义 7.3.1 设 B 是至少有两个元素的有补分配格，则称 B 是布尔代数（Boolean algebra）。

注意 在这里有补格保证每个元素必有补元，但不保证唯一性，而分配格保证某元素若有补元必唯一，但不保证存在性。综合两个特点布尔代数中每个元素都有唯一的补元。

【**例 7.3.1**】 $\langle \{0, 1\}, \wedge, \vee, ' \rangle$ 是一个布尔代数。

【**例 7.3.2**】 $S \neq \varnothing$，则 $\langle P(S), \cap, \cup, \sim \rangle$ 是一个布尔代数。其中 $\cap$ 表示集合的交运算，$\cup$ 表示集合的并运算，$\sim$ 表示集合的为一元求补集的运算（这里的全集是 S）。

布尔代数通常用序组 $\langle B, \wedge, \vee, ', 0, 1 \rangle$ 来表示。其中 $'$ 为一元求补运算。为此介绍布尔代数的另一个等价定义。

定义 7.3.2 $\langle B, \wedge, \vee, ' \rangle$ 是代数系统，B 中至少有两个元素，$\wedge$，$\vee$ 是 B 上二元运算，$'$ 是一元运算，若 $\wedge$，$\vee$ 满足：

(1) 交换律；

(2) 分配律；

(3) 同一律。存在 $0, 1 \in B$，对 $\forall a \in B$，有 $a \wedge 1 = a$，$a \vee 0 = a$；

(4) 补元律。对 B 中每一元素 a，均存在元素 a'，使 $a \wedge a' = 0$，$a \vee a' = 1$，则称 $\langle B, \wedge, \vee, ' \rangle$ 是布尔代数。

为证定义 7.3.1 与定义 7.3.2 等价，只需证 B 是格，进而由(2)、(3)、(4)可断定 B 为有补分配格。要证 B 是格，据定义 7.1.2，只要证 B 满足交换律(已有)、结合律和吸收律。下证 B 满足吸收律。先证 $\forall a \in B$，有 $a \wedge 0 = 0$。

$$
\begin{aligned}
a \wedge 0 &= (a \wedge 0) \vee 0 &\text{(同一律)}\\
&= (a \wedge 0) \vee (a \wedge a') &\text{(补元律)}\\
&= a \wedge (0 \vee a') &\text{(分配律)}\\
&= a \wedge a' &\text{(同一律)}\\
&= 0 &\text{(补元律)}
\end{aligned}
$$

因为 $\forall a, b \in B$，

$$
\begin{aligned}
a \wedge (a \vee b) &= (a \vee 0) \wedge (a \vee b) &\text{(同一律)}\\
&= a \vee (0 \wedge b) &\text{(分配律)}\\
&= a \vee 0 \\
&= a &\text{(同一律)}
\end{aligned}
$$

类似可证 $a \vee (a \wedge b) = a$。

因此 B 满足吸收律。前面已证明由吸收律可推出满足幂等律。

再证 B 满足结合律。因为 $\forall a, b, c \in B$，可如下证明 $a \wedge (b \wedge c) = (a \wedge b) \wedge c$，从而对偶地可证 $a \vee (b \vee c) = (a \vee b) \vee c$。令

$$X = a \wedge (b \wedge c), \quad Y = (a \wedge b) \wedge c$$

那么

$$a \vee X = a \vee (a \wedge (b \wedge c)) = a \qquad\qquad \text{（吸收律）}$$

$$\begin{aligned} a \vee Y &= a \vee ((a \wedge b) \wedge c) \\ &= (a \vee (a \wedge b)) \wedge (a \vee c) \qquad \text{（分配律）} \\ &= a \wedge (a \vee c) = a \qquad\qquad\quad \text{（吸收律）} \end{aligned}$$

故

$$a \vee X = a \vee Y \tag{7.3.1}$$

$$\begin{aligned} a' \vee X &= a' \vee (a \wedge (b \wedge c)) \\ &= (a' \vee a) \wedge (a' \vee (b \wedge c)) \qquad \text{（分配律）} \\ &= 1 \wedge (a' \vee (b \wedge c)) \qquad\qquad \text{（补元律）} \\ &= (a' \vee (b \wedge c)) \qquad\qquad\quad\ \text{（同一律）} \\ &= (a' \vee b) \wedge (a' \vee c) \qquad\qquad \text{（分配律）} \end{aligned}$$

$$\begin{aligned} a' \vee Y &= a' \vee ((a \wedge b) \wedge c) \\ &= (a' \vee (a \wedge b)) \wedge (a' \vee c) \qquad\qquad\ \text{（分配律）} \\ &= ((a' \vee a) \wedge (a' \vee b)) \wedge (a' \vee c) \quad \text{（分配律）} \\ &= (1 \wedge (a' \vee b)) \wedge (a' \vee c) \qquad\quad\ \text{（补元律）} \\ &= (a' \vee b) \wedge (a' \vee c) \qquad\qquad\quad\ \text{（同一律）} \end{aligned}$$

故

$$a' \vee X = a' \vee Y \tag{7.3.2}$$

由式(7.3.1)和(7.3.2)得

$$\begin{aligned} &(a \vee X) \wedge (a' \vee X) = (a \vee Y) \wedge (a' \vee Y) \\ &\Rightarrow (a \wedge a') \vee X = (a \wedge a') \vee Y \qquad \text{（分配律）} \\ &\Rightarrow 0 \vee X = 0 \vee Y \qquad\qquad\qquad\quad\ \text{（补元律）} \\ &\Rightarrow X = Y \qquad\qquad\qquad\qquad\qquad\ \text{（同一律）} \end{aligned}$$

故 $a \wedge (b \wedge c) = (a \wedge b) \wedge c$ 得证。

注意 当 B 只有一个元素 0 时，可以认为 $\langle \{0\}, \vee, \wedge, ', 0 \rangle$ 是退化了的布尔代数（它满足定义 7.3.2），在此我们不讨论该种情况。

【例 7.3.3】 $\langle P, \wedge, \vee, \neg, 0, 1 \rangle$ 为布尔代数。这里 P 为命题公式集，$\wedge, \vee, \neg$ 为合取、析取、否定的真值运算，0,1 分别为假命题、真命题。

定义 7.3.3 设 $\langle B, \wedge, \vee, ', 0, 1 \rangle$ 是布尔代数，$S \subseteq B$，若 S 含有 0,1，且在运算 $\wedge$，$\vee$，$'$ 下是封闭的，则称 S 是 B 的子布尔代数，记作 $\langle S, \wedge, \vee, ', 0, 1 \rangle$。

【例 7.3.4】

(1) 对任何布尔代数 $\langle B, \vee, \wedge, ', 0, 1 \rangle$ 恒有子布尔代数 $\langle B, \vee, \wedge, ', 0, 1 \rangle$ 和 $\langle \{0, 1\}, \vee, \wedge, ', 0, 1 \rangle$，它们被称为 B 的平凡子布尔代数。

(2) 如图 7.3.1 给出的布尔代数 $S_1=\{1,a,f,0\}$ 是子布尔代数，$S_2=\{1,a,c,e\}$ 不是子布尔代数，因为 0 不在 S_2 中。

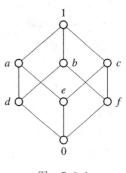

图 7.3.1

关于子布尔代数除了定义外我们还有如下判别定理。

定理 7.3.1 设 $\langle B,\wedge,\vee,',0,1\rangle$ 是布尔代数，$S\subseteq B$ 且 $S\neq\varnothing$，若 $\forall a,b\in S$，$a\vee b\in S$，$a'\in S$，则 S 是 B 的子布尔代数，记作 $\langle S,\wedge,\vee,',0,1\rangle$。

证明 若 $\forall a,b\in S$，则 $a',b'\in S$，$(a'\vee b')'=a\wedge b\in S$。

因为 $S\neq\varnothing$，所以存在 $a\in S$，因此 $a'\in S$，所以 $a\wedge a'=0\in S$ 和 $a\vee a'=1\in S$。 **证毕**

定义 7.3.4 设 $\langle B,\wedge,\vee,',0,1\rangle$ 和 $\langle B^*,\bigcap,\bigcup,\sim,0,1\rangle$ 是两个布尔代数，若存在映射 $f:B\to B^*$ 满足，对任何元素 $a,b\in B$，有

$$f(a\wedge b)=f(a)\bigcap f(b) \tag{7.3.4}$$

$$f(a\vee b)=f(a)\bigcup f(b) \tag{7.3.5}$$

$$f(a')=\sim(f(a)) \tag{7.3.6}$$

则称 f 是 $\langle B,\wedge,\vee,',0,1\rangle$ 到 $\langle B^*,\bigcap,\bigcup,\sim,0,1\rangle$ 的布尔同态。若 f 是双射，则称 f 是 $\langle B,\wedge,\vee,',0,1\rangle$ 到 $\langle B^*,\bigcap,\bigcup,\sim,0,1\rangle$ 的布尔同构。

下面讨论有限布尔代数的表示定理。

定义 7.3.5 设 B 是布尔代数，如果 a 是元素 0 的一个覆盖，则称 a 是该布尔代数的一个原子(atom)。

例如图 7.3.1 中 d,e,f 均是原子。实际上，在布尔代数中，原子是 $B-\{0\}$ 的极小元，因为原子与 0 之间不存在其他元素。

关于布尔代数的原子我们有以下性质。

定理 7.3.2 设 $\langle B,\wedge,\vee,',0,1\rangle$ 是布尔代数，B 中的元素 a 是原子的充分必要条件是 $a\neq 0$ 且对 B 中任何元素 x 有

$$x\wedge a=a \quad 或 \quad x\wedge a=0 \tag{7.3.7}$$

证明 先证必要性。设 a 是原子，显然 $a\neq 0$。另设 $x\wedge a\neq a$，由于 $x\wedge a\leqslant a$，故 $0\leqslant x\wedge a$，$x\wedge a<a$。据原子的定义，有 $x\wedge a=0$。

再证充分性。设 $a\neq 0$，且对任意 $x\in B$，有 $x\wedge a=a$ 或 $x\wedge a=0$ 成立。若 a 不是原子，那么必有 $b\in B$，使 $0<b<a$。于是，$b\wedge a=b$。因为 $b\neq 0$，$b\neq a$，故 $b\wedge a=b$ 与式(7.3.7)矛盾。因此 a 只能是原子。 **证毕**

定理 7.3.3 设 a,b 为布尔代数 $\langle B,\vee,\wedge,',0,1\rangle$ 中任意两个原子，则 $a=b$ 或 $a\wedge b=0$。

证明 分两种情况来证明。

(1) 若 a,b 是原子且 $a\wedge b\neq 0$，则

$0<a\wedge b\leqslant a$ （因为 a 是原子，所以 $a=a\wedge b$）

$0<a\wedge b\leqslant b$ （因为 b 是原子，所以 $b=a\wedge b$）

故 $a=b$。

(2) 若 a,b 是原子且 $a\neq b$ 由原子的性质可知：$a\wedge b\neq a$，$a\wedge b\neq b$(否则 $a<b$ 或 $b<a$)。用反证法，若 $a\wedge b\neq 0$，则

$$0 \prec a \wedge b \prec a \qquad 0 \prec a \wedge b \prec b$$

与 a，b 为原子矛盾，故 $a \wedge b = 0$。 **证毕**

定义 7.3.6 设 B 是布尔代数，$\forall b \in B$，定义集合 $A(b) = \{a \mid a \in B, a$ 是原子且 $a \leqslant b\}$。

例如，图 7.3.1 中 $A(b) = \{d, f\}$，$A(c) = \{e, f\}$，$A(0) = \varnothing$，$A(1) = \{d, e, f\}$。

引理 1 设 $\langle B, \vee, \wedge, ', 0, 1 \rangle$ 是一有限布尔代数，则对于 B 中任一非零元素 b，恒有一原子 $a \in B$，使 $a \leqslant b$。

证明 $\forall b \in B$ 且 $b \neq 0$：

若 b 为原子，有 $b \leqslant b$，则命题已得证。

若 b 不是原子，则必有 $b_1 \in B$，$0 < b_1 < b$。

若 b_1 不是原子，存在 b_2 使 $0 < b_2 < b_1 < b$，对 b_2 重复上面的讨论。

因为 B 有限，这一过程必将中止，上述过程中产生的元素序列满足

$$0 \prec \cdots \prec b_2 \prec b_1 \prec b$$

即存在 b_r，b_r 为原子，且 $0 < b_r < b$，否则此序列无限长。引理 1 得证。 **证毕**

引理 2 设 $\langle B, \vee, \wedge, ', 0, 1 \rangle$ 是一有限布尔代数，b 为 B 中任一非零元素，设 $A(b) = \{a_1, a_2, \cdots, a_m\}$，则 $b = a_1 \vee a_2 \vee \cdots \vee a_m = \bigvee_{a \in A(b)} a$，且表达式唯一。

证明 令 $c = a_1 \vee a_2 \vee \cdots \vee a_m$。要证 $b = c$。

由于 $a_i \leqslant b (i = 1, 2, \cdots, m)$，因为 c 是 $A(b)$ 中最小上界，所以 $c \leqslant b$。

欲证 $b \leqslant c$。据定理 7.2.11，只要证 $b \wedge c' = 0$。

用反证法，设 $b \wedge c' \neq 0$，从而存在原子 a 使得 $0 < a \leqslant b \wedge c'$，所以有 $a \leqslant b$，$a \leqslant c'$。

由于 $a \leqslant b$，a 是原子，因此 a 为 $a_1, a_2, \cdots, a_m$ 之一，故 $a \leqslant c$。

所以 $a \leqslant c \wedge c' = 0$，与 a 是原子矛盾。因此 $b \wedge c' = 0$，即 $b \leqslant c$。

$b = c = a_1 \vee a_2 \vee \cdots \vee a_m$ 得证。

下证唯一性。

设 b 也可表示为 $b = \bigvee_{a \in S} a$，$S = \{b_1, b_2, \cdots, b_j\}$，$b_1, b_2, \cdots, b_j$ 是原子。需证 $S = A(b)$。

若 $q \in S$，有 $q \leqslant b$，所以 $q \in A(b)$，因此 $S \subseteq A(b)$。

若 $q \in A(b)$，有 $q \leqslant b$，$q = q \wedge b = q \wedge \bigvee_{a \in S} a = \bigvee_{a \in S} (q \wedge a)$。

由定理 7.3.3 知，存在 $a_0 \in S$，使 $q = a_0$，所以 $q \in S$。故 $S = A(b)$，引理 2 得证。 **证毕**

定理 7.3.4 若 a 是原子，则 $a \leqslant b \vee c$ 的充分必要条件是 $a \leqslant b$ 或 $a \leqslant c$。

证明 先证必要性。

若 a 是原子，且 $a \leqslant b \vee c$，不妨设 $a \not\leqslant b$，因为 a 是原子，由定理 7.3.3 有 $a \wedge b = 0$。

因为 $a \leqslant b \vee c$，所以有 $a = a \wedge (b \vee c) = (a \wedge b) \vee (a \wedge c) = (a \wedge c)$，故 $a \leqslant c$，得证。

充分性显然。 **证毕**

我们利用否定一个证明另一个的方法。

现在证明布尔代数表示定理。

定理 7.3.5 设 $\langle B, \vee, \wedge, ', 0, 1 \rangle$ 为有限布尔代数，令 $A = \{a \mid a \in B$ 且 a 是原子$\}$，则 B 同构于布尔代数 $\langle P(A), \bigcup, \bigcap, \sim, \varnothing, A \rangle$。

证明 构造映射 $f: B \to P(A)$，使得对任意 $b \in B$，$f(b) = A(b)$。

(1) 证明 f 为一单射。若 $f(b) = f(c)$，有 $A(b) = A(c)$。由引理 2 得 $b = \bigvee_{a \in A(b)} a$，$c = \bigvee_{a \in A(c)} a$，所以 $b = c$，故 f 是单射。

(2) 证明 f 是满射。$\forall S \in P(A)$，则 $S \subseteq A$。令 $b = \bigvee_{a \in S} a$，由引理 2 得 $b = \bigvee_{a \in A(b)} a$。由唯一性有 $S = A(b) = f(b)$。

若 $S = \varnothing = A(b) = f(b)$，所以 f 为满射得证。

(3) 接着要证明 f 保持运算，即 f 满足式 (7.3.4)、(7.3.5) 和 (7.3.6)。

设 b，c 为 B 中任意两个元素且 $b \neq 0$，$c \neq 0$。对任意的原子 x，

$$x \in A(b \wedge c) \Leftrightarrow x \leqslant b \wedge c \Leftrightarrow x \leqslant b \text{ 且 } x \leqslant c \Leftrightarrow x \in A(b) \text{ 且 } x \in A(c) \Leftrightarrow x \in A(b) \bigcap A(c)$$

所以 $A(b \wedge c) = A(b) \bigcap A(c)$，即 $f(b \wedge c) = f(b) \bigcap f(c)$。

对任意的原子 x，

$$x \in A(b \vee c) \Leftrightarrow x \leqslant b \vee c \Leftrightarrow x \leqslant b \text{ 或 } x \leqslant c \Leftrightarrow x \in A(b) \text{ 或 } x \in A(c) \Leftrightarrow x \in A(b) \bigcup A(c)$$

所以 $A(b \vee c) = A(b) \bigcup A(c)$，即 $f(b \vee c) = f(b) \bigcup f(c)$。

$\forall b \in B$，且 $b \neq 0$，对任意的原子 x，

$$x \in A(b') \Leftrightarrow x \wedge b = 0 \Leftrightarrow x \wedge b \neq x \Leftrightarrow x \not\leqslant b \Leftrightarrow x \notin A(b) \Leftrightarrow x \in \sim A(b)$$

所以 $A(b') = \sim A(b)$，即 $f(b') = \sim(f(b))$，定理得证。 **证毕**

本定理有如下推论：

推论 1 若有限布尔代数有 n 个原子，则它有 2^n 个元素。

推论 2 任何具有 2^n 个元素的布尔代数互相同构。

注意 这一定理对无限布尔代数不能成立。

根据这一定理，有限布尔代数的基数都是 2 的幂。同时在同构的意义上对于任何 2^n，n 为自然数，仅存在一个 2^n 元的布尔代数，如图 7.3.2 中的 Hasse 图所示的 1 元、2 元、4 元、8 元的布尔代数。

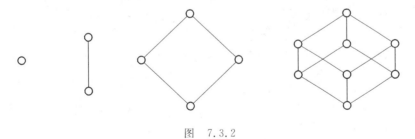

图 7.3.2

7.4 例 题 选 解

【例 7.4.1】 设 $\langle L, \leqslant \rangle$ 是格，a，b，$c \in L$，$a \leqslant b$，证明：

$$(a \vee (b \wedge c)) \vee c = (b \wedge (a \vee c)) \vee c$$

证明 因为 $a \leqslant b$，且 $a \leqslant a \vee c$，所以 $a \leqslant b \wedge (a \vee c)$，故 $a \vee c \leqslant (b \wedge (a \vee c)) \vee c$。由格的吸收律、结合律知 $(a \vee (b \wedge c)) \vee c = a \vee c$，所以

$$(a \lor (b \land c)) \lor c \leqslant (b \land (a \lor c)) \lor c$$

又由格的分配不等式知$(b \land (a \lor c)) \lor c \leqslant (b \lor c) \land (a \lor c)$，而

$$(b \lor c) \land (a \land c) \leqslant a \lor c = (a \lor (b \land c)) \lor c$$

故

$$(a \lor (b \land c)) \lor c = (b \land (a \lor c)) \lor c$$ 　　　　　　　　证毕

【例 7.4.2】 设$\langle L, \leqslant \rangle$是格，$\forall a、b、c、d \in L$，证明：

$$(a \land b) \lor (c \land d) \leqslant (a \lor c) \land (b \lor d)$$

证明 $\forall a、b、c、d \in L$，因为$a \land b \leqslant a$，$a \land b \leqslant b$，$c \land d \leqslant c$，$c \land d \leqslant d$，所以

$$(a \land b) \lor (c \land d) \leqslant a \lor c \qquad (a \land b) \lor (c \land d) \leqslant b \lor d$$

因此 $\qquad\qquad\qquad (a \land b) \lor (c \land d) \leqslant (a \lor c) \land (b \lor d)$ 　　　　　　　　证毕

【例 7.4.3】 一个格$\langle A, \leqslant \rangle$是分配格 iff $\forall a, b, c \in A$ 有$(a \lor b) \land c \leqslant a \lor (b \land c)$。

证明 先证必要性。设$\langle A, \leqslant \rangle$是分配格。$\forall a, b, c \in A$，由$a \land c \leqslant a$，$b \land c \leqslant b \land c$，可得

$$(a \land c) \lor (b \land c) \leqslant a \lor (b \land c)$$

而 $\qquad\qquad\qquad\qquad (a \lor b) \land c = (a \land c) \lor (b \land c)$

所以 $\qquad\qquad\qquad\qquad (a \lor b) \land c \leqslant a \lor (b \land c)$

再证充分性。假设$\forall a, b, c \in A$ 有$(a \lor b) \land c \leqslant a \lor (b \land c)$，则有

$$(a \lor b) \land c = ((a \lor b) \land c) \land c \leqslant (a \lor (b \land c)) \land c$$
$$= ((b \land c) \lor a) \land c \leqslant (b \land c) \lor (a \land c)$$

而任意格中均成立分配不等式$(b \land c) \lor (a \land c) \leqslant (a \lor b) \land c$，因此有

$$(a \lor b) \land c = (b \land c) \lor (a \land c)$$

即$\langle A, \leqslant \rangle$是分配格。 　　　　　　　　证毕

【例 7.4.4】 设G是 30 的因子集合，G 上关系"|"是整除关系。

(1) 画出$\langle G, | \rangle$的 Hasse 图。

(2) 画出$\langle G, | \rangle$的所有元素个数大于等于 4 的不同构的子格的 Hasse 图。

(3) 上面各子格都是什么格？（分配格，模格，有补格）

(4) 上面各子格中有布尔代数吗？若有，指出并给出原子集合。

解

(1) $G = \{1, 2, 3, 5, 6, 10, 15, 30\}$，其 Hasse 图见图 7.4.1。

(2) $\langle G, | \rangle$的所有元素个数大于等于 4 的不同构的子格的 Hasse 图见图 7.4.2。

(3) 所有的子格均是分配格、模格。图 7.4.2(b)、(f)所示的格还是有补格。

(4) 图 7.4.2(b)、(f)所示的格是布尔代数。其中，图(b)的原子集合为$\{15, 6\}$，图(f)的原子集合为$\{2, 3, 5\}$。

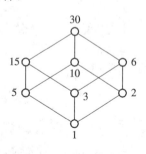

图　7.4.1

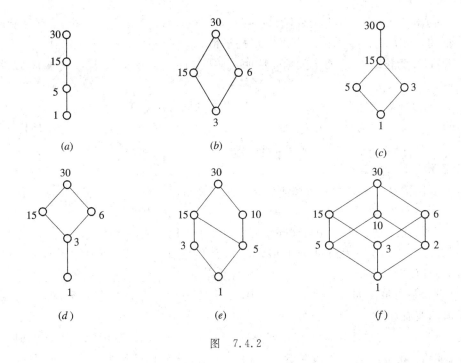

图　7.4.2

习　题　七

1. 图 7.1 所示的偏序集，哪一个是格？并说明理由。

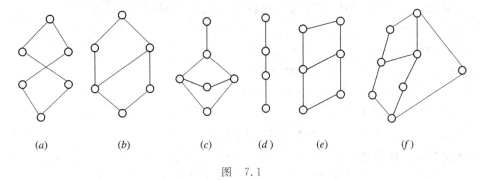

图　7.1

2. 对格 L 中任意元素 a, b, c, d, 证明：

(1) $a \leqslant b$, $a \leqslant c$ 当且仅当 $a \leqslant b \wedge c$。

(2) $a \leqslant c$, $b \leqslant c$ 当且仅当 $a \vee b \leqslant c$。

(3) $a \vee (a \wedge b) = a$。

(4) 若 $a \leqslant b \leqslant c$, $d \wedge c = a$, 则 $d \wedge b = a$。

(5) 若 $a \leqslant b \leqslant c$, $d \wedge a = c$, 则 $d \wedge b = c$。

(6) $(a \wedge b) \vee (a \wedge c) \leqslant a \wedge (b \vee c)$。

(7) $((a \wedge b) \vee (a \wedge c)) \wedge ((a \wedge b) \vee (b \wedge c)) = a \wedge b$。

(8) $(a \wedge b) \vee (b \wedge c) \vee (c \wedge a) \leqslant (a \vee b) \wedge (b \vee c) \wedge (c \vee a)$。

(9) 若 $a \leqslant b$, 则有 $(a \vee (b \wedge c)) \wedge c = (b \wedge (a \vee c)) \wedge c$。

(10) $a \wedge b \prec a$ 且 $a \wedge b \prec b$ 当且仅当 a 与 b 是不可比较的，即 $a \leqslant b$，$b \leqslant a$ 都不能成立。

3. 证明：格 L 的两个子格的交仍为 L 的子格。

4. 设 a, b 为格 L 中的两个元素，证明：$S = \{x \mid x \in L \text{ 且 } a \leqslant x \leqslant b\}$ 可构成 L 的一个子格。

5. 设 f 为格 L_1 到格 L_2 的同态映射，证明 f 的同态像是 L_2 的子格。

6. 设 $\langle L, \vee, \wedge \rangle$ 为格，$a \in L$，令 $L_a = \{x \mid x \in L \text{ 且 } x \leqslant a\}$，$M_a = \{x \mid x \in L \text{ 且 } a \leqslant x\}$，则 $\langle L_a, \vee, \wedge \rangle$，$\langle M_a, \vee, \wedge \rangle$ 都是 L 的子格。

7. 证明定理 7.2.2。

8. 判断图 7.1 所示的 Hasse 图中的格各是什么格。（分配格，模格，补格，布尔格）

9. 证明定理 7.2.10 中的(2)。

10. 证明：在有界分配格中，有补元的所有元素可以构成一个子格。

11. 设 $\langle L, \wedge, \vee \rangle$ 为有补分配格，a, b 为 L 中任意元素，证明：$b' \leqslant a'$ 当且仅当 $a \wedge b' = 0$ 当且仅当 $a' \vee b = 1$。

12. 设 a 是布尔代数 $\langle B, \wedge, \vee, ', 0, 1 \rangle$ 的原子，x 为 B 中任一元素，则 $a \leqslant x$ 或 $a \leqslant x'$，但不兼而有之。

13. 设 a, b 为布尔代数 B 中任意元素，求证：$a = b$ 当且仅当 $(a \wedge b') \vee (a' \wedge b) = 0$。

14. 证明：在布尔同态的定义（定义 7.3.4）中，式(7.3.4)和式(7.3.5)两条件之一可省去。

15. 设 f 为布尔代数 $\langle A, \wedge, \vee, ', 0, 1 \rangle$ 到布尔代数 $\langle B, \wedge, \vee, ', 0, 1 \rangle$ 的布尔同态，则 $f(0) = 0$，$f(1) = 1$。

16. 设 $\langle B, \wedge, \vee, ', 0, 1 \rangle$ 为布尔代数，定义 B 上环和运算 $\oplus$：对任意 $a, b \in B$，

$$a \oplus b = (a \wedge b') \vee (a' \wedge b)$$

$$a * b = a \wedge b$$

证明：$\langle B, \oplus, * \rangle$ 为一含幺交换环。

17. G 是 12 的因子集合，"$|$"是 G 上的整除关系。

(1) 画出 $\langle G, | \rangle$ 的 Hasse 图。

(2) 画出 $\langle G, | \rangle$ 的所有元素个数大于等于 4 的子格的 Hasse 图。

(3) 上述各子格都是什么格？（分配格，模格，有补格）

(4) 上述各子格中有布尔代数吗？若有，指出并给出原子集合。

18. 设 G 是 24 的因子集合，"$|$"是 G 上的整除关系。

(1) 画出 $\langle G, | \rangle$ 的 Hasse 图。

(2) 画出 $\langle G, | \rangle$ 的所有 5 元素子格的 Hasse 图。

(3) 上述子格各是什么格？（分配格，模格，有补格）

(4) $\langle G, | \rangle$ 是布尔代数吗？若是，请给出原子集合。

第四篇

图论基础

图论是一门古老的数学分支，它起源于游戏难题的研究，如 1736 年欧拉所解决的哥尼斯堡七桥问题，以及迷宫问题、博奕问题、棋盘上马的行走路线问题等。同时，图论又是近年来发展迅速且应用广泛的一门新兴学科，受计算机科学蓬勃发展的影响，其应用范围不断拓展，已渗透到诸如语言学、逻辑学、物理学、化学、电讯工程、计算机科学以及数学的其他分支中，特别在计算机科学中，如形式语言、数据结构、分布式系统、操作系统等方面均扮演着重要的角色。

图论中所讨论的图，是由顶点和带方向或不带方向的弧线联结而成的线状图。我们在二元关系一章中已见过，当我们研究的对象能被抽象为离散的元素的集合和集合上的二元关系时，用关系图表示和处理是很方便的。由于大量问题的研究需要，图被作为一个抽象的数学系统加以研究，其研究方法本身已成为一种新的科学方法，用于具有系统功能的模型的分析与设计中。

本篇着重介绍图论的基本概念，图的基本性质以及在实际问题中的应用。

第八章　图的基本概念

对于离散结构的刻画，图是一种有力的工具。在现实生活中，当我们研究事物之间的关系时，可以将它们抽象为点（事物）及其之间的连线（事物间的关系）构成的图。我们可以想象，在运筹规划、网络研究以及计算机程序流程分析中，都会遇到由称为"顶点"和"边"的东西组成的图。这样的图与几何图形在本质上的区别是，我们只关心顶点之间是否有边，而不关心顶点的位置和边的长短及曲直。图只是描述事物及其关系的一种手段。

8.1　图的定义及相关术语

1. 图

图论作为数学的分支给出了图的严格的数学定义，为此我们首先给出无序积的概念。

A、B 是任意两个非空集合，A 与 B 的无序积记为 $A \& B$，即

$$A \& B = \{(a, b) \mid a \in A, b \in B\}$$

性质：
$$(a, b) = (b, a)$$

【例 8.1.1】 $A = \{a, b, c\}$，$B = \{1, 2\}$，求 $A \& B$、$B \& A$ 和 $B \& B$。

解 $A \& B = \{(a,1),(a,2),(b,1),(b,2),(c,1),(c,2)\} = B \& A$

$B \& B = \{(1,1),(1,2),(2,2)\}$

定义 8.1.1　图是一个二元组 $G = \langle V, E \rangle$，其中 $V(V \neq \varnothing)$ 是顶点集，E 是边集。当 E 是无序积 $V \& V$ 的多重子集时，其元素为无向边，图 G 为无向图。当 E 是有序积 $V \times V$ 的多重子集时，其元素为有向边，图 G 为有向图。

注：

(1) 所谓多重子集是指集中元素可以重复，不再要求互异性的子集。

(2) 通常也常用 $D = \langle V, E \rangle$ 来专门表示有向图。

【例 8.1.2】　图 8.1.1 中 (a)、(b) 是无向图，图 (c) 是有向图。

为了方便起见，具有 n 个顶点，m 条边的图也称 (n, m) 图。给图的顶点标以名称，如图 8.1.1(b) 的 v_1、v_2、v_3、v_4、v_5，这样的图称为标定图。同时也可对边进行标定，这里 $e_1 = (v_1, v_2)$，$e_2 = (v_1, v_4)$，$e_3 = (v_1, v_5)$，$e_4 = (v_2, v_5)$，$e_5 = (v_2, v_5)$，$e_6 = (v_4, v_5)$。当 $e_i = (v_j, v_k)$ 时，称 v_j 和 v_k 是 e_i 的端点，并称 e_i 与 v_j 和 v_k 相关联，当 $e_i = \langle v_j, v_k \rangle$ 是有向边时，又称 v_j 是 e_i 的起点，v_k 是 e_i 的终点。如果图的顶点集 V 和边集 E 均是有穷集，则称图为有限图，本书所讨论的均是有限图。

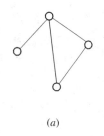 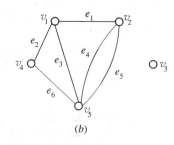 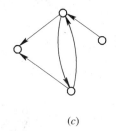

(a) (b) (c)

图 8.1.1

下面介绍一些图的基本概念和常用术语。

邻接点 同一条边的两个端点。

孤立顶点 没有边与之关联的顶点。

零图 顶点集 V 非空但边集 E 为空集的图。

平凡图 $|V|=n=1$，$|E|=m=0$ 的图。

邻接边 关联同一个顶点的两条边。

环 关联同一个顶点的一条边 $((v,v)$ 或 $\langle v,v\rangle)$。

平行边 关联一对顶点的 m 条边($m\geqslant 2$，称重数，若是有向边则应方向相同)。

多重图 含有平行边(无环)的图。

简单图 不含平行边和环的图。

无向完全图 每对顶点间均有边相连的无向简单图。n 阶无向完全图记作 K_n。

竞赛图 在 K_n 的每条边上任取一个方向的有向图。

有向完全图 每对顶点间均有一对方向相反的边相连的有向图，n 阶有向完全图也可记为 D_n。

由完全图的定义易知，无向完全图 K_n 的边数为

$$|E(K_n)|=C_n^2=\frac{1}{2}n(n-1)$$

有向完全图 D_n 的边数为

$$|E(D_n)|=n(n-1)$$

顶点的度数 顶点所关联的边数。顶点 v 的度数记作 $d(v)$。在有向图中，以顶点 v 为起点的边数称顶点 v 的出度，记作 $d^+(v)$；以顶点 v 为终点的边数称顶点 v 的入度，记作 $d^-(v)$。

图 G 的最大度 $\Delta(G)=\max\{d(v)|v\in V(G)\}$

图 G 的最小度 $\delta(G)=\min\{d(v)|v\in V(G)\}$

有向图 G 的最大出度 $\Delta^+(G)=\max\{d^+(v)|v\in V(G)\}$

有向图 G 的最小出度 $\delta^+(G)=\min\{d^+(v)|v\in V(G)\}$

有向图 G 的最大入度 $\Delta^-(G)=\max\{d^-(v)|v\in V(G)\}$

有向图 G 的最小入度 $\delta^-(G)=\min\{d^-(v)|v\in V(G)\}$

k-正则图 每个顶点的度数均是 k 的无向简单图。

另外，我们称度数为 1 的顶点为悬挂点，称与悬挂点关联的边为悬挂边。

定理 8.1.1(握手定理) 任一图中，顶点的度数的总和等于边数的二倍，即

$$\sum_{v \in V} d(v) = 2 \mid E \mid$$

证明 因为在任一图中，每一条边均关联着两个顶点（或二点重合），所以在计算度数时要计算两次，故顶点的度数的总和等于边数的二倍。 **证毕**

推论 任一图中，奇度数顶点必有偶数个。

证明 设 $V_1 = \{v \mid d(v)$ 为奇数$\}$，$V_2 = V - V_1$，则

$$\sum_{v \in V_1} d(v) + \sum_{v \in V_2} d(v) = \sum_{v \in V} d(v) = 2m$$

因为 $\sum_{v \in V} d(v)$ 是偶数，$\sum_{v \in V_2} d(v)$ 也是偶数，所以 $\sum_{v \in V_1} d(v)$ 必是偶数。而 $d(v)$ 为奇数，故 $|V_1|$ 是偶数。 **证毕**

定理 8.1.2 若 $G = \langle V, E \rangle$ 是有向图，则

$$\sum_{v \in V} d^+(v) = \sum_{v \in V} d^-(v) = m$$

证明请读者自己完成。

假设 $V = \{v_1, v_2, \cdots, v_n\}$ 是 n 阶图 G 的顶点集，称 $d(v_1)$，$d(v_2)$，$\cdots$，$d(v_n)$ 为 G 的度数列。如例 8.1.2 中图 8.1.1(a) 的度数列为 1，2，2，3。例 8.1.2 中图 8.1.1(c) 的度数列为 1，2，3，4，其中出度数列为 1，0，2，2，入度数列为 0，2，1，2。

【**例 8.1.3**】 求解下列各题：

(1) 无向完全图 K_n 有 28 条边，则它的顶点数 n 为多少？

(2) 图 G 的度数列为 2，2，3，5，6，则边数 m 为多少？

(3) 图 G 有 12 条边，度数为 3 的顶点有 6 个，余者度数均小于 3，问 G 至少有几个顶点？

解

(1) 因为无向完全图 K_n 的边数 $m = \frac{1}{2} n(n-1) = 28$，所以 $n = 8$。

(2) 由握手定理 $2m = \sum d(v) = 2 + 2 + 3 + 5 + 6 = 18$，知 $m = 9$。

(3) 由握手定理 $\sum d(v) = 2m = 24$，度数为 3 的顶点有 6 个占去 18 度，还有 6 度由其余顶点占有，而由题意，其余顶点的度数可为 0，1，2，当均为 2 时所用顶点数最少，所以应有 3 个顶点占有此 6 度，即 G 中至少有 9 个顶点。

【**例 8.1.4**】 证明在 $n(n \geqslant 2)$ 个人的团体中，总有两个人在此团体中恰好有相同个数的朋友。

分析 表面看来问题与图毫无关系，但由题意和我们对图的了解，图所表现的正是事物（人）与事物（人）之间的联系（这里是朋友关系），所以可以在图中建立数学模型。

解 以顶点代表人，二人如果是朋友，则在代表他们的顶点间连上一条边，这样可得无向简单图 G，每个人的朋友数即图中代表它的顶点的度数，于是问题转化为：n 阶无向简单图 G 中必有两个顶点的度数相同。

用反证法，设 G 中各顶点的度数均不相同，则度数列为 0，1，2，$\cdots$，$n-1$，说明图中有孤立顶点，这与有 $n-1$ 度顶点相矛盾（因为是简单图），所以必有两个顶点的度数相同。

2. 子图

在深入研究图的性质及图的局部性质时，子图的概念是非常重要的。所谓子图，就是适当地去掉一些顶点或一些边后所形成的图，子图的顶点集和边集是原图的顶点集和边集的子集。

定义 8.1.2 设 $G=\langle V,E\rangle$，$G'=\langle V',E'\rangle$ 均是图（同为有向或无向）。

(1) 若 $V'\subseteq V$，$E'\subseteq E$，则称 G' 是 G 的子图，记作 $G'\subseteq G$。

(2) 若 $G'\subseteq G$，$V'\subset V$ 或 $E'\subset E$，则称 G' 是 G 的真子图，记作 $G'\subset G$。

(3) 若 $G'\subseteq G$，$V'=V$，$E'\subseteq E$，则称 G' 是 G 的生成子图。

设 $G_1=\langle V_1,E_1\rangle$ 是 G 的子图，若 $V_1\subseteq V$ 且 $V_1\neq\varnothing$，E_1 由端点均在 V_1 中的所有边组成，则称 G_1 是由 V_1 导出的导出子图，记作 $G[V_1]$。若 $E_1\subseteq E$ 且 $E_1\neq\varnothing$，V_1 由 E_1 中边所关联的所有顶点组成，则称 G_1 是由 E_1 导出的导出子图，记作 $G[E_1]$。

【例 8.1.5】 在图 8.1.2 中，G_1，G_2，G_3 均是 G 的真子图，其中 G_1 是 G 的由 $E_1=\{e_1,e_2,e_3,e_4\}$ 导出的导出子图 $G[E_1]$；G_2、G 均是 G 的生成子图；G_3 是 G 的由 $V_3=\{a,d,e\}$ 导出的导出子图 $G[V_3]$，同时也是由 $E_3=\{e_4,e_5\}$ 导出的导出子图 $G[E_3]$。

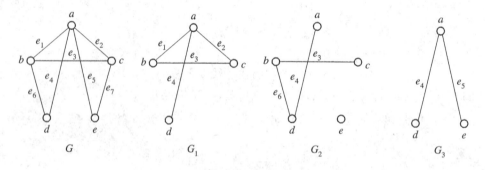

图 8.1.2　图与子图

3. 补图

定义 8.1.3 G 为 n 阶简单图，由 G 的所有顶点和能使 G 成为完全图的添加边所构成的图称为 G 的相对于完全图的补图，简称 G 的补图，记作 $\bar{G}$。

【例 8.1.6】 图 8.1.3(a)中的 $\bar{G}_1$ 是 G_1 相对于 K_5 的补图。图 8.1.3(b)中的 $\bar{G}_2$ 是 G_2 相对于四阶有向完全图 D_4 的补图。

对于补图，显然有以下结论：

(1) G 与 $\bar{G}$ 互为补图，即 $\bar{\bar{G}}=G$。

(2) $E(G)\bigcup E(\bar{G})=E(完全图)$ 且 $E(G)\bigcap E(\bar{G})=\varnothing$。

(3) 完全图与 n 阶零图互为补图。

(4) G 与 $\bar{G}$ 均是完全图的生成子图。

4. 同构

由于在画图的图形时，顶点的位置和边的几何形状是无关紧要的，因此表面上完全不同的图形可能表示的是一个图。为了判断不同的图形是否反映同一个图的性质，我们给出图的同构的概念。

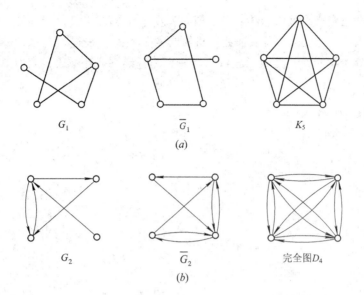

图 8.1.3 图与补图

定义 8.1.4 设有两个图 $G_1 = \langle V_1, E_1 \rangle$，$G_2 = \langle V_2, E_2 \rangle$，如果存在着双射 $f: V_1 \to V_2$，使得 $(v_i, v_j) \in E_1$ 当且仅当 $(f(v_i), f(v_j)) \in E_2$（或者 $\langle v_i, v_j \rangle \in E_1$ 当且仅当 $\langle f(v_i), f(v_j) \rangle \in E_2$）且它们的重数相同，则称图 G_1 与 G_2 同构，记作 $G_1 \cong G_2$。

例如，图 8.1.4 中 $G_1 \cong G_2$，其中 $f: V_1 \to V_2$，$f(v_i) = u_i (i = 1, 2, \cdots, 6)$。$G_3 \cong G_4$，其中 $f: V_1 \to V_2$，$f(v_1) = u_3$，$f(v_2) = u_1$，$f(v_3) = u_2$。

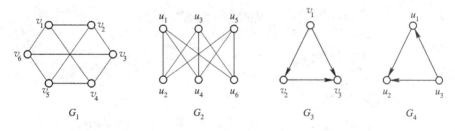

图 8.1.4 图的同构

容易看出，两个同构的图必定满足：顶点数相同、边数相同、度数列相同。但这是二图同构的必要条件而非充分条件，如图 8.1.5 中的 (a)、(b) 均为 6 阶 3 -正则图，满足上述三个条件，但因为对于图 (a) 中的任一顶点，与该点关联的三个顶点间彼此不邻接，而对于图 (b) 中的任一顶点，与该点关联的三个顶点中有两个是邻接点，所以它们不同构。同样可以看出图 (c)、(d) 也是不同构的。

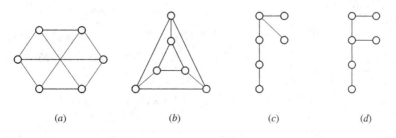

图 8.1.5 不同构的图

在图的集合上定义二元关系 R：对于图 G_1、G_2，G_1RG_2 当且仅当 G_1 和 G_2 同构，称 R 为图的同构关系，也记作 $\cong$。容易证明，图的同构关系是一种等价关系。按同构关系将图的集合划分成等价类，等价类的代表认为是一个非标定图，且可通过它所属的等价类中任一标定图来给出它的图形，但不必对顶点标以名称。

【例 8.1.7】 画出 K_4 的所有非同构的生成子图。

解 K_4 的所有非同构的生成子图如图 8.1.6 所示。

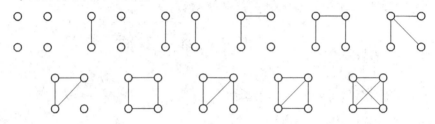

图 8.1.6 K_4 的生成子图

【例 8.1.8】 设 G_1，G_2，G_3，G_4 均是 4 阶 3 条边的无向简单图，则它们之间至少有几个是同构的？

解 由图 8.1.6 知，4 阶 3 条边非同构的无向简单图共有 3 个，因此 G_1，G_2，G_3，G_4 中至少有 2 个是同构的。

8.2 通路　回路　图的连通性

定义 8.2.1 给定图 $G=\langle V，E\rangle$，图中的一条通路是一个点、边交替的序列：

$$v_{i_1} e_{i_1} v_{i_2} e_{i_2} \cdots v_{i_{p-1}} e_{i_{p-1}} v_{i_p}$$

其中 $v_{i_k}\in V$，$e_{i_k}\in E$（其中 $e_{i_k}=(v_{i_k}，v_{i_{k+1}})$ 或者 $e_{i_k}=\langle v_{i_k}，v_{i_{k+1}}\rangle$），$v_{i_1}$、$v_{i_p}$ 分别称为通路的起点和终点，当其重合时通路称为回路。

一条通路中所包含的边数称为此路的长度。

由定义可知，一条通路即是 G 的一个子图，且通路允许经过的顶点或边重复，因此根据不同要求通路可以作如下的划分：

简单通路（迹） 顶点可重复但边不可重复的通路。

初级通路（路径） 顶点不可重复的通路。

简单回路（闭迹） 边不重复的回路。

初级回路（圈） 顶点不可重复（仅起点、终点重复）的回路。

注：长度为 1 的圈只能由环生成，长度为 2 的圈只能由平行边生成，因此，对于简单图，圈的长度至少是 3。

一般称长度为奇数的圈为奇圈，称长度为偶数的圈为偶圈。显然，初级通路必是简单通路，非简单通路称为复杂通路。在应用中，常常只用边的序列表示通路，对于简单图亦可用顶点序列表示通路，这样更方便。

定理 8.2.1 在一个 n 阶图中，若从顶点 u 到顶点 $v(u\neq v)$ 存在通路，则必存在从 u 到 v 的初级通路且路长小于等于 $n-1$。

证明 设 $L=ue_1v_1e_2v_2\cdots e_pv$ 是图中从 u 到 v 的通路，若其中顶点没有重复，则 L 是

一条初级通路。否则必有 t, $s(1 \leqslant t < s \leqslant p-1)$，使得 $v_t = v_s$，此时从 L 中去掉从 v_t 到 v_s 之间的一段路后，所得仍为从 u 到 v 的通路，重复上述动作直到顶点无重复为止，所得通路 L' 即为由 u 到 v 的初级通路。因为长度为 k 的初级通路上顶点数必为 $k+1$ 个，所以 n 阶图中的初级通路长度至多为 $n-1$。   证毕

推论 n 阶图中，任何初级回路的长度不大于 n。

在图 G 中，从顶点 u 到顶点 v 的通路一般不止一条，在所有这些通路中，长度最短的一条称为 u 到 v 的短程线，短程线的长度称为顶点 u 到 v 的距离，记作 $d(u,v)$。显然，短程线必是一条初级通路。

【例 8.2.1】 一个人带着一只狼、一只羊和一捆草要渡河，由于船太小，人做摆渡者一次只能运送一个"乘客"，很显然，如果人不在，狼要吃羊，羊要吃草，问人怎样才能把它们平安地渡过河去？

解 这是通路问题的一个典型实例。用 f 表示人，w 表示狼，s 表示羊，h 表示草。集合 $\{f,w,s,h\}$ 中能平安在一起的子集有：$\{f,w,s,h\}$，$\{f,w,s\}$，$\{f,s,h\}$，$\{f,w,h\}$，$\{f,w\}$，$\{f,s\}$，$\{f,h\}$，$\{w,h\}$，$\{f\}$，$\{w\}$，$\{s\}$，$\{h\}$。用顶点表示渡河过程中的状态，状态是二元组：第一元素是集合 $\{f,w,s,h\}$ 在渡河过程中留在原岸的子集，第二元素是在彼岸的子集，将一次渡河后代表状态变化的顶点间连边，得图 8.2.1。

容易看出，一条路径就是一种渡河方案。

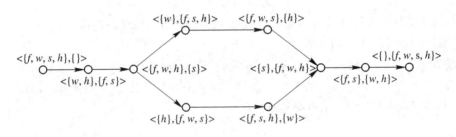

图 8.2.1 渡河方案

【例 8.2.2】 设 G 是无向简单图，已知 $\delta(G) \geqslant 2$，证明：G 中存在长度大于等于 3 的初级回路。

分析 如果我们能构造出一条这样的回路，则结论得到证明，这就是所谓构造性证明。构造时可以使用图论中常用的"极大路径法"：先在图 G 中选取一条路径 $L: v_{i_1}$, v_{i_2}, $\cdots$, v_{i_p}，如果有 $v_k \in G$，但 $v_k \notin L$，而 v_k 与 v_{i_1} 或 v_{i_p} 邻接，则将 v_k 添加到 L 中，如此往复，直到 L 的两个端点不再与 G 中不属于 L 的顶点邻接，这时所得的路径 L 即为一条极大路径。

证明 设 G 中的一条极大路径是 $L: v_{i_1}$, v_{i_2}, v_{i_3}, $\cdots$, v_{i_p}。所以 v_{i_1} 不再与路外的顶点邻接（否则与 L 是极大路径矛盾），因为 $\delta(G) \geqslant 2$，所以 v_{i_1} 必与路内的某些点邻接，G 是简单图，故 v_{i_1} 只能再邻接于 $v_{i_k}(k \geqslant 3)$，因此，G 中存在初级回路 v_{i_1}, v_{i_2}, $\cdots$, v_{i_k}, v_{i_1} 长度大于等于 3（见图 8.2.2）。   证毕

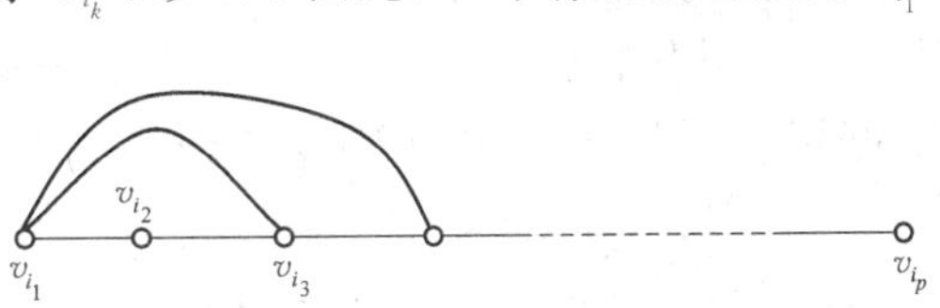

图 8.2.2 极大路径和初级路径

1. 无向图的连通性

定义 8.2.2 在无向图 G 中，若顶点 u 与 v 之间存在通路，则称 u 与 v 是连通的，规定任何顶点自身是连通的。若 G 是平凡图或 G 中任二顶点均连通，则称 G 是连通图，否则称 G 是非连通图或分离图。

如果我们在 G 的顶点集 V 上定义一个二元关系 R：

$$R=\{\langle u, v \rangle \mid u, v \in V \text{ 且 } u \text{ 与 } v \text{ 是连通的}\}$$

容易证明，R 是自反的、对称的、传递的，即 R 是一个等价关系，于是 R 可将 V 划分成若干个非空子集：$V_1, V_2, \cdots, V_k$，它们的导出子图 $G[V_1], G[V_2], \cdots, G[V_k]$ 构成 G 的连通分支，其连通分支的个数记作 $P(G)$。显然，G 是连通图，当且仅当 $P(G)=1$。

例如，图 8.2.3 所示的图 G_1 是连通图，$P(G_1)=1$，图 G_2 是一个非连通图，$P(G_2)=3$。

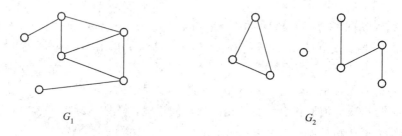

图 8.2.3 无向图的连通性

【例 8.2.3】 求证：若图中只有两个奇度数顶点，则二顶点必连通。

证明 用反证法来证明。

设二顶点不连通，则它们必分属两个不同的连通分支，而对于每个连通分支，作为 G 的子图只有一个奇度数顶点，余者均为偶度数顶点，与握手定理推论矛盾，因此，若图中只有两个奇度数顶点，则二顶点必连通。 **证毕**

【例 8.2.4】 在一次国际会议中，由七人组成的小组 $\{a, b, c, d, e, f, g\}$ 中，a 会英语、阿拉伯语；b 会英语、西班牙语；c 会汉语、俄语；d 会日语、西班牙语；e 会德语、汉语和法语；f 会日语、俄语；g 会英语、法语和德语。问：他们中间任何二人是否均可对话（必要时可通过别人翻译）？

解 用顶点代表人，如果二人会同一种语言，则在代表二人的顶点间连边，于是得到图 8.2.4。问题归结为：在这个图中，任何两个顶点间是否都存在着通路？由于图 8.2.3 是一个连通图，因此，必要时通过别人翻译，他们中间任何二人均可对话。

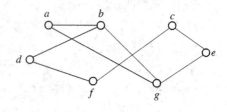

图 8.2.4 例 8.2.4 的图

在连通图中，如果删去一些顶点或边，则可能会影响图的连通性。所谓从图中删去某个顶点 v，就是将顶点 v 和与 v 关联的所有的边均删去，我们用 $G-v$ 记之，并用 $G-V'$ 表示从 G 中删去 V 的子集 V'。用 $G-e$ 表示删去边 e，用 $G-E'$ 表示从 G 中删去 E 的子集 E'。

例如，在例 8.2.4 中，任何一人请假，图 $G-v$ 还连通，小组对话仍可继续进行，但如

果 f、g 二人同时不在，$G-\{f,g\}$ 是分离图，则小组中的对话无法再继续进行。

定义 8.2.3 设无向图 $G=\langle V,E \rangle$，若存在非空顶点集 $V'\subset V$，使得 $P(G-V')>P(G)$，而对于任意非空的 $V''\subset V'$，均有 $P(G-V'')=P(G)$（即扩大图的连通分支数，V' 具有极小性），则称 V' 是 G 的一个点割集。如果 G 的某个点割集中只有一个顶点，则称该点为割点。

定义 8.2.4 设无向图 $G=\langle V,E \rangle$，若存在非空边集 $E'\subset E$，使得 $P(G-E')>P(G)$，而对于任意非空的 $E''\subset E'$，均有 $P(G-E'')=P(G)$（即扩大图的连通分支数，E' 具有极小性），则称 E' 是 G 的一个边割集。如果 G 的某个边割集中只有一条边，则称该边为割边或桥。

例如，在图 8.2.4 中，$\{f,g\}$，$\{d,g\}$，$\{a,e,d\}$，$\{b,e\}$ 等等均是点割集；$\{(c,f)$，$(e,g)\}$，$\{(d,f),(e,g)\}$ 等等均是边割集，并且在图 8.2.4 中，不存在割点和桥。

由定义容易得到下面结论：

(1) n 阶零图既无点割集也无边割集。

(2) 完全图 K_n 无点割集。

(3) 若 G 是连通图，则 $P(G-V')\geqslant 2$。

(4) 若 G 是连通图，则 $P(G-E')=2$。

一个连通图 G，若存在点割集和边割集，一般并不唯一，且各个点（边）割集中所含的点（边）的个数也不尽相同。我们用含元素个数最少的点割集和边割集来刻画它的连通度。

定义 8.2.5 设 G 是一无向连通图，称 $\kappa(G)$ 为 G 的点连通度，

$$\kappa(G)=\min\{|V'|\ |\ V'\text{是}G\text{的点割集或}V'\text{使}G-V'\text{成平凡图}\}$$

称 $\lambda(G)$ 为 G 的边连通度，

$$\lambda(G)=\min\{|E'|\ |\ E'\text{是}G\text{的边割集}\}$$

由定义容易得到下面结论：

(1) 若 G 是平凡图，则 $V'=E'=\varnothing$，$\kappa(G)=\lambda(G)=0$。

(2) 若 G 是非连通图，则 $\kappa(G)=\lambda(G)=0$（规定）。

(3) 对于无向完全图 K_n，$\kappa(K_n)=n-1$。

(4) 若 G 中有割点，则 $\kappa(G)=1$。

(5) 若 G 中有桥，则 $\lambda(G)=\kappa(G)=1$。

下面举一例说明讨论连通度的用处。

【例 8.2.5】 图 8.2.5 中的两个连通图都是 $n=8$，$m=16$，其中，$\kappa(G_1)=4$，$\lambda(G_1)=4$，$\kappa(G_2)=1$，$\lambda(G_2)=3$。假设 n 个顶点代表 n 个站，m 条边表示铁路或者桥梁或者电话线，$m\geqslant n-1$。为了使 n 个站之间的连接不容易被破坏，必须构造一个具有 n 个顶点 m 条边的连通图，并使其具有最大的点连通度和边连通度。按图 8.2.5 中 G_1 的连接法，如果 3 个站被破坏，或者 3 条铁路被破坏，余下的站仍能继续相互联系，也就是仍具有连通性。但按图 8.2.5 中 G_2 的连接法，如果 v 站被破坏，余下的站就不能保持连通。

关于点连通度、边连通度与最小顶点度数有如下一个不等式。

定理 8.2.2 对于任何一个图 G，$\kappa(G)\leqslant\lambda(G)\leqslant\delta(G)$。

证明 若 G 是非连通图或是平凡图，则必有 $\kappa(G)=\lambda(G)=0\leqslant\delta(G)$。

若 G 是完全图 K_n，则 $\kappa(G)=\lambda(G)=\delta(G)=n-1$。

对于其他情况，首先证明 $\lambda(G)\leqslant\delta(G)$。

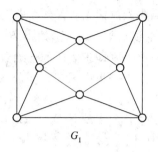

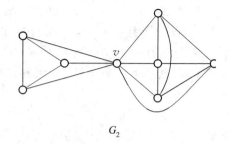

$$G_1 \qquad\qquad\qquad G_2$$

图 8.2.5　图的连通度

因为图中存在顶点 v，$d(v)=\delta(G)$，删去 v 的所有关联边，得到的图必定不连通，所以，至多删去 $\delta(G)$ 条边即可破坏 G 的连通性，故必有 $\lambda(G)\leqslant\delta(G)$。

下面再证明 $\kappa(G)\leqslant\lambda(G)$。

当在 G 中删去构成割集的 $\lambda(G)$ 条边时，将产生 G 的两个子图 G_1、G_2，而这 $\lambda(G)$ 条边的两个端点显然分别在 G_1 和 G_2 中，在 G_1（或 G_2）中这 $\lambda(G)$ 条边至多关联着 $\lambda(G)$ 个顶点，删去这些顶点同样可使 G 不连通，故必有 $\kappa(G)\leqslant\lambda(G)$。　　　　　　　**证毕**

例如，图 8.2.6 中的 $\kappa(G)=2$，$\lambda(G)=3$，$\delta(G)=4$。

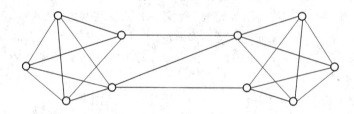

图 8.2.6　$k(G)$、$\lambda(G)$ 和 $\delta(G)$ 的关系

定义 8.2.6　若图 G 的 $\kappa(G)\geqslant k$，则称 G 是 k-连通的。

例如，图 8.2.6 的点连通度是 2，所以它是 2-连通的，也是 1-连通的，但不是 3-连通的。非平凡的连通图均是 1-连通的。非连通图是 0-连通的。

定义 8.2.7　若图 G 的 $\lambda(G)\geqslant k$，则称 G 是 k-边连通的。

例如，图 8.2.6 的边连通度是 3，所以它是 3-边连通的，也是 2-边连通的和 1-边连通的，但不是 4-边连通的。非连通图是 0-边连通的。由定理 8.1.1 易知：若 G 是 k-连通图，则 G 必是 k-边连通图。

2. 有向图的连通性

定义 8.2.8　设 $G=\langle V,E\rangle$ 是一有向图，$\forall u,v\in V$，若从 u 到 v 存在通路，则称 u 可达 v，规定 u 到自身总是可达的；若 u 可达 v，同时 v 可达 u，则称 u 与 v 相互可达。

若 u 可达 v，其长度最短的通路称 u 到 v 的短程线，短程线的长度称 u 到 v 的距离，记作 $d\langle u,v\rangle$。

有向图中顶点间的可达关系是自反的、传递的，但不一定是对称的，所以不是等价关系。通常 $d\langle u,v\rangle\geqslant 0$（其中 $d\langle u,u\rangle=0$）

$$d\langle u,v\rangle+d\langle v,w\rangle\geqslant d\langle u,w\rangle$$

如果从 u 到 v 不可达，记 $d\langle u,v\rangle=\infty$。

注意　即使 u 与 v 是相互可达的，也可能 $d\langle u, v\rangle \neq d\langle v, u\rangle$。

定义 8.2.9　在简单有向图 G 中，若任二顶点间均相互可达，则称 G 为强连通图；若任二顶点间至少从一个顶点到另一个顶点是可达的，则称 G 是单向连通图；若在忽略 G 中各边的方向时 G 是无向连通图，则称 G 是弱连通图。

例如，在图 8.2.7 中，图 (a) 是强连通图，图 (b) 是单向连通图，图 (c) 是弱连通图。

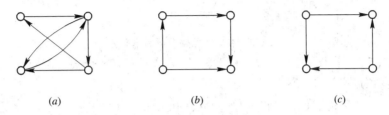

(a)　　　　　　　　(b)　　　　　　　　(c)

图 8.2.7　有向图的连通性

由定义可知，强连通图必是单向连通图和弱连通图，单向连通图必是弱连通图，在分类时我们只考虑性质最强的情况。

定理 8.2.3　有向图 G 是强连通的，当且仅当 G 中有一条包含每个顶点至少一次的回路。

证明　设 G 中有一回路，它至少包含每个顶点一次，则在此路上 G 的任意两个顶点都是相互可达的，G 是强连通图。反之，若 G 是强连通图，则任意两个顶点是相互可达的，因此必可作一条回路经过 G 中所有各个顶点。否则会出现一回路不包含某个顶点 v，这样 v 就与回路上的顶点不是相互可达的，与假设 G 是强连通图矛盾。　　　　　　　　证毕

定理 8.2.4　有向图 G 是单向连通的，当且仅当 G 中有一条包含每个顶点至少一次的通路。

证明略。

定义 8.2.10　在简单有向图 G 中，具有极大强连通性的子图，称为 G 的一个强分图；具有极大单向连通性的子图，称为 G 的一个单向分图；具有极大弱连通性的子图，称为 G 的一个弱分图。

强分图的定义中"极大"的含义是：对该子图再加入其他顶点，它便不再具有强连通性。对单向分图、弱分图也类似。

【例 8.2.6】　求图 8.2.8 中 G 的所有强分图、单向分图和弱分图。

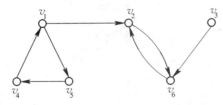

图 8.2.8　例 8.2.6 的图

解　$V_1 = \{v_1, v_5, v_4\}$、$V_2 = \{v_2, v_6\}$、$V_3 = \{v_3\}$ 的导出子图 $G[V_1]$、$G[V_2]$、$G[V_3]$ 均是 G 的强分图（见图 8.2.9(a) 中的 G_1、G_2、G_3）；$V_4 = \{v_1, v_2, v_5, v_4, v_6\}$、$V_5 = \{v_2, v_3, v_6\}$ 的导出子图 $G[V_4]$、$G[V_5]$ 均是 G 的单向分图（见图 8.2.9(b) 中的 G_4、G_5）；G 是弱连通的，故 G 的弱分图就是 G 自身。

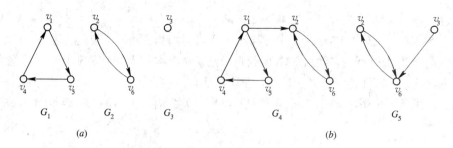

图 8.2.9　有向图的强分图和单向分图

定理 8.2.5　有向图 $G=\langle V,E\rangle$ 中，每个顶点在且仅在一个强分图中。

证明　在顶点集 V 中定义一个二元关系 R：

$$R=\{\langle u,v\rangle\,|\,u\text{ 与 }v\text{ 同在一个强分图中}\}$$

显然，R 是自反的、对称的、传递的，即 R 是一个等价关系，因此构成 V 的划分，由于 V 的每个划分块构成的导出子图是一强分图，所以每个顶点在且仅在一个强分图中。　■　证毕

在计算机系统中，如果我们用顶点来表示资源，若有一程序 p_1 占有资源 s_1，而对资源 s_2 提出申请，则用从 s_1 引向 s_2 的有向边表示，并标定边 $\langle s_1,s_2\rangle$ 为 p_1，那么任一瞬间计算机资源的状态图，就是由顶点集 $\{s_1,s_2,\cdots,s_n\}$ 和边集 $\{p_1,p_2,\cdots,p_m\}$ 构成的有向图 G，图 G 的强分图反映一种死锁现象。最简单的死锁现象如：程序 p_1 占有 s_1 对 s_2 提出申请；程序 p_2 占有 s_2 对 s_3 提出申请；而程序 p_3 占有 s_3 对 s_1 提出申请（如图 8.2.9 的 G_1），结果只能是"你等我，我等你"，互相等待，这就是死锁现象。这是操作系统要避免出现的事件。

8.3　图的矩阵表示

矩阵是研究图的一种有力工具，由矩阵表示图便于用计算机研究图，也便于用代数的方法研究图的性质。在图的矩阵表示法中，要求图是标定图。

1. 有向图的邻接矩阵

定义 8.3.1　设 $G=\langle V,E\rangle$ 是一有向图，$V=\{a_1,a_2,\cdots,a_n\}$，构造一矩阵 $A(G)$：

$$A(G)=(a_{ij}^{(1)})_{n\times n}$$

其中 $a_{ij}^{(1)}$ 是顶点 v_i 邻接到顶点 v_j 的条数，称 $A(G)$ 为图 G 的邻接矩阵。

【例 8.3.1】　求图 G（如图 8.3.1 所示）的邻接矩阵。

解

$$A(G)=\begin{bmatrix}1&2&0&0\\0&0&1&0\\1&0&0&1\\0&0&1&0\end{bmatrix}$$

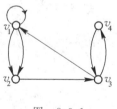

图　8.3.1

给出了图 G 的邻接矩阵，就等于给出了图 G 的全部信息。图的性质可以由矩阵 A 通过运算而获得。

有向图的邻接矩阵有如下性质：

(1) $\displaystyle\sum_{j=1}^{n}a_{ij}^{(1)}=d^{+}(v_i)$，$i=1,2,\cdots,n$，于是

$$\sum_{i=1}^{n}\sum_{j=1}^{n}a_{ij}^{(1)} = \sum_{i=1}^{n}d^{+}(v_i) = m$$

(2) $\sum_{i=1}^{n}a_{ij}^{(1)} = d^{-}(v_j)$，$i=1,2,\cdots,n$，于是

$$\sum_{j=1}^{n}\sum_{i=1}^{n}a_{ij}^{(1)} = \sum_{j=1}^{n}d^{-}(v_j) = m$$

(3) 由(1)、(2)不难看出，$\boldsymbol{A}(G)$ 中所有元素的和为 G 中长度为 1 的通路个数，而 $\sum_{i=1}^{n}a_{ii}^{(1)}$ 为 G 中长度为 1 的回路(环)的个数。

(4) 令 $\boldsymbol{A}^2 = \boldsymbol{A}\times\boldsymbol{A} = (a_{ij}^{(2)})_{n\times n}$，其中 $a_{ij}^{(2)} = \sum_{k=1}^{n}a_{ik}^{(1)}a_{kj}^{(1)}$，则 $a_{ij}^{(2)}$ 表示从顶点 v_i 两步到达顶点 v_j 的通路条数，而 $a_{ii}^{(2)}$ 表示从顶点 v_i 两步回到顶点 v_i 的回路数目。利用数学归纳法可得(5)。

(5) 若令 $A^s = A\times\cdots\times A = (a_{ij}^{(s)})_{n\times n}$，则 $a_{ij}^{(s)}$ 表示从顶点 v_i 到顶点 v_j 长度为 s 的通路条数，而 $a_{ii}^{(s)}$ 表示从顶点 v_i 回到顶点 v_i 的长度为 s 的回路数目。于是有(6)。

(6) $\sum_{j=1}^{n}\sum_{i=1}^{n}a_{ij}^{(s)}$ 表示 G 中长度为 s 的通路总数，其中 $\sum_{i=1}^{n}a_{ii}^{(s)}$ 表示 G 中长度为 s 的回路总数。进一步可得(7)。

(7) 若令 $\boldsymbol{B} = \boldsymbol{A}+\boldsymbol{A}^2+\cdots+\boldsymbol{A}^s = (b_{ij})_{n\times n}$，则 b_{ij} 表示从顶点 v_i 到顶点 v_j 长度小于或等于 s 的通路总数。

【例 8.3.2】 对于图 8.3.1，因为

$$\boldsymbol{A}^2 = \begin{bmatrix} 1 & 2 & 0 & 0 \\ 0 & 0 & 1 & 0 \\ 1 & 0 & 0 & 1 \\ 0 & 0 & 1 & 0 \end{bmatrix} \times \begin{bmatrix} 1 & 2 & 0 & 0 \\ 0 & 0 & 1 & 0 \\ 1 & 0 & 0 & 1 \\ 0 & 0 & 1 & 0 \end{bmatrix} = \begin{bmatrix} 1 & 2 & 2 & 0 \\ 1 & 0 & 0 & 1 \\ 1 & 2 & 1 & 0 \\ 1 & 0 & 0 & 1 \end{bmatrix}$$

$$\boldsymbol{A}^3 = \begin{bmatrix} 3 & 2 & 2 & 2 \\ 1 & 2 & 1 & 0 \\ 2 & 2 & 2 & 1 \\ 1 & 2 & 1 & 0 \end{bmatrix} \qquad \boldsymbol{A}^4 = \begin{bmatrix} 5 & 6 & 4 & 2 \\ 2 & 2 & 2 & 1 \\ 4 & 4 & 3 & 2 \\ 2 & 2 & 2 & 1 \end{bmatrix}$$

所以，由 v_1 到 v_3 长度为 1、2、3、4 的通路分别有 0、2、2、4 条，G 中共有长度为 4 的通路 44 条，其中回路 11 条，长度小于等于 4 的通路共有 88 条，其中回路 22 条。

注　无向图也有相应的邻接矩阵，一般只考虑简单图，无向图的邻接矩阵是对称的，其性质基本与有向图邻接矩阵的性质相同。

【例 8.3.3】 设有一个简单无向图 G 的邻接距阵为 $A(G)$，画出图 G 和 $\overline{G}$

$$A(G) = \begin{bmatrix} 0 & 1 & 1 & 0 & 0 \\ 1 & 0 & 0 & 0 & 0 \\ 1 & 0 & 0 & 1 & 0 \\ 0 & 0 & 1 & 0 & 0 \\ 0 & 0 & 0 & 0 & 0 \end{bmatrix}$$

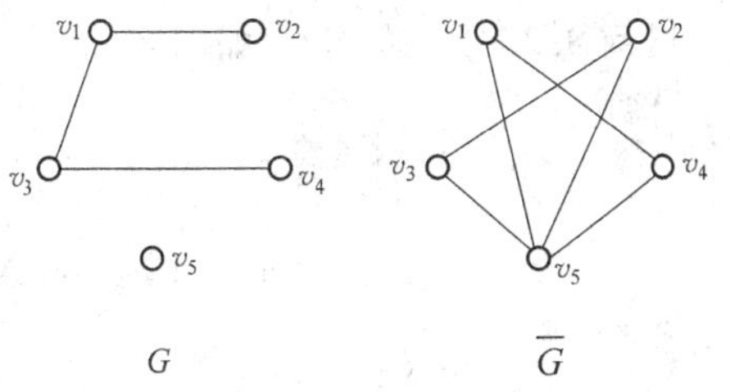

图 8.3.2　对应 $A(G)$ 的图形

解　见图 8.3.2。

2. 有向图的可达矩阵

定义 8.3.2 设 $G=\langle V, E\rangle$ 是一有向图，$V=\{v_1, v_2, \cdots, v_n\}$，令

$$p_{ij}=\begin{cases}1 & v_i \text{ 可达 } v_j \\ 0 & \text{否则}\end{cases}$$

称 $(p_{ij})_{n\times n}$ 为 G 的可达矩阵，记作 $\boldsymbol{P}(G)$。

例如，记图 8.3.1 的可达矩阵为 $\boldsymbol{P}(G)$，则

$$\boldsymbol{P}(G)=\begin{bmatrix}1 & 1 & 1 & 1 \\ 1 & 1 & 1 & 1 \\ 1 & 1 & 1 & 1 \\ 1 & 1 & 1 & 1\end{bmatrix}$$

可达矩阵具有如下性质：

（1）$p_{ii}=1$　（因为规定任何顶点自身可达）。

（2）所有元素均为 1 的可达矩阵对应强连通图。如果经过初等行列变换后，$\boldsymbol{P}(G)$ 可变形为

$$\begin{bmatrix}\boldsymbol{P}(G_1) & & & \\ & \boldsymbol{P}(G_2) & & \\ & & \ddots & \\ & & & \boldsymbol{P}(G_l)\end{bmatrix}$$

主对角线上的分块矩阵 $\boldsymbol{P}(G_i)(i=1, 2, \cdots, l)$ 元素均为 1，则每个 G_i 是 G 的一个强分图。

（3）根据定理 8.2.1 及推论可知，可达矩阵可通过计算邻接矩阵得到，令

$$\boldsymbol{B}=\boldsymbol{E}+\boldsymbol{A}+\boldsymbol{A}^2+\cdots+\boldsymbol{A}^{n-1}=(b_{ij})_{n\times n}$$

其中 $\boldsymbol{E}$ 是单位矩阵，则

$$p_{ij}=\begin{cases}1 & b_{ij}\neq 0 \\ 0 & b_{ij}=0\end{cases}$$

3. 无向图的关联矩阵

定义 8.3.3 设无向图 $G=\langle V, E\rangle$，$V=\{v_1, v_2, \cdots, v_n\}$，$E=\{e_1, e_2, \cdots, e_m\}$，令

$$m_{ij}=\begin{cases}0 & \text{若 } v_i \text{ 与 } e_j \text{ 不关联} \\ 1 & \text{若 } v_i \text{ 是 } e_j \text{ 的一个端点} \\ 2 & \text{若 } e_j \text{ 是关联 } v_i \text{ 的一个环}\end{cases}$$

则称 $(m_{ij})_{n\times m}$ 为 G 的关联矩阵，记作 $\boldsymbol{M}(G)$。

【例 8.3.4】 求图 G（如图 8.3.3 所示）的关联矩阵。

解

$$\boldsymbol{M}(G)=\begin{array}{c}\\ v_1 \\ v_2 \\ v_3 \\ v_4\end{array}\begin{array}{c}\begin{array}{ccccc}e_1 & e_2 & e_3 & e_4 & e_5\end{array}\\ \begin{bmatrix}2 & 1 & 0 & 0 & 0 \\ 0 & 1 & 1 & 1 & 0 \\ 0 & 0 & 1 & 1 & 1 \\ 0 & 0 & 0 & 0 & 1\end{bmatrix}\end{array}$$

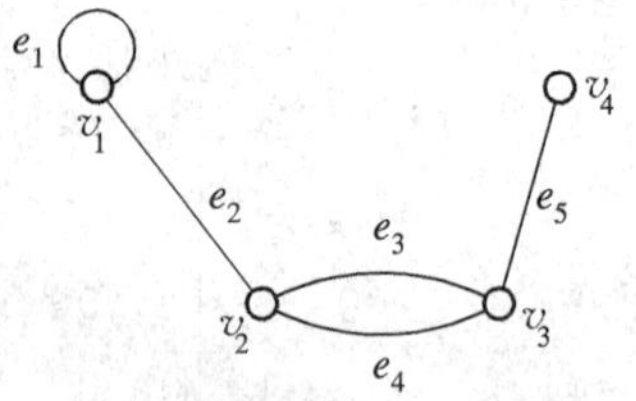

图 8.3.3　例 8.3.4 的图

无向图的关联矩阵的特性是很明显的：

(1) $\sum\limits_{i=1}^{n} m_{ij} = 2 (j = 1, 2, \cdots, m)$，即 $\boldsymbol{M}(G)$ 每列元素之和为 2，因为每条边恰有两个端点（若是简单图则每列恰有两个 1）。

(2) $\sum\limits_{j=1}^{m} m_{ij} = d(v_i)$，因而全为 0 的行所对应的顶点是孤立顶点。

(3) 若图 G 有连通分支 $G_1, G_2, \cdots, G_s$，那么存在 G 的关联矩阵 $\boldsymbol{M}(G)$ 形如

$$\boldsymbol{M}(G) = \begin{bmatrix} \boldsymbol{M}(G_1) & 0 & \cdots & 0 \\ 0 & \boldsymbol{M}(G_2) & \cdots & 0 \\ \vdots & \vdots & & \vdots \\ 0 & 0 & \cdots & \boldsymbol{M}(G_s) \end{bmatrix}$$

其中 $\boldsymbol{M}(G_1), \boldsymbol{M}(G_2), \cdots, \boldsymbol{M}(G_s)$ 分别是 $G_1, G_2, \cdots, G_s$ 的关联矩阵，0 是零矩阵。

对于连通简单图的关联矩阵还有下面重要事实。

定理 8.3.1 若 G 为 (n, m) 连通简单图，则 $\boldsymbol{M}(G)$ 的秩为 $n-1$（即其最大非零行列式的值为 $n-1$）。

证明 我们只给出直观解释，令

$$\boldsymbol{M}(G) = \begin{bmatrix} \boldsymbol{M}_1 \\ \boldsymbol{M}_2 \\ \vdots \\ \boldsymbol{M}_n \end{bmatrix}$$

其中 $\boldsymbol{M}_1, \boldsymbol{M}_2, \cdots, \boldsymbol{M}_n$ 为行向量。由于 $\boldsymbol{M}$ 中各列中恰有两个 1，因此

$$\boldsymbol{M}_1 + \boldsymbol{M}_2 + \cdots + \boldsymbol{M}_n = (2, 2, \cdots, 2)$$

适当更换上式中的"+"为"−"，便可使其代数和为

$$(0, 0, \cdots, 0)$$

这说明向量 $\boldsymbol{M}_1, \boldsymbol{M}_2, \cdots, \boldsymbol{M}_n$ 是线性相关的，因而 M 的秩不超过 $n-1$。

另一方面，由于 G 连通，所以 $\boldsymbol{M}(G)$ 的每一行均不全为 0，也不能表示成分块矩阵

$$\begin{bmatrix} \boldsymbol{M}(G_1) & 0 \\ 0 & \boldsymbol{M}(G_2) \end{bmatrix}$$

否则 G 为具有连通分支 G_1, G_2 的非连通图，因此 $\boldsymbol{M}(G)$ 中任意 $k(k \leqslant n-1)$ 行向量之代数和 $(m_1, m_2, \cdots, m_m)$ 中至少有一个元素为 1，因而是线性无关的。这表明 $\boldsymbol{M}(G)$ 的秩至少为 $n-1$。

综上所述，无向连通简单图的关联矩阵 $\boldsymbol{M}(G)$ 的秩为 $n-1$。   证毕

推论 (n, m) 图 G 为有 k 个连通分支的简单图，当且仅当 $\boldsymbol{M}(G)$ 的秩为 $n-k$。

4. 有向无环图的关联矩阵

定义 8.3.4 设 $G = \langle V, E \rangle$ 是有向无环图，$V = \{v_1, v_2, \cdots, v_n\}$，$E = \{e_1, e_2, \cdots, e_m\}$，令

$$m_{ij} = \begin{cases} 1 & v_i \text{ 是 } e_j \text{ 的起点} \\ 0 & v_i \text{ 与 } e_j \text{ 不关联} \\ -1 & v_i \text{ 是 } e_j \text{ 的终点} \end{cases}$$

则称$(m_{ij})_{n \times n}$为G的关联矩阵，记作$\boldsymbol{M}(G)$。

【例8.3.5】 求图G(如图8.3.4所示)的关联矩阵。

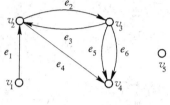

$$\boldsymbol{M}(G) = \begin{array}{c} \\ v_1 \\ v_2 \\ v_3 \\ v_4 \\ v_5 \end{array} \begin{array}{cccccc} e_1 & e_2 & e_3 & e_4 & e_5 & e_6 \\ \begin{bmatrix} 1 & 0 & 0 & 0 & 0 & 0 \\ -1 & 1 & -1 & 1 & 0 & 0 \\ 0 & -1 & 1 & 0 & 1 & 1 \\ 0 & 0 & 0 & -1 & -1 & -1 \\ 0 & 0 & 0 & 0 & 0 & 0 \end{bmatrix} \end{array}$$

图8.3.4 例8.3.5的图

$\boldsymbol{M}(G)$的特性：

(1) $\sum\limits_{i=1}^{n} m_{ij} = 0$（一条边关联两个点：一个起点，一个终点），从而有 $\sum\limits_{j=1}^{m}\sum\limits_{i=1}^{n} m_{ij} = 0$。

(2) 每一行中1的数目是该点的出度，-1的数目是该点的入度。

(3) 二列相同，当且仅当对应的边是平行边（同向）。

(4) 全为0的行对应孤立顶点。

8.4 带权图与最短路径

当把实际问题抽象为图时，在许多情况下，需要将附加信息放在图的边（或点）上。边上的附加信息称为图的边权（简称权），权可以是数、记号或者其它指派的量，在这里我们只讨论实数权。给每一条边指定了权的图称（边）带权图（亦称网络）。

带权图在实际中有很多应用，如在输油管系统中，权可以表示单位时间内流经管内的石油数量；在城市街道中，权可以表示通行车辆密度；在航空交通图中，权可以表示两城市间的距离等等。

定义8.4.1 对图G的每条边附加上一个实数$\omega(e)$，称$\omega(e)$为边e上的权，G连同附加在各边上的权称为带权图，常记作$G = \langle V, E, \omega \rangle$。设$G_1$是$G$的任意子图，称 $\sum\limits_{e \in E(G_1)} \omega(e)$ 为G_1的权，记作$\omega(G_1)$。如果$e \notin E$，则令$\omega(e) = \infty$。

若P为G中u到v的路径，称$W(P) = \sum\limits_{e \in P} \omega(e)$为路径$P$的长度；

若P^*为G中u到v的路径，且有

$$W(P^*) = \min\{W(P)\} \mid P 为 G 中 u 到 v 的路径\}$$

则称P^*为G中u到v的最短路径，并记$d(u, v) = W(P^*)$，称为u到v的路程。

最短路径问题有许多实际应用，如果用顶点表示城市，边上的权表示从一个城市到另一个城市的里程，则从u到v的最短路径就表示从城市u到城市v里程最短的运输线路；如果边上的权表示的是花费的时间或运费，则从u到v的最短路径就表示从城市u到城市v所用时间最短或运费最低的运输线路。

求最短路径有各种算法，针对边权$\omega(e)$非负的带权图，1959年荷兰数学家迪克斯特拉（E. W. Dijkstra）提出的标号算法，是目前公认的求最短路径较好的算法之一，这个算法可

以求出从某个顶点到图中任何一个顶点的最小路径。

在熟练地掌握了这个算法后，可以用列表法表示求解过程。这样可使求解过程显得十分简洁，从始点到各点的最短路径及其路程一目了然。

在算法的执行过程中，如果对某个顶点 s 标号，就表示为 $h(s)=d(v,s)$（v 为路径的始点）。在列表法中，是将顶点 s 对应的 $d(v,s)$ 用[]框起来，例如，$d(v,s)=5$，则记为 $[5]/w$，它表示在 v 到 s 的最短路径上 s 邻接于 w。

迪克斯特拉最短路径算法：

开始令 $d(v,v)=0$，对所有的 $u\neq v$，令 $d(v,u)=+\infty$，$t\leftarrow v$，标号 $h(v)=0$；

① 对每一个未标号顶点 u，若 u 邻接于 t，则修改 $d(v,u)$：

$$d(v,u)\leftarrow\min\{d(v,u),d(v,t)+W(t,u)\}$$

② 在未标号顶点中选取顶点 s，使 $d(v,s)=\min\{d(v,u)\mid u$ 是未标号的顶点$\}$，给 s 标号，令 $h(s)=d(v,s)$，$t\leftarrow s$；

③ 若终点 w 已标号，则终止，得到一条从始点 v 到终点 w 的最短路径，否则转①。

【例 8.4.1】 用迪克斯特拉算法求下图 8.4.1 中从 a 到 g 的最短路径。

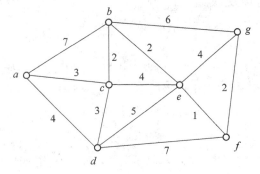

图 8.4.1 例 8.4.1 的图

解 计算过程见表 8.4.1。

表 8.4.1 从 a 到各顶点的路程和最短路径

步骤	a	b	c	d	e	f	g	最短路径
1	[0]	7	3	4	∞	∞	∞	
2		5	[3]/a	4	7	∞	∞	ac
3		5		[4]/a	7	11	∞	ad
4		[5]/c			7/b	11	11	acb
5					[7]/b,c	8	11/e	ace，$acbe$
6						[8]/e	10	$acef$，$acbef$
7							[10]/f	$acefg$，$acbefg$
a 到各顶点路程	0	5	3	4	7	8	10	

由表知，从 a 到 g 最短路径有两条：$acefg$ 和 $acbefg$，路程为 10。

8.5 例 题 选 解

【例 8.5.1】 判断下列各命题是否是真命题。

(1) n 阶无向完全图 K_n 是 n -正则图。

(2) 任何有相同顶点数和边数的无向图都同构。

(3) 图中的初级回路均是简单回路。

(4) 在有向图中顶点间的可达关系是等价关系。

(5) 任一图 G 的最大度数 $\Delta(G)$ 必小于 G 的顶点数。

(6) 在 $n(n \geqslant 2)$ 个人中，不认识另外奇数个人的有偶数个人。

解答与分析

(1) 假命题。由无向完全图的定义可知，K_n 的每个顶点的度数均是 $n-1$，所以 K_n 是 $(n-1)$ -正则图。

(2) 假命题。两个图有相同顶点数和边数是二图同构的必要条件，而非充分条件。

(3) 真命题。由初级回路和简单回路的定义可知。

(4) 假命题。可达关系不满足对称性。

(5) 假命题。当 G 非简单图时，$\Delta(G)$ 可大于顶点数。

(6) 真命题。将 n 个人抽象成 n 个顶点，若两个人不认识，则在他们的对应顶点之间画一条边，得到无向图 G。G 中每个顶点的度数就是该顶点所对应的人不认识的其他人的个数，由握手定理的推论可知，G 中奇度数的顶点必有偶数个。故在 n 个人中，不认识另外奇数个人的有偶数个人。

【例 8.5.2】 在六个人的团体中，至少有三个人彼此认识或彼此不认识。

分析 将六个人抽象成六个顶点，若两个人认识，则在他们的对应顶点之间画一条边，得到无向图 G，则 G 是 6 阶无向简单图，$\bar{G}$ 中的边则表示他们关联的两个顶点代表的人彼此不认识，本题即：证明 G 或它的补图 $\bar{G}$ 中存在 3 个顶点彼此邻接。

解 因为 K_6 是 5 -正则图，所以 $\forall v \in V(G)(v \in (\bar{G}))$，$d(v)$ 在 G 中或在 $\bar{G}$ 中大于等于 3。不妨设在 G 中 $d(v) \geqslant 3$，则 v 在 G 中至少关联三个顶点，设为 a、b、c（见图 8.5.1），若此三顶点在 G 中彼此不邻接，则必有三边 (a, b)、(a, c)、(b, c) 均在 $\bar{G}$ 中（图中虚线），亦即 a、b、c 三点在 $\bar{G}$ 中彼此邻接，否则三顶点至少有两个在 G 中邻接，不妨设 $(a, b) \in E(G)$，则 v、a、b 为在 G 中彼此邻接的三顶点，故在 G 或 $\bar{G}$ 中存在 3 个顶点彼此邻接。

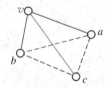

图 8.5.1 例 8.5.2 的模型

【例 8.5.3】 证明无向图 G 与其补图 $\bar{G}$ 至少有一个是连通图。

分析 $\bar{G}$ 是 G 的补图，即 $G \cup \bar{G}$ 是一个无向完全图。对 G 中任一边 e，若 $e \in E(G)$，则

$e\notin E(\bar G)$；反之若 $e\in E(\bar G)$，则 $e\notin E(G)$。又 G 与 $\bar G$ 有相同的顶点集，故只需考虑 G 中的任意二顶点。若 G 是连通图，则命题已成立，所以不妨设 G 不是连通图。

解 假设 G 不是连通图，则 G 至少有两个连通分支，不妨设为 G_1、G_2。对于 G 中的任意二顶点 u、v，设 $u\in G_1$，此时若 $v\in G_2$，则必有边 $(u,v)\in\bar G$，所以 u、v 在 $\bar G$ 中连通。此时若 $v\notin G_2$，即 $v\in G_1$，则必存在顶点 $w\in G_2$，使得 $(u,w)\in\bar G$ 且 $(v,w)\in\bar G$，所以 u、v 仍在 $\bar G$ 中连通。故 $\bar G$ 是连通图。所以，G 与其补图 $\bar G$ 至少有一个是连通图。

【例 8.5.4】 给定无向简单图 $G=\langle V,E\rangle$，$|V|=n(n\geqslant 3)$，$|E|>\dfrac{1}{2}(n-1)(n-2)$，试证 G 是连通图。试给出一个 $|V|=n$，$|E|=\dfrac{1}{2}(n-1)(n-2)$ 的不连通的无向简单图的例子。

分析 当涉及到图的连通性时，反证法往往是比较行之有效的。

证明 假设 G 是满足条件的无向简单图，且不连通，不妨设 G 由两个连通分支 G_1 和 G_2 构成，$G_1=\langle V_1,E_1\rangle$，$G_2=\langle V_2,E_2\rangle$，$|V_1|=n_1\geqslant 1$，$|V_2|=n_2\geqslant 1$，$n=n_1+n_2$。因为 G_1、G_2 均是简单图，所以有

$$|E_1|\leqslant\frac{1}{2}n_1(n_1-1),\ |E_2|\leqslant\frac{1}{2}n_2(n_2-1)$$

于是

$$|E|=|E_1|+|E_2|$$
$$\leqslant\frac{1}{2}[n_1(n_1-1)+n_2(n_2-1)]$$
$$=\frac{1}{2}\{n_1(n_1-1)+[(n-n_1)(n-n_1-1)]\}$$
$$=\frac{1}{2}\{n_1(n_1-1)+[(n-1-n_1+1)(n-2-n_1+1)]\}$$
$$=\frac{1}{2}\{(n-1)(n-2)-2[(n_1-1)(n-n_1-1)]\}$$

因为 $(n_1-1)(n-n_1-1)\geqslant 0$，所以 $|E|\leqslant\dfrac{1}{2}(n-1)(n-2)$ 与 $|E|>\dfrac{1}{2}(n-1)(n-2)$ 矛盾，故 G 必为连通图。

举例 当 G 是由一个孤立顶点和一个 $n-1$ 阶无向完全图构成的图时，满足 $|V|=n$，$|E|=\dfrac{1}{2}(n-1)(n-2)$，但 G 不连通。

习 题 八

1. 顶点度数列为 $1,1,2,3,3$ 的无向简单图有几个？

2. 证明：$1,3,3,4,5,6,6$ 不是无向简单图的度数列。

3. 设图 G 有 n 个顶点，$n+1$ 条边，证明 G 中至少有一个顶点的度数大于等于 3。

4. 在简单图中若顶点数大于等于 2，则至少有两个顶点的度数相同。

5. 证明定理 8.1.2。

6. G 是 $n(n>2)$ 阶无向简单图，n 为奇数，则 G 与 $\bar{G}$ 所含的奇度数顶点数相等。

7. 证明图 8.1 中，图 (a) 与 (b) 同构，图 (c) 与 (d) 不同构。

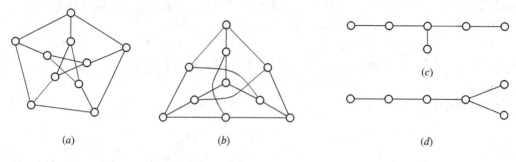

图　8.1

8. 画出 4 阶无向完全图 K_4 的所有非同构的子图，并指出哪些是生成子图和生成子图的互补情况。

9. 画出 3 阶有向完全图 D_3 的所有非同构的生成子图，指出每个图的补图，并指出哪个是 3 阶竞赛图。

10. 如果一个图 G 同构于自己的补图 $\bar{G}$，则称该图为自补图。

(1) 有几个非同构的 4 阶和 5 阶的无向自补图？

(2) 是否有 3 阶和 6 阶的无向自补图？

11. G 是 $n(n \geqslant 3)$ 阶连通图，G 没有桥，当且仅当对 G 的每一对顶点和每一条边，有一条连接这两个顶点而不含这条边的通路。

12. 一个连通无向图 G 中的顶点 v 是割点的充分必要条件是存在两个顶点 u 和 w，使得顶点 u 和 w 之间的每一条路都通过 v。

13. 求出图 8.1(a) 的 $k(G)$、$\lambda(G)$ 和 $\delta(G)$。

14. 试求图 8.2 中有向图的所有强分图、单分图和弱分图。

15. 图 8.2 中有向图所对应的二元关系是否是可传递的？若不是，试求此图的传递闭包。

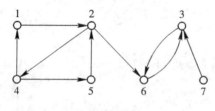

图　8.2

16. 证明：图的每一个顶点和每一条边都只包含在一个弱分图中。

17. 有向图 G 如图 8.3 所示，计算 G 的邻接矩阵的前 4 次幂，回答下列问题：

(1) G 中 v_1 到 v_4 的长度为 4 的通路有几条？

(2) G 中 v_1 到 v_1 的长度为 4 的回路有几条？

(3) G 中长度为 4 的通路总数是多少？其中有多少条是回路？

(4) G 中长度小于等于 4 的通路有几条？其中有多少条是回路？

(5) 写出 G 的可达矩阵。

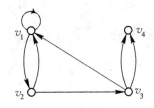

图 8.3

18. 给定图 $G = \langle V, E \rangle$，其中 $V = \{v_1, v_2, \cdots, v_n\}$，定义 G 的距离矩阵 D 为

$$D = (d_{ij}), \ d_{ij} = d\langle v_1, v_j \rangle$$

对图 8.4 中的有向图，

(1) 按定义求距离矩阵。

(2) 试用邻接矩阵 A 求距离矩阵。

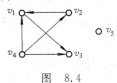

图 8.4

19. 试求图 8.4 中有向图的关联矩阵。

20. 给定带权图，如图 8.5 所示，求顶点 a 到其他各顶点的最短路径和路程。

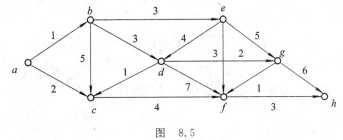

图 8.5

第九章 树

树是图论中最重要的概念之一，它是基尔霍夫在解决电路理论中求解联立方程问题时首先提出的。它又是图论中结构最简单，用途最广泛的一种连通图。树与图中其他一些基本概念，如圈、割集等有着密切的联系，是图论中比较活跃的领域。现在树的概念已经越来越广泛地被应用到各个科学领域。

首先声明，本章中所指的回路均为简单回路或初级回路。

9.1 无 向 树

定义 9.1.1 连通无回路的无向图称为无向树，简称树，记作 T。树中的悬挂点称为树叶，其余顶点称为分支点。每个连通分支均为树的分离图，称为森林。平凡图称为平凡树。

【例 9.1.1】 图 $9.1.1$ 中 (a)、(b) 均是树，图 (c) 是森林。

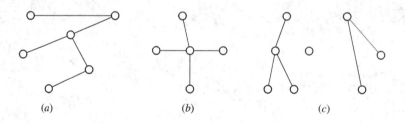

图 9.1.1 树和森林

由于树无环且无重边（否则有回路），所以树必是简单图。下面我们来讨论树的性质。

定理 9.1.1 无向图 T 是树，当且仅当以下五条之一成立。

(1) T 中无回路且 $m = n - 1$，其中 m 为边数，n 为顶点数。

(2) T 是连通图且 $m = n - 1$。

(3) T 中无回路，但增一条边，则得到一条且仅一条初级回路。

(4) T 连通且每条边均是桥。

(5) T 是简单图且每对顶点间有唯一的一条初级通路。

证明

① 由树的定义可得(1)。

施归纳于顶点数 n。当 $n=1$ 时，$m=0$，则 $m=n-1$ 成立。

假设当 $n=k$ 时，$m=n-1$ 成立。则当 $n=k+1$ 时，因为树是连通的且无回路，所以至少有一个度数为 1 的顶点 v，从树中删去 v 和与它关联的边，则得到 k 个顶点的树 T'。根据假设它有 $k-1$ 条边，现将 v 和与它关联的边加到 T' 上还原成树 T，则 T 有 $k+1$ 个顶点，k 条边，边数比顶点数少 1，故 $m=n-1$ 成立。

② 由(1)可得(2)。

采用反证法，若图 T 不连通，设 T 有 k 个连通分支 T_1，T_2，$\cdots$，$T_k(k\geqslant 2)$，其顶点数分别为 n_1，n_2，$\cdots$，n_k，则有

$$\sum_{i=1}^{k} n_i = n$$

边数分别为 m_1，m_2，$\cdots$，m_k，则有

$$\sum_{i=1}^{k} m_i = m$$

因此，有

$$m = \sum_{i=1}^{k} m_i = \sum_{i=1}^{k} (n_i - 1) = n - k < n - 1$$

即 $m<n-1$，这与 $m=n-1$ 矛盾，故 T 是连通的 $m=n-1$ 图。

③ 由(2)可得(3)。

若 T 是连通图并有 $n-1$ 条边，施归纳于顶点数 n。

当 $n=2$ 时，$m=n-1=1$，所以没有回路，如果增加一条边，只能得到唯一的一个回路。

假设 $n=k$ 时，命题成立。则当 $n=k+1$ 时，因为 T 是连通的并有 $n-1$ 条边，所以每个顶点都有 $d(v)\geqslant 1$，并且至少有一个顶点 v_0，满足 $d(v_0)=1$。否则，如果每个顶点 v 都有 $d(v)\geqslant 2$，那么必然会有总度数 $2m\geqslant 2n$，即 $m\geqslant n$，这与条件 $m=n-1$ 矛盾。因此至少有一个顶点 v_0，满足 $d(v_0)=1$。

删去 v_0 及其关联的边，得到图 T'，由假设知 T' 无回路，现将 v_0 及其关联的边再加到 T'，则还原成 T，所以 T 没有回路。

如果在连通图 T 中增加一条新边 (v_i, v_j)，则 (v_i, v_j) 与 T 中从 v_i 到 v_j 的一条初级路径构成一个初级回路，且该回路必定是唯一的，否则当删去新边 (v_i, v_j) 时，T 中必有回路，产生矛盾。

④ 由(3)可得(4)。

若图 T 不连通，则存在两个顶点 v_i 和 v_j，在 v_i，v_j 之间没有路径，如果增加边 (v_i, v_j)，不产生回路，这与(3)矛盾，因此 T 连通。

因为 T 中无回路，所以删去任意一条边，图必不连通。故图中每一条边均是桥。

⑤ 由(4)可得(5)。

由图的连通性可知，任意两个顶点之间都有一条通路，是初级通路。如果这条初级通路不唯一，则 T 中必有回路，删去回路上的任意一条边，图仍连通，与(4)矛盾。故任意两个顶点之间有唯一一条初级回路。

⑥ 由(5)可得树的定义。

每对顶点之间有唯一一条初级通路，那么 T 必连通，若有回路，则回路上任意两个顶点之间有两条初级通路，与(5)矛盾。故图连通且无回路，是树。   证毕

定理 9.1.2 任何一棵非平凡树 T 至少有两片树叶。

证明 设 T 是 (n, m) 图，$n \geqslant 2$，有 k 片树叶，其余顶点度数均大于或等于 2，则

$$\sum_{i=1}^{n} d(v_i) \geqslant 2(n-k) + k = 2n - k$$

而

$$\sum_{i=1}^{n} d(v_i) = 2m = 2(n-1) = 2n - 2$$

所以 $2n-2 \geqslant 2n-k$，即 $k \geqslant 2$。   证毕

【例 9.1.2】 T 是一棵树，有两个顶点度数为 2，一个顶点度数为 3，三个顶点度数为 4，T 有几片树叶？

解 设树 T 有 x 片树叶，则 T 的顶点数

$$n = 2 + 1 + 3 + x$$

T 的边数

$$m = n - 1 = 5 + x$$

又由握手定理

$$2m = \sum_{i=1}^{n} d(v_i)$$

得

$$2 \cdot (5+x) = 2 \cdot 2 + 3 \cdot 1 + 4 \cdot 3 + x$$

所以 $x = 9$，即树 T 有 9 片树叶。

请读者自己画出两棵具有上述度数列的非同构的树。

【例 9.1.3】 画出所有非同构的 7 阶无向树。

解 设 T_i 是 7 阶无向树。因为 $n = 7$，所以 $m = 6$；又因为 $2m = \sum_{i=1}^{n} d(v_i)$，所以 7 个顶点分配 12 度，且由树是连通简单图知 $1 \leqslant d(v) \leqslant 6$。则 T_i 的度数列必是下列情况之一。

(1) 1, 1, 2, 2, 2, 2, 2
(2) 1, 1, 1, 2, 2, 2, 3
(3) 1, 1, 1, 1, 2. 2, 4
(4) 1, 1, 1, 1, 2, 3, 3
(5) 1, 1, 1, 1, 1, 2, 5
(6) 1, 1, 1, 1, 1, 3, 4
(7) 1, 1, 1, 1, 1, 1, 6

注意到，不同构的度数列对应不同的树，但对应同一度数列的非同构的树不一定唯一，所以对应(1)有 T_1，对应(2)有 T_2、T_3 和 T_4，对应(3)有 T_5 和 T_6，对应(4)有 T_7 和 T_8，对应(5)有 T_9，对应(6)有 T_{10}，对应(7)有 T_{11}（见图 9.1.2）。

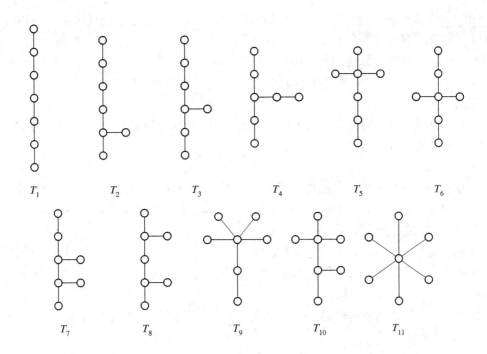

$$T_1 \qquad T_2 \qquad T_3 \qquad T_4 \qquad T_5 \qquad T_6$$

$$T_7 \qquad T_8 \qquad T_9 \qquad T_{10} \qquad T_{11}$$

图 9.1.2　不同构的七阶无向树

生成树

有一些图，本身不是树，但它的某些子图却是树，其中很重要的一类是生成树。

定义 9.1.2　若无向图 G 的一个生成子图 T 是树，则称 T 是 G 的一棵生成树。

如果 T 是 G 的一棵生成树，则称 G 在 T 中的边为 T 的**树枝**，G 不在 T 中的边为 T 的**弦**，T 的所有弦的集合的导出子图称为 T 的**余树**。易知，余树不一定是树，更不一定是生成树。

例如图 9.1.3 中，T_1 和 T_2 是图 G 的两棵生成树，$\overline{T}_1$ 和 $\overline{T}_2$ 是分别对应于它们的余树。

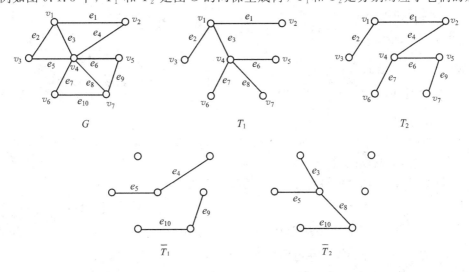

图 9.1.3　图的生成树和余树

由图 9.1.3 可见，G 与 T_1、T_2 的区别是 G 中有回路，而它的生成树中无回路，因此要在一个**连通**图 G 中找到一棵生成树，只要不断地从 G 的回路上删去一条边，最后所得无回路的子图就是 G 的一棵生成树。于是有如下定理。

定理 9.1.3 无向图 G 有生成树的充分必要条件是 G 为连通图。

证明 必要性，反证法。

若 G 不连通，则它的任何生成子图也不连通，因此不可能有生成树，与 G 有生成树矛盾，故 G 是连通图。

充分性。

设 G 连通，则 G 必有连通的生成子图，令 T 是 G 的含有边数最少的连通的生成子图，于是 T 中必无回路（否则删去回路上的一条边不影响连通性，与 T 含边数最少矛盾），故 T 是一棵树，即生成树。   证毕

推论 1 设 G 是 (n, m) 无向连通图，则 $m \geqslant n-1$。

推论 2 设 G 是 (n, m) 无向连通图，T 是 G 的一棵生成树，则 T 的余树 $\bar{T}$ 中含 $m-n+1$ 条边。

推论 3 设 T 是连通图 G 的一棵生成树，$\bar{T}$ 为 T 的余树，C 为 G 中任意一个圈，则 $E(\bar{T}) \bigcap E(C) \neq \varnothing$。

证明 若 $E(\bar{T}) \bigcap E(C) = \varnothing$，则 $E(C) \subseteq E(T)$，说明 C 是 T 中的一个圈，与 T 为树矛盾。   证毕

一般情况，图 G 的生成树不是唯一的，这里的不唯一有两个含义，一种是标定图的生成树所含的树枝不同，另一种是不考虑标定的生成树是不同构的。但无论怎样，一个连通的 (n, m) 图，其任意一棵生成树的树枝数一定是 $n-1$，从而弦数也是固定不变的 $m-n+1$。

由树的性质可知，对于图 G 的一棵生成树 T，每增加一条弦，便得到一条初级回路。

例如，在图 9.1.3 所示的 T_1 中：

加弦 e_5，得初级回路 $e_2 e_3 e_5$；

加弦 e_4，得初级回路 $e_1 e_3 e_4$；

加弦 e_9，得初级回路 $e_6 e_8 e_9$；

加弦 e_{10}，得初级回路 $e_7 e_8 e_{10}$。

同样，在图 9.1.3 所示的 T_2 中，分别加弦 e_3，e_5，e_8，e_{10}，则分别产生初级回路 $e_1 e_3 e_4$，$e_1 e_4 e_5 e_2$，$e_6 e_8 e_9$，$e_7 e_6 e_9 e_{10}$。

这些初级回路有一个共同特点：它们中均只含一条弦，其余的边均是树枝，我们称这样的回路为**基本回路**。对于 G 的每棵生成树 T，$m-n+1$ 条弦对应着 $m-n+1$ 个基本回路，这些基本回路构成的集合称为对应 T 的**基本回路**系统。显然不同的生成树对应不同的基本回路系统。如图 9.1.3 中，G 对应 T_1 的基本回路系统为 $\{e_2 e_3 e_5,\ e_1 e_3 e_4,\ e_6 e_8 e_9,\ e_7 e_8 e_{10}\}$，$G$ 对应 T_2 的基本回路系统为 $\{e_1 e_3 e_4,\ e_1 e_4 e_5 e_2,\ e_6 e_8 e_9,\ e_7 e_6 e_9 e_{10}\}$。但是它们所含的元素个数均是 $m-n+1=4$。在电路网络分析中，基本回路具有重要意义。

另一方面，从树 T 中删去一边，便将 T 分成两棵树，即两个连通分支，图 G 中连接这两个连通分支的边的集合，称为对应于这条边的**基本（边）割集**。

例如在图 9.1.3 中的 G 和 T_1：

对应树枝 e_1，有基本割集 $\{e_1, e_4\}$；

对应树枝 e_2，有基本割集 $\{e_2, e_5\}$；

对应树枝 e_3，有基本割集 $\{e_3, e_4, e_5\}$；

对应树枝 e_6，有基本割集 $\{e_6, e_9\}$；

对应树枝 e_7，有基本割集 $\{e_7, e_{10}\}$；

对应树枝 e_8，有基本割集 $\{e_8, e_9, e_{10}\}$。

同样对于图 9.1.3 中的 G 和 T_2，对应树枝 e_1，e_2，e_4，e_6，e_7，e_9，分别有基本割集：$\{e_1, e_3, e_5\}$，$\{e_2, e_5\}$，$\{e_4, e_3, e_5\}$，$\{e_6, e_8, e_{10}\}$，$\{e_7, e_{10}\}$，$\{e_9, e_8, e_{10}\}$。

这些割集所具有的共同特点是：每个割集中均只含生成树的一个树枝，其余的均是弦。对于图 G 的任何一棵生成树 T，对应每个树枝的基本割集所构成的集合，称为对应 T 的**基本割集系统**。如图 9.1.3 中，G 对应 T_2 的基本割集系统为 $\{\{e_1, e_3, e_5\}$，$\{e_2, e_5\}$，$\{e_4, e_3, e_5\}$，$\{e_6, e_8, e_{10}\}$，$\{e_7, e_{10}\}$，$\{e_9, e_8, e_{10}\}\}$，显然不同的生成树有不同的基本割集系统，但其元素个数均为 $n-1$。

最小生成树

带权图的生成树是实际应用较多的树，所谓权就是附加在图上的信息，通常是实数，权加在边上的称边权图，加在点上的称点权图，这里我们只涉及边权图。

定义 9.1.3 对图 G 的每条边附加上一个实数 $\omega(e)$，称 $\omega(e)$ 为边 e 上的权，G 连同附加在各边上的权称为带权图，常记作 $G = \langle V, E, \omega \rangle$。设 G_1 是 G 的任意子图，称 $\sum\limits_{e \in E(G_1)} \omega(e)$ 为 G_1 的权，记作 $\omega(G_1)$。

一个很实际的问题是：假设你是一个设计师，欲架设连接 n 个村镇的电话线，每个村镇设一个交换站。已知由 i 村到 j 村的线路 $e = (v_i, v_j)$ 造价为 $\omega(e) = w_{ij}$，要保证任意两个村镇之间均可通话，请设计一个方案，使总造价最低。

这个问题的数学模型为：在已知的带权图上求权最小的生成树。

定义 9.1.4 设无向连通带权图 $G = \langle V, E, \omega \rangle$，$G$ 中带权最小的生成树称为 G 的最小生成树（最优树）。

定理 9.1.4 设连通图 G 的各边的权均不相同，则回路中权最大的边必不在 G 的最小生成树中。

证明略。

定理的结论是显然的，由此寻找带权图 G 的最小生成树，可以采用破圈法，即在图 G 中不断去掉回路中权最大的边。

求最小生成树的另一个更有效率的算法是克鲁斯卡尔(Kruskal)的避圈法：

（1）选 $e_1 \in E(G)$，使得 $\omega(e_1) = \min$。

（2）若 e_1，e_2，$\cdots$，e_i 已选好，则从 $E(G) - \{e_1, e_2, \cdots, e_i\}$ 中选取 e_{i+1}，使得 $G[\{e_1, e_2, \cdots, e_i\}]$ 中无圈，且 $\omega(e_{i+1}) = \min$。

（3）继续进行到选得 e_{n-1} 为止。

【例 9.1.4】 求如图 9.1.4(a) 所示的带权图的最小生成树。（它的实际背景是北京与巴黎、纽约、东京、伦敦、墨西哥城这六大城市间的航空路线距离图，单位是百千米。）

解 图 9.1.4(b) 中实线是用破圈法得到的最小生成树（虚线是去掉的回路上的边），图 9.1.4(c) 中粗实线是用避圈法得到的最小生成树。其权均为 122。

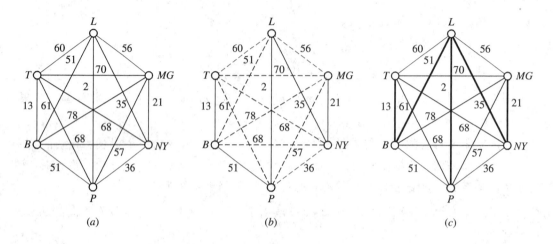

图 9.1.4 用破圈法和避圈法得到的最小生成树

事实上因为边 (L, B) 与 (P, B) 的权相等，所以最小生成树并不唯一（如图 9.1.4 的 (b) 与 (c)），但是它们的权是相等的。

9.2 根树及其应用

有向树 在不考虑方向时为无向树的有向图。根树是一种特殊的有向树。

定义 9.2.1 T 是一棵有向树，若 T 中恰有一个顶点入度为 0，其余顶点的入度均为 1，则称 T 为根树。入度为 0 的顶点称树根，出度为 0 的顶点称树叶，入度为 1、出度不为 0 的顶点称内点，内点和树根统称为分支点。

例如，图 9.2.1 中的 (a)、(b)、(c) 均是有向树，但只有图 (c) 是根树。

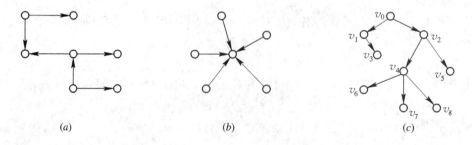

图 9.2.1 有向树和根树

由定义和例题易知，对于 (n, m) 根树，同样有 $m = n - 1$，且根树一定是有向树，但反之未必。

在根树中，从树根 v_0 到每个顶点 v_i 有唯一一条初级通路，该通路的长度称为点 v_i 的层数，记作 $l(v_i)$，其中最大的层数称为树高，记作 $h(T)$。

例如图 9.2.1(c) 中，$l(v_0)=0$，$l(v_1)=1$，$l(v_4)=2$，$l(v_7)=3=h(T)$。

习惯上将根树画成树根在上，各边箭头均朝下的形状（如图 9.2.1(c) 所示），并为方便起见，略去各边上的箭头，可以看出，根树上的各个顶点有了层次关系。

一棵根树常常被形象的比作一棵家族树，如果顶点 u 邻接到顶点 v，则称 u 为 v 的父亲，v 为 u 的儿子；共有同一个父亲的顶点称为兄弟；如果顶点 u 可达顶点 v，则称 u 是 v 的祖先，v 是 u 的后代。在根树 T 中，所有的内点、树叶均是树根的后代，由某个顶点 v_i 及其所有的后代构成的导出子图 T' 称为 T 的以 v_i 为根的子根树。

例如，图 9.2.1(c) 中，v_3 是 v_1 的儿子，v_1 是 v_3 的父亲；v_4 与 v_5 是兄弟，$T'=G[\{v_2, v_4, v_5, v_6, v_7, v_8\}]$ 是以 v_2 为根的 T 的子根树。

定义 9.2.2 在根树 T 中，如果每一层的顶点都按一定的次序排列，则称 T 为有序树。

在画有序树时，常假定每一层的顶点是按从左到右排序的。

例如图 9.2.2 中的 (a) 和 (b) 表示的是不同的有序树。而如果不考虑同层顶点的次序，则图 9.2.2(a) 和 (b) 表示的是同一棵根树。

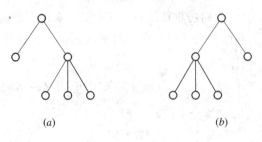

图 9.2.2

【例 9.2.1】 英语句子"The big elephant ate the peanut"可以图解为图 9.2.3，称之为这个英语句子的语法树。可见，句子的语法树是一棵有序树。

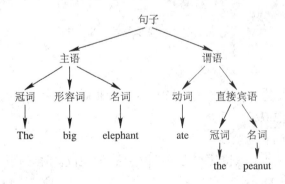

图 9.2.3 语法树

定义 9.2.3 设 T 是一棵根树。

(1) 若 T 的每个顶点至多有 m 个儿子，则称 T 为 m 元树。

(2) 若 T 的每个顶点都有 m 个或 0 个儿子，则称 T 为 m 元正则树。

（3）若 T 是 m 元树，并且是有序的，则称 T 为 m 元有序树。

（4）若 T 是 m 元正则树，并且是有序的，则称 T 为 m 元有序正则树。

（5）若 T 是 m 元正则树，且所有树叶的层数都等于树高，则称 T 为 m 元完全正则树。

（6）若 T 是 m 元完全正则树，且是有序的，则称 T 为 m 元有序完全正则树。

（7）设 T 是 m 元树，如果为 T 中每个顶点的儿子规定了确定的位置，则称 T 为 m 元位置树。

例如，图 9.2.4 中的 (a) 和 (b) 可看成相等的二元有序树，但是不是相同的二元位置树，图 (c) 是二元正则树，图 (d) 是二元完全正则树。

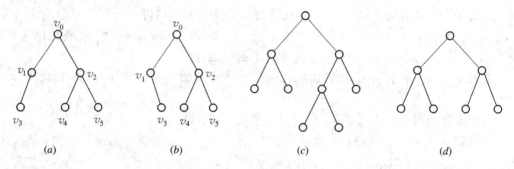

图 9.2.4　根树的分类

在所有的 m 元树中，二元树居重要地位，其中二元有序正则树应用最为广泛。在二元有序正则树中，以分支点的两个儿子分别作为树根的两棵子树通常称为该分支点的左子树和右子树。

【例 9.2.2】 用二元树（见图 9.2.5）表示算术表达式：$(a-b)\div(c\times d+e)$。

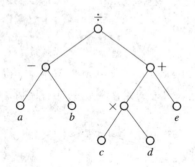

图 9.2.5　算式树

对计算机来说，二元位置树最容易处理，因此常将有序树转化为二元位置树，步骤如下：

（1）对于每个顶点只保留左儿子。

（2）兄弟间从左到右连接。

（3）对于每个分支点，保留的左儿子仍做左儿子，右边邻接的顶点做右儿子。

例如，图 9.2.6(a) 是棵有序树，图 (b) 是表示图 (a) 的一棵二元树，图 (c) 是相应的二元位置树。

此方法可以推广到有序森林上去，只是将森林中每棵树的根看作兄弟。

例如，图 9.2.7(a) 是有序森林，图 (b) 是表示图 (a) 的一棵二元树，图 (c) 是相应的二元位置树。

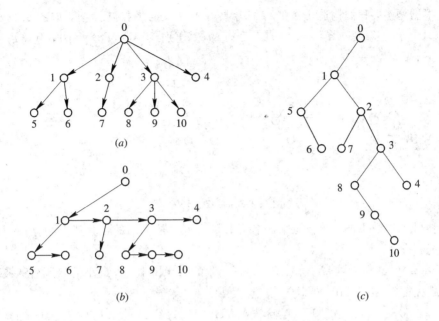

图 9.2.6　有序树转化为二元位置树

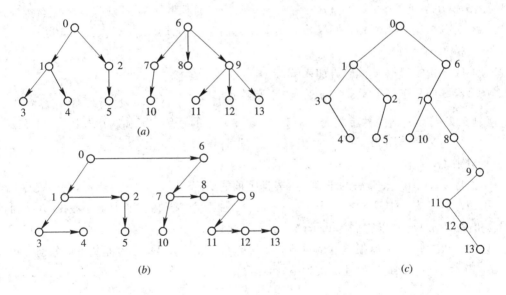

图 9.2.7　有序森林转化为二元位置树

显然这种方法是可逆的，即任何一棵二元位置树，也可以转化为有序树或有序森林。

最优树

下面提到的树均是正则树。

定义 9.2.4　设根树 T 有 t 片树叶 $v_1, v_2, \cdots, v_t$，它们分别带权 $w_1, w_2, \cdots, w_t$，则称 T 为（叶）带权树，称 $W(T) = \sum_{i=1}^{t} w_i l_i$ 为 T 的权，其中 l_i 是 v_i 的层数。

【例 9.2.3】　求 4 片树叶分别带权 5，6，7，12 的二元树的权。

解 根据题意，我们构造出了四棵树叶具有不同权的带权二元树，如图 9.2.8 所示，其中图(a)、(b)、(c)、(d)对应的二元树的权分别为 $W(T_1)=61$，$W(T_2)=74$，$W(T_3)=59$，$W(T_4)=60$。

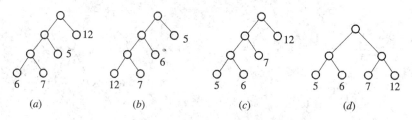

图 9.2.8 带权二元树

由于树叶的层数不同，叶权也大小各异，因此树权是不同的，但其中必存在一棵权最小的二元树。

定义 9.2.5 在所有叶带权 w_1，w_2，$\cdots$，w_t 的二元树中，权最小的二元树称最优二元树，简称最优树（又称 Huffman 树）。

如何寻求最优二元树？1952 年哈夫曼（Huffman）给出了求最优二元树的算法。即 Huffman 算法：

令 $S=\{w_1, w_2, \cdots, w_t\}$，$w_1 \leqslant w_2 \leqslant \cdots \leqslant w_t$，$w_i$ 是树叶 v_i 所带的权$(i=1, 2, \cdots, t)$。

（1）在 S 中选取两个最小的权 w_i，w_j，使它们对应的顶点 v_i，v_j 做兄弟，得一分支点 v_r，令其带权 $w_r=w_i+w_j$。

（2）从 S 中去掉 w_i，w_j，再加入 w_r。

（3）若 S 中只有一个元素，则停止，否则转到(1)。

【例 9.2.4】 构造一棵带权 1，3，3，4，6，9，10 的最优二元树，并求其权 $W(T)$。

解 构造过程如图 9.2.9 中的$(a)\sim(g)$。可得 $W(T)=93$。

一般来说，带权 w_1，w_2，$\cdots$，w_t 的最优二元树并不唯一。

下面证明 Huffman 算法的正确性，先证下面的引理。

引理 设 T 是一棵带权 $w_1 \leqslant w_2 \leqslant \cdots \leqslant w_t$ 的最优二元树，则带最小权 w_1，w_2 的树叶 v_1 和 v_2 是兄弟，且以它们为儿子的分支点层数最大。

证明 设 v 是 T 中离根最远的分支点，它的两个儿子 v_a 和 v_b 都是树叶，分别带权 w_a 和 w_b，而不是 w_1 和 w_2。并且从根到 v_a 和 v_b 的通路长度分别是 l_a 和 l_b，$l_a=l_b$。故有

$$l_a \geqslant l_1, \ l_b \geqslant l_2$$

现在将 w_a 和 w_b 分别与 w_1 和 w_2 交换，得一棵新的二元树，记为 T'，则

$$W(T) = w_1 l_1 + w_2 l_2 + \cdots + w_a l_a + w_b l_b + \cdots$$

$$W(T') = w_a l_1 + w_b l_2 + \cdots + w_1 l_a + w_2 l_b + \cdots$$

于是

$$W(T) - W(T') = (w_1 - w_a)(l_1 - l_a) + (w_2 - w_b)(l_2 - l_b) \geqslant 0$$

即 $W(T) \geqslant W(T')$，又 T 是带权 w_1，w_2，$\cdots$，w_t 的最优树，应有 $W(T) \leqslant W(T')$，因此 $W(T)=W(T')$。从而可知 T' 是将权 w_1，w_2 与 w_a，w_b 对调得到的最优树，故而 $l_a=l_1$，$l_b=l_2$，即带权 w_1 和 w_2 的树叶是兄弟，且以它们为儿子的分支点层数最大。

证毕

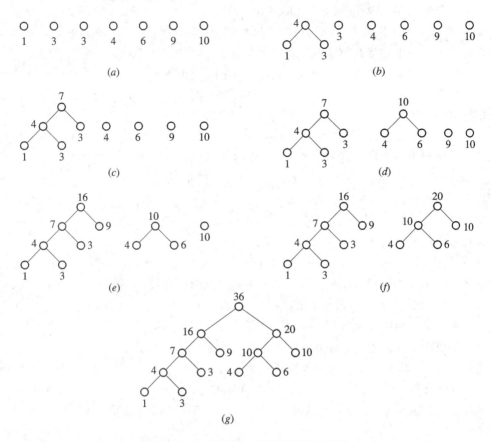

图 9.2.9　Huffman 最优树的构造过程

定理 9.2.1（Huffman 定理）　设 T 是带权 $w_1 \leqslant w_2 \leqslant \cdots \leqslant w_t$ 的最优二元树，如果将 T 中带权为 w_1 和 w_2 的树叶去掉，并以它们的父亲作树叶，且带权 $w_1 + w_2$，记所得新树为 $\hat{T}$，则 $\hat{T}$ 是带权为 $w_1 + w_2, w_3, \cdots, w_t$ 的最优树。

证明　由题意可知

$$W(T) = W(\hat{T}) + w_1 + w_2$$

若 $\hat{T}$ 不是最优树，则必有另一棵带权 $w_1 + w_2, w_3 \cdots, w_t$ 的最优树 $\widetilde{T}$。令 $\widetilde{T}$ 中带权 $w_1 + w_2$ 的树叶生出两个儿子，分别带权 w_1 和 w_2，得到新树 T'，则

$$W(T') = W(\widetilde{T}) + w_1 + w_2$$

因为 $\widetilde{T}$ 是带权为 $w_1 + w_2, w_3, \cdots, w_t$ 的最优树，所以

$$W(\widetilde{T}) \leqslant W(\hat{T})$$

如果 $W(\widetilde{T}) < W(\hat{T})$，则必有 $W(T') < W(T)$，与 T 是带权 $w_1 \leqslant w_2 \leqslant \cdots \leqslant w_t$ 的最优二元树矛盾，故 $\hat{T}$ 是带权为 $w_1 + w_2, w_3, \cdots, w_t$ 的最优树。　　　　　　　　　　　　证毕

由 Huffman 定理易知 Huffman 算法的正确性。

最优树的一个直接用处是前缀码的设计。

在远程通讯中，通常的电报是用 0 和 1 组成的序列来表示英文字母和标点符号的，英

文有 26 个字母，所以只要用长度为 5 的等长字符串就可表达不同的字母了。发送端只要发送一条 0 和 1 组成的字符串，它正好是信息中字母对应的字符序列。在接收端，将这一长串字符分成长度为 5 的序列就得到了相应的信息。

但是字母在信息中出现的频繁程度是不一样的，例如字母 e 和 t 在单词中出现的频率要远远大于字母 q 和 z 在单词中出现的频率。因此人们希望能用较短的字符串表示出现较频繁的字母，这样就可缩短信息字符串的总长度，显然如能实现这一想法是很有价值的。对于发送端来说，发送长度不同的字符串并无困难，但在接收端，怎样才能准确无误地将收到的一长串字符分割成长度不一的序列，即接收端如何译码呢？例如若用 00 表示 t，用 01 表示 e，用 0001 表示 y，那么当接收到字符串 0001 时，如何判断信息是 te 还是 y 呢？为了解决这个问题，先引入前缀码的概念。

定义 9.2.6 设 $a_1 a_2 \cdots a_n$ 是长度为 n 的符号串，称其子串 a_1，$a_1 a_2$，$\cdots$，$a_1 a_2 \cdots a_{n-1}$ 分别为该符号串的长度为 1，2，$\cdots$，$n-1$ 的前缀。

设 $A = \{\beta_1, \beta_2, \cdots, \beta_n\}$ 为一个符号串集合，若 A 中任意两个不同的符号串 β_i 和 β_j 互不为前缀，则称 A 为一组前缀码，若符号串中只出现两个符号，则称 A 为二元前缀码。

如 $\{0, 10, 110, 1110, 1111\}$ 是前缀码，$\{00, 001, 011\}$ 不是前缀码。

二元前缀码与正则二元树有一一对应关系。

在一棵正则二元树中，将每个顶点和它的左儿子之间的边标记为 0；和它的右儿子之间的边标记为 1，如图 9.2.10(a) 所示，把从根到每个树叶所经过的边的标记序列作为树叶的标记，由于每片树叶的标记的前缀是它的祖先的标记，而不可能是任何其他树叶的标记，所以这些树叶的标记就是前缀码。由图 9.2.10(a) 可看出前缀码是 $\{000, 001, 01, 10, 11\}$。

相反，如果给定前缀码，也可找出对应的二元树。例如，前缀码 $\{000, 001, 01, 1\}$ 对应的二元树如图 9.2.10(b) 所示。

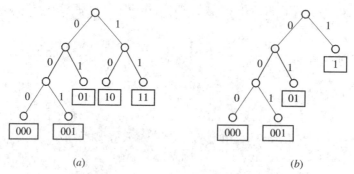

(a)   (b)

图 9.2.10 二元树对应的前缀码

当知道了要传输的符号的频率时，可用各个符号出现的频率作权，用 Huffman 算法求一棵最优树 T，由 T 产生的前缀码称为最佳前缀码（又称 Huffman 码），用这样的前缀码传输对应的符号可以使传输的二进制码最省。

【例 9.2.5】 假设在通讯中，十进制数字出现的频率 P_i 是

0：20%；　　　　1：15%；　　　　2：10%；　　　　3：10%；　　　　4：10%；

5：5%；　　　　6：10%；　　　　7：5%；　　　　8：10%；　　　　9：5%

(1) 求传输它们的最佳前缀码。

(2) 用最佳前缀码传输 10 000 个按上述频率出现的数字需要多少个二进制码？

(3) 它比用等长的二进制码传输 10 000 个数字节省多少个二进制码？

解

(1) 令 i 对应叶权 w_i，$w_i = 100P_i$，则 $w_0 = 20$，$w_1 = 15$，$w_2 = 10$，$w_3 = 10$，$w_4 = 10$，$w_5 = 5$，$w_6 = 10$，$w_7 = 5$，$w_8 = 10$，$w_9 = 5$。

构造一棵带权 $5, 5, 5, 10, 10, 10, 10, 10, 15, 20$ 的最优二元树（见图 9.2.11），数字与前缀码的对应关系见图右侧。

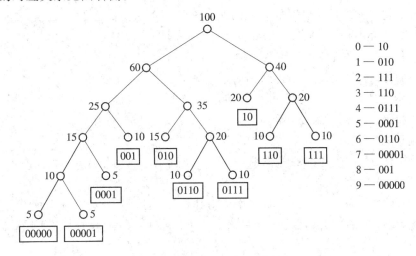

图 9.2.11　最优二元树与最佳前缀码

即最佳前缀码为：$\{10, 010, 111, 110, 001, 0111, 0001, 0110, 00000, 00001\}$。

(2) $(2 \times 20\% + 3 \times (10\% + 15\% + 10\% + 10\%) + 4 \times (5\% + 10\% + 10\%) + 5 \times (5\% + 5\%)) \times 10000 = 32\ 500$

即传输 10 000 个数字需 32 500 个二进制码。

(3) 因为用等长码传输 10 个数字码长为 4，即用等长的码传 10 000 个数字需 40 000 个二进制码，故用最佳前缀码传节省了 7500 个二进制码。

9.3　例　题　选　解

【**例 9.3.1**】　判断下列命题是否为真。

(1) 若 n 阶无向简单图 G 的边数 $m = n-1$，则 G 一定是树。

(2) 若有向图 G 仅有一个顶点的入度为 0，其余顶点的入度都是 1，则 G 一定是有向树。

(3) 任何树 T 都至少有两片树叶。

(4) 任何无向图 G 都至少有一棵生成树。

(5) 根树中最长初级通路的端点都是树叶。

(6) 无向连通图 G 中的任何一条边都可以成为 G 的某棵生成树的树枝。

（7）(n, m)图的每棵生成树都有 $n-1$ 条树枝。

（8）以 $1, 1, 1, 1, 2, 2, 4$ 为度数列的非同构的树有两棵。

（9）任何无向树的边均是桥。

（10）G 是 (n, m) 无向图，若 $m \geqslant n$，则 G 中必有圈。

（11）G 是 (n, m) 无向连通图，若要求 G 的一棵生成树，必删去 G 中的 $m-n+1$ 条边。

解答与分析

（1）假命题。当 G 是非连通无向图时，顶点数和边数可能满足 $m=n-1$，但 G 不是树（如图 9.3.1 所示）。

（2）假命题。当 G 是非连通的有向图时，各点入度可能满足命题条件，但 G 不是有向树（如图 9.3.2 所示）。

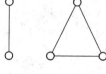

图 9.3.1

（3）假命题。在平凡树中没有两片树叶。

（4）假命题。当且仅当 G 是连通图时，G 中才有生成树。例如图 9.3.1 所示非连通图没有生成树。

（5）假命题。根树中最长初级通路的两个端点，一个是树叶，而另一个是树根。

（6）假命题。无向连通图 G 中若有环，则环永远无法成为生成树的树枝，因为树中无圈。

图 9.3.2

（7）真命题。因为 (n, m) 图的每棵生成树都是其生成子图，必有 n 个顶点。

（8）真命题。如图 9.3.3 所示，在一棵中两个 2 度顶点邻接，在另一棵中两个 2 度顶点不邻接。

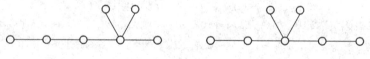

图 9.3.3

（9）真命题。由树的等价定义可知。

（10）真命题。若 G 是非简单图，则 G 中必有环或平行边，故 G 中有圈。

若 G 是简单连通图，则 G 中必有圈，否则 G 是树，$m=n-1$，这与 $m \geqslant n$ 矛盾。

若 G 是简单非连通图，设其有 k 个连通分支，若每个连通分支均无圈，则 G 是森林，必有 $m=n-k$，与 $m \geqslant n$ 矛盾，故至少有一个连通分支不是树，在此分支中有圈。

（11）真命题。因每棵生成树必有 $n-1$ 条边。

【例 9.3.2】 G 是 $n(n \geqslant 3)$ 阶连通无向图，只有一个一度顶点，证明 G 中必有圈。

分析 $n \geqslant 3$ 说明 G 不是平凡图，只有一个一度顶点，说明 G 不是树，因此，无向图为树的两个条件至少有一个不满足。

证明 因为非平凡图 G 只有一个一度顶点，所以 G 不是树，又因为 G 是连通图，因此 G 中必有回路。结论成立。 证毕

【例 9.3.3】

（1）若 T 是高度为 k 的二元树，则 T 的树叶数最多为 2^k。

（2）若 T 是高度为 k 的二元完全正则树，则 T 的顶点数为 $2^{k+1}-1$。

分析

（1）在同样高度的二元树中，二元完全正则树的树叶最多，只需证明二元完全正则树的树叶数是 2^k 片。

（2）利用（1）的结果。

证明

（1）T 是高度为 k 的二元完全正则树，对 k 做归纳：

当 $k=1$ 时，树叶数 $t=2=2^1$，结论成立。

假设 $k=n$ 时结论成立，$t=2^n$。

当 $k=n+1$ 时，因为在原来 2^n 片树叶中，每片叶均增加了 2 个儿子变成分支点，所以有树叶 $t=2 \times 2^n=2^{n+1}$，由于在同样高度的二元树中，二元完全正则树的树叶最多，故结论成立。

（2）利用（1）知，在二元完全正则树中，树叶数亦即高度为 k 的顶点有 2^k 个，故树高为 k 的顶点总数为 $1+2+2^2+\cdots+2^k=\dfrac{1 \times (2^{k+1}-1)}{2-1}=2^{k+1}-1$。   证毕

【例 9.3.4】 若图 $G=\langle V,E \rangle$ 连通且 $e \in E$，证明：

（1）e 属于每一个生成树的充要条件是 e 为 G 的割边。

（2）e 不属于 G 的任一个生成树的充要条件是 e 为 G 中的环。

分析 本题（1）、（2）均需从充分和必要两部分予以论证。在（1）中如 e 属于每个生成树，需证 G 中删去 e 后必不连通，否则 e 必不属于某个生成树与题设矛盾。在（2）中要证明 e 是环，可证 e 是仅含其本身的一个回路，否则 e 必属于某棵生成树。

证明

（1）充分性。设 e 属于 G 中每个生成树 T，若 e 不是割边，则 $G-e$ 连通，因此在 $G-e$ 中必存在生成树 T，因为 $V(G-e)=V(G)$，所以 T 也是 G 中的生成树。但 T 中不包含 e，与题设矛盾。

必要性。设 e 是 G 的割边，若有 G 的某个生成树 T 不包含 e，则 $T+e$ 必包含回路 C，且 $e \in C$。在 C 中删去 e 后仍连通，故与 e 是割边的假设矛盾。

（2）充分性。因为 G 连通，必有生成树 T，设 $e \notin T$，则 $T+e$ 包含回路 C，如果 C 中除 e 外另有边 $e_1 \in G$，构造 $T'=T+e-e_1$，T' 必仍连通，因为 $|E(T')|=|E(T)|=m-1$，故 T' 也是 G 的一棵生成树，但 T' 包含 e，与题设矛盾。故 C 中没有异于 e 的边，即 e 是 G 中的环。

必要性。若 e 是 G 中的环，则 e 不能属于 G 的任一棵生成树，因为树是连通无回路的。
                                                                                证毕

【例 9.3.5】 证明：连通图中任一回路 C 与任一边割集 S 有偶数（包括 0）条公共边。

证明 假设边割集 S 将连通图 G 分成两个连通分支 V_1、V_2，若回路 C 只在一个连通分支中（譬如只在 V_1 中），则 C 与 S 没有公共边；若回路 C 在 $V_1 \cup V_2$ 中，则从 V_1 中顶点到 V_2 中顶点，从 V_2 中顶点到 V_1 中顶点，因为是回路，所以必偶数次经过 S 中的边，故连通图中任一回路 C 与任一边割集 S 有偶数（包括 0）条公共边。
                                                                                证毕

【例 9.3.6】 设 T 是二元正则树，i 为 T 中的分支点数，t 为 T 中的树叶数。证明：$i = t - 1$。

证明 由正则树定义可知，二元正则树的每个分支点都有 2 个儿子，所以 T 中有 $2i$ 条边。由于树中的顶点数比树叶数多 1，故 T 中有 $2i + 1$ 个顶点。已知 T 中有 i 个分支点和 t 片树叶，因此 $2i + 1 = i + t$，即 $i = t - 1$。 **证毕**

习 题 九

1. 画出所有非同构的 6 阶无向树。

2. 无向树 T 中有 7 片树叶，3 个 3 度顶点，其余都是 4 度顶点，T 中有多少个 4 度顶点？

3. 无向树 T 中有 n_2 个 2 度顶点，n_3 个 3 度顶点，$\cdots$，n_k 个 k 度顶点，T 中有多少个 1 度顶点？

4. 设有无向图 G 如图 9.1 所示。

图 9.1

(1) 画出 G 的关于完全图的补图 $\bar{G}$。

(2) 画出 $\bar{G}$ 的所有不同构的生成树。

5. 如图 9.2 所示两个无向图，其中实线边所示生成子图为 G 的一棵生成树 T。

(1) 指出 T 的所有弦，及 T 所对应的基本回路系统。

(2) 指出 T 的所有树枝，及 T 所对应的基本割集系统。

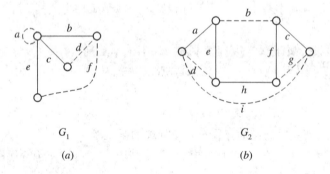

G_1 G_2

(a) (b)

图 9.2

6. 求图 9.3 所示的 2 个带权图的最小生成树，计算它们的权，并写出关于这棵生成树的基本割集系统和基本回路系统。

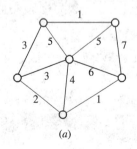 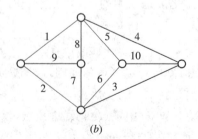

(a) (b)

图 9.3

7. 证明：对于 n 个顶点的树，其顶点度数之和为 $2n-2$。

8. 对于 $n \geq 2$，设 $d_1, d_2, \cdots, d_n$ 是 n 个正整数，且 $\sum\limits_{i=1}^{n} d_i = 2n-2$。证明：存在顶点度数列为 $d_1, d_2, \cdots, d_n$ 的一棵树。

9. 证明：$n>2$ 的连通图 G 至少有两个顶点，将它们删去后得到的图仍是连通图。

10. 设 T 是 $k+1$ 阶无向树，$k \geq 1$。G 是无向简单图，已知 $\delta(G) \geq k$，证明 G 中存在与 T 同构的子图。

11. 在连通图中，对给定的一棵生成树，设 $D=\{e_1, e_2, \cdots, e_k\}$ 是一个基本割集，其中 e_1 是树枝，$e_2, e_3, \cdots, e_k$ 是生成树的弦，则 e_1 包含在对应于 $e_i(i=2, 3, \cdots, k)$ 的基本回路中，且 e_1 不包含在任何其他的基本回路中（提示：可利用例 9.3.5 的结论）。

12. 在连通图中，对给定的一棵生成树，设 $C=\{e_1, e_2, \cdots, e_k\}$ 是一条基本回路，其中 e_1 是弦，$e_2, e_3, \cdots, e_k$ 是树枝，则 e_1 包含在对应于 $e_i(i=2, 3, \cdots, k)$ 的基本割集中，且 e_1 不包含在任何其他的基本割集中。

13. 证明：在二元正则树中，边的总数等于 $2(t-1)$，其中 t 是树叶的数目。

14. 证明：二元正则树有奇数个顶点。

15. 求出对应于图 9.4 所给树 (a) 和森林 (b) 的二元位置树。

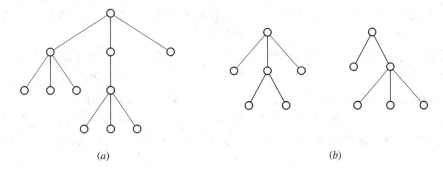

(a) (b)

图 9.4

16. 画出公式 $(p \vee (\neg p \wedge q)) \wedge ((\neg p \rightarrow q) \wedge \neg r)$ 的根树表示。

17. 给定权 $1, 4, 9, 16, 25, 36, 49, 64, 81, 100$。

(1) 构造一棵最优二元树。

(2) 构造一棵最优三元树。

(3) 说明如何构造一棵最优 t 元树。

18. 通讯中 a, b, c, d, e, f, g, h 出现的频率分别为

a：25%； b：20%； c：15%； d：15%；

e：10%； f：5%； g：5%； h：5%

通过画出相应的最优二元树，求传输它们的最佳前缀码，并计算传输 10 000 个按上述比例出现的字母需要多少个二进制数码。

19. 构造一个与英文短语"good morning"对应的前缀码，并画出该前缀码对应的二叉树，再写出此短语的编码信息。

第十章 几种典型图

10.1 欧 拉 图

欧拉图的概念是瑞士数学家欧拉(Leonhard Euler)在研究哥尼斯堡(Königsberg)七桥问题时形成的。在当时的哥尼斯堡城,有七座桥将普莱格尔(Pregel)河中的两个小岛与河岸连接起来(见图10.1.1(a)),当时那里的居民热衷于一个难题:一个散步者从任何一处陆地出发,怎样才能走遍每座桥一次且仅一次,最后回到出发点?

这个问题似乎不难,谁都想试着解决,但没有人成功。人们的失败使欧拉猜想:也许这样的解是不存在的,1936年他证明了自己的猜想。

为了证明这个问题无解,欧拉用A,B,C,D四个顶点代表陆地,用连接两个顶点的一条弧线代表相应的桥,从而得到一个由四个顶点、七条边组成的图(见图10.1.1(b)),七桥问题便归结成:在图10.1.1(b)所示的图中,从任何一点出发每条边走一次且仅走一次的通路是否存在。欧拉指出,从某点出发再回到该点,那么中间经过的顶点总有进入该点的一条边和走出该点的一条边,而且路的起点与终点重合,因此,如果满足条件的路存在,则图中每个顶点关联的边必为偶数。图10.1.1(b)中每个顶点关联的边均是奇数,故七桥问题无解。欧拉阐述七桥问题无解的论文通常被认为是图论这门数学学科的起源。

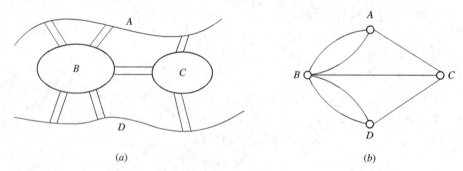

(a) (b)

图10.1.1 哥尼斯堡七桥问题

1. 欧拉无向图

定义10.1.1 设$G=\langle V,E\rangle$是连通图,经过G中每一条边一次且仅一次的通路(起点、终点不重合)称为欧拉通路(欧拉开迹),有欧拉通路的图称半欧拉图;经过每一条边一次且仅一次的回路称为欧拉回路(欧拉闭迹),有欧拉回路的图称欧拉图。

一条欧拉通路即为一条行遍图中每条边的简单通路(迹),亦即一笔画问题。

定理 10.1.1 设 G 是连通图，G 是欧拉图当且仅当 G 的所有顶点均是偶度数点。

证明 先证必要性。设 G 中有欧拉回路：$v_0 e_1 v_1 e_2 v_2 \cdots e_i v_i e_{i+1} \cdots e_k v_0$，其中顶点可重复出现，边不可重复出现。在序列中，每出现一个顶点 v_i，它关联两条边，而 v_i 可以重复出现，所以 $d(v_i)$ 为偶数。

再证充分性。若图 G 是连通的，则可以按下列步骤构造一条欧拉回路：

(1) 从任一顶点 v_0 开始，取关联于 v_0 的边 e_1 到 v_1，因为所有顶点为偶度数点，且 G 是连通的，所以可继续取关联于 v_1 的边 e_2 到 $v_2 \cdots \cdots$ 每条边均是前面未取过的，直到回到顶点 v_0，得一简单回路 l_1：$v_0 e_1 v_1 e_2 v_2 \cdots e_i v_i e_{i+1} \cdots e_k v_0$。

(2) 若 l_1 行遍 G 中所有的边，则 l_1 就是 G 中欧拉回路，即 G 为欧拉图，否则 $G - l_1 = G_1$ 不是空集，G_1 中每个顶点均是偶度数点，又 G 连通，G_1 与 l_1 必有一个顶点 v_i 重合，在 G_1 中从 v_i 出发重复步骤(1)，可得一简单回路 l_2：$v_i e_1' u_1 e_2' \cdots v_i$。

(3) 若 $l_1 \bigcup l_2 = G$，则 G 即为欧拉图，欧拉回路为 $l_1 \bigcup l_2$：$v_0 e_1 v_1 e_2 v_2 \cdots e_i v_i e_1' u_1 e_2' \cdots v_i e_{i+1} v_{i+1} \cdots e_k v_0$，否则，重复步骤(2)，直到构造一条行遍 G 中所有边的回路为止，此回路即为欧拉回路，G 是欧拉图。 **证毕**

定理 10.1.2 设 G 是连通图，则 G 是半欧拉图当且仅当 G 中有且仅有两个奇度数顶点。

证明 证法类同定理 10.1.1。只是步骤(1)从一个奇度数顶点 v_0 开始，取关联于 v_0 的边 e_1 到 $v_1 \cdots \cdots$ 直到另一个奇度数顶点 v_k 为止，得一条简单通路 l_1。其他步骤与定理 10.1.1 相同。最后构造出一条行遍 G 中所有边的简单通路，即为欧拉通路，G 是半欧拉图。 **证毕**

定理提供了判断欧拉图和半欧拉图的方法，由此易知，哥尼斯堡七桥问题无解。

例如，图 10.1.2 中图 (a) 是欧拉图，图 (b) 是半欧拉图，图 (c) 既非欧拉图也非半欧拉图。

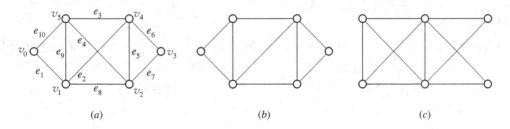

图 10.1.2　欧拉图的判定

当给定了一个欧拉图后，如何找出它的一条欧拉回路？下面的 Fleury 算法(于 1921 年提出)解决了这个问题，这个算法的实质是"避桥"。

设 G 是欧拉图。

(1) 任选 G 的一个顶点 v_0 为起点，并设零条边的通路为 $l_0 = v_0$。

(2) 设已选好的简单通路为 $l_i = v_0 e_1 v_1 e_2 v_2 \cdots e_i v_i$，则按下述方法从 $E - \{e_1, e_2, \cdots, e_i\}$ 中选取边 e_{i+1}：

① e_{i+1} 与 v_i 关联；

② 除非没有别的边可选择，否则 e_{i+1} 不是 $G_i = G - \{e_1, e_2, \cdots, e_i\}$ 的割边(桥)。

(3) 当第(2)步不能继续进行时(所有的边已走遍),算法终止。

【**例 10.1.1**】 找出图 10.1.2(a)所示图 G 的一条欧拉回路。

解 从 v_0 出发,先找到 $l_3 = v_0 e_1 v_1 e_2 v_4 e_3 v_6$,因为此时在 $G_3 = G - \{e_1, e_2, e_3\}$ 中,关联 v_6 的边 e_9 和 e_{10} 均是割边,所以只能选取 e_4,继续下去,最后可得一条欧拉回路:

$$l = v_0 e_1 v_1 e_2 v_4 e_3 v_5 e_4 v_2 e_5 v_4 e_6 v_3 e_7 v_2 e_8 v_1 e_9 v_5 e_{10} v_0$$

最后介绍一下"中国邮递员问题"(the Chinese Postman Problem)。我国数学家管梅谷于 1962 年首先提出这个问题,并得到一些结果,得到世界同行们的承认。该问题是说:邮递员从邮局出发在他的管辖区域内投递邮件,然后回到邮局。自然,他必须走过他所辖区域内的每一条街道至少一次。在此前提下,希望找到一条尽可能短的路线。

设 $G = \langle V, E, w \rangle$ 是一带权图,l 是 G 的一条回路,称 $\sum_{e_i \in l} w(e_i)$ 为 l 的权。中国邮递员问题就是在带非负权的连通图中找到一条权最小的行遍所有边的回路,称此回路为最佳周游。

若 G 是欧拉图,则 G 中的任何一条欧拉回路均是最佳周游,而寻找欧拉回路的 Fleury 算法为解决这一问题提供了切实可行的方法。对于非欧拉图,也有相应的算法,限于篇幅不再介绍。

2. 欧拉有向图

定义 10.1.2 设 G 是连通有向图,若 G 中有经过所有边一次且仅一次的有向通路(起点、终点不重合),则称为有向欧拉通路,具有有向欧拉通路的图称为半欧拉有向图;若 G 中有经过所有边一次且仅一次的有向回路,则称为有向欧拉回路,具有有向欧拉回路的图称为欧拉有向图。

显然,如果 G 是欧拉有向图,则 G 必是强连通图。

类似于定理 10.1.1、10.1.2,可得下面定理:

定理 10.1.3 设 G 是连通有向图,则 G 是欧拉有向图当且仅当 G 中的每个顶点 v 均有 $d^+(v) = d^-(v)$。

定理 10.1.4 设 G 是连通有向图,则 G 是半欧拉有向图当且仅当 G 中恰有两个奇度数顶点,其中一个入度比出度大 1,另一个出度比入度大 1,而其他顶点的出度等于入度。

例如,图 10.1.3 中图(a)是欧拉有向图,图(b)是半欧拉有向图,图(c)既非欧拉有向图也非半欧拉有向图。

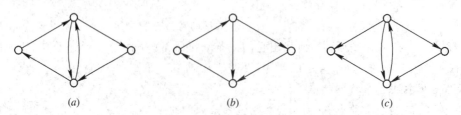

(a)　　　　　　　　　(b)　　　　　　　　　(c)

图 10.1.3　有向欧拉图的判定

下面是有向欧拉图的一个典型应用。

【**例 10.1.2**】 计算机鼓轮设计问题:

设计旋转鼓轮,要将鼓轮表面分成 16 个扇区,如图 10.1.4(a)所示,每块扇区用导体

(阴影区)或绝缘体(空白区)制成，如图 10.1.4(b)所示，四个触点 a、b、c 和 d 与扇区接触时，接触导体输出 1，接触绝缘体输出 0。鼓轮顺时针旋转，触点每转过一个扇区就输出一个二进制信号。问鼓轮上的 16 个扇区应如何安排导体或绝缘体，使得鼓轮旋转一周，触点输出一组不同的二进制信号？

显然，图 10.1.4(b)所示，旋转时得到的信号依次为 0010，1001，0100，0010，…，在这里，0010 出现了两次，所以这个鼓轮是不符合设计要求的。按照题目要求，鼓轮的 16 个位置与触点输出的 16 个四位二进制信号应该一一对应，亦即 16 个二进制数排成一个循环序列，使每四位接连数字所组成的 16 个四位二进制子序列均不相同。这个循环序列通常称为笛波滤恩(De Bruijn)序列。如图 10.1.4(c)所示，16 个扇区所对应的二进制循环序列正是笛波滤恩序列。

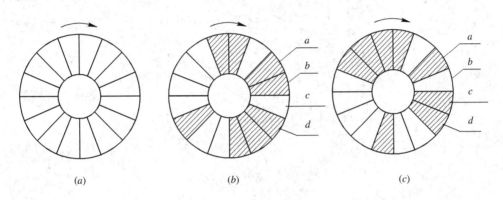

(a) (b) (c)

图 10.1.4 旋转鼓轮的设计

我们构造一个有八个顶点的有向图，顶点为八个三位二进制数 000，001，010，011，100，101，110，111，可分别记为 v_0，v_1，v_2，v_3，v_4，v_5，v_6，v_7，下标正好是顶点的十进制表示。如果某个顶点 v_i 的二进制表示的后两个数字与另一个顶点 v_j 的二进制表示的前两个数字相同，则由 v_i 向 v_j 引一条有向边 e_k，k 是十进制数，对应 i 和 j 的二进制表示将重合的数字只算一次的四位二进制数。例如 $e_1=\langle v_0,v_1\rangle=\langle 000,001\rangle=0001$，$e_7=\langle v_3,v_7\rangle=\langle 011,111\rangle=0111$，…。这样构造出一个连通有向图 G，如图 10.1.5 所示，因其每个顶点的出度均与入度相同，故为有向欧拉图，含有一条有向欧拉回路，回路中每条边均标记着一个不同的四位二进制数，可见，对应于图的欧拉回路，存在一个 16 个二进制数组成的循环序列，其中每 4 个接连的二进制子序列均不相同。例如，对应于欧拉有向回路：$e_0 e_1 e_3 e_5 e_{10} e_4 e_9 e_3 e_6 e_{13} e_{11} e_7 e_{15} e_{14} e_{12} e_8$ 的 16 个二进制数的循环序列是 0000101001101111。

用类似的方法，我们可以证明：存在一个 2^n 个二进制数组成的循环序列，其中 2^n 个由 n 个接连二进制数组成的子序列均不相同。这个序列对应的欧拉有向图称为笛波滤恩图，记作 $G_{2,n}$。图 10.1.5 中的图为 $G_{2,4}$。

一般情况下，设 $\Sigma=\{0，1，2，\cdots，\sigma-1\}$ 是字母表，Σ 上长度为 $n(n\geqslant 1)$ 的不同字共有 σ^n 个。笛波滤恩序列是 Σ 上的循环序列 $a_0 a_1 \cdots a_{L-1}$，对每一个长度为 n 的字 w 存在唯一的 i，使得 $a_i a_{i+1} \cdots a_{i+n-1}=w$(其中足标按模 L 计算)，显然，$L=\sigma^n$，可以证明对任意两个正整数 σ，n，都存在笛波滤恩序列。类似的，对应构造的欧拉有向图称为笛波滤恩图，记为 $G_{\sigma,n}$。它的构造方法完全类似 $G_{2,4}$。

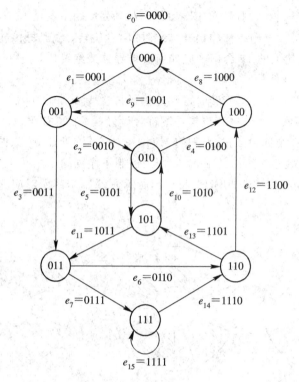

图 10.1.5 笛波滤恩图 $G_{2,4}$

10.2 哈 密 顿 图

哈密顿图的概念源于 1859 年爱尔兰数学家威廉·哈密顿爵士(Sir Willian Hamilton)提出的一个"周游世界"的游戏。这个游戏把一个正十二面体的二十个顶点看成是地球上的二十个城市,棱线看成连接城市的道路,要求游戏者沿着棱线走,寻找一条经过所有顶点(即城市)一次且仅一次的回路,如图 10.2.1(a)所示。也就是在图 10.2.1(b)中找一条包含所有顶点的初级回路,图中的粗线所构成的回路就是这个问题的回答。

对于任何连通图也有类似的问题。

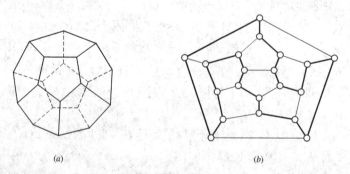

图 10.2.1 哈密顿周游世界问题

定义 10.2.1 若图 G 中有一条经过所有顶点一次且仅一次的回路,则称该回路为哈密顿回路,称 G 为哈密顿图;若图 G 中有一条经过所有顶点一次且仅一次的通路,则称此通路为哈密顿通路，称 G 为半哈密顿图。

乍一看，哈密顿图与欧拉图有某种对偶性（点与边的对偶性），但实际上，前者的存在性问题比后者难得多。迄今为止，寻找到一个判断哈密顿图的切实可用的充分必要条件仍是图论中尚未解决的主要问题之一。人们只是分别给出了一些必要条件和充分条件。

定理 10.2.1 若 G 是哈密顿图，则对于顶点集 V 的每一个非空子集 S，均成立

$$P(G-S) \leqslant |S|$$

其中，$P(G-S)$ 是 $G-S$ 的连通分支数，$|S|$ 是 S 中顶点的个数。

证明 设 C 是图 G 中的一条哈密顿回路，S 是 V 的任意非空子集，$\forall a_1 \in S$，$C-\{a_1\}$ 是一条初级通路，若再删去 $a_2 \in S$，则当 a_1、a_2 邻接时，$P(C-\{a_1, a_2\})=1<2$；而当 a_1、a_2 不邻接时，$P(C-\{a_1, a_2\})=2$，即

$$P(C-\{a_1, a_2\}) \leqslant 2 = |\{a_1, a_2\}|$$

如此做下去，归纳可证

$$P(C-S) \leqslant |S|$$

因为 $C-S$ 是 $G-S$ 的生成子图，所以 $P(G-S) \leqslant P(C-S) \leqslant |S|$。   **证毕**

这个定理给出的只是一个无向图是哈密顿图的必要条件，亦即哈密顿图必满足这个条件，满足这个条件的不一定是哈密顿图。

例如，著名的彼得森(Petersen)图（如图 10.2.2 所示）不是哈密顿图，但对任意的 $S \subset V$，$S \neq \varnothing$，均满足

$$P(C-S) \leqslant |S|$$

然而，不满足这个条件的必定不是哈密顿图。

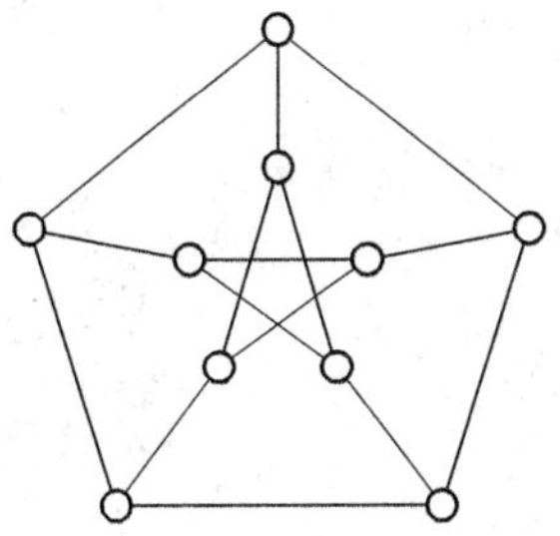

图 10.2.2 彼得森图

【例 10.2.1】 含有割点的图必定不是哈密顿图。

证明 设 v 是图 G 中的割点，则

$$P(G-v) \geqslant 2 > |\{v\}|$$

因此，图 G 不是哈密顿图。   **证毕**

下面介绍无向图中有哈密顿通路的充分条件。

定理 10.2.2 若 G 是 $n(n \geqslant 3)$ 个顶点的简单图，对于每一对不相邻的顶点 u, v，满足

$$d(u) + d(v) \geqslant n-1$$

则 G 中存在一条哈密顿通路。

证明 首先证明 G 是连通图。假设 G 非连通，则 G 至少有两个连通分支 G_1，G_2，设 G_1 中有 n_1 个顶点，G_2 中有 n_2 个顶点，则 $\forall v_1 \in V(G_1)$，$\forall v_2 \in V(G_2)$，因为 $d(v_1) \leqslant n_1-1$，$d(v_2) \leqslant n_2-1$，故 $d(v_1) + d(v_2) \leqslant n_1 + n_2 - 2 < n-1$，这与题设条件矛盾，因此，$G$ 必连通。

其次，再证 G 中含有哈密顿通路。设 l 是 G 中任意一条有 $m-1$ 条边的初级通路：$v_1 v_2 \cdots v_m$，若 $m=n$，则 l 就是 G 中的一条哈密顿通路；若 $m<n$，我们来扩充此路。

(1) 如果通路的两个端点 v_1、v_m 还与路 l 之外的顶点邻接，则延伸此通路。

(2) 如果 v_1、v_m 均只与原通路 l 上的顶点邻接，如下可证：G 中有一条包含 l 的长度为 m 的回路。

若 v_1 与 v_m 邻接，则 $v_1 v_2 \cdots v_m v_1$ 即所求之回路。

若 v_1 与 v_{i_1}, v_{i_2} $\cdots$, v_{i_p} 邻接,$1<i_1$,i_2,$\cdots$,$i_p<m$,考虑 v_m:

① 若 v_m 与 v_{i_1-1},v_{i_2-1},$\cdots$,v_{i_p-1} 之一,例如与 v_{i_1-1} 邻接,那么我们便可得到包含 l 的回路:$v_1 v_2 \cdots v_{i_1-1} v_m v_{m-1} \cdots v_{i_1} v_1$,如图 10.2.3(a)所示。

② 若 v_m 不与 v_{i_1-1},v_{i_2-1},$\cdots$,v_{i_p-1} 中的任何一个邻接,那么 $d(v_m) \leqslant m-p-1$,因而
$$d(v_1)+d(v_m) \leqslant p+m-p-1=m-1<n-1$$
与题设矛盾,因此②不可能发生。

现考虑 G 中这条包含 l 的长度为 m 的回路。由于 $m \leqslant n-1$,故必有回路外的顶点 v 与回路上的某个顶点(例如 v_k)相邻接,如图 10.2.3(b)所示,那么我们可以得到一条长度为 m 的、包含 $v_1 v_2 \cdots v_m$ 的通路:$v v_k v_{k-1} \cdots v_1 v_{i_1} v_{i_1+1} \cdots v_m v_{i_1-1} \cdots v_{k+1}$,如图 10.2.3(c)所示。

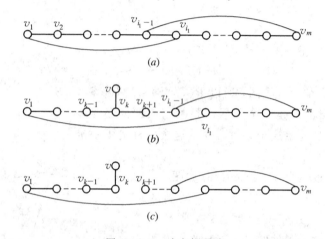

图 10.2.3 哈密顿通路

重复过程(1)、(2),不断扩充通路 l,直至它的长度为 $n-1$,这时便得到 G 中的一条哈密顿通路。   **证毕**

仿此可证:

定理 10.2.3   若 G 是 $n(n \geqslant 3)$ 个顶点的简单图,对于每一对不相邻的顶点 u,v,满足
$$d(u)+d(v) \geqslant n$$
则 G 中存在一条哈密顿回路,即 G 是哈密顿图。

推论 1   设 G 是 $n(n \geqslant 3)$ 阶无向简单图,若 $\delta(G) \geqslant n/2$,则 G 是哈密顿图。

推论 2   完全图 $K_n(n \geqslant 3)$ 均是哈密顿图。

【**例 10.2.2**】   设 $n \geqslant 2$,有 $2n$ 个人参加宴会,每个人至少认识其中的 n 个人,怎样安排座位,使大家围坐在一起时,每个人的两旁坐着的均是与他相识的人?

解   每个人用一个顶点表示,若二人相识,则在其所表示的顶点间连边。这样得到一个 $2n$ 阶的无向图,因为 $\delta(G) \geqslant n$,所以 $\forall u$,$v \in V(G)$,$d(u)+d(v) \geqslant 2n$,故图中存在一条哈密顿回路,这条回路恰好对应一个座位的适当安排。

注意   定理 10.2.2、定理 10.2.3 及其推论给出的条件只是充分条件,而非必要条件。例如,形如六边形的图 G 显然是哈密顿图,但是 $\forall u$,$v \in V(G)$,均有 $d(u)+d(v)=4<5=n-1$。

另一个值得注意的问题是,哈密顿图中的回路未必唯一。关于这一点,下面的定理给

出了说明。

定理 10.2.4　当 n 为不小于 3 的奇数时，K_n 上恰有 $(n-1)/2$ 条互无任何公共边的哈密顿回路。

证明　假设 K_n 的 n 个顶点如图 10.2.4 所示排成一个正 $(n-1)$ 边形（因为 n 是奇数，这是可行的），并给出了一条哈密顿回路：$v_1 v_2 \cdots v_n v_1$。

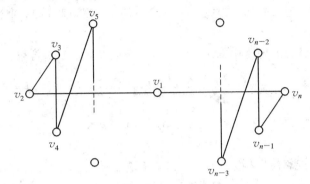

图 10.2.4　不同哈密顿回路的构造

顺时针分别旋转（旋转时顶点的标记不动）

$$\frac{360°}{n-1}, \frac{2\times 360°}{n-1}, \cdots, \frac{\dfrac{n-3}{2}\times 360°}{n-1}$$

如图 10.2.4 所示。每旋转一次便产生一条哈密顿回路，且它们之间没有公共边。图 10.2.5 演示了 $n=5$ 时的情景（图 (b) 是图 (a) 旋转 $90°$ 后所得），因此，合乎要求的哈密顿回路共有 $1+(n-3)/2=(n-1)/2$ 条。　　　　　　　　　　　　　　　　　**证毕**

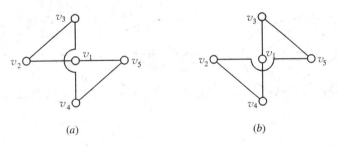

图 10.2.5　不同哈密顿回路的构造

货郎担问题

与哈密顿图密切相关的是货郎担问题。设有 n 个村镇，已知每两个村镇之间的距离。一个货郎自某个村镇出发巡回售货，问这个货郎应该如何选择路线，使每个村镇经过一次且仅一次，并且总的行程最短。即在一个带权完全图中，找一个权最小的哈密顿图。

在 n 个顶点的带权完全图中，所有不同的哈密顿回路（包括有公共边的情况）总数是 $\dfrac{1}{2}(n-1)!$ 个。在如此众多的哈密顿回路中求一个总的权为最小的哈密顿回路，它的工作量是相当大的，这种求最优解的有效率的算法至今尚未找到。下面我们给出一个较好的近似算法——最邻近算法。

设 $G=\langle V, E, w\rangle$ 是 n 个顶点的带权完全图，w 是从 E 到正整数集 $\mathbf{Z}^+$ 的函数，对 V 中

的任何三个顶点 v_i，v_j，v_k 满足

$$w(v_i, v_j) + w(v_j, v_k) \geqslant w(v_i, v_k)$$

求最小权的哈密顿回路的最邻近算法步骤如下：

（1）任选一点 v_0 作起点，找一个与 v_0 最近的相邻顶点 v_x，得到一条一边构成的路径。

（2）设 v_x 是新加到这条路中的一点，从不在此路中的所有顶点中，选一个与 v_x 最近的相邻点，将它与 v_x 连成一边，构成一条新的路径。重复过程（2），直到 G 中所有顶点都在所构成的路径中。

（3）连接 v_0 和最后加到路中的顶点，构成一条回路，它就是带权的哈密顿回路。

【例 10.2.3】 图 10.2.6(a) 是一带权无向完全图，用最邻近法求一条最短哈密顿回路。

解 以 a 为起点算法步骤按图 10.2.6(b)、(c)、(d)、(e)、(f) 的粗线边依次给出，图 (f) 即所求之带权哈密顿回路，权为 47。

表面上看"最邻近算法"是很合理的，其实不然。例如，图 10.2.6(a) 的最短哈密顿回路应该是图 10.2.6(g) 所示，它的权为 35，这表明"最邻近算法"可能产生误差。

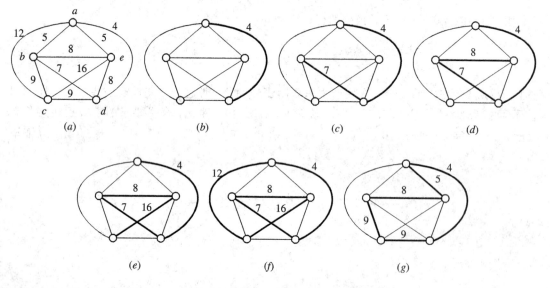

图 10.2.6 "最邻近算法"求最短哈密顿回路

10.3 平 面 图

在许多实际问题中，往往涉及到图的平面性的研究，例如，单面印刷电路板和集成电路的布线问题。近年来，大规模集成电路的发展促进了图的平面性的研究。

定义 10.3.1 若一个图能画在平面上使它的边互不相交（除在顶点处），则称该图为平面图，或称该图能嵌入平面。

例如，图 10.3.1(a) 是平面图 G，它能嵌入平面上，如图 10.3.1(b) 所示的 G_1，它是 G 的平面嵌入。

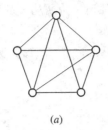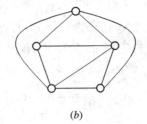

(a)   (b)

图 10.3.1　平面图和平面嵌入

并非所有的图都能嵌入平面，图 10.3.2(a) 表示的就是非平面图，这个图对应于一个有名的问题——公用事业问题。设有三座房子 a、b、c 和三个公共设施 d、e、f，能否使每座房子与每个公共设施之间均有道路连接而无交叉。实践证明这是做不到的，如图 10.3.2(b) 说明 (a) 无法嵌入平面，此图为二分图 $K_{3,3}$，它是一个非平面图。还有一个重要的非平面图，如图 10.3.2(c)、(d) 所示，它就是完全图 K_5。$K_{3,3}$ 和 K_5 又称为库拉托斯基图，它们是波兰数学家库拉托斯基 (Kuratowski) 发现的典型的非平面图。

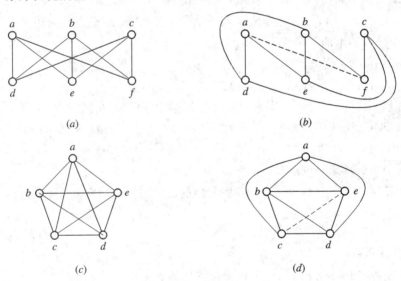

图 10.3.2　$K_{3,3}$ 和 K_5

注意到 $K_{3,3}$ 和 K_5 有一些共同点，它们均是正则图，当去掉一条边时它们都可嵌入平面，事实上 $K_{3,3}$ 是含边数最少的非平面简单图，K_5 是含顶点数最少的非平面简单图。

下面定理提供了几个非常显然的事实。

定理 10.3.1　如果 G 是平面图，则 G 的任何子图也是平面图。

推论　$K_n (n \leqslant 4)$ 和 $K_{2,n} (n \geqslant 1)$ 及它们的所有子图均是平面图。

定理 10.3.2　如果 G 是非平面图，则 G 的所有母图均是非平面图。

推论　$K_n (n \geqslant 5)$ 和 $K_{3,n} (n \geqslant 3)$ 均是非平面图。

定理 10.3.3　G 是平面图，则在 G 上添加平行边和环后所得图仍是平面图。

此定理说明，环和平行边不影响图的平面性。

定义 10.3.2　平面图 G 嵌入平面后将平面划分成若干个连通的区域，每一个区域称为 G 的一个面，其中面积无限的区域称为外部面或无限面（常记为 R_0），面积有限的称为内部面或有限面，记作 $R_i(i=1,2,\cdots,n)$，包围每个面的所有边所构成的回路称为该面的边界，边界的长度称为该面的次数，面 R_i 的次数记作 $\deg(R_i)$。

例如，图 10.3.1(b) 共有六个面，每个面的次数均为 3。图 10.3.3 所示平面图 G 有四个面，$\deg(R_1)=3$，$\deg(R_2)=3$，$\deg(R_3)=5$，$\deg(R_0)=9$。

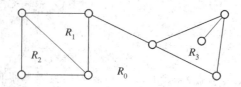

图 10.3.3　平面图的面

必须指出，对于同一个平面图不同的画法可导致它有不同的平面嵌入，但显然都与原图同构。

定义 10.3.3　设 G 为一个简单平面图，如果在 G 的任意两个不相邻的顶点间再加一条边，所得图为非平面图，则称 G 为极大平面图。

例如，完全图 K_n 当 $n\leqslant 4$ 时都是极大平面图。K_5 在任意删去一条边后，为极大平面图。极大平面图有如下的一些性质：

（1）极大平面图均是连通图。

（2）极大平面图中 $(n\geqslant 3)$，不含割点和桥。

（3）任何 $n(n\geqslant 3)$ 阶极大平面图，每个面（包括无限面）的次数均为 3，反之亦然。

定义 10.3.4　设 G 是非平面图，若在 G 中任意删去一条边后，所得图为平面图，则称 G 是极小非平面图。

例如，K_5 和 $K_{3,3}$ 均是极小非平面图。

定理 10.3.4　在一个平面图 G 中，所有面的次数之和为边数的二倍，即

$$\sum_{i=1}^{r}\deg(R_i)=2m$$

其中，r 为 G 的面数，m 为边数。

证明　对于 G 中的每一条边 e，e 或是两个面的公共边，或是在一个面中为割边被作为边界计算两次，故定理成立。　　　　　　　　　　　　　　　　　　　　　　　　　　**证毕**

定理 10.3.5　设连通平面图 G 有 n 个顶点，m 条边和 r 个面，则

$$n-m+r=2 \qquad \text{——Euler 公式}$$

证明　施归纳于 G 的边数 m。

$m=0$ 时，G 为平凡图，$n=1$，$r=1$，公式成立。

设 $m=k-1(k\geqslant 1)$ 时公式成立，现在考虑 $m=k$ 时的情况。因为在连通图上增加一条边仍为连通图，则有三种情况：

（1）所增边为悬挂边，此时 G 的面数不变，顶点数增 1，公式成立。

（2）在图的任意两个点间增加一条边，此时 G 的面数增 1，边数增 1，但顶点数不变，公式成立。

（3）所增边为一个环，此时 G 的面数增 1，边数增 1，但顶点数不变，公式成立。

所以，$m=k$ 时，公式仍成立，故定理成立。　　　　　　　　　　　　　　　　　　**证毕**

必须指出，Euler 公式只适用于连通的平面图，如果 G 不连通，则公式不一定成立。当 G 为不连通的平面图时，有所谓的"推广的欧拉公式"，参见习题十第 9 题。

定理 10.3.6 设 G 是连通的 (n, m) 平面图且每个面的次数至少为 $l(l \geqslant 3)$，则

$$m \leqslant \frac{l}{l-2}(n-2)$$

证明 由定理 10.3.1 知

$$2m = \sum_{i=1}^{r} \deg(R_i) \geqslant l \cdot r \qquad (r \text{ 为 } G \text{ 的面数})$$

再由 Euler 公式

$$n - m + r = 2$$

于是有

$$r = 2 + m - n \leqslant \frac{2m}{l}$$

故

$$m \leqslant \frac{l}{l-2}(n-2) \hspace{4cm} \text{证毕}$$

推论 1 设 G 是 (n, m) 连通平面简单图 $(n \geqslant 3)$，则 $m \leqslant 3n-6$。

证明 由于 G 是 $n \geqslant 3$ 的连通平面简单图，所以 G 的每个面至少由 3 条边围成，即 $l \geqslant 3$，代入定理 10.3.3，得

$$m \leqslant 3n-6 \hspace{5cm} \text{证毕}$$

推论 2 极大连通平面图的边数 $m = 3n-6$。

证明 因为极大平面图的每一个面的次数均是 3，所以 $3r = 2m$，代入 Euler 公式有

$$m = 3n-6 \hspace{5cm} \text{证毕}$$

推论 3 若连通平面简单图 G 不以 K_3 为子图，则 $m \leqslant 2n-4$。

证明 由于 G 中不含 K_3，所以 G 的每个面至少由 4 条边围成，即 $l \geqslant 4$，代入定理 10.3.3，得

$$m \leqslant 2n-4 \hspace{5cm} \text{证毕}$$

推论 4 K_5 和 $K_{3,3}$ 是非平面图。

证明 假设 K_5 是平面图，由推论 1 可知应有 $m \leqslant 3n-6$，而当 $n=5$，$m=10$ 时，这是不可能的，所以 K_5 是非平面图。

假设 $K_{3,3}$ 是平面图，因其不含子图 K_3，由推论 2 可知，当 $n=6$，$m=9$ 时，$m \leqslant 2n-4$ 是不可能的，所以 $K_{3,3}$ 是非平面图。 $\hspace{2cm}$ 证毕

定理 10.3.7 在平面简单图 G 中至少有一个顶点 v_0，$d(v_0) \leqslant 5$。

证明 不妨设 G 是连通的，否则就其一个连通分支讨论再推广至全图。用反证法证明。

假设一个平面简单图的所有顶点度数均大于 5，又由欧拉公式推论 1 知 $3n-6 \geqslant m$，所以

$$6n - 12 \geqslant 2m = \sum_{v \in V} d(v) \geqslant 6n$$

这是不可能的。因此平面简单图中至少有一个顶点 v_0，其度数 $d(v_0) \leqslant 5$。 $\hspace{1cm}$ 证毕

找出一个图是平面图的充分必要条件的研究曾经持续了几十年，直到 1930 年库拉托斯基给出了平面图的一个非常简洁的特征，先介绍一些预备知识。

在一个无向图 G 的边上，插入一个新的度数为 2 的顶点，使一条边分成两条边，或者对于关联同一个度数为 2 的顶点的两条边，去掉这个 2 度顶点，使两条边变成一条边，如图 10.3.4(a)、(b)所示，这些都不会改变图原有的平面性，如图 10.3.4(c)、(d)所示。图 10.3.4 所表示的称为"图的同胚"。

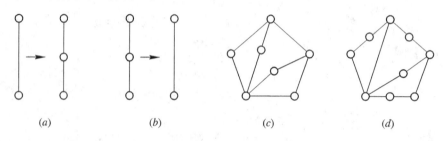

图 10.3.4　图的同胚

定义 10.3.5　如果两个图 G_1 和 G_2 同构，或者通过反复插入或者删除度数为 2 的顶点后同构，则称 G_1 和 G_2 同胚。

由于同胚的两个图具有相同的平面性，而 K_5 和 $K_{3,3}$ 是典型的非平面图，因此有：

定理 10.3.8（Kuratowski 定理）　一个图是平面图的充分必要条件是它不含与 K_5 或 $K_{3,3}$ 同胚的子图。

证明略。

【例 10.3.1】　证明图 10.3.5 中的(a)和(d)不是平面图。

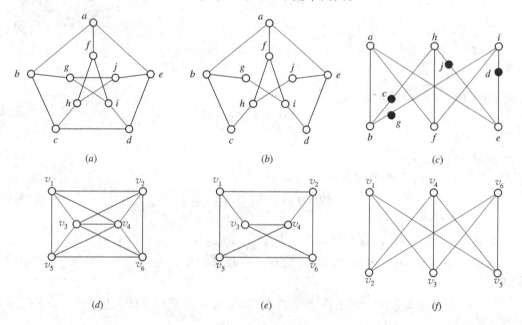

图 10.3.5　平面图的判定

解　图(a)是著名的彼得森图，去掉其中的两条边后得子图(b)，该子图同胚于 $K_{3,3}$(c)。因此彼得森图不是平面图。图(d)中含有子图(e)，图(e)同构于 $K_{3,3}$(f)。

库拉托斯基定理虽然简单漂亮，但实现起来并不容易，特别是顶点数较多的时候，还有许多这方面的研究工作要做。

1. 对偶图

平面图有一个很重要的特性，即任何平面图都有一个与之对应的平面图，称为它的对偶图。下面提到的平面图均以它的平面嵌入表示。

定义 10.3.6 设平面图 $G=\langle V, E\rangle$ 有 r 个面 $R_1, R_2, \cdots, R_r$，则用下面方法构造的图 $G^*=\langle V^*, E^*\rangle$ 称为 G 的对偶图：

(1) $\forall R_i \in G$，在 R_i 内取一顶点 $v_i^* \in V^*$，$i=1, 2, \cdots, r$。

(2) $\forall e \in E$：

① 若 e 是 G 中两个不同面 R_i 和 R_j 的公共边，则在 G^* 中画一条与 e 交叉的边 (v_i^*, v_j^*)；

② 若 e 是一个面 R_i 内的边（即 e 是桥），则在 G^* 中画一条与 e 交叉的环 (v_i^*, v_i^*)。

例如，图 10.3.6(a) 和 (b) 中，G^* 是 G 的对偶图，G 的边用实线表示，G^* 的边用虚线表示，顶点用实心点表示。

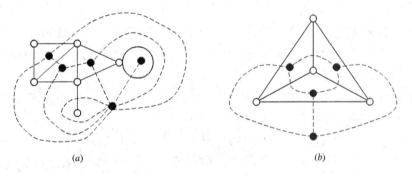

图 10.3.6 平面图的对偶图

显然，G^* 必定是连通的平面图，G^* 有多重边当且仅当 G 中存在两个面至少有两条公共边。

定义 10.3.7 若平面图 G 与其对偶图 G^* 同构，则称 G 是自对偶图。

例如，图 10.3.6(b) 实线图所示的 4 阶 3 度正则图就是一个自对偶图。

定理 10.3.9 设 G^* 是连通平面图 G 的对偶图，n^*, m^*, r^* 和 n, m, r 分别是 G^* 和 G 的顶点数，边数和面数，则 $n^*=r$, $m^*=m$, $r^*=n$，且 $d(v_i^*)=\deg(R_i)$, $i=1,2,\cdots,r$。

证明 由定义 10.3.6 对偶图的构造过程可知，$n^*=r$, $m^*=m$ 和 $d(v_i^*)=\deg(R_i)$ 显然成立，下证 $r^*=n$。因为 G 和 G^* 均是连通的平面图，所以由欧拉公式有

$$n-m+r=2$$
$$n^*-m^*+r^*=2$$

由 $n^*=r$, $m^*=m$ 可得 $r^*=n$。   证毕

由于平面图 G 的对偶图 G^* 也是平面图，因此同样可对 G^* 求对偶图，记作 G^{**}，如果 G 是连通的，则 G^{**} 与 G 之间有如下关系。

定理 10.3.10 G 是连通平面图当且仅当 G^{**} 同构于 G。

证明略。

由对偶图的构造过程可知，平面图 G 的任何两个对偶图必同构。但是若平面图 G_1 和 G_2 是同构的，其对偶图 G_1^* 和 G_2^* 未必同构。如图 10.3.7 中两个平面图 G_1 和 G_2 是同构的，但由于 G_1（如图 10.3.7(a) 所示）中有一个面次数为 5，而 G_2（如图 10.3.7(b) 所示）中没有这样的面，因此 G_1 和 G_2 不会同构。

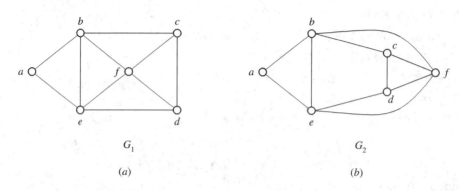

图 10.3.7　同构的平面图

2. 着色问题

在地图上，相邻国家涂不同的颜色，最少需要多少种颜色？100 多年前，有人提出了"四色猜想"，即只用四种颜色就能做到，但一直无法证明，直到 1976 年美国数学家才用电子计算机证明了这一猜想。

地图着色自然是对平面图的面着色，利用对偶图，可将其转化为相对简单的顶点着色问题，即对图中相邻的顶点涂不同的颜色。

定义 10.3.8　设 G 是一个无自环的图，给 G 的每个顶点指定一种颜色，使相邻顶点颜色不同，称为对 G 的一个正常着色。图 G 的顶点可用 k 种颜色正常着色，称 G 是 k -可着色的。使 G 是 k -可着色的数 k 的最小值称为 G 的色数，记作 $\chi(G)$。如果 $\chi(G)=k$，则称 G 是 k -色的。

设 G 无自环且连通，如果有多重边，则可删去多重边，用一条边代替，因此下面考虑的都是连通简单图。有几类图的色数是很容易确定的，即：

定理 10.3.11

(1) G 是零图当且仅当 $\chi(G)=1$。

(2) 对于完全图 K_n，有 $\chi(K_n)=n$，而 $\chi(\overline{K_n})=1$。

(3) 对于 n 个顶点构成的回路 C_n，当 n 为偶数时，$\chi(C_n)=2$；当 n 为奇数时，$\chi(C_n)=3$。

(4) 对于顶点数大于 1 的树 T，有 $\chi(T)=2$。

到现在还没有一个简单的方法可以确定任一图 G 是 n -色的。但韦尔奇·鲍威尔(Welch Powell)给出了一种对图的着色方法，步骤如下：

(1) 将图 G 中的顶点按度数递减次序排列。

(2) 用第一种颜色对第一顶点着色，并将与已着色顶点不邻接的顶点也着第一种颜色。

（3）按排列次序用第二种颜色对未着色的顶点重复第（2）步。

用第三种颜色继续以上做法，直到所有的顶点均着上色为止。

【例 10.3.2】 用韦尔奇·鲍威尔法对图
10.3.8中的图着色。

（1）各顶点按度数递减次序排列：$c, a, e, f,$
b, h, g, d。

（2）对 c 和与 c 不邻接的 e, b 着第一种颜色。

（3）对 a 和与 a 不邻接的 g, d 着第二种颜色。

（4）对 f 和与 f 不邻接的 h 着第三种颜色。

可见，对图 10.3.8 中的图着色，只需三种
颜色。

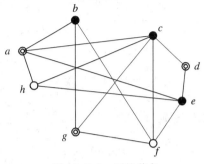

图 10.3.8　图的着色

定理 10.3.12　如果图 G 的顶点的度数最大的为 $\Delta(G)$，则 $\chi(G) \leqslant 1 + \Delta(G)$。

证明　施归纳于 G 的顶点度数。

当 $n = 2$ 时，G 有一条边，$\Delta(G) = 1$，G 是 2-可着色的，所以 $\chi(G) \leqslant 1 + \Delta(G)$。

假设对于 $n - 1$ 个顶点的图，结论成立。

现假设 G 有 n 个顶点，顶点的最大度数为 $\Delta(G)$，如果删去任一顶点 v 及其关联的边，得到 $n - 1$ 个顶点的图，它的最大度数至多是 $\Delta(G)$，由归纳假设，该图是 $1 + \Delta(G)$-可着色的，再将 v 及其关联的边加到该图上，使其还原成图 G，顶点 v 的度数至多是 $\Delta(G)$，v 的相邻点最多着上 $\Delta(G)$ 种颜色，然后 v 着上第 $1 + \Delta(G)$ 种颜色，因此 G 是 $1 + \Delta(G)$-可着色的，故 $\chi(G) \leqslant 1 + \Delta(G)$。

证毕

定理 10.3.12 所给出的色数的上界是很弱的，例如树 T，$\chi(T) = 2$，而 $\Delta(T)$ 可以很大。布鲁克斯（Brooks）在 1941 年证明了这样的结果，使 $\chi(G) = 1 + \Delta(G)$ 的图只有两类：或是奇回路，或是完全图。

定理 10.3.13　任何平面图是 5-可着色的。

证明　不妨设 G 是简单平面图。施归纳于 G 的顶点数 n。

当 $n \leqslant 5$ 时结论显然成立。

假设对所有 $n - 1$ 个顶点的平面图是 5-可着色的。现考虑有 n 个顶点的平面图 G，由定理 10.3.7 可知，在 G 中存在着顶点 v_0，$d(v_0) \leqslant 5$。由归纳假设，$G - v_0$ 是 5-可着色的，在给定了 $G - v_0$ 的一种着色后，将 v_0 及其关联的边加到原图中，得到 G，分两种情况考虑：

（1）如果 $d(v_0) < 5$，则 v_0 的相邻点已着上的颜色小于等于 4 种，所以 v_0 可以着另一种颜色，使 G 是 5-可着色的。

（2）如果 $d(v_0) = 5$，则将 v_0 的邻接点依次记为 $v_1, v_2, \cdots, v_5$，并且对应 v_i 着第 i 色，如图 10.3.9(a) 所示。

设 H_{13} 为 $G - v_0$ 的一个子图，它是由着色 1 和 3 的顶点集导出的子图。如果 v_1 和 v_3 属于 H_{13} 的不同分支，将 v_1 所在分支中着色 1 的顶点与着色 3 的顶点颜色对换，这时 v_1 着色 3，这并不影响 $G - v_0$ 的正常着色。然后将 v_0 着色 1，因此 G 是 5-可着色的。

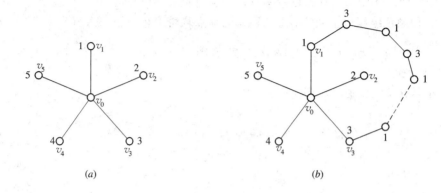

(a)   (b)

图 10.3.9　五色定理的证明

　　如果 v_1 和 v_3 属于 H_{13} 的同一分支，则在 G 中存在一条从 v_1 到 v_3 的路，它的所有顶点着色 1 或 3。这条路与路 $v_1 v_0 v_3$ 一起构成一条回路，如图 10.3.9(b) 所示。它或者把 v_2 围在它里面，或者同时把 v_4 和 v_5 围在它里面。由于 G 是平面图，在上面任一种情况下，都不存在连接 v_2 和 v_4 并且顶点着色 2 或 4 的一条路。现在设 H_{24} 为 $G-v_0$ 的另一个子图，它是由着色 2 和 4 的顶点导出的子图，则 v_2 和 v_4 属于 H_{24} 的不同分支。于是在 v_2 所在分支中将着色 2 的顶点和着色 4 的顶点颜色对换，v_2 着色 4，这样导出了 $G-v_0$ 的另一种正常着色，然后在 v_0 着色 2，同样可得 G 是 5-可着色的。　　　　　　　　　**证毕**

10.4　二　分　图

　　定义 10.4.1　若无向图 $G=\langle V,E\rangle$ 的顶点集 V 能分成两个子集 V_1 和 V_2，满足

　　(1) $V=V_1 \bigcup V_2$，$V_1 \bigcap V_2 = \varnothing$，

　　(2) $\forall e=(u,v) \in E$，均有 $u \in V_1$，$v \in V_2$，

则称 G 为二分图，V_1 和 V_2 称为互补顶点子集，常记为 $G=\langle V_1, V_2, E\rangle$。如果 V_1 中每个顶点都与 V_2 中所有顶点邻接，则称 G 为完全二分图，并记为 $K_{r,s}$，其中 $r=|V_1|$，$s=|V_2|$。

　　例如，图 10.4.1 中的三个图均是二分图，其中图(b)是完全二分图 $K_{3,3}$，图(c)是 $K_{2,4}$。

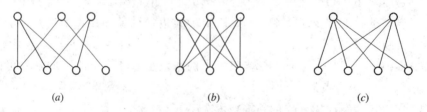

(a)   (b)   (c)

图 10.4.1　二分图

　　显然，在完全二分图 $K_{r,s}$ 中，顶点数 $n=r+s$，边数 $m=rs$。

　　一个无向图如果能画成上面的样式，很容易判定它是二分图。有些图虽然表面上不是上面的样式，但经过改画就能成为上面的样式，仍可判定它是一个二分图，如图 10.4.2 中

图(a)可改画成图(b)，图(c)可改画成图(d)。可以看出，它们仍是二分图。

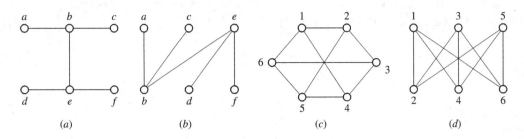

图 10.4.2　二分图的同构图

借助改画去判定一个图是否是二分图是很不方便的，下面的定理给出了判定二分图的一个简便方法。

定理 10.4.1　非平凡无向图 G 是二分图当且仅当 G 中无奇数长度的回路。

证明　先证必要性。设 $G = \langle V_1, V_2, E \rangle$ 为二分图，对 G 中任一长度为 k 的回路 c：$v_{i1} v_{i2} \cdots v_{ik} v_{i1}$，不妨假设 $v_{i1} \in V_1$，则必有 $v_{i2} \in V_2$，$v_{i3} \in V_1$，$\cdots$，即下标为奇数的顶点属于 V_1，下标为偶数的顶点属于 V_2，因为 $(v_{ik}, v_{i1}) \in c$，所以 k 为偶数。因此，G 中任一回路的长度为偶数。

再证充分性。设 G 中无奇数长度的回路，不妨设 G 是连通图，将 G 的顶点集 V 按下面要求分成两个子集 V_1 和 V_2：

$$V_1 = \{v_i \mid v_i \in V \text{ 且 } v_i \text{ 与某一给定顶点 } v_0 \text{ 的距离是偶数}\}, \quad V_2 = V - V_1$$

显然，V_1 和 V_2 均非空，$V_1 \cup V_2 = V$，$V_1 \cap V_2 = \varnothing$。任取 G 中的一条边 $e = (v_i, v_j)$，若 v_i，v_j 均属于 V_1，则对于回路 c：$v_i v_{i+1} \cdots v_0 \cdots v_j v_i$，由距离 $d(v_i, v_0)$ 和 $d(v_0, v_j)$ 都是偶数可知 c 的长度为奇数，与假设矛盾，故任一条边不能邻接同在 V_1 中的两个顶点，同理，V_2 中的任二顶点也不是邻接点，即 V_1 和 V_2 是互补顶点子集，G 是二分图。

若 G 非连通，可就每个连通分支应用上面论述，然后合并。　　　　　　**证毕**

【例 10.4.1】　六名间谍 a, b, c, d, e, f 被擒，已知 a 懂汉语、法语和日语，b 懂德语、俄语和日语，c 懂英语和法语，d 懂西班牙语，e 懂英语和德语，f 懂俄语和西班牙语，问至少用几个房间监禁他们，能使在一个房间里的人不能直接对话。

解　以六人 a, b, c, d, e, f 为顶点，在有共同懂得语言的人的顶点间连边得图 G（如图 10.4.3(a) 所示），因为 G 中没有奇圈，所以 G 是二分图（如图 10.4.3(b) 所示），故至少应有两间房间即可。

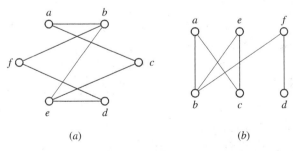

(a)　　　　　　　　　　(b)

图 10.4.3　例 10.4.1 的模型

【例 10.4.2】 设 (n, m) 图 G 是二分图，证明 $m \leqslant n^2/4$。

证明 设 $G = \langle V_1, V_2, E \rangle$，$|V_1| = n_1$，$|V_2| = n_2$，则 $n = n_1 + n_2$，$m \leqslant n_1 n_2$。

由 $(a-b)^2 = a^2 + b^2 - 2ab \geqslant 0$，得

$$ab \leqslant \frac{a^2 + b^2}{2} \tag{1}$$

将 $a^2 + b^2 + 2ab = (a+b)^2$ 代入 (1) 式，得

$$ab \leqslant \frac{(a+b)^2 - 2ab}{2}$$

推得

$$ab \leqslant \frac{(a+b)^2}{4}$$

所以

$$m \leqslant n_1 n_2 \leqslant \frac{(n_1 + n_2)^2}{4} = \frac{n^2}{4} \qquad\qquad \textbf{证毕}$$

二分图的主要应用是匹配，"匹配"是图论中的一个重要内容，它在所谓"人员分配问题"和"最优分配问题"等运筹学中的问题上有重要的应用。

首先看实际中常碰见的问题：给 n 个工作人员安排 m 项任务，n 个人用 $X = \{x_1, x_2, \cdots, x_n\}$ 表示。并不是每个工作人员均能胜任所有的任务，一个人只能胜任其中 $k(k \geqslant 1)$ 个任务，那么如何安排才能做到最大限度地使每项任务都有人做，并使尽可能多的人有工作做？

例如，现有 x_1, x_2, x_3, x_4, x_5 五个人，y_1, y_2, y_3, y_4, y_5 五项工作。已知 x_1 能胜任 y_1 和 y_2，x_2 能胜任 y_2 和 y_3，x_3 能胜任 y_2 和 y_5，x_4 能胜任 y_1 和 y_3，x_5 能胜任 y_3、y_4 和 y_5。如何安排才能使每个人都有工作做，且每项工作都有人做？

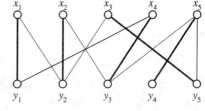

图 10.4.4 人员分配问题

显然，我们只需做这样的数学模型：以 x_i 和 y_j（$i, j = 1, 2, 3, 4, 5$）为顶点，在 x_i 与其胜任的工作 y_j 之间连边，得二分图 G，如图 10.4.4 所示，然后在 G 中找一个边的子集，使得每个顶点只与一条边关联（图中粗线），问题便得以解决。这就是所谓的匹配问题，下面给出一些基本概念和术语，假设 G 是任一无向图。

匹配 设 M 是 $E(G)$ 的一个子集，如果 M 中任二边在 G 中均不邻接，则称 M 是 G 的一个匹配。M 中一条边的两个端点，叫做在 M 是配对的。

饱和与非饱和 若匹配 M 的某条边与顶点 v 关联，则称 M 饱和顶点 v，且称 v 是 M-饱和的。否则称 v 是 M-不饱和的。

完美匹配 G 中每一个顶点都是关于匹配 M 饱和的。

完全匹配 设二分图 $G = \langle V_1, V_2, E \rangle$，$M$ 是 G 中匹配，若 $\forall v \in V_1$，v 均是 M-饱和的，则称 M 是 V_1 对 V_2 的完全匹配（V_1-完全匹配）；若 $\forall v \in V_2$，v 均是 M-饱和的，则称 M 是 V_2 对 V_1 的完全匹配（V_2-完全匹配）。若 M 既是 V_1-完全匹配，又是 V_2-完全匹配，则称 M 是完全匹配。

显然，完全匹配必是完美匹配。

交互道 若 M 是图 G 的一个匹配，设从 G 中的一个顶点到另一个顶点存在一条通路，这条通路由属于 M 和不属于 M 的边交替出现组成，则称此通路为交互道。

如图 10.4.5(a)所示，实线边属于 M，$x_1 y_1 x_3 y_2 x_2 y_3 x_4 y_4$ 是一条由 x_1 到 y_4 的交互道。

可增广道　若一交互道的两个端点均为 M-不饱和点，则称其为可增广道。显然，一条边的二端点非饱和，则这条边是可增广道。

如图 10.4.5(b)所示，实线边属于 M，$x_2 y_1 x_1 y_2 x_4 y_4 x_5 y_5$ 是可增广道，$x_3 y_6$ 也是可增广道。

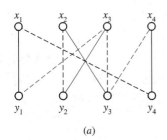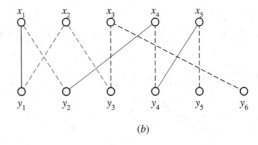

$$(a) \qquad\qquad\qquad\qquad (b)$$

图 10.4.5　匹配和交互道

性质　可增广道的长度必为奇数，且属于 M 的边比不属于 M 的边少 1 条。

对于可增广道，只要改变一下匹配关系，即只要将此道上虚、实边对换，得新的匹配 M'，则 M' 中的边数比 M 中的边数多 1 条。如图 10.4.5(b)中的可增广道按上述方法得新的交互道 $x_2 y_1 x_1 y_2 x_4 y_4 x_5 y_5$，如图 10.4.6，实边是匹配 M'，M' 中的边数由 M 中的 3 条增至 4 条。用此方法可逐步得到较大的匹配。

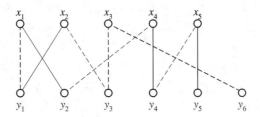

图 10.4.6　新的匹配 M'

最大匹配　若 M 是一匹配，且不存在其他匹配 M_1，使得 $|M_1| > |M|$，则称 M 是最大匹配，其中 $|M|$ 是匹配中的边数。

显然，二分图若有完全匹配必是最大匹配。

定理 10.4.2　在图 G 中，M 为最大匹配的充分必要条件是不存在可增广道。

证明　必要性用反证法立即可得。

再证充分性。用反证法，假设 M 不是最大匹配，则存在匹配 M_1，使得 $|M_1| > |M|$。设由 $M \oplus M_1$（$\oplus$ 为对称差运算）导出的子图 $G[M \oplus M_1]$ 记为 H，它的每个分支或者是交错道，或者是交错回路。因为 M 和 M_1 都是 G 的匹配，H 中每个顶点的度数至多为 2，于是每个分支中的每个顶点的度数至多为 2，所以每个分支或者是回路，或者是路，且其上的边交错地属于 M 和 M_1。由于 $|M_1| > |M|$，因而 H 中必有一条路，它的起点和终点都是关于 M 未饱和的，也一定是 G 中关于 M 未饱和的顶点，因此在 G 中存在关于 M 的可增广道，这与假设矛盾。　　　　　　　　　　　　　　　　　　　　　　　　　证毕

对于二分图，霍尔(Hall)于 1935 年给出了其存在完全匹配的充分必要条件，即著名的霍尔定理，又称婚姻定理，定理中的条件称为"相异条件"。

定理 10.4.3（霍尔定理） 二分图 $G=\langle V_1, V_2, E\rangle$ 有 V_1-完全匹配，当且仅当对 V_1 中任一子集 A，和所有与 A 邻接的点构成的点集 $N(A)$，恒有

$$|N(A)| \geqslant |A|$$

证明 先证必要性。假设 V_1 中的每个顶点关于匹配 M 均饱和，并设 A 是 V_1 的子集，因 A 的每个顶点在 M 下和 $N(A)$ 中不同的顶点配对，所以有 $|N(A)| \geqslant |A|$。

再证充分性。假设 G 是满足对任何 V_1 的子集 A，$|N(A)| \geqslant |A|$ 的二分图，但 G 中没有使 V_1 中每个顶点饱和的完全匹配，设 M_1 是 G 的一个最大匹配，由假设，M_1 不使 V_1 中所有顶点饱和。设 v 是 V_1 中的 M_1-不饱和点，并设 B 是与 v 有关于 M_1 交错道相连通的所有顶点的集合。由于 M_1 是一最大匹配，由定理 10.4.2 可知：v 为 B 中唯一的 M_1-不饱和点。令 $A=B\cap V_1$，$T=B\cap V_2$，显然，$A-\langle v\rangle$ 中的顶点都关于 M_1 饱和，即它与 T 中的顶点在 M_1 下配对，于是

$$|T| = |A| - 1$$

且 $N(A) \supseteq T$，又因 $N(A)$ 中的每个顶点有关于 M_1 交错路与 v 相连通，因此

$$N(A) = T$$

所以

$$|N(A)| = |A| - 1 < |A|$$

与假设 $|N(A)| \geqslant |A|$ 矛盾。 证毕

【例 10.4.3】 设有 4 个人 x_1，x_2，x_3，x_4，现有 5 项工作 y_1，y_2，y_3，y_4，y_5 需要做，每个人所能胜任哪几项工作的情况如图 10.4.7 所示，问能否使每个人都能分配到一项工作？

解 这个问题即为：二分图 $G=\langle V_1, V_2, E\rangle$ 是否存在 V_1-完全匹配。当取 $A=\{x_1, x_3, x_4\}$ 时，$N(A)=\{y_2, y_5\}$，因此 $|N(A)|<|A|$，根据霍尔定理，二分图没有 V_1-完全匹配，所以要使每个人都能分配到一项工作是不可能的。

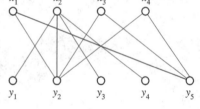

图 10.4.7　人员分配模型

【例 10.4.4】 证明 k-正则二分图$(k>0)$有完全匹配。

证明 设 $G=\langle V_1, V_2, E\rangle$ 为 k-正则二分图，则

$$k \cdot |V_1| = |E| = k \cdot |V_2|$$

即

$$|V_1| = |V_2|$$

$\forall A \subseteq V_1$，设 E_1 是 A 中顶点所关联的边的集合，E_2 是 $N(A)$ 中顶点所关联的边的集合，根据 $N(A)$ 的定义，必有

$$|E_1| \leqslant |E_2|$$

于是

$$k \cdot |N(A)| = |E_2| \geqslant |E_1| = k \cdot |A|$$

因此

$$|N(A)| \geqslant |A|$$

由霍尔定理知，G 有 V_1-完全匹配 M，因为 $|V_1| = |V_2|$，所以 M 也是 V_2-完全匹配，即 G 有完全匹配。 证毕

检查一个二分图是否满足相异条件有时是相当麻烦的，下面的定理给出了判断一个二分图 $G=\langle V_1, V_2, E\rangle$ 是否存在 V_1-完全匹配的充分条件，一般称为"t 条件"，这个条件比较容易检查，但它不是必要条件。

定理 10.4.4 设 $G=\langle V_1, V_2, E\rangle$ 是二分图，如果能找到一个正整数 t，使得对于 V_1 中的任何顶点 x 有 $d(x)\geqslant t$，并且对于 V_2 中的任何顶点 y 有 $d(y)\leqslant t$，则 G 中有 V_1-完全匹配。

证明 由条件知，V_1 中的每个顶点至少与 V_2 中的 t 个顶点邻接，而 V_2 中的每个顶点至多与 V_1 中的 t 个顶点邻接，因此，$\forall A\subseteq V_1$，必有

$$|N(A)|\geqslant|A|$$

所以 G 中有 V_1-完全匹配。 证毕

10.5 例题选解

【例 10.5.1】 判断下列各命题是否是真命题。

(1) 完全图 $K_n(n\geqslant 1)$ 都是欧拉图。

(2) $n(n\geqslant 1)$ 阶有向完全图都是有向欧拉图。

(3) 二分图 $G=\langle V_1, V_2, E\rangle$ 必不是欧拉图。

(4) 完全图 $K_n(n\geqslant 1)$ 都是哈密顿图。

(5) 完全二分图 $K_{r,s}(r\geqslant 1, s\geqslant 1)$ 都是哈密顿图。

(6) 存在哈密顿回路的有向图都是强连通图。

(7) 若 G^* 是平面图 G 的对偶图，则 G 也是 G^* 的对偶图。

(8) 完全二分图 $K_{r,s}(r\geqslant 1, s\geqslant 1)$ 都不是平面图。

(9) $n(n\geqslant 5)$ 阶无向完全图都是非平面图。

(10) $n(n\geqslant 2)$ 阶无向树都是二分图。

解答与分析

(1) 假命题。完全图 K_n 每个顶点的度数均是 $n-1$，当 n 是大于等于 2 的偶数时，K_n 的每个顶点的度数均为 $n-1$，是奇数，故此时 K_n 不是欧拉图。

(2) 真命题。由定义知有向完全图 G 必是连通图，G 的任意两个顶点间均有一对方向相反的边相连，即 G 的每个点的出度和入度均相等，因此必是有向欧拉图。

(3) 假命题。当 G 是连通的二分图，且 $|V_1|$、$|V_2|$ 均为偶数时，G 的每个顶点度数均是偶数，此时的 G 是欧拉图。

(4) 假命题。当 $n=2$ 时，K_2 中没有哈密顿回路，故并非完全图 $K_n(n\geqslant 1)$ 都是哈密顿图。

(5) 假命题。当 $r\neq s$ 时，$K_{r,s}$ 都不是哈密顿图。证明：不妨设 $|V_1|=r<s=|V_2|$，去掉 V_1 中所有顶点后得到的 $K_{r,s}$ 的子图的连通分支数为 s，因此，$p(G-V_1)=s>|V_1|$，不满足哈密顿图的必要条件。

(6) 真命题。哈密顿回路是行遍图中每一个顶点的回路，因此，存在哈密顿回路的有向图都是强连通图。

(7) 假命题。G 是平面图，但不一定是连通图，而 G 的对偶图 G^* 总是连通的，所以，

当 G 不连通时 G 不是 G^* 的对偶图。

（8）假命题。完全二分图 $K_{r,s}(r\geqslant 1,s\geqslant 1)$ 当 r 与 s 均大于等于 3 时，因其中含有子图 $K_{3,3}$，必是非平面图，但完全二分图 $K_{1,1}$，$K_{2,2}$，$K_{2,3}$，$K_{3,2}$ 都是平面图。

（9）真命题。$n(n\geqslant 5)$ 阶无向完全图中均含有子图 K_5，所以都是非平面图。

（10）真命题。$n(n\geqslant 2)$ 阶无向树中无奇数长度的回路，因此均是二分图。

【例 10.5.2】 有 11 个学生计划几天都在一个圆桌上共进晚餐，并且希望每次晚餐时，每个学生两边邻座的人都不相同，按此要求，他们在一起共进晚餐最多几天？

分析 以 11 个顶点表示人，边表示相邻而坐的二人，则任意一人与其他人相邻就座的所有情况，就是 11 个顶点的完全图；一次晚餐的就座方式，就是 K_{11} 中的一个哈密顿圈；每次晚餐时，每个学生两边邻座的人都不相同，就是在 K_{11} 中的每个哈密顿圈没有公共边，问题归结为在 K_{11} 中最多有多少个没有公共边的哈密顿圈。因为 11 人的坐法只由他们之间的相邻关系决定，排成圆形时，仅与排列顺序有关。因此对各种做法，可认为一人的座位不变，将其设为 1 号，并不妨放在圆心，其余 10 人放在圆周上。于是不同的哈密顿圈，可由圆周上不同编号的旋转而得到。

解 11 个顶点的完全图共有 $11\times(11-1)/2=55$ 条边，在 K_{11} 中每条哈密顿圈的长度为 11，则没有公共边的哈密顿圈数是 $55/11=5$ 条，即最多有 5 天。此 5 条不同的哈密顿圈可由下面方式作图得到：

设有一条哈密顿圈 $1-2-3-\cdots-11-1$，将此图的顶点标号旋转 $360°/10$，$2\times360°/10$，$3\times360°/10$，$4\times360°/10$，就得到另外四个图（如图 10.5.1 所示）。每个图对应一条哈密顿圈。如果 11 个人标记为 1，2，…，11，5 天中排列情况如下：

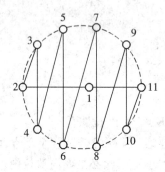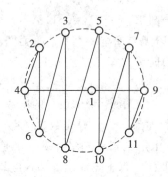

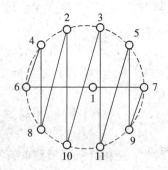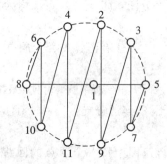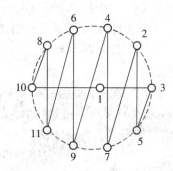

图 10.5.1　不同的哈密顿圈

1	2	3	4	5	6	7	8	9	10	11
1	4	2	6	3	8	5	10	7	11	9
1	6	4	8	2	10	3	11	5	9	7
1	8	6	10	4	11	2	9	3	7	5
1	10	8	11	6	9	4	7	2	5	3

【例 10.5.3】 证明：在由 6 个结点和 12 条边组成的连通简单平面图 G 中，每个面的度数均为 3。

证明 因为 G 是简单图，所以所有面的最小度 $k = \deg(R) \geqslant 3$。又由于 G 连通，故
$$v - e + r = 2 \qquad （v、e、r \text{ 分别为点数、边数和面数}）$$

因为 $v = 6$，$e = 12$，所以 $r = 8$。由握手定理 $2e = 24 = \sum \deg(R) \geqslant kr = 8k$，解得 $k \leqslant 3$。因此，有 $k = 3$，即 G 的最小度等于 3。不难证明，面的最大度 $k' = 3$。因为否则将有 $3r < 2e$，得出 $24 < 24$ 的矛盾，故每个面的度数均为 3。 **证毕**

【例 10.5.4】 简单图 G 是由图 H 和两个孤立顶点组成的，H 不含孤立顶点，$\bar{G}$ 是平面图。试证 H 是连通图。

分析 图论中的题目往往比较活，这就要求我们基本概念要非常清楚。本题提到了连通、补图、平面图，对这些图的基本性质就要有所了解。提示：参看第八章例 8.5.3 和例 8.5.4，由例 8.5.4 的结论知，我们只需证明 H 的边数 $|E| \geqslant \frac{1}{2}(n-1)(n-2)$ 即可。

证明 设 H 是 (n, m) 简单图，因为 H 不含孤立顶点，所以 $n \geqslant 3$（请读者自己思考理由），所以 G 是 $n + 2$ 阶简单图。假设 $\bar{G}$ 有 $\bar{n}$ 个顶点，$\bar{m}$ 条边，则有
$$\bar{n} = n + 2, \qquad \bar{m} = \frac{1}{2}(n+2)(n+1) - m$$

因为 G 不连通，所以 $\bar{G}$ 是连通图（参看第八章例 8.5.3），又因为 $\bar{G}$ 是平面图，所以
$$\bar{m} \leqslant 3\bar{n} - 6 = 3n$$

即
$$\frac{1}{2}(n+2)(n+1) - m \leqslant 3n$$

得到
$$m \geqslant \frac{1}{2}(n-1)(n-2)$$

故，H 是连通图。 **证毕**

习 题 十

1. 判别图 10.1 中各图是否是欧拉图或半欧拉图，并说明理由。

2. 构造简单无向欧拉图，使其顶点数 n 和边数 m 满足下列条件：

(1) n，m 均为奇数。

(2) n，m 均为偶数。

(3) n 为奇数，m 为偶数。

(4) n 为偶数，m 为奇数。

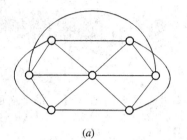 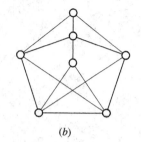 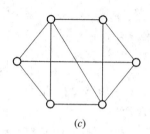

(a)　　　　　　　　(b)　　　　　　　　(c)

图　10.1

3.（1）图 10.2 中的边能剖分成两条路（边不重合），试给出这样的剖分。

（2）设 G 是一个有 k 个奇度数顶点的无向图，问最少加几条边到 G 中去，能使所得图有一条欧拉回路，说明对于图 10.2 如何做到这一点。

4. 对于 $\sigma=3$，$n=3$，构造一个笛波滤恩序列，并画出 $G_{3,3}$。

5. 构造简单无向图 G，使其满足下列条件：

（1）G 是欧拉图，但不是哈密顿图。

（2）G 是哈密顿图，但不是欧拉图。

（3）G 既是欧拉图，同时也是哈密顿图。

图　10.2

（4）G 既不是欧拉图也不是哈密顿图。

6. 判别图 10.1，图 10.2 和图 10.3 中各图是否是哈密顿图或半哈密顿图，并说明理由。

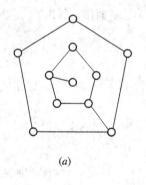 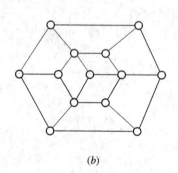 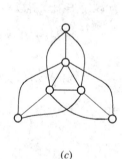

(a)　　　　　　　　(b)　　　　　　　　(c)

图　10.3

7. 证明：若 G 是半哈密顿图，则对于 V 的任何子集 S 均有
$$P(G-S) \leqslant |S|+1$$

8. 设简单图 $G=\langle V, E \rangle$ 且 $|V|=n$，$|E|=m$，若有 $m \geqslant C_{n-1}^{2}+2$，则 G 是哈密顿图。

9. 若 G 是平面图，有 k 个连通分支，证明：$n-m+r=k+1$。

10. 证明图 10.1(b) 不是平面图。

11. 证明图 10.3(c) 不是平面图。

12. 证明：小于 30 条边的平面简单图中存在度数小于等于 4 的顶点。

13. 若将平面分成 β 个面，要求每两个面均相邻，则 β 最大为多少？

14. 设 G 是 n 个顶点的简单连通平面图，$n \geqslant 4$。已知 G 中不含长度为 3 的初级回路，证明 G 中一定存在顶点 v，$d(v) \leqslant 3$。

15. 设 G 是 11 个顶点的无向简单图，证明 G 或 $\overline{G}$ 必为非平面图。

16. 设 G 是简单平面图，面数 $r < 12$，$\delta(G) \geqslant 3$，证明 G 中存在次数小于或等于 4 的面。

17. 画出图 10.4 中各图的对偶图。

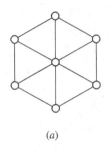 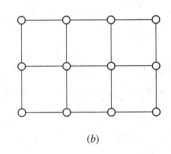 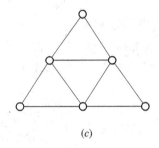

(a) $\qquad\qquad\qquad$ (b) $\qquad\qquad\qquad$ (c)

图 10.4

18. 求出 17 题中对各图的面着色的最少色数。

19. 用韦尔奇·鲍威尔法对图 10.5 中各图着色，求图的着色数。

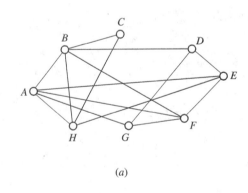 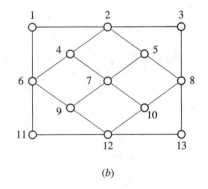

(a) $\qquad\qquad\qquad\qquad\qquad$ (b)

图 10.5

20. 假定 G 是二分图，如何安排 G 中顶点的次序可使 G 的邻接矩阵呈 $\begin{pmatrix} \mathbf{0} & \mathbf{B} \\ \mathbf{C} & \mathbf{0} \end{pmatrix}$ 形？其中 $\mathbf{B}$，$\mathbf{C}$ 为矩阵，$\mathbf{0}$ 为零矩阵。

21. 证明一个图能被两种颜色正常着色，当且仅当它不包含长度为奇数的回路。

22. 今有工人甲、乙、丙，任务 a、b、c。已知甲能胜任 a、b、c，乙能胜任 a、b，丙能胜任 b、c。能给出几种不同的安排方案，使每个工人去完成他们能胜任的任务？

23. 判断图 10.1、图 10.3、图 10.4 中各图是否是二分图。

24. 某单位有 7 个空缺 p_1，p_2，$\cdots$，p_7 要招聘，有 10 个应聘者 m_1，m_2，$\cdots$，m_{10}，他们适合的工作岗位集合分别为：$\{p_1, p_5, p_6\}$，$\{p_2, p_6, p_7\}$，$\{p_3, p_4\}$，$\{p_1, p_5\}$，$\{p_6, p_7\}$，$\{p_3\}$，$\{p_2, p_3\}$，$\{p_1, p_3\}$，$\{p_1\}$，$\{p_5\}$。如何安排能使落聘者最少？

25. 有 5 个信息 ace，c，abd，db，de，现在想分别用组成每个信息的字母中的一个来表示该信息，问是否可能？若能，该如何表示？

参 考 文 献

1. 左孝凌，等. 离散数学. 上海：上海科学技术文献出版社，1982
2. 王元元，张桂芸. 离散数学导论. 北京：科学出版社，2002
3. 耿素云，屈婉玲. 离散数学. 北京：高等教育出版社，1998
4. Bernard Kolman，Robert C. Busby，Sharon Cutler Ross. Discrete Mathematical Structures. Prentice-Hall International，Inc.，1997
5. 刘光奇，等. 离散数学. 上海：复旦大学出版社，1987
6. 王朝瑞. 图论. 北京：北京理工大学出版社，1997